추천의 글

'왜'라는 질문에 답을 주는 힌트북

이 책은 아이들의 '왜'라는 질문에 '원래' 또는 '그냥'이라는 말로 답하지 않고 수학적 개념을 '위치와 질서'에 따라 차분하게 설명합니다. 교과서 문제를 활용하여 친숙하게 다가온 점, 개념 따라쓰기로 개념을 머릿속에 각인시킨 점도 이 책의 강점입니다. 힌트북을 통해 '왜'라는 질문에 수학적 개념으로 답변할 수 있는 실력 있는 학생들이 되기를 기대합니다.

정성윤 선생님(서울세검정초등학교)

과제집착력을 길러주는 효과적인 구성!

학급에서 수학 수업을 할 때 최대한 답을 나중에 알려주면서 힌트를 주거나 문제를 이해할 수 있도록 풀어 설명해 줍니다. 과제집착력, 즉 문제를 끝까지 풀어내고자 하는 태도가 결국에는 수학 실력 향상에 도움이 된다고 생각하기 때문입니다. 힌트북은 아이들이 혼자 공부할 때에도 과제집착력을 기를 수 있는 효과적인 구성을 가진 교재라고 생각합니다. 힌트북은 수학을 잘 하고 싶어하는 아이들에게 기본기를 꼼꼼히 다져주는 좋은 친구이자 선생님이 되어 줄 것입니다.

류윤정 선생님(중앙대학교 사범대학 부속초등학교)

문제의 실마리를 주는 힌트

문제를 풀다 막히면 답지부터 찾아본 경험, 누구나 있을 거예요. 그런데 이 책엔 힌트북이 있어 답지를 보지 않고 문제의 실마리를 찾을 수 있습니다. 또 본문에서 개념을 따라 쓰는 코너가 있어서 학생들이 개념을 얼마나 잘 알고 있는지를 점검할 수 있다는 점도 매우 유익합니다.

박명선 선생님(덕은초등학교)

새 교육과정에서 중요시하는 과정 중심 평가에 맞는 학습서

새로 개정된 수학과 교육과정은 학습 결과 평가뿐만 아니라 과정 중심 평가도 중요시하여 종합적인 학습 평가를 지향하고 있습니다. 과정 중심 평가에서의 핵심은 학생들의 요구에 맞추어 피드백이 즉각적으로 이루져야 한다는 것입니다. 그런 점에서 이 책은 단계별로 효과적인 수학 학습이 되도록 학생 본인의 사고에 맞게 학습을 조절할 수 있습니다. 목표에 도달했다고 하더라도 어떤 과정으로 도달했는지, 혹은 어떤 이유로 도달하지 못했는지에 대한 학습 방향을 알려주는 나침반 같은 역할을 할 수 있기를 기대합니다.

최현아 선생님(서울가락초등학교)

수학에 자신 있는 친구들에게도 추천해요.

힌트북에서는 귀여운 캐릭터들이 설명해 주는 힌트를 통해 아이들이 개념과 원리를 지루하지 않고 흥미 있게 집중하여 이해할 수 있습니다. 수학을 많이 버거워하는 아이들도 캐릭터들이 차근차근 설명하는 힌트를 따라가며 자신감을 키우게 될 것입니다. 풀이가 힘들고 귀찮아 힌트를 먼저 펼쳐보게 되는 아이들도 힌트 속에 녹아 있는 개념과 풀이 과정을 통해 자연스레 개념을 복습하게 되고 차근차근 풀이 과정을 밟아가는 연습을 할 수 있을 것입니다. 아울러 수학에 자신 있어 하는 친구들에게도 추천합니다. 어렵지 않게 푼 문제들도 '힌트' 속 설명을 통해 수학 실력을 더욱 탄탄히 다질 수 있을 테니까요.

강상미 선생님(서울송례초등학교)

추천의 글

생각하는 힘과 인내심을 길러줘요.

수학은 암기과목이 아닙니다. 한 문제를 풀어내는 과정은 마치 미로 속에서 출구를 찾아내는 과정과 비슷합니다. 많은 문들을 인내심을 갖고 하나하나 열어가며 출구를 찾아냈을 때 비로소 빛을 보는 기쁨을 누릴 수 있는 것과 같습니다. 모르겠다고 처음부터 답을 봐 버리면 생각하는 힘을 얻을 수 없고, 수학 문제를 해결하는 데 반드시 필요한 인내심도 기를 수 없습니다. 이 책은 문제를 해결하기 위해 통과해야 하는 많은 문들을 하나하나 열어갈 수 있도록 적절하게 힌트를 주고 있습니다. 이 책을 통해 필요한 만큼의 힌트를 참고하여 스스로 문제를 풀어내는 기쁨을 누리며 진정한 수학 실력을 높일 수 있기를 바랍니다.

채현정 선생님(서울대명초등학교)

스스로 깨닫게 하는 유능한 수학 코치!

문제 옆에 바로 붙어 있는 일반 참고서의 힌트는 아이들이 스스로 사고할 기회를 빼앗는 나쁜 친구죠. 그렇다고 힌트가 없으면 포기하기 쉽고, 또 답과 해설을 보며 공부하다 보면 끝내 혼자서는 문제를 풀어내지 못합니다. 이러한 문제의 완벽한 해결사가 힌트북입니다! 게다가 힌트북은 문제마다 중요한 개념을 친구처럼 세밀하게 알려주어서 문제의 핵심을 스스로 깨닫게 하는 가장 유능한 수학 코치입니다!

유은화 선생님(분당 공부방 원장)

혼자서도 척척, 혼공 내비게이션!

흔히 수학에는 왕도가 없다고 하지요. 그만큼 쉽고 빠른 지름길이 없다는 말인데요, 힌트북이 좋은 길잡이가 될 수 있을 것 같네요. 막히면 힌트를 보고 제대로 된 맞춤길을 안내받아 문제를 척척 풀어나갈 수 있으니까요.

안소정 선생님('수학의 역사' 저자)

학습 결손을 막아주는 '찐' 혼공 학습서

왜 진작에 이런 학습서가 나오지 않았을까요? 힌트북이 선생님이 되어 스스로 풀어내도록 도와주니 수학 실력뿐 아니라 자신감까지 올려주네요! 특히 요즘처럼 비대면 수업으로 인한 학습 결손이나 학력 격차까지 막아줄 수 있는 찐 혼공 학습서입니다.

배기근 선생님(대치 파인만학원 영재원 대표강사)

수학을 가장 쉽고 빠르게 공부할 수 있는 교재

구구절절 설명하는 책들은 넘쳐나지만 한눈에 보여주는 책은 이 책이 유일한 것 같습니다. 개념과 방법이 한눈에 이해되다 보니 힌트북이야말로 수학을 가장 쉽고 빠르게 공부할 수 있는 교재가 아닐까 하는 생각이 듭니다. 학생들이 쉽고 재밌게 공부하기에 안성맞춤입니다!

김준 선생님(일산 에이스학원 원장)

언제나 필요했던 게 바로 이런 책이었어요.

학원이나 선생님 도움 없이 혼자 책을 보며 공부하길 좋아했던 내가 언제나 필요했던 게 바로 이런 책이었습니다. 개념을 쉽게 설명하는 책은 많지만, 개념을 어떻게 받아들이고 어떻게 적용하는지 알려주는 책은 많지 않죠. 힌트북은 선생님이 옆에서 가르쳐 주듯 하나하나 알려주는 든든한 교재입니다.

이승은(서울대 대학원 보건학과)

문제 읽는 방법을 배워 '진짜 실력'을 길러요.

문제를 풀다 어렵다고 해설을 바로 보면 실력이 잘 늘지 않기에 과외 수업을 할 때도 힌트를 종종 주곤 합니다. 문제 접근법을 다시 생각해보게 하는 거죠. 힌트북은 '문제를 읽는 방법'을 학생 스스로 배울 수 있게 합니다. '진짜 실력'을 기르기에 참 좋은 교재입니다.

전가원(서울대 수의예과 21학번)

개념을 문제에 적용할 수 있는 힘을 길러줘요.

수학 문제를 풀 때 가장 중요한 능력은 문제를 분석하고 올바르게 개념을 적용하는 능력입니다. 힌트북은 시중 초등 참고서에 없던 '힌트북'을 통해 처음 공부하는 학생이라도 개념을 문제에 스스로 '적용할 수 있는 힘'을 길러주고 있습니다.

현승환(서울대 자유전공학부 21학번)

매일의 목표를 이루어주는 힌트북

'성공도 습관'이라는 말이 있듯이, 하루의 작은 성공이 반복되어 습관이 될 때 결국 목표를 이루게 됩니다. 이 교재는 하루에 4쪽씩 학습량을 정해 두었는데, 힌트북이 매일의 목표를 포기하지 않고 끝까지 이룰 수 있도록 도와줍니다.

김하경(서울대 체육교육과 21학번)

수학을 고등까지 꾸준히 잘하도록 도와줘요.

수학을 고등학교 때까지 꾸준히 잘하기 위해서 가장 중요한 것은 개념을 완전히 이해하고 문제에 적절하게 적용하는 능력입니다. 책속 힌트북을 통해 학생들이 그 능력을 자연스럽게 기를 수 있고, 자신감까지 얻을 수 있을 것 같습니다.

김지우(서울대 인문계열 21학번)

힌트가 생각의 방향을 잡아줘요.

개념 이해에서 시작한 공부는 문제 해결까지 이어져야 합니다. 힌트북은 이 과정을 끝까지 하도록 유도한다는 점에서 매력적입니다. 문제 속 개념을 찾아내는 것부터, 문제 해결을 위한 생각의 방향을 잡는 것까지 스스로 할 수 있도록 돕기 때문입니다.

김연우(서울대 조경지역시스템공학부 21학번)

스스로 답까지 도착하도록 도와줘요.

귀여운 그림과 예쁜 색감을 사용하여 학생들이 좀 더 관심을 가지고 집중할 수 있을 것 같아요. 답과 풀이만 있는 다른 교재와는 달리 힌트북은 '힌트'라는 스캐폴딩을 설정하여 스스로 생각하고 고민하여 답까지 도착할 수 있도록 도와줍니다. 전체 구성이 개념 → 확인 → 쉬운 문제 → 어려운 문제순으로 단계별로 이루어져 있어 스스로 공부하기에 정말 좋습니다.

송지혁(서울대 아동학과 21학번)

힌트로 수학의 원리를 체화할 수 있어요.

진정한 이해는 혼자 공부할 때 비로소 이루어진다고 생각합니다. 이 책의 강점은 힌트를 통해 모르는 문제가 있을 때 문제의 방식을 혼자 이해하고 몸에 익힐 수 있다는 것입니다. 이 책으로 공부하면 힌트를 통해 풀이 과정을 이해하면서 수학의 원리를 체화할 수 있습니다.

조현준(서울대 생명과학부 21학번)

문제와 풀이 사이에 힌트가 있다면?

막힐 땐

힌트북

막힐 때 힌트 보며 혼자서도 척척

초등 혼공 기본서

슬기로운 공부

이 책의 구성과 특징

기본 개념 학습

개념학습 > 확인문제 > 교과서문제 > 개념 따라쓰기

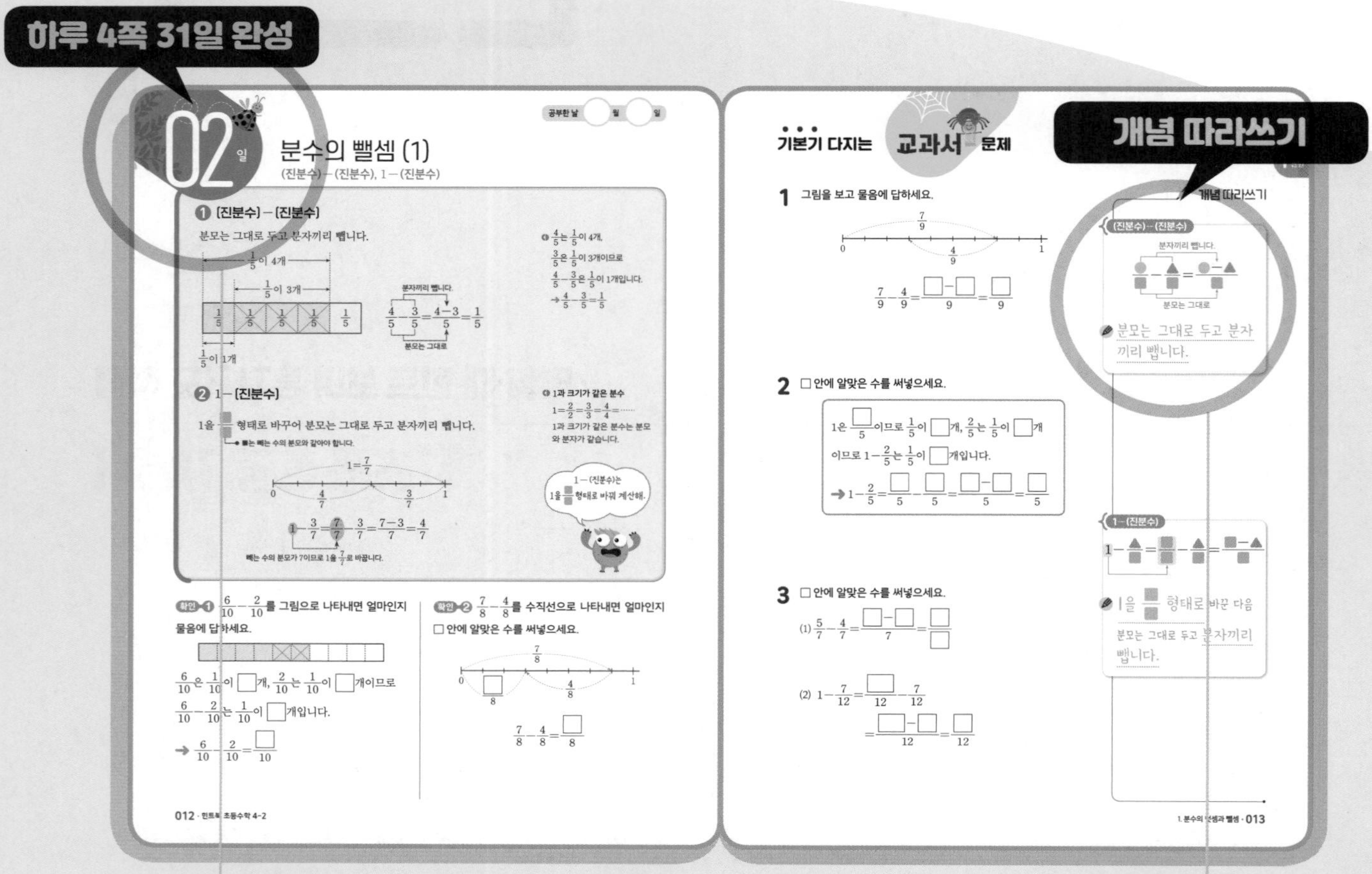

하루 4쪽 31일 완성

하루 4쪽 공부로 단기간에 수학의 기본기를 탄탄하게 완성할 수 있습니다.

개념 따라쓰기

눈으로 확인한 개념을 직접 손으로 따라쓰며 머릿속에 새길 수 있습니다.

10문제면
충분해!

스스로 풀어내는 도전 10 문제

기본문제 > 응용문제 > 독해력문제 > 표현력문제

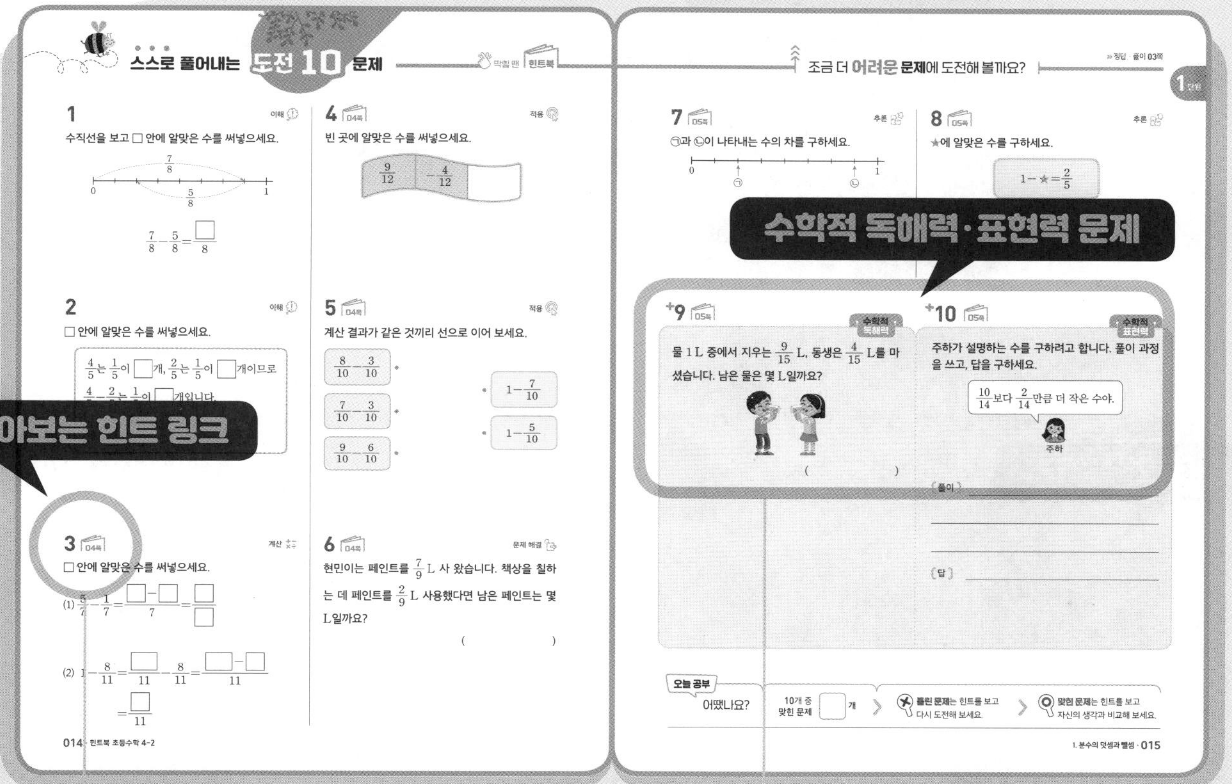

막힐 때 찾아보는 힌트 링크

문제 풀다 막힐 때 힌트를 바로 찾아 확인할 수 있습니다.

수학적 독해력·표현력 문제

문제의 의미를 파악하고, 풀이 과정을 수학적으로 표현하는 연습을 합니다.

이 책의 구성과 특징

막힐 때 찾아보는 힌트

힌트는?

문제해결의 실마리	생각의 첫 단추, 문제 접근법
문제 속 숨은 개념	출제 포인트, 출제 의도
수학적 아이디어	수학적 발상, 수학적 사고
상위권의 풀이법	문제 풀이 스킬, 다양한 풀이 비법

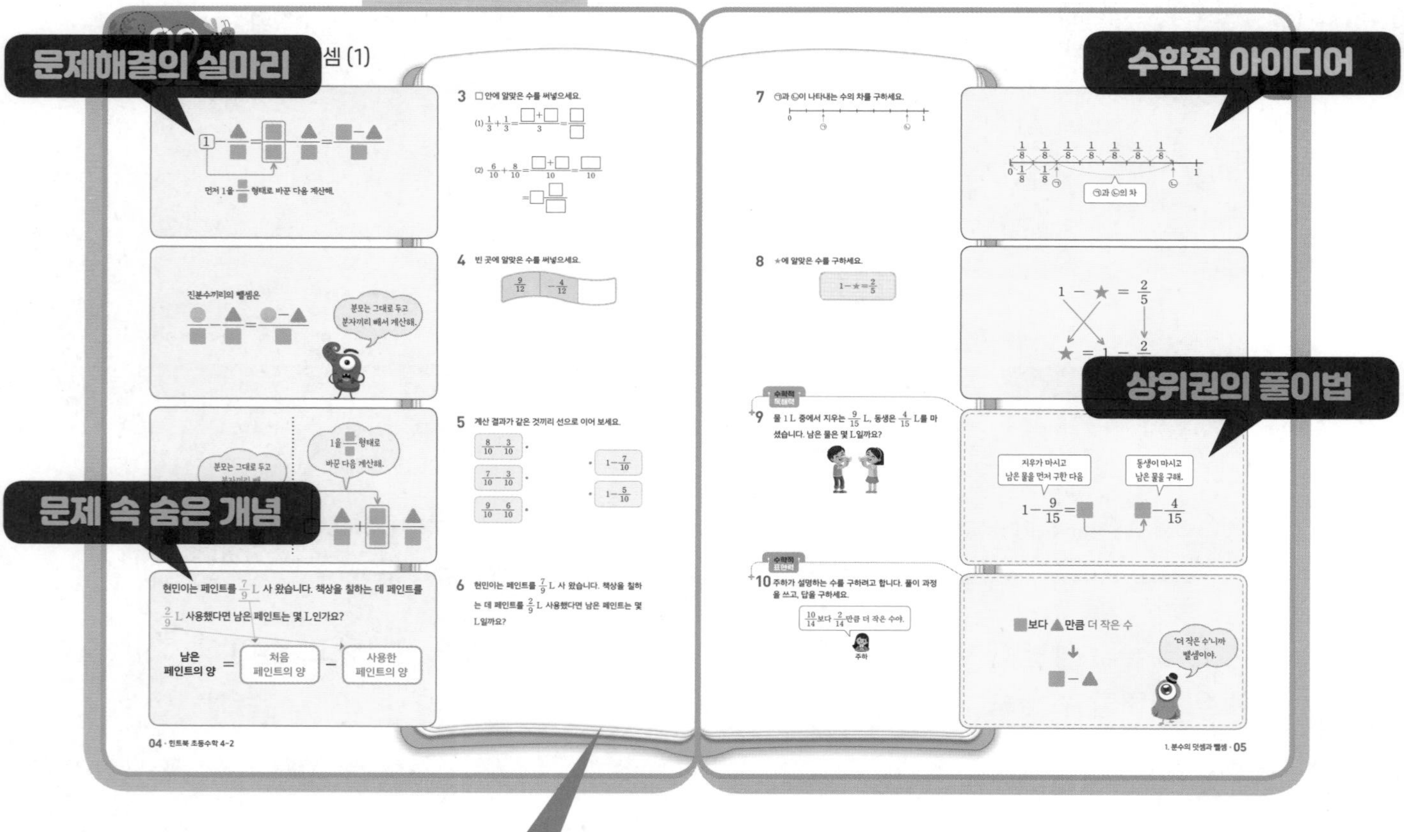

문제를 보며 힌트를 확인할 수 있습니다.

이 책의 200% 활용법

혼공할 때

홈스쿨할 때

선행할 때

수학이 어려울 때

힌트북으로 공부하면

개념이
쉽고 명확해집니다.

문제를 보면
개념이 떠오릅니다.

어려웠던 수학이
만만해집니다.

이 책의 차례

1 단원 분수의 덧셈과 뺄셈

2 단원 삼각형

3 단원 소수의 덧셈과 뺄셈

4 단원 사각형

5 단원 꺾은선그래프

6 단원 다각형

01일 분수의 덧셈 (1)

(진분수)+(진분수)

❶ (진분수)+(진분수)

① 분모는 그대로 두고 분자끼리 더합니다.

② 계산 결과가 가분수이면 대분수로 바꾸어 나타냅니다.

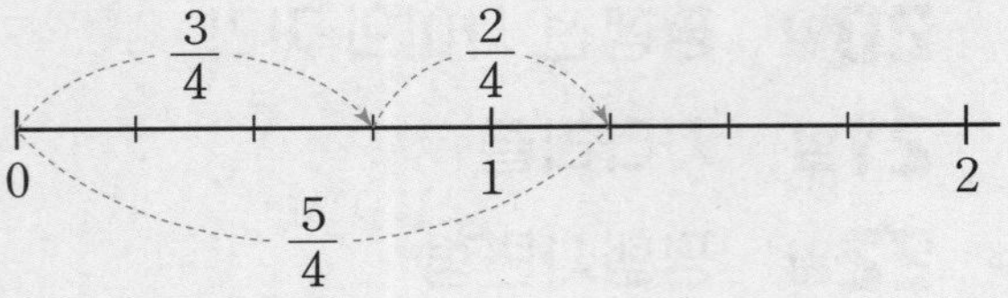

분자끼리 더합니다.

$$\frac{3}{4}+\frac{2}{4}=\frac{3+2}{4}=\frac{5}{4}=1\frac{1}{4}$$

분모는 그대로 가분수는 대분수로

◐ 분모끼리 더하지 않도록 주의합니다.

$\frac{3}{4}+\frac{2}{4}=\frac{3+2}{4+4}$ (✕)

◐ 가분수를 대분수로 나타내기

$\frac{5}{4}=\frac{4}{4}+\frac{1}{4}=1+\frac{1}{4}=1\frac{1}{4}$

개념+ 단위분수의 개수를 이용하여 $\frac{2}{7}+\frac{3}{7}$ 알아보기

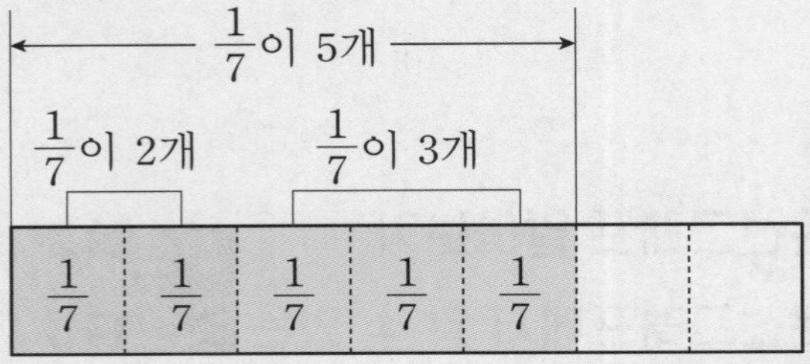

$$\frac{2}{7}+\frac{3}{7}=\frac{2+3}{7}=\frac{5}{7}$$

$\frac{2}{7}$는 $\frac{1}{7}$이 2개, $\frac{3}{7}$은 $\frac{1}{7}$이 3개이므로

$\frac{2}{7}+\frac{3}{7}$은 $\frac{1}{7}$이 5개입니다.

➜ $\frac{2}{7}+\frac{3}{7}=\frac{5}{7}$

확인 1 $\frac{3}{6}+\frac{1}{6}$을 그림으로 나타내면 얼마인지 물음에 답하세요.

(1) 그림에 $\frac{3}{6}$만큼 색칠하고 이어서 $\frac{1}{6}$만큼 색칠하세요.

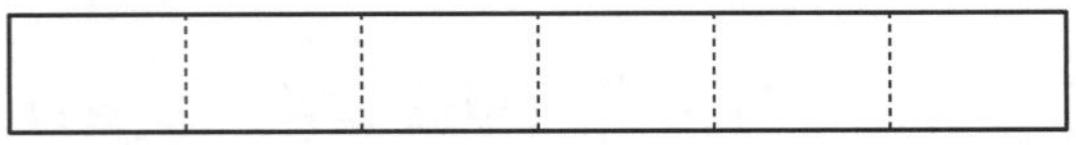

(2) □ 안에 알맞은 수를 써넣으세요.

$$\frac{3}{6}+\frac{1}{6}=\frac{\square}{6}$$

확인 2 $\frac{4}{5}+\frac{3}{5}$을 수직선으로 나타내면 얼마인지 □ 안에 알맞은 수를 써넣으세요.

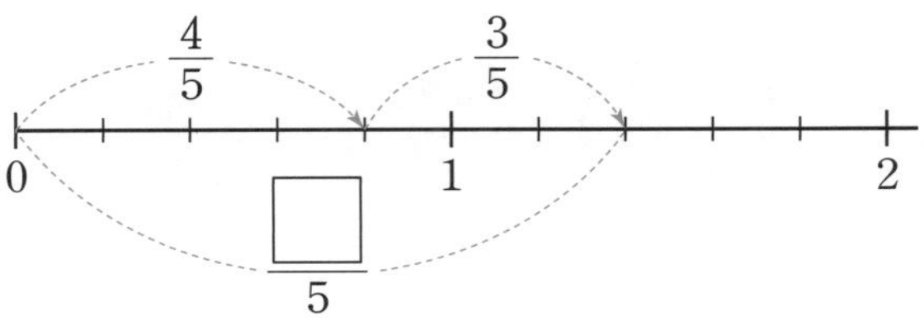

$$\frac{4}{5}+\frac{3}{5}=\frac{\square}{5}=\square\frac{\square}{5}$$

기본기 다지는 교과서 문제

» 정답 · 풀이 02쪽

1 그림을 보고 물음에 답하세요.

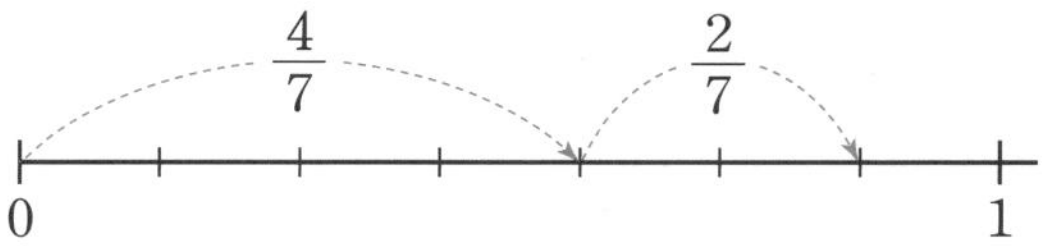

$\frac{4}{7}+\frac{2}{7}=\frac{\square}{7}$

2 □ 안에 알맞은 수를 써넣으세요.

$\frac{5}{10}$는 $\frac{1}{10}$이 □개, $\frac{3}{10}$은 $\frac{1}{10}$이 □개이므로
$\frac{5}{10}+\frac{3}{10}$은 $\frac{1}{10}$이 □개입니다.
→ $\frac{5}{10}+\frac{3}{10}=\frac{\square}{10}$

3 □ 안에 알맞은 수를 써넣으세요.

(1) $\frac{3}{8}+\frac{4}{8}=\frac{\square+\square}{8}=\frac{\square}{\square}$

(2) $\frac{5}{13}+\frac{11}{13}=\frac{\square+\square}{13}=\frac{\square}{13}=\square\frac{\square}{\square}$

개념 따라쓰기

(진분수)+(진분수)

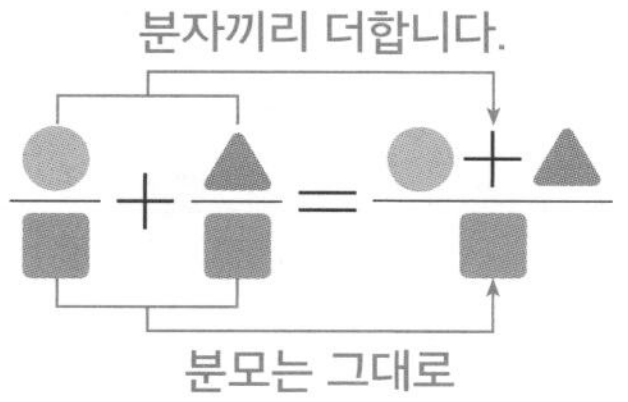

① 분모는 그대로 두고 분자끼리 더합니다.

② 계산 결과가 가분수이면 대분수로 나타냅니다.

단위분수의 개수를 이용하여 알아보기

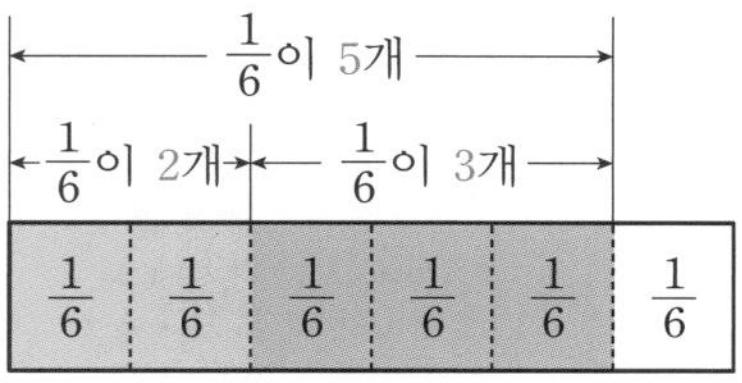

$\frac{2}{6}+\frac{3}{6}=\frac{5}{6}$

$\frac{2}{6}$는 $\frac{1}{6}$이 2개,
$\frac{3}{6}$은 $\frac{1}{6}$이 3개이므로
$\frac{2}{6}+\frac{3}{6}$은 $\frac{1}{6}$이 (2+3)개
입니다.

1

이해

$\frac{2}{8}+\frac{3}{8}$은 얼마인지 그림을 보고 □ 안에 알맞은 수를 써넣으세요.

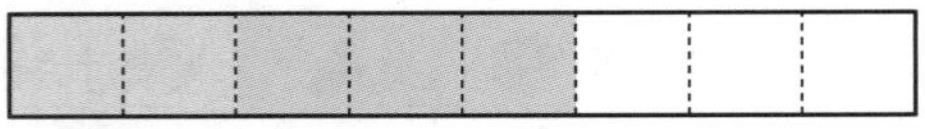

$$\frac{2}{8}+\frac{3}{8}=\frac{\square}{8}$$

2

계산

〈보기〉를 보고 □ 안에 알맞은 수를 써넣으세요.

〈보기〉

$$\frac{2}{6}+\frac{1}{6}=\frac{2+1}{6}=\frac{3}{6}$$

$$\frac{3}{9}+\frac{4}{9}=\frac{\square+\square}{9}=\frac{\square}{9}$$

3

02쪽

계산

□ 안에 알맞은 수를 써넣으세요.

(1) $\frac{1}{3}+\frac{1}{3}=\frac{\square+\square}{3}=\frac{\square}{\square}$

(2) $\frac{6}{10}+\frac{8}{10}=\frac{\square+\square}{10}=\frac{\square}{10}$

$=\square\frac{\square}{\square}$

4

02쪽

이해

□ 안에 알맞은 수를 써넣으세요.

$\frac{4}{6}$는 $\frac{1}{6}$이 □개, $\frac{5}{6}$는 $\frac{1}{6}$이 □개이므로

$\frac{4}{6}+\frac{5}{6}$는 $\frac{1}{6}$이 □개입니다.

→ $\frac{4}{6}+\frac{5}{6}=\frac{\square}{6}=\square\frac{\square}{6}$

5

02쪽

계산

계산해 보세요.

(1) $\frac{1}{4}+\frac{2}{4}$

(2) $\frac{6}{7}+\frac{5}{7}$

6

02쪽

문제 해결

수진이는 주스를 어제는 $\frac{4}{10}$ L 마셨고 오늘은 $\frac{2}{10}$ L 마셨습니다. 수진이가 어제와 오늘 마신 주스는 모두 몇 L인가요?

(　　　　　　)

7 03쪽

적용

㉠과 ㉡의 합은 얼마일까요?

㉠ $\frac{1}{12}$이 7개인 수　　㉡ $\frac{1}{12}$이 3개인 수

(　　　　　　　)

8 03쪽

추론

1부터 9까지의 수 중에서 □ 안에 들어갈 수 있는 수를 모두 쓰세요.

$$\frac{4}{15}+\frac{\square}{15}<\frac{11}{15}$$

(　　　　　　　)

+9 03쪽

수학적 독해력

소정이는 리본을 $\frac{9}{20}$ m 가지고 있고 지혜는 소정이보다 $\frac{5}{20}$ m 더 가지고 있습니다. 두 사람이 가지고 있는 리본은 모두 몇 m일까요?

(　　　　　　　)

+10 03쪽

수학적 표현력

민호가 틀린 이유를 쓰고 바르게 계산해 보세요.

$\frac{3}{5}+\frac{1}{5}$을 $\frac{4}{10}$로 계산했습니다.

민호

[이유] ____________________

____

[바르게 계산하기] ____________________

____

오늘 공부 어땠나요?　10개 중 맞힌 문제 □ 개　> **틀린 문제**는 힌트를 보고 다시 도전해 보세요. > **맞힌 문제**는 힌트를 보고 자신의 생각과 비교해 보세요.

02 일

분수의 뺄셈 (1)

(진분수)−(진분수), 1−(진분수)

① (진분수)−(진분수)

분모는 그대로 두고 분자끼리 뺍니다.

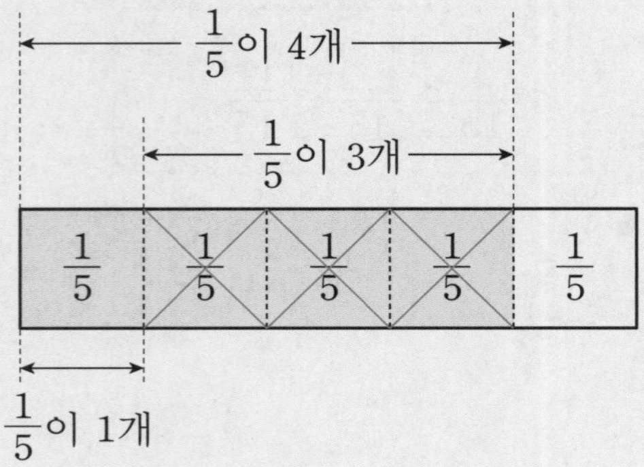

분자끼리 뺍니다.

$$\frac{4}{5}-\frac{3}{5}=\frac{4-3}{5}=\frac{1}{5}$$

분모는 그대로

◐ $\frac{4}{5}$는 $\frac{1}{5}$이 4개,
$\frac{3}{5}$은 $\frac{1}{5}$이 3개이므로
$\frac{4}{5}-\frac{3}{5}$은 $\frac{1}{5}$이 1개입니다.
→ $\frac{4}{5}-\frac{3}{5}=\frac{1}{5}$

② 1−(진분수)

1을 $\frac{■}{■}$ 형태로 바꾸어 분모는 그대로 두고 분자끼리 뺍니다.

● ■는 빼는 수의 분모와 같아야 합니다.

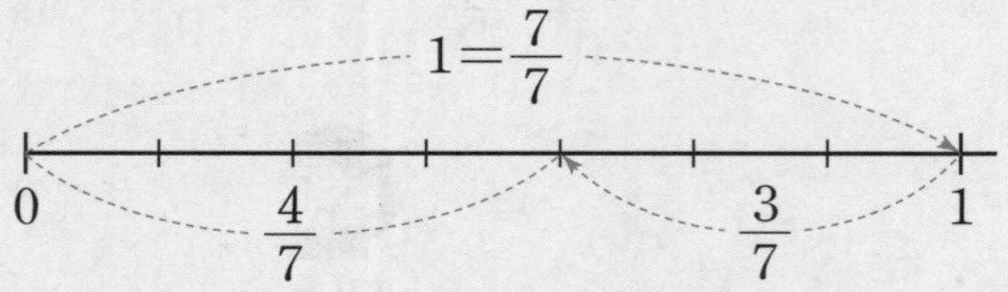

$$1-\frac{3}{7}=\frac{7}{7}-\frac{3}{7}=\frac{7-3}{7}=\frac{4}{7}$$

빼는 수의 분모가 7이므로 1을 $\frac{7}{7}$로 바꿉니다.

◐ 1과 크기가 같은 분수
$1=\frac{2}{2}=\frac{3}{3}=\frac{4}{4}=\cdots\cdots$
1과 크기가 같은 분수는 분모와 분자가 같습니다.

확인 1 $\frac{6}{10}-\frac{2}{10}$를 그림으로 나타내면 얼마인지 물음에 답하세요.

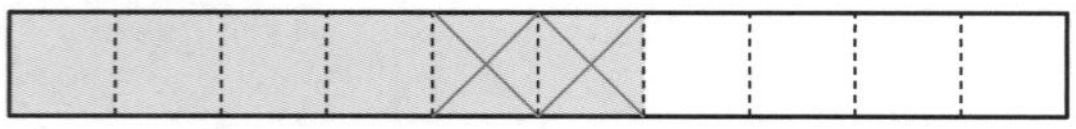

$\frac{6}{10}$은 $\frac{1}{10}$이 □개, $\frac{2}{10}$는 $\frac{1}{10}$이 □개이므로

$\frac{6}{10}-\frac{2}{10}$는 $\frac{1}{10}$이 □개입니다.

→ $\frac{6}{10}-\frac{2}{10}=\frac{□}{10}$

확인 2 $\frac{7}{8}-\frac{4}{8}$를 수직선으로 나타내면 얼마인지 □ 안에 알맞은 수를 써넣으세요.

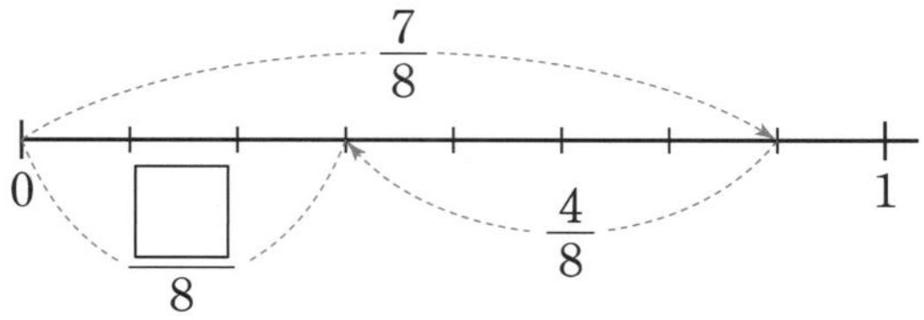

$\frac{7}{8}-\frac{4}{8}=\frac{□}{8}$

1 그림을 보고 물음에 답하세요.

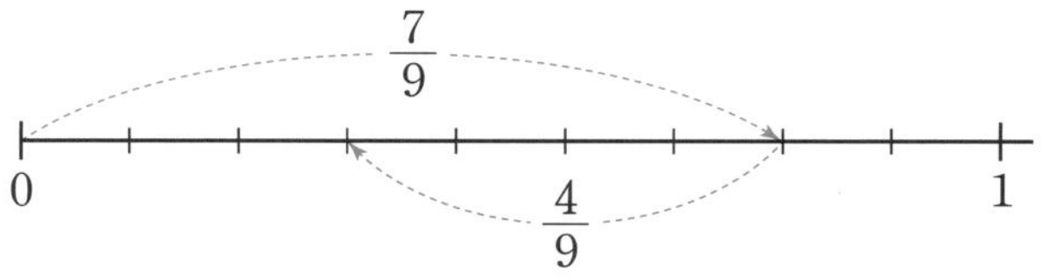

$\frac{7}{9}-\frac{4}{9}=\frac{\square-\square}{9}=\frac{\square}{9}$

2 □ 안에 알맞은 수를 써넣으세요.

1은 $\frac{\square}{5}$이므로 $\frac{1}{5}$이 □개, $\frac{2}{5}$는 $\frac{1}{5}$이 □개

이므로 $1-\frac{2}{5}$는 $\frac{1}{5}$이 □개입니다.

➔ $1-\frac{2}{5}=\frac{\square}{5}-\frac{\square}{5}=\frac{\square-\square}{5}=\frac{\square}{5}$

3 □ 안에 알맞은 수를 써넣으세요.

(1) $\frac{5}{7}-\frac{4}{7}=\frac{\square-\square}{7}=\frac{\square}{\square}$

(2) $1-\frac{7}{12}=\frac{\square}{12}-\frac{7}{12}$

$=\frac{\square-\square}{12}=\frac{\square}{12}$

개념 따라쓰기

(진분수)−(진분수)

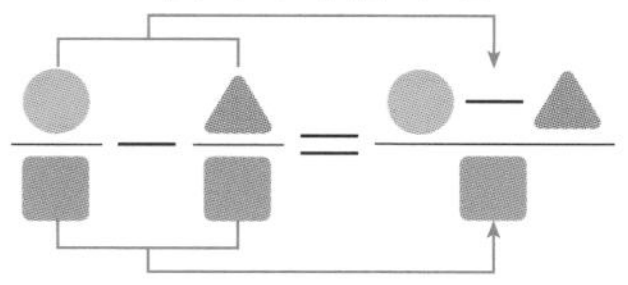

분모는 그대로 두고 분자끼리 뺍니다.

1−(진분수)

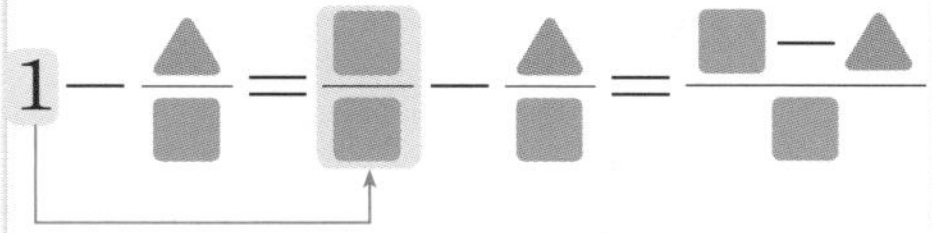

1을 ■/■ 형태로 바꾼 다음 분모는 그대로 두고 분자끼리 뺍니다.

스스로 풀어내는 도전 10 문제

1
이해

수직선을 보고 □ 안에 알맞은 수를 써넣으세요.

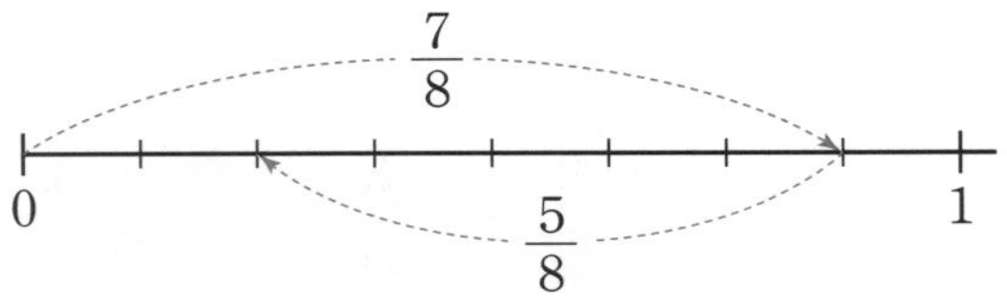

$$\frac{7}{8}-\frac{5}{8}=\frac{\square}{8}$$

2
이해

□ 안에 알맞은 수를 써넣으세요.

$\frac{4}{5}$는 $\frac{1}{5}$이 $\square$개, $\frac{2}{5}$는 $\frac{1}{5}$이 $\square$개이므로

$\frac{4}{5}-\frac{2}{5}$는 $\frac{1}{5}$이 $\square$개입니다.

➜ $\frac{4}{5}-\frac{2}{5}=\frac{\square-\square}{5}=\frac{\square}{5}$

3
04쪽
계산

□ 안에 알맞은 수를 써넣으세요.

(1) $\frac{5}{7}-\frac{1}{7}=\frac{\square-\square}{7}=\frac{\square}{\square}$

(2) $1-\frac{8}{11}=\frac{\square}{11}-\frac{8}{11}=\frac{\square-\square}{11}$

$=\frac{\square}{11}$

4
04쪽
적용

빈 곳에 알맞은 수를 써넣으세요.

$\frac{9}{12}$	$-\frac{4}{12}$	

5
04쪽
적용

계산 결과가 같은 것끼리 선으로 이어 보세요.

$\frac{8}{10}-\frac{3}{10}$ •	• $1-\frac{7}{10}$
$\frac{7}{10}-\frac{3}{10}$ •	• $1-\frac{5}{10}$
$\frac{9}{10}-\frac{6}{10}$ •	

6
04쪽
문제 해결

현민이는 페인트를 $\frac{7}{9}$ L 사 왔습니다. 책상을 칠하는 데 페인트를 $\frac{2}{9}$ L 사용했다면 남은 페인트는 몇 L일까요?

( )

조금 더 **어려운 문제**에 도전해 볼까요?

7 05쪽 추론

㉠과 ㉡이 나타내는 수의 차를 구하세요.

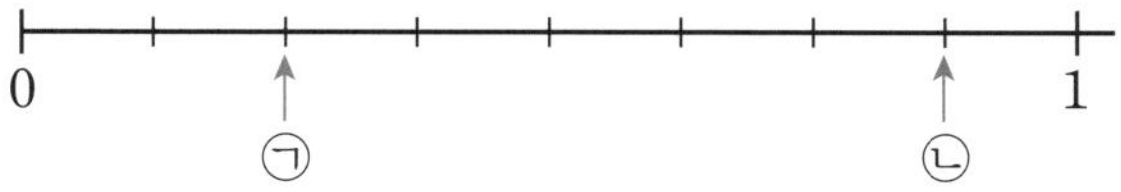

( )

8 05쪽 추론

★에 알맞은 수를 구하세요.

$$1-★=\frac{2}{5}$$

( )

+9 05쪽 수학적 독해력

물 $1\,\mathrm{L}$ 중에서 지우는 $\frac{9}{15}\,\mathrm{L}$, 동생은 $\frac{4}{15}\,\mathrm{L}$를 마셨습니다. 남은 물은 몇 L일까요?

( )

+10 05쪽 수학적 표현력

주하가 설명하는 수를 구하려고 합니다. 풀이 과정을 쓰고, 답을 구하세요.

$\frac{10}{14}$보다 $\frac{2}{14}$만큼 더 작은 수야.

[풀이]

[답]

오늘 공부 어땠나요? 10개 중 맞힌 문제 ☐ 개 > **틀린 문제**는 힌트를 보고 다시 도전해 보세요. > **맞힌 문제**는 힌트를 보고 자신의 생각과 비교해 보세요.

03일 분수의 덧셈 (2)

(대분수)+(대분수)

❶ 받아올림이 없는 (대분수)+(대분수)

자연수는 자연수끼리, 분수는 분수끼리 더합니다.

$$3\frac{3}{5}+2\frac{1}{5}=(3+2)+\left(\frac{3}{5}+\frac{1}{5}\right)=5+\frac{4}{5}=5\frac{4}{5}$$

◐ $3\frac{3}{5}$은 $\frac{1}{5}$이 18개, $2\frac{1}{5}$은 $\frac{1}{5}$이 11개이므로 $3\frac{3}{5}+2\frac{1}{5}$은 $\frac{1}{5}$이 29개입니다.
➜ $3\frac{3}{5}+2\frac{1}{5}=\frac{29}{5}=5\frac{4}{5}$

❷ 받아올림이 있는 (대분수)+(대분수)

방법 1 자연수는 자연수끼리, 분수는 분수끼리 더한 다음 가분수는 대분수로 바꿉니다.

$$1\frac{3}{7}+2\frac{5}{7}=(1+2)+\left(\frac{3}{7}+\frac{5}{7}\right)=3+\frac{8}{7}=3+1\frac{1}{7}=4\frac{1}{7}$$

가분수 → 대분수

방법 2 대분수를 가분수로 바꾸어 분자끼리 더합니다.

$$1\frac{3}{7}+2\frac{5}{7}=\frac{10}{7}+\frac{19}{7}=\frac{29}{7}=4\frac{1}{7}$$

가분수 → 대분수

확인 1 $1\frac{2}{6}+1\frac{3}{6}$을 그림으로 나타내면 얼마인지 □ 안에 알맞은 수를 써넣으세요.

$1\frac{2}{6}$

$1\frac{3}{6}$

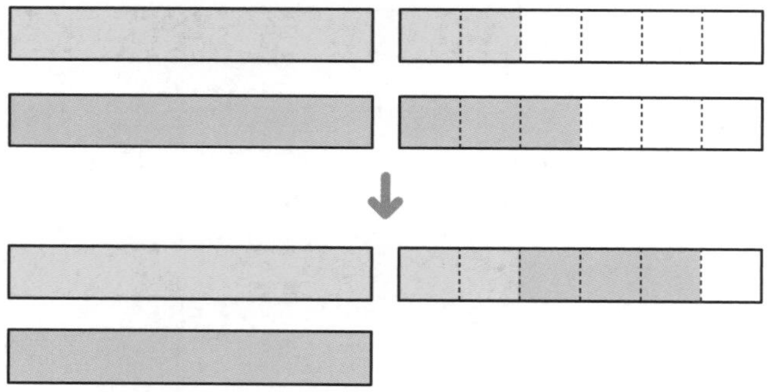

$1\frac{2}{6}+1\frac{3}{6}$

$$1\frac{2}{6}+1\frac{3}{6}=\square+\frac{\square}{6}=\square\frac{\square}{6}$$

기본기 다지는 교과서 문제

» 정답 · 풀이 04쪽

1 그림을 보고 $1\frac{1}{5}+2\frac{2}{5}$가 얼마인지 □ 안에 알맞은 수를 써넣으세요.

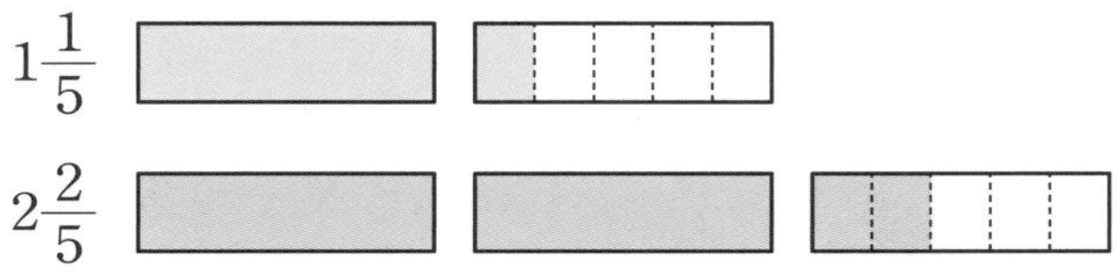

$1\frac{1}{5}+2\frac{2}{5}=(1+\square)+\left(\frac{1}{5}+\frac{\square}{5}\right)=\square+\frac{\square}{5}$

$=\square\frac{\square}{5}$

2 수직선을 이용하여 $2\frac{1}{3}+1\frac{1}{3}$이 얼마인지 □ 안에 알맞은 수를 써넣으세요.

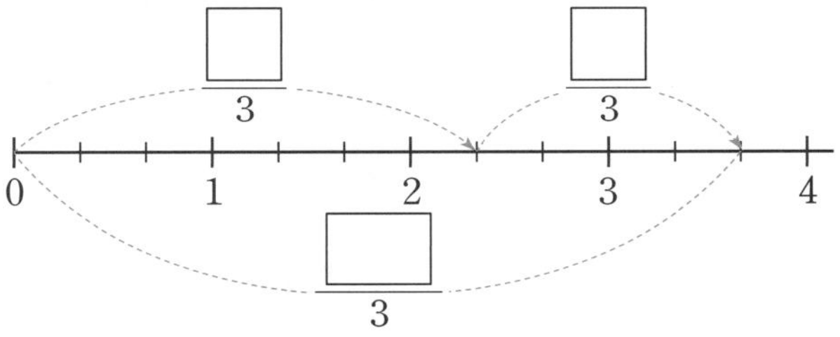

$2\frac{1}{3}+1\frac{1}{3}=\frac{\square}{3}+\frac{\square}{3}=\frac{\square}{3}=\square\frac{\square}{3}$

3 $2\frac{3}{4}+\frac{2}{4}$를 두 가지 방법으로 계산해 보세요.

(1) $2\frac{3}{4}+\frac{2}{4}=2+\left(\frac{3}{4}+\frac{2}{4}\right)=\square+\frac{\square}{4}=\square+\square\frac{\square}{4}$

$=\square\frac{\square}{4}$

(2) $2\frac{3}{4}+\frac{2}{4}=\frac{\square}{4}+\frac{2}{4}=\frac{\square}{4}=\square\frac{\square}{4}$

개념 따라쓰기

받아올림이 없는 (대분수)+(대분수)

$3\frac{3}{5}+2\frac{1}{5}=(3+2)+\left(\frac{3}{5}+\frac{1}{5}\right)$

자연수는 자연수끼리, 분수는 분수끼리 더합니다.

받아올림이 있는 (대분수)+(대분수) ①

$1\frac{3}{7}+2\frac{5}{7}=3+\frac{8}{7}$

$=3+1\frac{1}{7}$

자연수는 자연수끼리, 분수는 분수끼리 더한 다음 가분수는 대분수로 바꿉니다.

받아올림이 있는 (대분수)+(대분수) ②

$1\frac{3}{7}+2\frac{5}{7}=\frac{10}{7}+\frac{19}{7}$

대분수를 가분수로 바꾸어 더합니다.

1

이해

그림을 보고 □ 안에 알맞은 수를 써넣으세요.

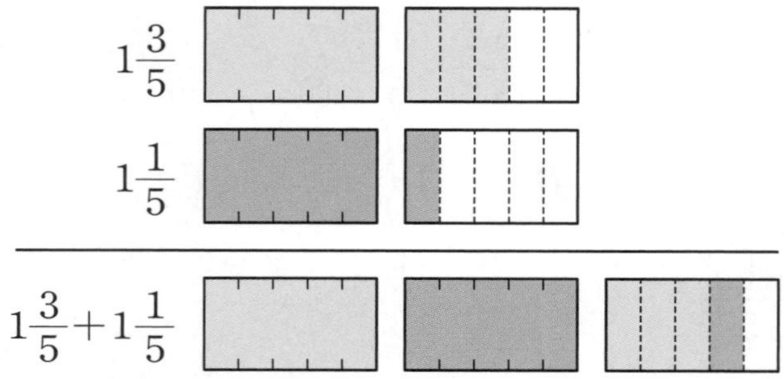

$1\frac{3}{5}+1\frac{1}{5}=\square+\frac{\square}{5}=\square\frac{\square}{5}$

2

06쪽

이해

수직선을 이용하여 $1\frac{2}{6}+\frac{3}{6}$이 얼마인지 □ 안에 알맞은 수를 써넣으세요.

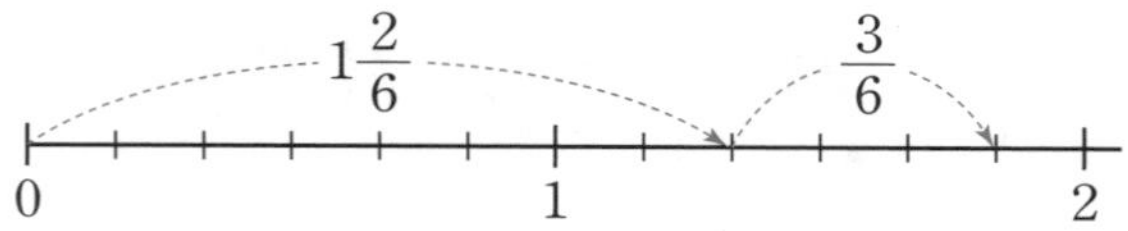

$1\frac{2}{6}+\frac{3}{6}=\frac{\square}{6}+\frac{3}{6}=\frac{\square}{6}=\square\frac{\square}{6}$

3

계산

$2\frac{1}{4}+1\frac{2}{4}$를 두 가지 방법으로 계산해 보세요.

방법 1 자연수끼리 더하고 분수끼리 더하기

$2\frac{1}{4}+1\frac{2}{4}=\square+\frac{\square}{4}=\square\frac{\square}{4}$

방법 2 대분수를 가분수로 고치기

$2\frac{1}{4}+1\frac{2}{4}=\frac{\square}{4}+\frac{\square}{4}=\frac{\square}{4}=\square\frac{\square}{4}$

4

06쪽

계산

계산해 보세요.

(1) $2\frac{3}{8}+1\frac{1}{8}$

(2) $1\frac{3}{7}+1\frac{5}{7}$

5

06쪽

적용

두 분수의 합을 빈 곳에 써넣으세요.

$1\frac{2}{9}$	
$1\frac{4}{9}$	

6

06쪽

문제 해결

직사각형의 가로와 세로의 합은 몇 cm일까요?

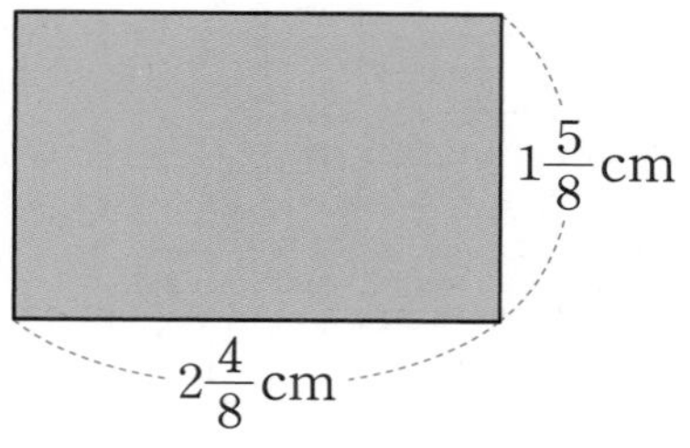

(　　　　　　　　)

» 정답 · 풀이 04쪽

조금 더 어려운 문제에 도전해 볼까요?

7 07쪽 적용

계산 결과가 4보다 큰 덧셈식에 ○표 하세요.

$3\frac{2}{10}+\frac{7}{10}$	$1\frac{8}{10}+2\frac{6}{10}$	$2\frac{5}{10}+1\frac{3}{10}$
(　　　)	(　　　)	(　　　)

8 07쪽 적용

가장 큰 수와 가장 작은 수의 합을 구하세요.

$2\frac{7}{9}$　　$2\frac{8}{9}$　　$4\frac{3}{9}$

(　　　　　)

+9 07쪽 수학적 독해력

다음 수 중에서 두 수를 골라 □ 안에 써넣어 계산 결과가 가장 큰 덧셈식으로 만들고 계산해 보세요.

1　5　8

$2\frac{\square}{11}+\frac{\square}{11}=\square$

+10 07쪽 수학적 표현력

다음 계산이 잘못된 이유를 쓰고 바르게 계산해 보세요.

$$3\frac{6}{7}+2\frac{4}{7}=5+\frac{10}{7}=5\frac{10}{7}$$

[이유] ______________________

[바른 계산] ______________________

오늘 공부 어땠나요? 10개 중 맞힌 문제 □ 개 > 틀린 문제는 힌트를 보고 다시 도전해 보세요. > 맞힌 문제는 힌트를 보고 자신의 생각과 비교해 보세요.

04 일

분수의 뺄셈 (2)

(대분수) − (대분수)

① 받아내림이 없는 (대분수) − (대분수)

자연수는 자연수끼리, 분수는 분수끼리 뺀 결과를 더합니다.

$$3\frac{3}{4}-2\frac{1}{4}=(3-2)+\left(\frac{3}{4}-\frac{1}{4}\right)=1+\frac{2}{4}=1\frac{2}{4}$$

◐ $3\frac{3}{4}$은 $\frac{1}{4}$이 15개, $2\frac{1}{4}$은 $\frac{1}{4}$이 9개이므로 $3\frac{3}{4}-2\frac{1}{4}$은 $\frac{1}{4}$이 6개입니다.
→ $3\frac{3}{4}-2\frac{1}{4}=\frac{6}{4}=1\frac{2}{4}$

② 받아내림이 있는 (대분수) − (대분수)

방법 1 빼어지는 대분수에서 1만큼을 가분수로 바꾼 다음 자연수는 자연수끼리, 분수는 분수끼리 뺀 결과를 더합니다.

$$3\frac{2}{5}-1\frac{4}{5}=2\frac{7}{5}-1\frac{4}{5}=(2-1)+\left(\frac{7}{5}-\frac{4}{5}\right)=1+\frac{3}{5}=1\frac{3}{5}$$

$3\frac{2}{5}=2+1\frac{2}{5}=2+\frac{7}{5}$

◐ 대분수의 자연수에서 1만큼을 가분수로 바꿀 때 분자는 분모만큼 커집니다.
$3\frac{3}{5}=(3-1)\frac{3+5}{5}=2\frac{8}{5}$

방법 2 대분수를 가분수로 바꾸어 분자끼리 뺍니다.

$$3\frac{2}{5}-1\frac{4}{5}=\frac{17}{5}-\frac{9}{5}=\frac{8}{5}=1\frac{3}{5}$$

가분수 → 대분수

확인 1 $2\frac{3}{4}-1\frac{1}{4}$을 그림으로 나타내면 얼마인지 □ 안에 알맞은 수를 써넣으세요.

$2\frac{3}{4}-1\frac{1}{4}$

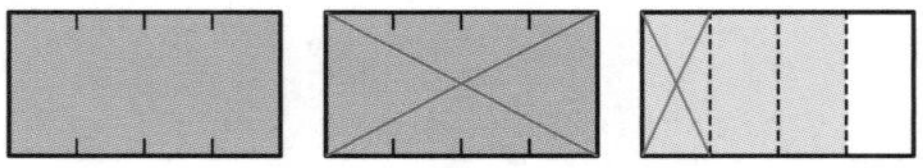

$$2\frac{3}{4}-1\frac{1}{4}=\square+\frac{\square}{4}=\square\frac{\square}{4}$$

확인 2 $2\frac{1}{5}-1\frac{2}{5}$를 계산해 보세요.

$$2\frac{1}{5}-1\frac{2}{5}=\square\frac{\square}{5}-1\frac{2}{5}=\frac{\square}{5}$$

기본기 다지는 교과서 문제

» 정답 · 풀이 06쪽

1 그림을 보고 $3\frac{4}{5}-1\frac{3}{5}$이 얼마인지 □ 안에 알맞은 수를 써넣으세요.

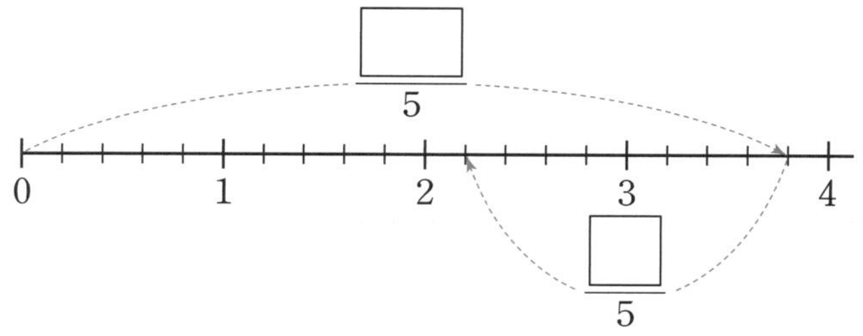

$$3\frac{4}{5}-1\frac{3}{5}=\frac{\square}{5}-\frac{\square}{5}=\frac{\square}{5}=\square\frac{\square}{5}$$

2 $3\frac{1}{8}-1\frac{3}{8}$을 두 가지 방법으로 계산해 보세요.

(1) $3\frac{1}{8}-1\frac{3}{8}=2\frac{\square}{8}-1\frac{3}{8}=(2-1)+\left(\frac{\square}{8}-\frac{3}{8}\right)$

$=\square+\frac{\square}{8}=\square\frac{\square}{8}$

(2) $3\frac{1}{8}-1\frac{3}{8}=\frac{\square}{8}-\frac{\square}{8}=\frac{\square}{8}=\square\frac{\square}{8}$

3 계산해 보세요.

(1) $5\frac{6}{9}-\frac{3}{9}$

(2) $6\frac{3}{4}-2\frac{2}{4}$

(3) $3\frac{1}{3}-1\frac{2}{3}$

개념 따라쓰기

받아내림이 없는 (대분수)-(대분수)

$$3\frac{3}{4}-2\frac{1}{4}=(3-2)+\left(\frac{3}{4}-\frac{1}{4}\right)$$

자연수는 자연수끼리, 분수는 분수끼리 뺀 결과를 더합니다.

받아내림이 있는 (대분수)-(대분수) ①

$$3\frac{2}{5}-1\frac{4}{5}=2\frac{7}{5}-1\frac{4}{5}$$

$3\frac{2}{5}=2+1\frac{2}{5}=2+\frac{7}{5}$

빼어지는 대분수에서 1만큼을 가분수로 바꾼 다음 자연수는 자연수끼리, 분수는 분수끼리 뺀 결과를 더합니다.

받아내림이 있는 (대분수)-(대분수) ②

$$3\frac{2}{5}-1\frac{4}{5}=\frac{17}{5}-\frac{9}{5}$$

대분수를 가분수로 바꾸어 뺍니다.

1 이해

그림을 보고 □ 안에 알맞은 수를 써넣으세요.

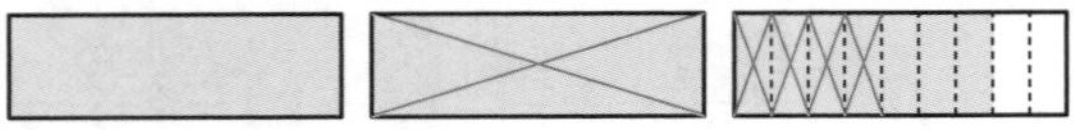

$2\frac{7}{9}-1\frac{4}{9}=\square\frac{\square}{9}$

2 08쪽 이해

수직선을 이용하여 $2\frac{4}{6}-\frac{5}{6}$는 얼마인지 □ 안에 알맞은 수를 써넣으세요.

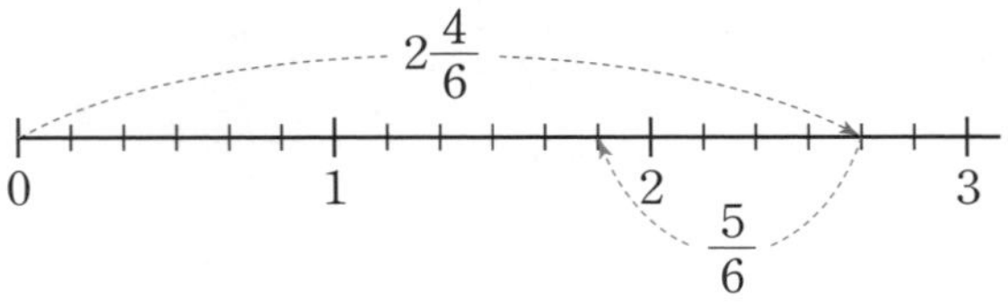

$2\frac{4}{6}-\frac{5}{6}=1\frac{\square}{6}-\frac{5}{6}=\square+\left(\frac{\square}{6}-\frac{5}{6}\right)$

$=\square+\frac{\square}{6}=\square\frac{\square}{6}$

3 계산

$3\frac{4}{5}-1\frac{2}{5}$를 두 가지 방법으로 계산해 보세요.

방법 1 자연수끼리 빼고 분수끼리 빼기

$3\frac{4}{5}-1\frac{2}{5}=\square+\frac{\square}{5}=\square\frac{\square}{5}$

방법 2 대분수를 가분수로 고치기

$3\frac{4}{5}-1\frac{2}{5}=\frac{\square}{5}-\frac{\square}{5}=\frac{\square}{5}=\square\frac{\square}{5}$

4 08쪽 적용

빈 곳에 알맞은 분수를 써넣으세요.

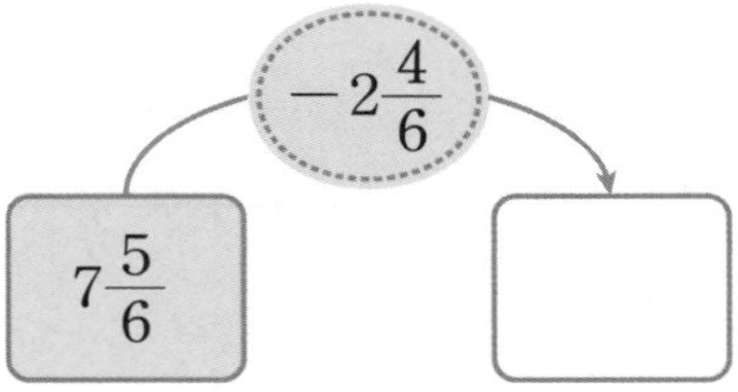

5 08쪽 계산

〈보기〉와 같이 나타내어 보세요.

〈보기〉
$3\frac{2}{5}-\frac{3}{5}=\frac{17}{5}-\frac{3}{5}=\frac{14}{5}=2\frac{4}{5}$

$2\frac{1}{7}-\frac{2}{7}=$ ______

6 08쪽 적용

계산 결과가 더 큰 것에 색칠해 보세요.

$3\frac{5}{9}-1\frac{1}{9}$ $4\frac{2}{9}-1\frac{3}{9}$

조금 더 어려운 문제에 도전해 볼까요?

7 09쪽 문제 해결

다음이 나타내는 수와 $2\frac{3}{12}$의 차를 구하세요.

$\frac{1}{12}$이 5개인 수

(   )

8 09쪽 추론

1부터 5까지의 수 중에서 □ 안에 들어갈 수 있는 수는 모두 몇 개일까요?

$$2\frac{6}{9}-2\frac{\square}{9}>\frac{3}{9}$$

(   )

+9 09쪽 수학적 독해력

어떤 대분수에서 $2\frac{5}{10}$를 빼야 할 것을 잘못하여 더했더니 $5\frac{7}{10}$이 되었습니다. 바르게 계산하면 얼마일까요?

(   )

+10 09쪽 수학적 표현력

냉장고에 포도주스가 $4\frac{3}{10}$ L, 오렌지주스가 $2\frac{7}{10}$ L 들어 있습니다. 어느 주스가 몇 L 더 많이 들어 있는지 풀이 과정을 쓰고, 답을 구하세요.

[풀이] ______________________

____

____

[답] ______________________

____

오늘 공부 어땠나요?	10개 중 맞힌 문제 □ 개	**틀린 문제**는 힌트를 보고 다시 도전해 보세요.	**맞힌 문제**는 힌트를 보고 자신의 생각과 비교해 보세요.

분수의 뺄셈 (3)

(자연수)−(분수)

① (자연수)−(분수)

방법 1 자연수에서 1만큼을 분수로 바꾸어 계산합니다.

$$3-1\frac{1}{3}=2\frac{3}{3}-1\frac{1}{3}=(2-1)+\left(\frac{3}{3}-\frac{1}{3}\right)=1+\frac{2}{3}=1\frac{2}{3}$$

$2+1=2+\frac{3}{3}$

방법 2 자연수와 대분수를 가분수로 바꾸어 분자끼리 뺍니다.

$$3-1\frac{1}{3}=\frac{9}{3}-\frac{4}{3}=\frac{5}{3}=1\frac{2}{3}$$

자연수와 대분수를 가분수로 바꿉니다.

- 3은 $\frac{1}{3}$이 9개, $1\frac{1}{3}$은 $\frac{1}{3}$이 4개이므로 $3-1\frac{1}{3}$은 $\frac{1}{3}$은 5개입니다.
  ➔ $3-1\frac{1}{3}=\frac{5}{3}=1\frac{2}{3}$

- 자연수를 가분수로 바꿀 때 가분수의 분모는 빼는 분수의 분모와 같아야 합니다.
  ➔ $3-1\frac{1}{3}=\frac{9}{3}-\frac{4}{3}$
  분모가 3인 가분수로 바꿈

개념+ $3-1\frac{1}{3}$ 어림하기

$3-1\frac{1}{3}$은 3에서 1을 빼고, $\frac{1}{3}$을 더 빼야 합니다.

➔ $3-1\frac{1}{3}$은 2보다 작습니다.

확인 1 $3-\frac{3}{4}$을 수직선으로 나타내면 얼마인지 □ 안에 알맞은 수를 써넣으세요.

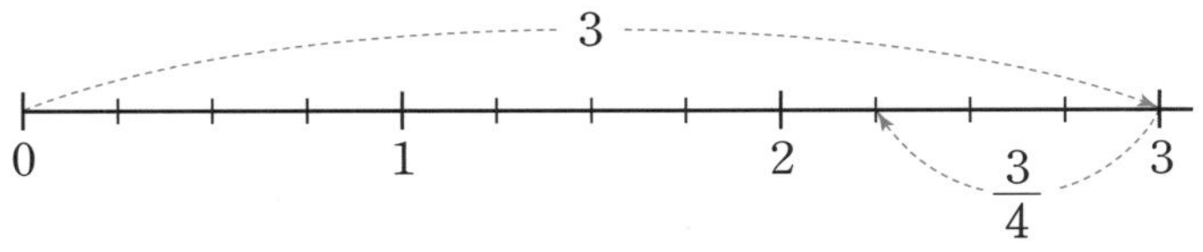

$$3-\frac{3}{4}=2\frac{\square}{4}-\frac{3}{4}=2+\frac{\square}{4}=\square\frac{\square}{4}$$

확인 2 $4-1\frac{4}{6}$를 계산해 보세요.

$$4-1\frac{4}{6}=\square\frac{\square}{6}-1\frac{4}{6}=\square\frac{\square}{6}$$

기본기 다지는 교과서 문제

1 그림을 보고 $3-1\frac{2}{6}$가 얼마인지 □ 안에 알맞은 수를 써넣으세요.

3

$2\frac{6}{6}$

$2\frac{6}{6}-1\frac{2}{6}$

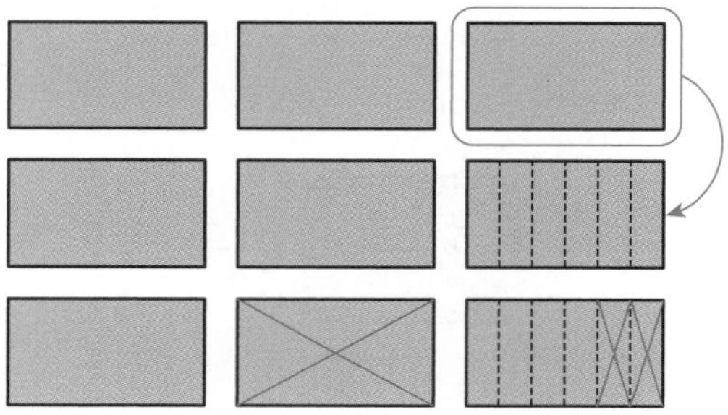

$3-1\frac{2}{6}=\square\frac{\square}{6}-1\frac{2}{6}=\square\frac{\square}{6}$

2 $2-\frac{4}{7}$는 얼마인지 □ 안에 알맞은 수를 써넣으세요.

2는 $\frac{1}{7}$이 □개, $\frac{4}{7}$는 $\frac{1}{7}$이 □개이므로

$2-\frac{4}{7}$는 $\frac{1}{7}$이 □개입니다.

➜ $2-\frac{4}{7}=\frac{\square}{7}=\square\frac{\square}{7}$

3 $4-2\frac{4}{9}$를 두 가지 방법으로 계산해 보세요.

(1) $4-2\frac{4}{9}=3\frac{\square}{9}-2\frac{4}{9}=(\square-\square)+\left(\frac{\square}{9}-\frac{\square}{9}\right)$

$=\square+\frac{\square}{9}=\square\frac{\square}{9}$

(2) $4-2\frac{4}{9}=\frac{\square}{9}-\frac{\square}{9}=\frac{\square}{9}=\square\frac{\square}{9}$

개념 따라쓰기

(자연수)-(분수) ①

$3-1\frac{1}{3}=2\frac{3}{3}-1\frac{1}{3}$

자연수에서 1만큼을 분수로

자연수에서 1만큼을 분수로 바꾸어 계산합니다.

(자연수)-(분수) ②

$3-1\frac{1}{3}=\frac{9}{3}-\frac{4}{3}$

자연수와 대분수를 가분수로

자연수와 대분수를 가분수로 바꾸어 뺍니다.

1

이해

그림을 보고 $3-\frac{2}{5}$는 얼마인지 □ 안에 알맞은 수를 써넣으세요.

$$3-\frac{2}{5}=\square\frac{\square}{5}$$

2

10쪽

이해

수직선을 이용하여 $2-1\frac{1}{3}$은 얼마인지 □ 안에 알맞은 수를 써넣으세요.

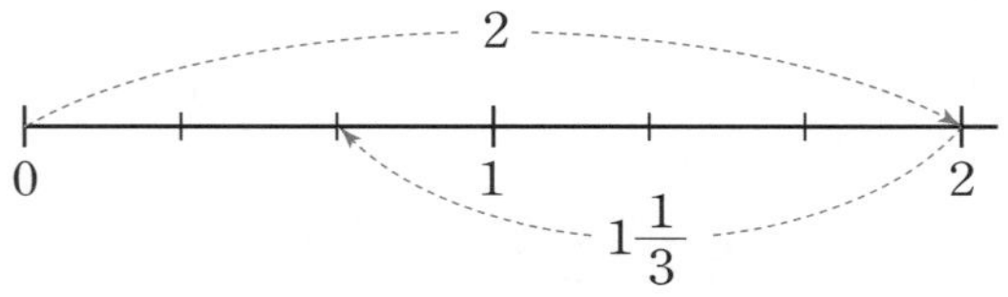

$$2-1\frac{1}{3}=\square\frac{\square}{3}-1\frac{1}{3}=\frac{\square}{3}$$

3

계산

$5-\frac{5}{7}$를 두 가지 방법으로 계산해 보세요.

방법 1 자연수에서 1만큼을 가분수로 바꾸기

$$5-\frac{5}{7}=4\frac{\square}{7}-\frac{5}{7}=\square+\frac{\square}{7}=\square\frac{\square}{7}$$

방법 2 대분수를 가분수로 고치기

$$5-\frac{5}{7}=\frac{\square}{7}-\frac{5}{7}=\frac{\square}{7}=\square\frac{\square}{7}$$

4

10쪽

적용

관계있는 것끼리 선으로 이어 보세요.

$2-\frac{2}{6}$	$1\frac{3}{6}$
$3-1\frac{1}{6}$	$1\frac{5}{6}$
	$1\frac{4}{6}$

5

10쪽

적용

빈칸에 알맞은 수를 써넣으세요.

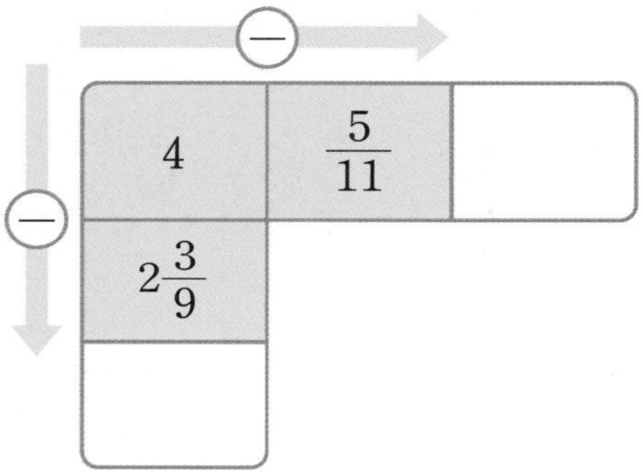

6

10쪽

문제 해결

현서는 주스 2 L 중에서 $\frac{5}{8}$ L를 마셨습니다. 남은 주스는 몇 L일까요?

[식] ____________________

[답] ____________________

» 정답 · 풀이 07쪽

조금 더 어려운 문제에 도전해 볼까요?

7 11쪽 문제 해결

계산 결과가 가장 큰 친구의 이름을 쓰세요.

(　　　　　　　　)

8 11쪽 추론

□ 안에 알맞은 수를 구하세요.

$$\square+\frac{6}{15}=4$$

(　　　　　　　　)

+9 11쪽 수학적 독해력

한 장의 카드를 골라 □ 안에 수를 써넣어 식을 만들려고 합니다. 계산 결과가 가장 큰 식을 만들고 계산해 보세요.

3　5　8

$$6-2\frac{\square}{5}$$

[식] ______________________

+10 11쪽 수학적 표현력

풀이 과정을 보고 틀린 이유를 쓰고, 바르게 고쳐 보세요.

$$9-3\frac{3}{9}=(9-3)+\frac{3}{9}=6\frac{3}{9}$$

[틀린 이유] ______________________

____

[바르게 고치기] ______________________

____

오늘 공부 어땠나요? 10개 중 맞힌 문제 □ 개 > 틀린 문제는 힌트를 보고 다시 도전해 보세요. > 맞힌 문제는 힌트를 보고 자신의 생각과 비교해 보세요.

01 수직선을 보고 □ 안에 알맞은 수를 써넣으세요.

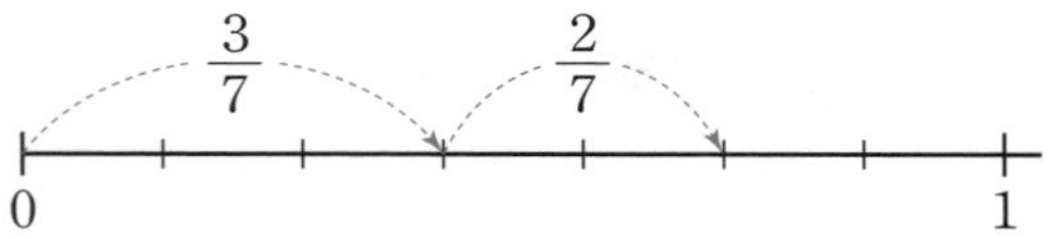

$$\frac{3}{7}+\frac{2}{7}=\frac{\square}{7}$$

02 관계있는 것끼리 선으로 이어 보세요.

$\frac{7}{10}-\frac{5}{10}$ • • $\frac{4}{10}$

$1-\frac{6}{10}$ • • $\frac{3}{10}$

$\frac{1}{10}+\frac{2}{10}$ • • $\frac{2}{10}$

03 빈 곳에 알맞은 수를 써넣으세요.

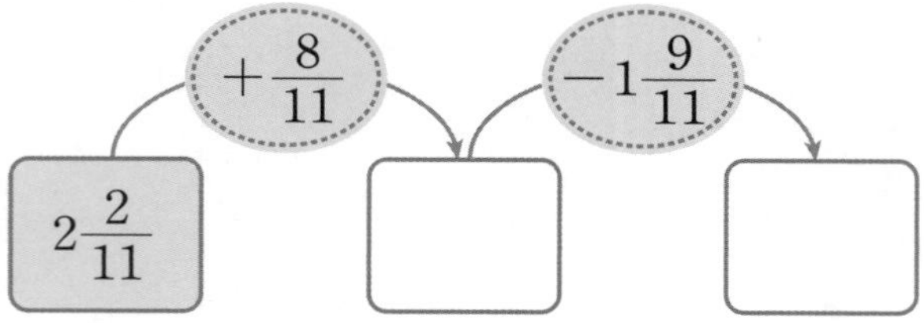

04 두 분수의 합과 차를 구하세요.

$\frac{6}{12}$ $\frac{11}{12}$

[합] ( )

[차] ( )

05 $2\frac{3}{6}-1\frac{4}{6}$를 2가지 방법으로 계산해 보세요.

방법 1 ____________________

방법 2 ____________________

06 크기를 비교하여 ◯ 안에 >, =, <를 알맞게 써넣으세요.

$$3\frac{4}{5}-\frac{2}{5} \bigcirc 2\frac{2}{5}+1\frac{1}{5}$$

07 가장 큰 분수와 가장 작은 분수의 차는 얼마인가요?

$3\frac{7}{11}$ $3\frac{4}{11}$ $2\frac{9}{11}$

( )

08 우유 $1\,\mathrm{L}$ 중 어제는 $\frac{3}{7}\,\mathrm{L}$, 오늘은 $\frac{1}{7}\,\mathrm{L}$를 마셨습니다. 남은 우유는 몇 L일까요?

( )

09 두 분수는 분모가 8인 진분수입니다. 두 분수를 더하면 $\frac{6}{8}$이고 두 분수 중 큰 분수에서 작은 분수를 빼면 $\frac{2}{8}$가 됩니다. 두 분수를 구하세요.

( )

서술형

10 어떤 수에서 $\frac{5}{6}$를 빼야 할 것을 잘못하여 더했더니 2가 되었습니다. 바르게 계산하면 얼마인지 풀이 과정을 쓰고, 답을 구하세요.

풀이

답

06일 변의 길이에 따라 삼각형 분류하기

1 이등변삼각형

두 변의 길이가 같은 삼각형을 **이등변삼각형**이라고 합니다.

2 정삼각형

세 변의 길이가 같은 삼각형을 **정삼각형**이라고 합니다.

◐ 변의 길이에 따라 삼각형 분류하기

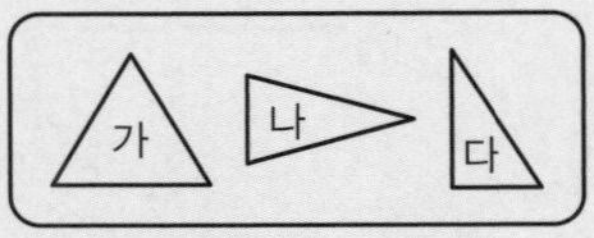

세 변의 길이가 모두 다른 삼각형	다
두 변의 길이만 같은 삼각형	나
세 변의 길이가 같은 삼각형	가

개념+ 이등변삼각형과 정삼각형의 관계

(1) 정삼각형은 두 변의 길이가 같기 때문에 이등변삼각형입니다.

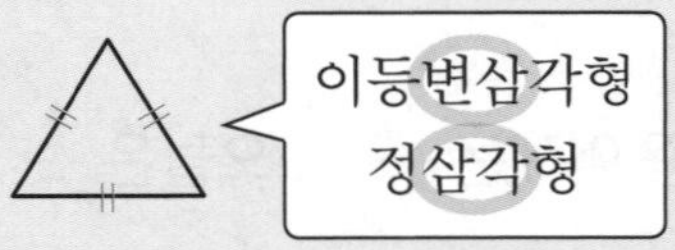

(2) 이등변삼각형은 항상 세 변의 길이가 같지는 않기 때문에 정삼각형이 아닙니다.

확인 1 그림을 보고 □ 안에 알맞은 기호나 말을 써넣으세요.

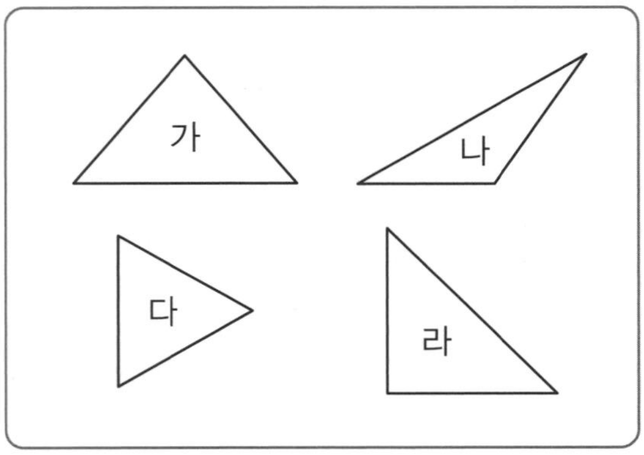

(1) 두 변의 길이가 같은 삼각형은 가, □입니다.

(2) 세 변의 길이가 같은 삼각형은 □입니다.

(3) 두 변의 길이가 같은 삼각형을 □이라고 하고, 세 변의 길이가 같은 삼각형을 □이라고 합니다.

» 정답 · 풀이 10쪽

기본기 다지는 교과서 문제

1 자를 사용하여 이등변삼각형을 찾아 ○표 하세요.

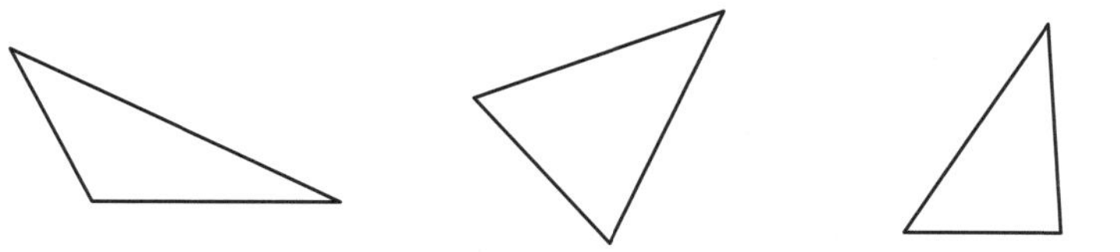

(　　　) (　　　) (　　　)

2 자를 사용하여 정삼각형을 찾아 ○표 하세요.

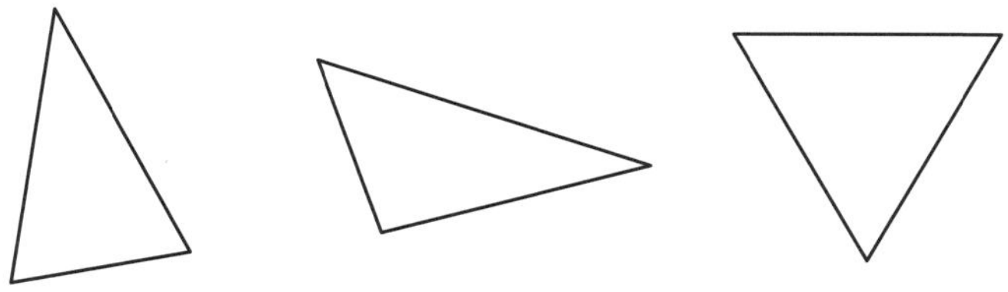

(　　　) (　　　) (　　　)

3 이등변삼각형입니다. □ 안에 알맞은 수를 써넣으세요.

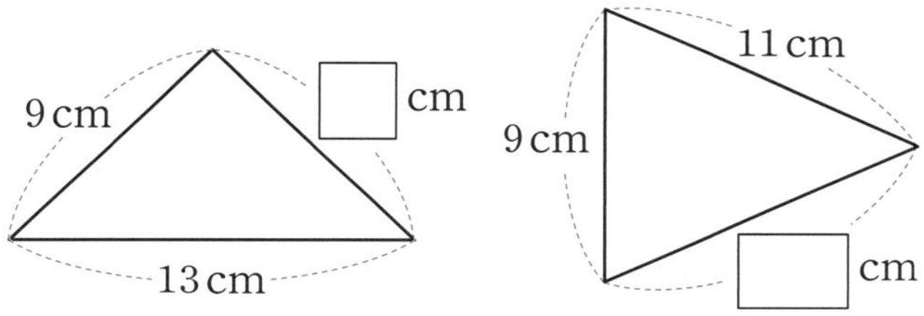

4 정삼각형입니다. □ 안에 알맞은 수를 써넣으세요.

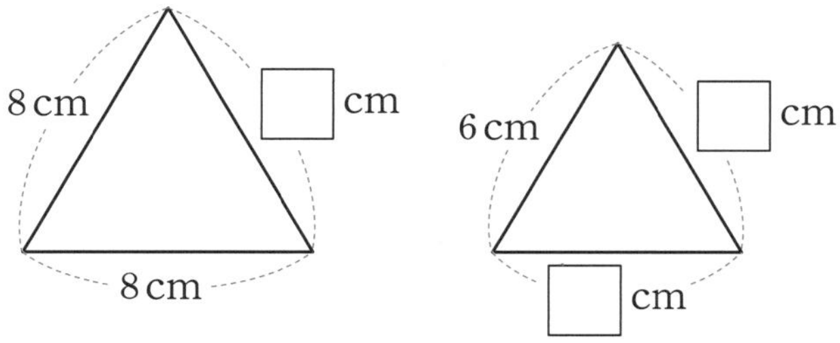

개념 따라쓰기

이등변삼각형 알아보기

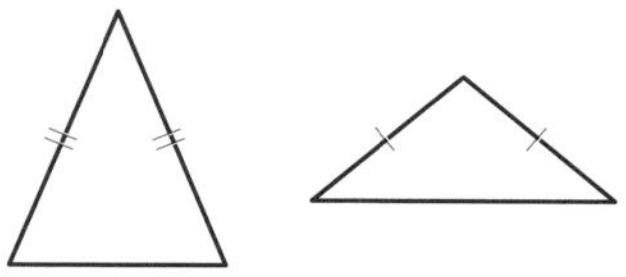

이등변삼각형은 두 변의 길이가 같은 삼각형입니다.

정삼각형 알아보기

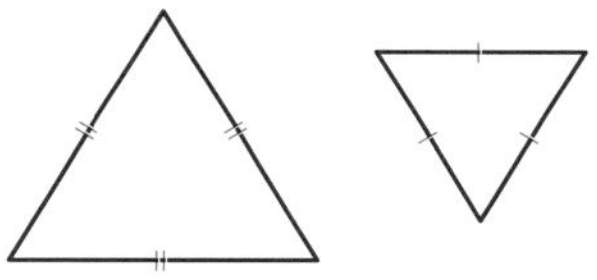

정삼각형은 세 변의 길이가 같은 삼각형입니다.

스스로 풀어내는 도전 10 문제

막힐 땐 힌트북

1

이해

정삼각형을 찾아 기호를 쓰세요.

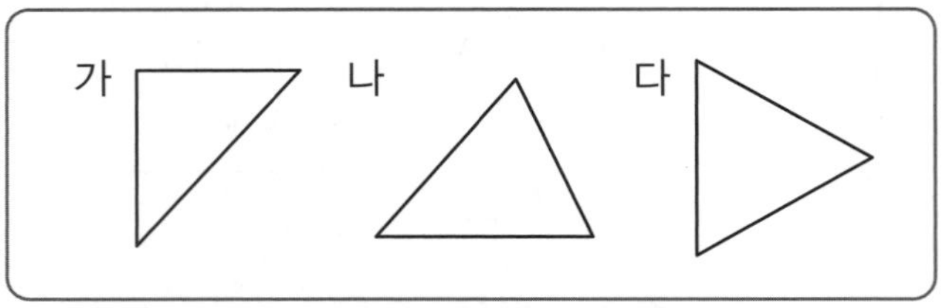

(　　　　　　　　)

2

이해

다음 도형은 이등변삼각형입니다. 길이가 다른 변을 찾아 쓰세요.

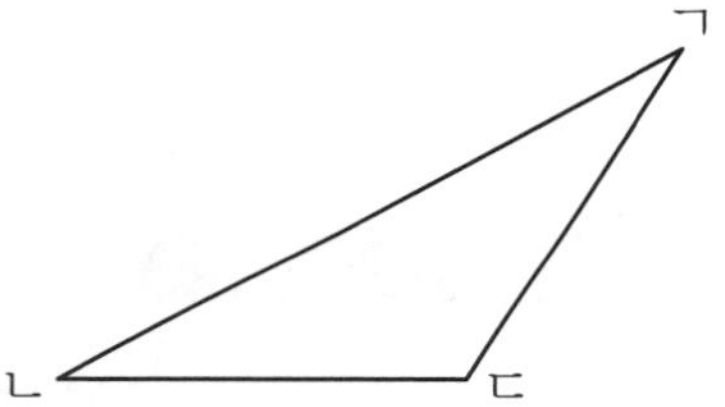

(　　　　　　　　)

3

12쪽

추론

□ 안에 알맞은 수를 써넣으세요.

(1) 이등변삼각형

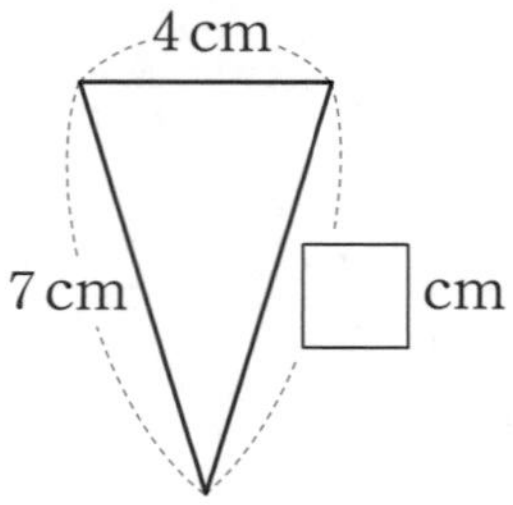

(2) 정삼각형

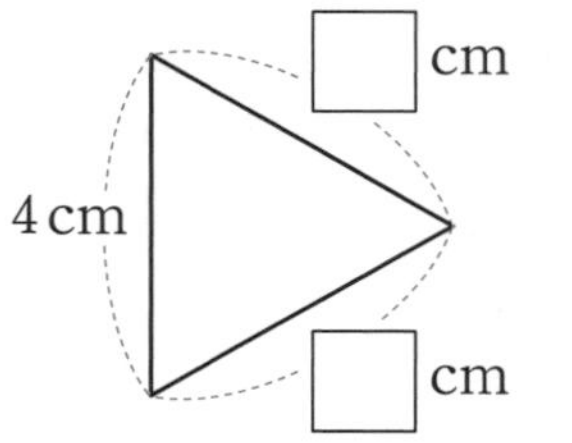

4

12쪽

창의 융합

이등변삼각형을 찾아 따라 그리고, 정삼각형을 찾아 색칠해 보세요.

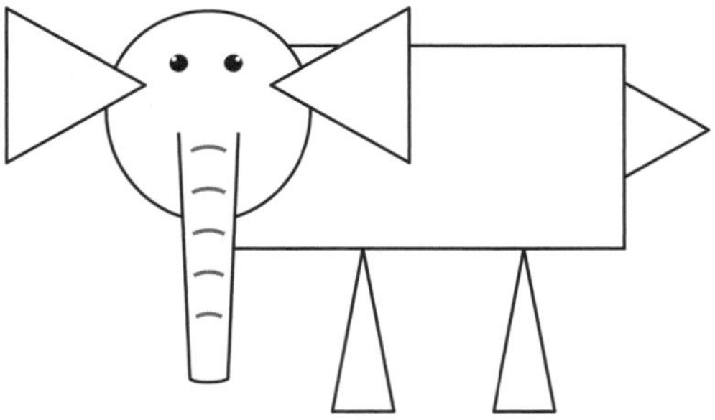

5

12쪽

추론

다음 도형은 정삼각형입니다. 세 변의 길이의 합은 몇 cm일까요?

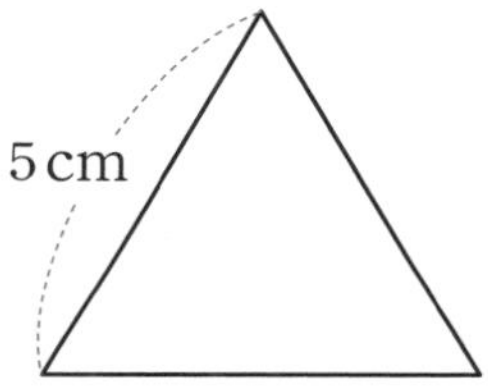

(　　　　　　　　)

6

12쪽

의사 소통

바르게 설명한 것을 찾아 기호를 쓰세요.

㉠ 이등변삼각형은 정삼각형이라고 할 수 있습니다.
㉡ 정삼각형은 이등변삼각형이라고 할 수 있습니다.

(　　　　　　　　)

2 단원

7 (13쪽) 적용

삼각형의 세 변의 길이를 나타낸 것입니다. 이등변삼각형이 아닌 것을 찾아 기호를 쓰세요.

㉠ 5 cm, 7 cm, 5 cm
㉡ 5 cm, 6 cm, 6 cm
㉢ 3 cm, 3 cm, 3 cm
㉣ 4 cm, 6 cm, 5 cm

(　　　　　　　　)

8 (13쪽) 문제 해결

왼쪽 정삼각형과 오른쪽 이등변삼각형의 세 변의 길이의 합은 같습니다. ㉠에 알맞은 수를 구하세요.

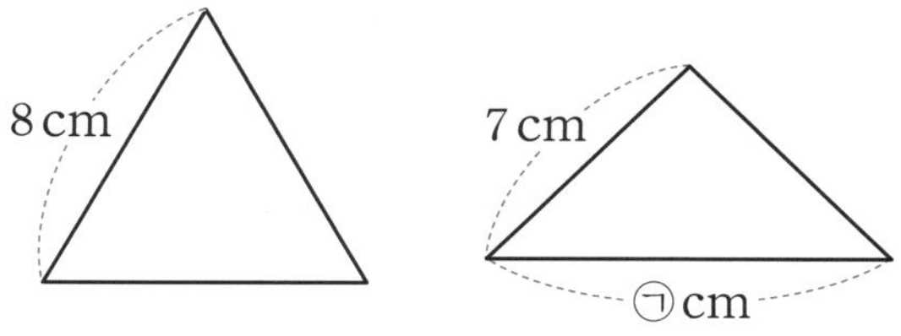

(　　　　　　　　)

+9 (13쪽) 수학적 독해력

대화를 읽고 지혜, 영민, 윤하가 가지고 있는 막대를 세 변으로 하는 삼각형은 어떤 삼각형인지 쓰세요.

지혜: 내가 가지고 있는 막대의 길이는 4 cm야.

영민: 내가 가지고 있는 막대의 길이는 3 cm야.

윤하: 난 지혜와 똑같은 막대를 가지고 있어.

(　　　　　　　　)

+10 (13쪽) 수학적 표현력

길이가 27 cm인 철사를 남김 없이 모두 사용하여 정삼각형을 한 개 만들었습니다. 만든 정삼각형의 한 변은 몇 cm인지 풀이 과정을 쓰고, 답을 구하세요.

[풀이] 만든 정삼각형의 세 변의 길이의 합은

[답]

오늘 공부 어땠나요?

10개 중 맞힌 문제 ☐ 개

> **틀린 문제**는 힌트를 보고 다시 도전해 보세요.

> **맞힌 문제**는 힌트를 보고 자신의 생각과 비교해 보세요.

07일 이등변삼각형의 성질

❶ 이등변삼각형의 성질

이등변삼각형은 길이가 같은 두 변에 있는 두 각의 크기가 같습니다.

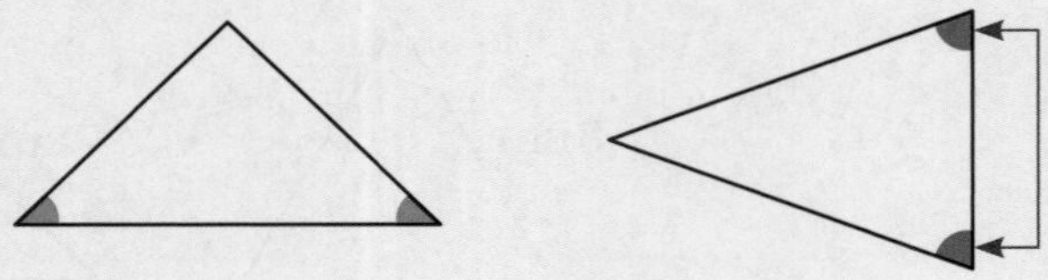

색종이로 이등변삼각형 만들기

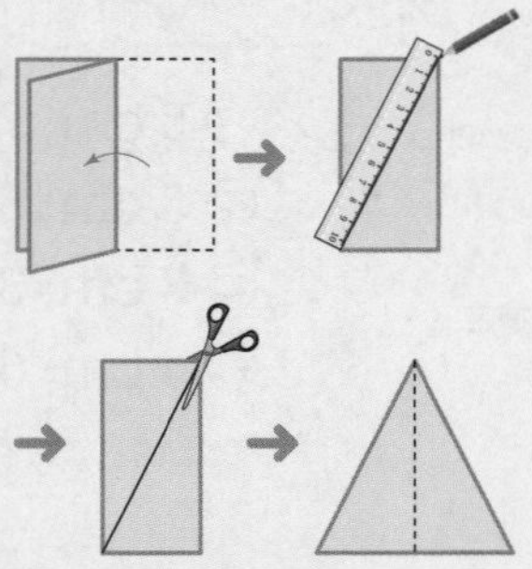

색종이를 반으로 접어 선을 긋고, 선을 따라 자릅니다.

↓

겹쳐서 잘랐으므로 펼치면 두 각의 크기가 같은 이등변삼각형이 됩니다.

❷ 이등변삼각형 그리기

예 주어진 선분을 한 변으로 하고 두 각의 크기가 각각 30°인 이등변삼각형 완성하기

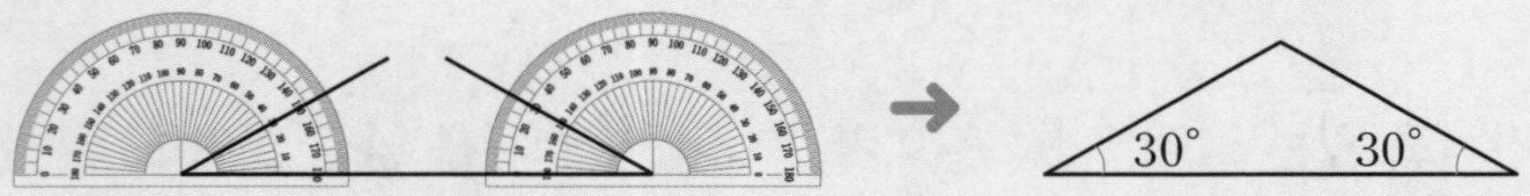

» 주어진 선분의 양 끝에 크기가 각각 30°인 각을 그립니다.

» 두 각의 변이 만나는 점을 찾아 선분의 양 끝과 이어 삼각형을 완성합니다.

확인 1 다음 물음에 답하세요.

(1) 주어진 선분을 한 변으로 하는 이등변삼각형을 각각 그려 보세요.

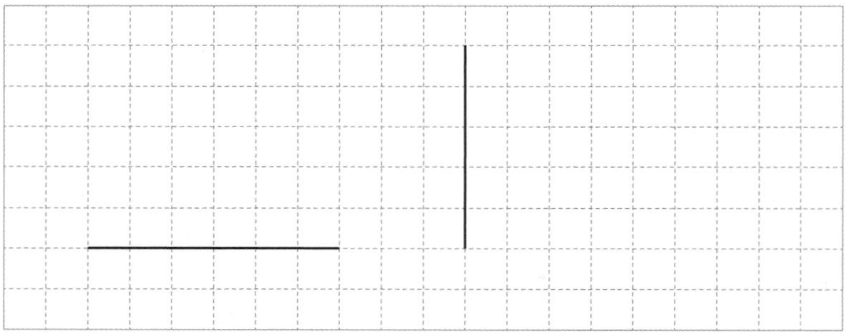

(2) 각도기로 (1)에서 그린 이등변삼각형의 각도를 재어 보고, 알맞은 말에 ○표 하세요.

이등변삼각형은 두 각의 크기가 (같습니다 , 다릅니다).

기본기 다지는 교과서 문제

» 정답 · 풀이 11쪽

1 이등변삼각형을 찾아 ○표 하세요.

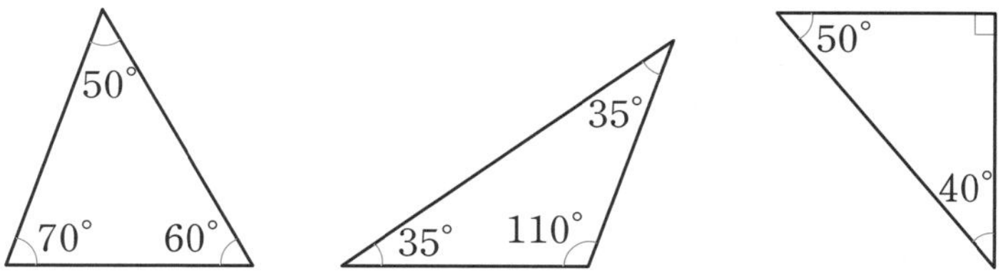

( ) ( ) ( )

2 다음 도형은 이등변삼각형입니다. □ 안에 알맞은 수를 써넣으세요.

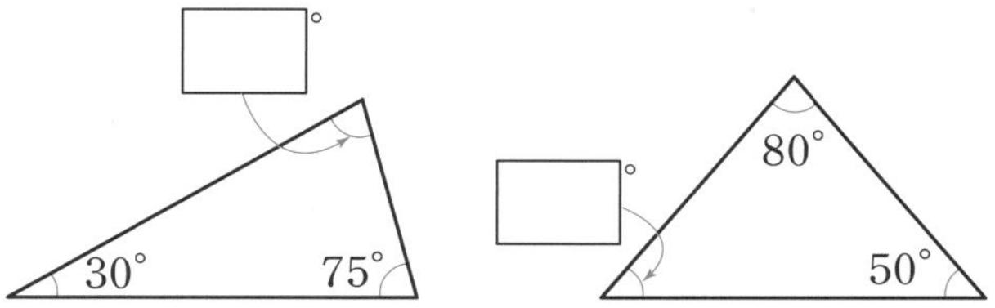

3 순서에 따라 선분 ㄱㄴ을 이용하여 두 각의 크기가 각각 40°인 이등변삼각형을 그려 보세요.

① 선분 ㄱㄴ의 양 끝에 크기가 각각 40°인 각을 그립니다. → ② 두 각의 변이 만나는 점을 찾아 선분의 양 끝과 이어 이등변삼각형을 완성합니다.

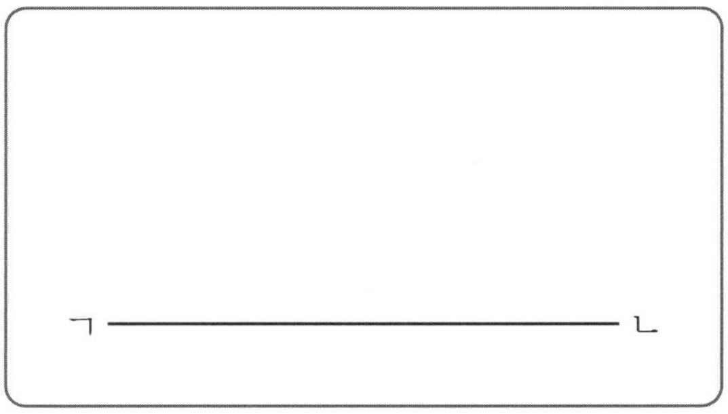

개념 따라쓰기

2단원

이등변삼각형의 성질

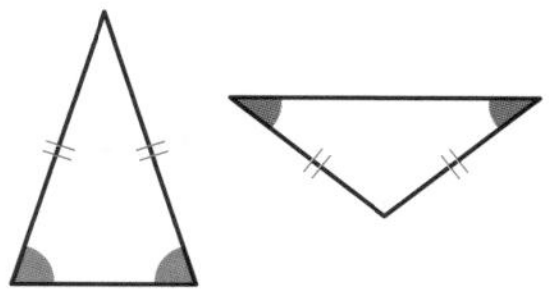

이등변삼각형은 길이가 같은 두 변에 있는 두 각의 크기가 같습니다.

이등변삼각형 그리기

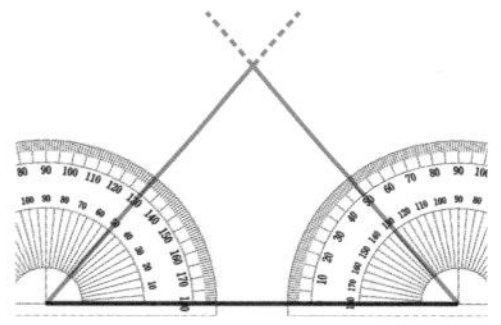

① 주어진 선분의 양 끝에 크기가 같은 두 각을 그립니다.

② 두 각의 변이 만나는 점을 선분의 양 끝과 이어 삼각형을 완성합니다.

스스로 풀어내는 도전 10 문제

막힐 땐 힌트북

1

이해

다음 도형은 이등변삼각형입니다. 크기가 같은 두 각을 찾아 쓰세요.

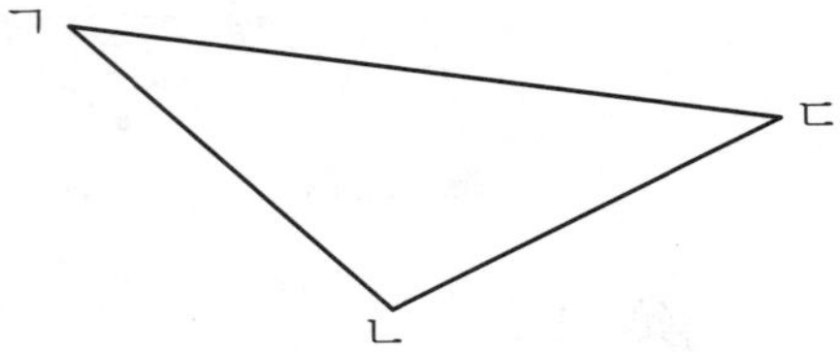

각 (　　　　), 각 (　　　　)

2

14쪽

적용

다음 도형은 이등변삼각형입니다. □ 안에 알맞은 수를 써넣으세요.

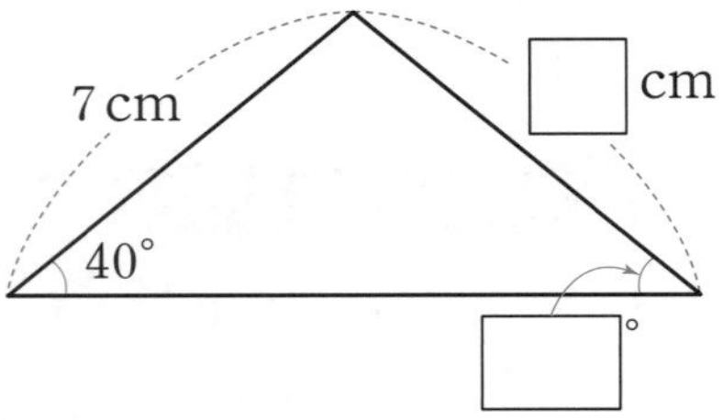

3

14쪽

적용

자를 사용하여 두 변이 4 cm인 이등변삼각형을 그려 보세요.

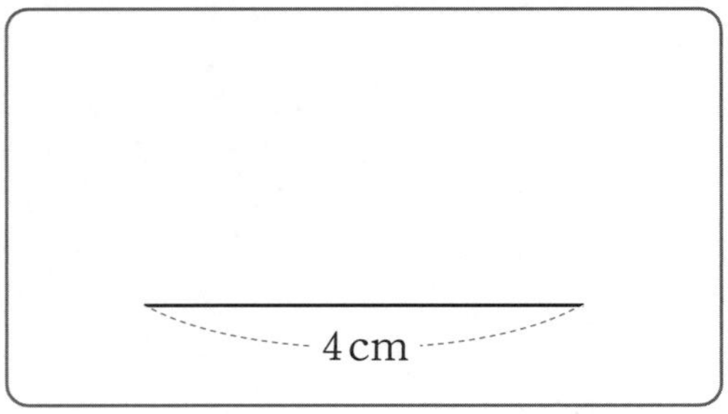

4

14쪽

적용

선분 ㄱㄴ을 이용하여 〈보기〉와 같은 이등변삼각형을 그려 보세요.

5

의사 소통

다음 도형은 이등변삼각형입니다. 잘못 설명한 사람은 누구일까요?

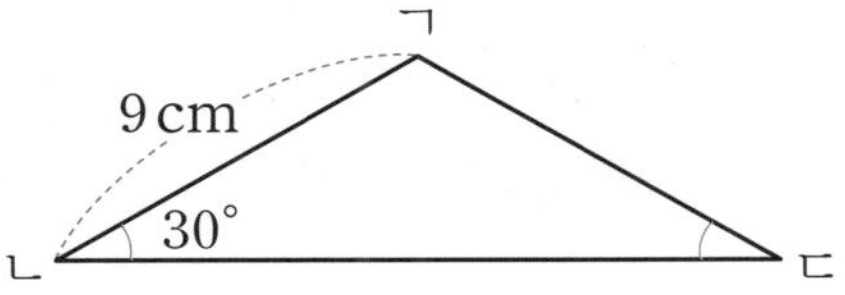

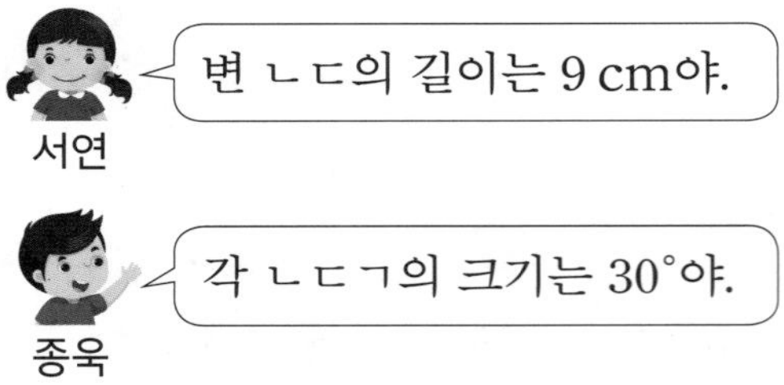

(　　　　　　)

6

14쪽

추론

다음 도형은 이등변삼각형입니다. □ 안에 알맞은 수를 써넣으세요.

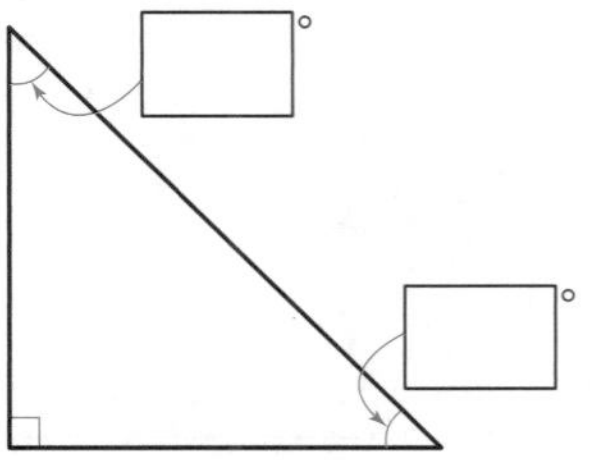

» 정답 · 풀이 11쪽

7 15쪽 추론

다음은 삼각형의 세 각 중 두 각의 크기입니다. 이등변삼각형이 될 수 있는 것을 모두 찾아 ○표 하세요.

50°, 50°	80°, 40°	50°, 65°
( )	( )	( )

8 15쪽 문제 해결

삼각형 ㄱㄴㄷ은 이등변삼각형입니다. ㉠의 각도를 구하세요.

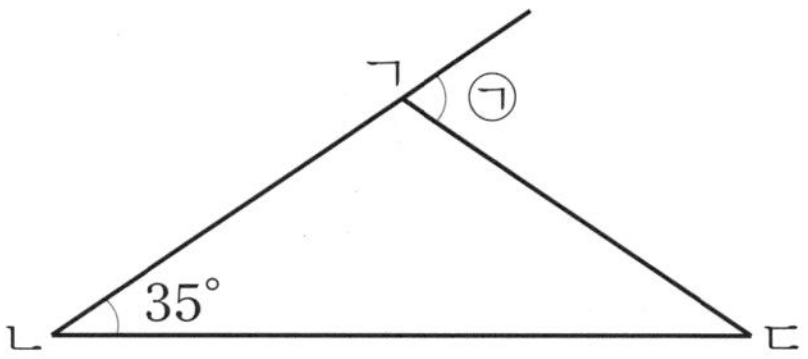

(   )

+9 15쪽 수학적 독해력

사슴을 완전히 둘러싸는 이등변삼각형을 그려 보세요.

+10 15쪽 수학적 표현력

주어진 도형이 이등변삼각형이 아닌 이유를 쓰세요.

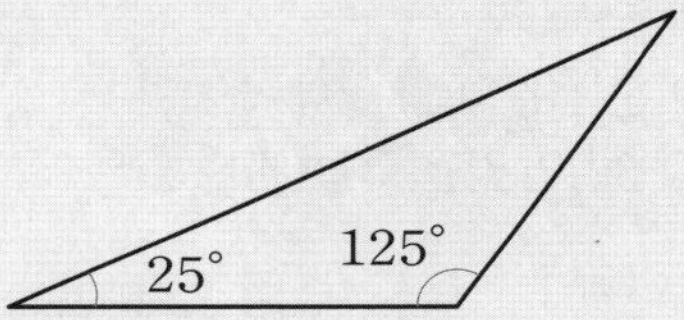

[이유] 나머지 한 각의 크기는 ____________

오늘 공부 어땠나요? 10개 중 맞힌 문제 [ ] 개 › 틀린 문제는 힌트를 보고 다시 도전해 보세요. › 맞힌 문제는 힌트를 보고 자신의 생각과 비교해 보세요.

08일 정삼각형의 성질

❶ 정삼각형의 성질

정삼각형은 세 각의 크기가 같습니다.

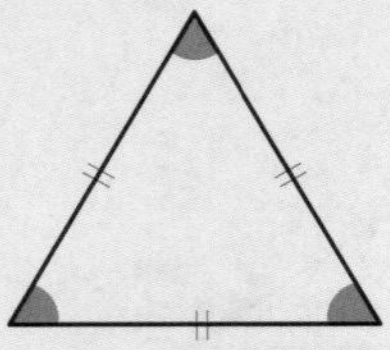

정삼각형은 세 각의 크기가 같으므로
(정삼각형의 한 각의 크기) $=180^\circ \div 3 = 60^\circ$

◑ 정삼각형은 이등변삼각형이므로 길이가 같은 두 변이 만나도록 접으면 어느 쪽으로 접어도 완전히 포개어집니다.

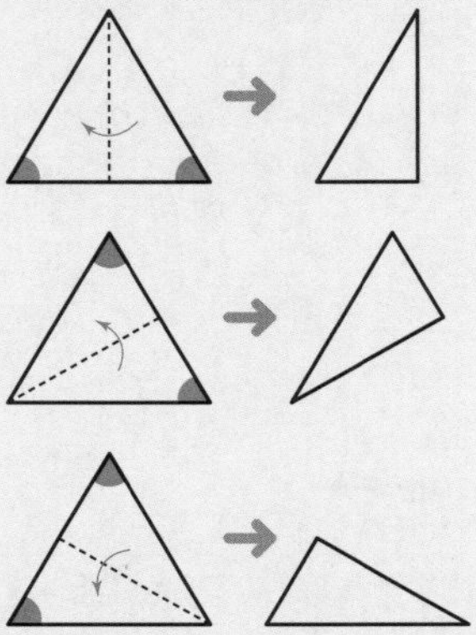

❷ 정삼각형 그리기

예 주어진 선분을 한 변으로 하는 정삼각형 그리기

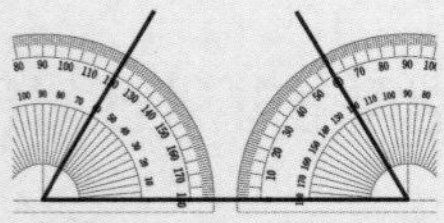

≫ 주어진 선분의 양 끝에 크기가 각각 60°인 각을 그립니다.

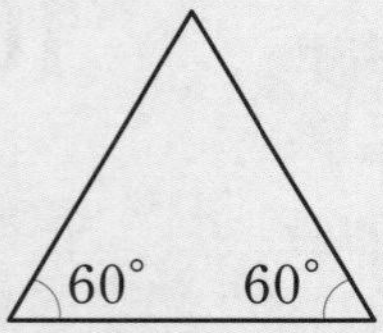

≫ 두 각의 변이 만나는 점을 찾아 선분의 양 끝과 이어 삼각형을 완성합니다.

◑ **그린 삼각형이 정삼각형인지 확인하기**
① 세 변의 길이가 모두 같은지 확인하기
② 세 각이 모두 60°인지 확인하기

확인 1 다음 물음에 답하세요.

(1) 주어진 선분을 한 변으로 하는 정삼각형을 각각 그려 보세요.

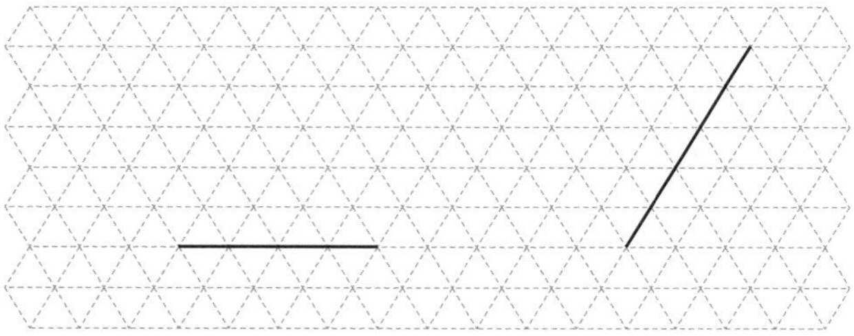

(2) 각도기로 (1)에서 그린 정삼각형의 각도를 재어 보고, 알맞은 말에 ○표 하세요.

정삼각형은 세 각의 크기가 (같습니다 , 다릅니다).

» 정답 · 풀이 12쪽

1 정삼각형을 찾아 ○표 하세요.

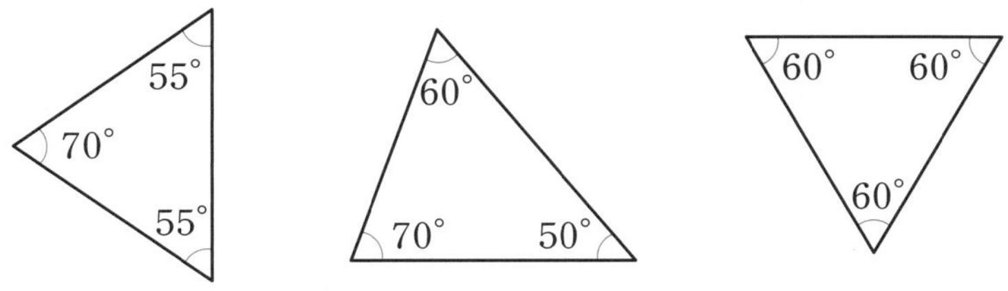

( ) ( ) ( )

2 다음 도형은 정삼각형입니다. □ 안에 알맞은 수를 써넣으세요.

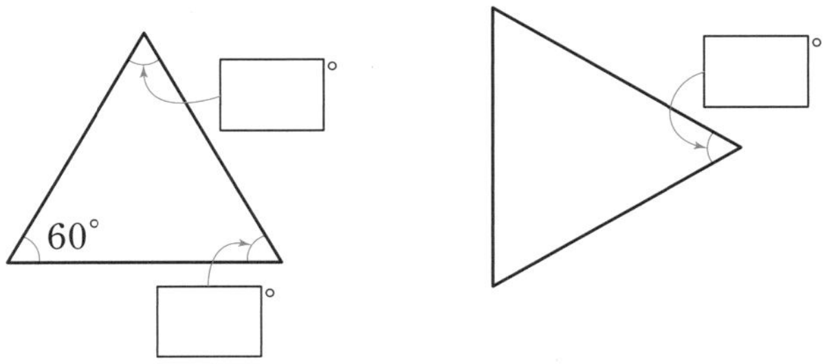

3 순서에 따라 선분 ㄱㄴ을 이용하여 정삼각형을 그려 보세요.

① 선분 ㄱㄴ의 양 끝에 크기가 각각 60°인 각을 그립니다.

→

② 두 각의 변이 만나는 점을 찾아 선분의 양 끝과 이어 정삼각형을 완성합니다.

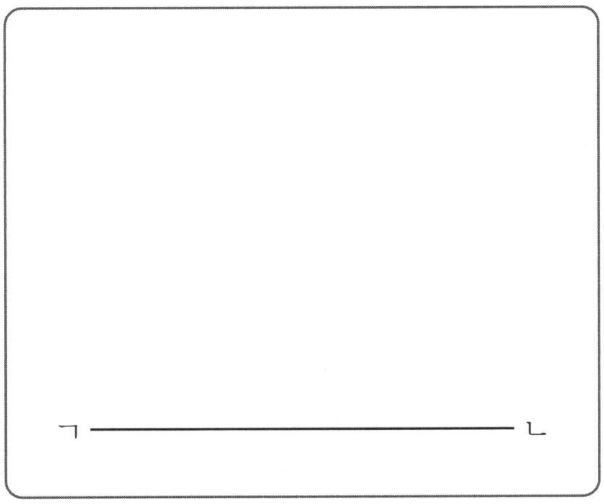

개념 따라쓰기

정삼각형의 성질

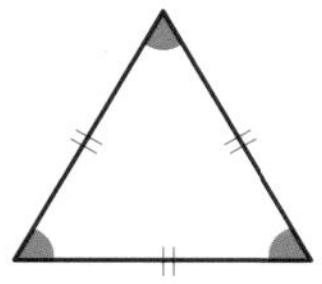

① 정삼각형은 세 각의 크기가 같습니다.

② 정삼각형은 한 각의 크기가 60°입니다.

정삼각형 그리기

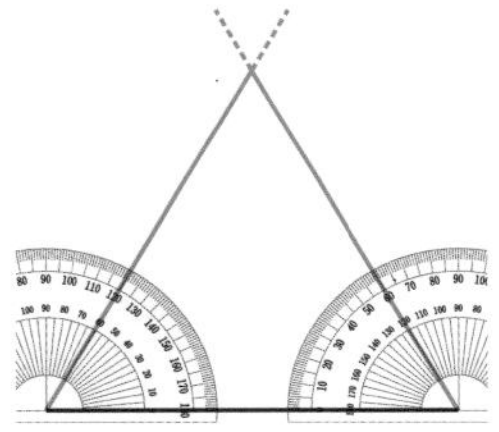

① 주어진 선분의 양 끝에 크기가 각각 60°인 각을 그립니다.

② 두 각의 변이 만나는 점을 선분의 양 끝과 이어 삼각형을 완성합니다.

1

이해

오른쪽 도형은 정삼각형입니다. 알맞은 말에 ○표 하고, □ 안에 알맞은 수를 써넣으세요.

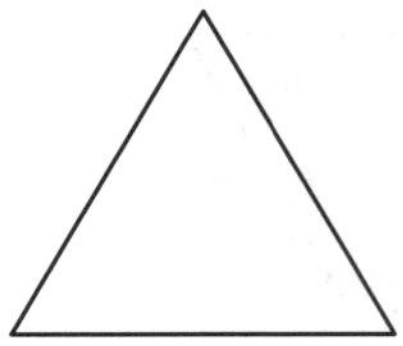

정삼각형은 (두 , 세) 각의 크기가 모두 □° 로 같습니다.

2

16쪽 적용

다음 도형은 정삼각형입니다. □ 안에 알맞은 수를 써넣으세요.

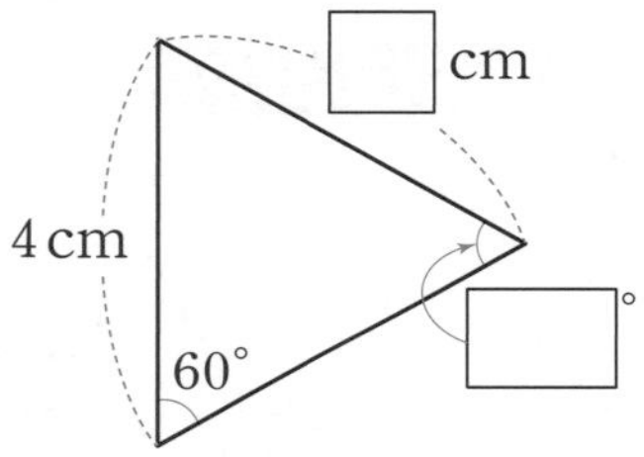

3

16쪽 적용

각도기와 자를 사용하여 주어진 선분을 한 변으로 하는 정삼각형을 그려 보세요.

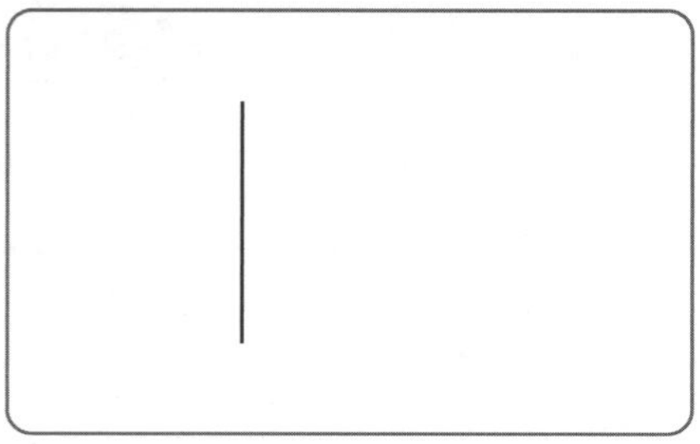

4

의사 소통

정삼각형에 대해 바르게 설명했으면 ○표, 잘못 설명했으면 ×표 하세요.

(1) 세 각의 크기가 모두 같습니다. (　　　　)

(2) 세 각의 크기의 합은 360°입니다. (　　　　)

5

16쪽 적용

각도기와 자를 사용하여 한 변이 3 cm인 정삼각형을 그려 보세요.

6

16쪽 창의 융합

〈보기〉와 같이 정삼각형을 이용하여 모양을 만들어 보세요.

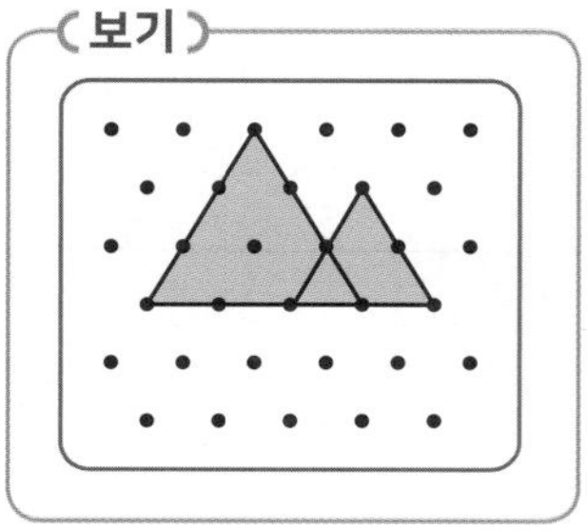

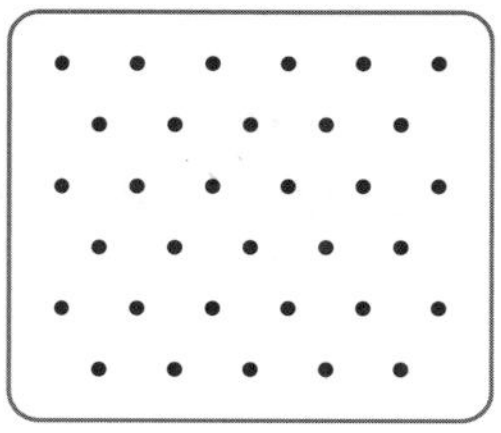

7 17쪽 추론

삼각형의 세 변의 길이의 합은 몇 cm일까요?

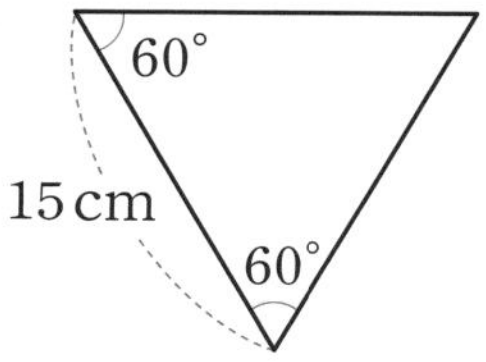

(　　　　　　　　)

8 17쪽 문제 해결

크기가 같은 정삼각형 2개를 변끼리 이어 붙여 만든 도형입니다. 각 ㄴㄱㄹ은 몇 도일까요?

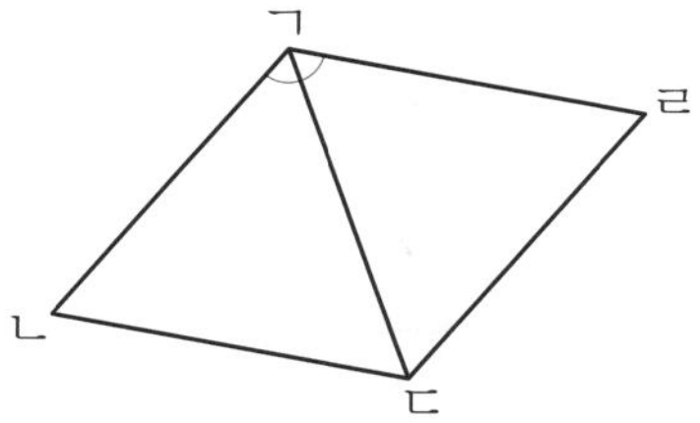

(　　　　　　　　)

+9 17쪽 수학적 독해력

삼각형 ㄱㄴㄷ은 정삼각형입니다. □ 안에 알맞은 수를 써넣으세요.

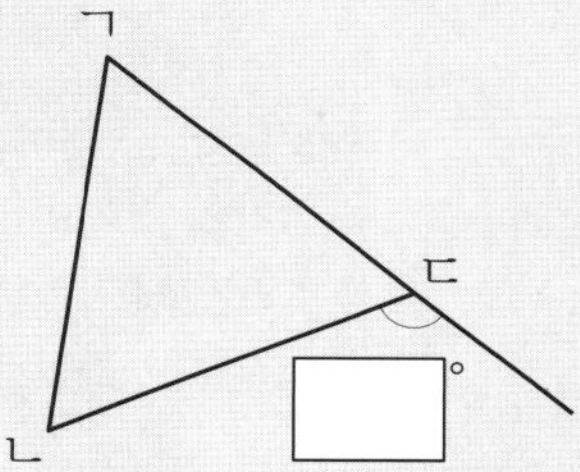

+10 17쪽 수학적 표현력

두 삼각형의 같은 점과 다른 점을 쓰세요.

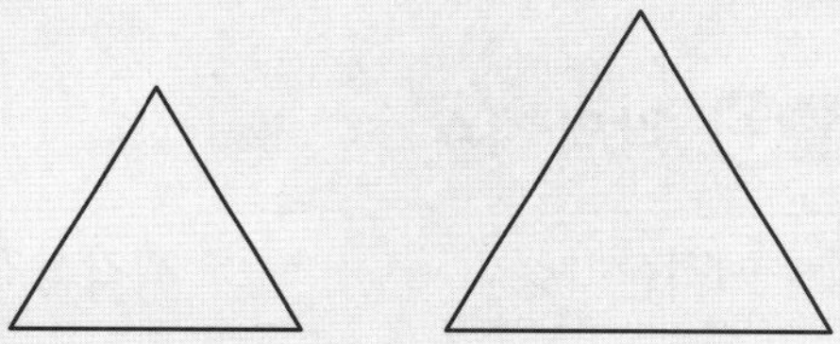

[같은 점] ______________________

____

[다른 점] ______________________

____

오늘 공부 어땠나요?　10개 중 맞힌 문제 □ 개 > 틀린 문제는 힌트를 보고 다시 도전해 보세요. > 맞힌 문제는 힌트를 보고 자신의 생각과 비교해 보세요.

09일 각의 크기에 따라 삼각형 분류하기

① 예각삼각형

세 각이 모두 예각인 삼각형을 **예각삼각형**이라고 합니다.

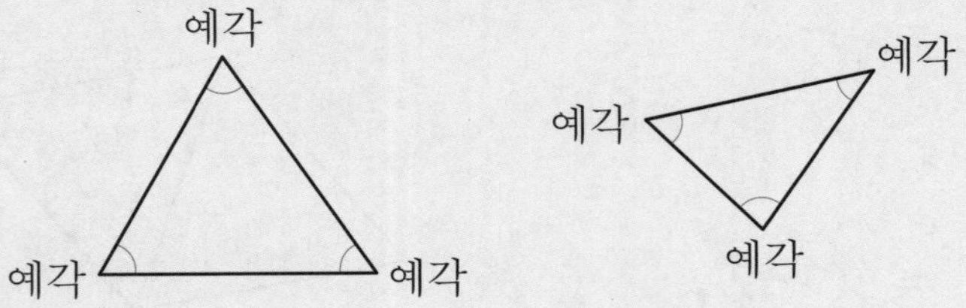

② 둔각삼각형

한 각이 둔각인 삼각형을 **둔각삼각형**이라고 합니다.

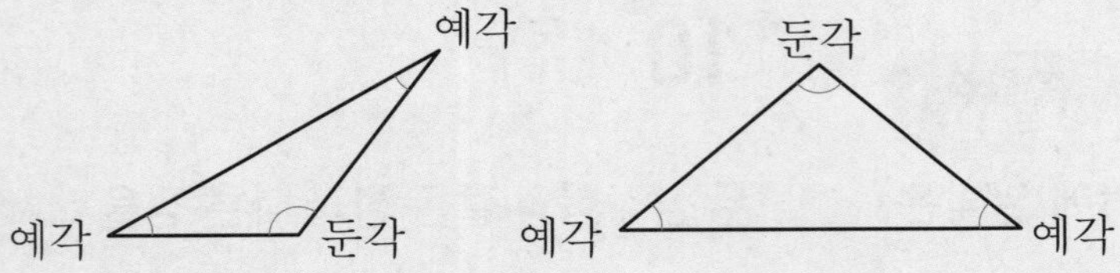

> 예각: 각도가 0°보다 크고 직각(90°)보다 작은 각
> 0° < (예각) < 90°

> 둔각: 각도가 직각(90°)보다 크고 180°보다 작은 각
> 90° < (둔각) < 180°

> [주의] 예각이 있다고 해서 모두 예각삼각형은 아닙니다. 예각삼각형은 세 각이 모두 예각이어야 합니다.

개념+ 각의 개수

예각삼각형	직각삼각형	둔각삼각형
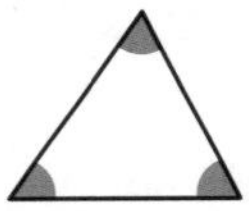	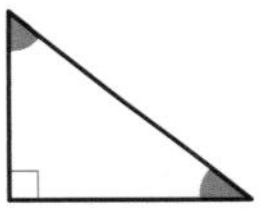	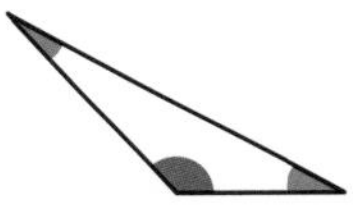
예각 3개	예각 2개, 직각 1개	예각 2개, 둔각 1개

> 둔각이 2개이면 삼각형의 세 각의 크기의 합이 180°보다 크게 되므로 둔각이 2개인 삼각형은 없습니다.

확인 1 그림을 보고 □ 안에 알맞은 기호나 말을 써넣으세요.

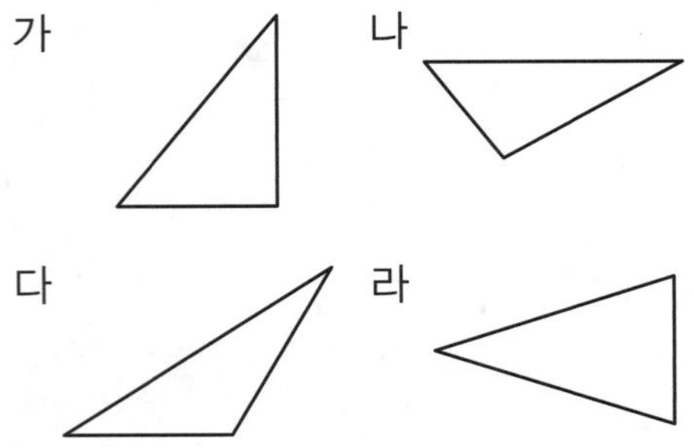

(1) 세 각이 모두 예각인 삼각형은 □입니다.

(2) (1)에서 찾은 삼각형을 □이라고 합니다.

(3) 한 각이 둔각인 삼각형은 □, □입니다.

(4) (3)에서 찾은 삼각형을 □이라고 합니다.

기본기 다지는 교과서 문제

» 정답 · 풀이 13쪽

1 삼각형을 보고 알맞은 말에 ○표 하고, □ 안에 알맞은 말을 써넣으세요.

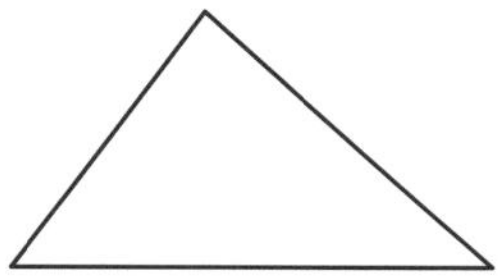

(한 , 두 , 세) 각이 모두 예각인 삼각형을 □ 이라고 합니다.

2 예각삼각형은 '예', 직각삼각형은 '직', 둔각삼각형은 '둔'을 쓰세요.

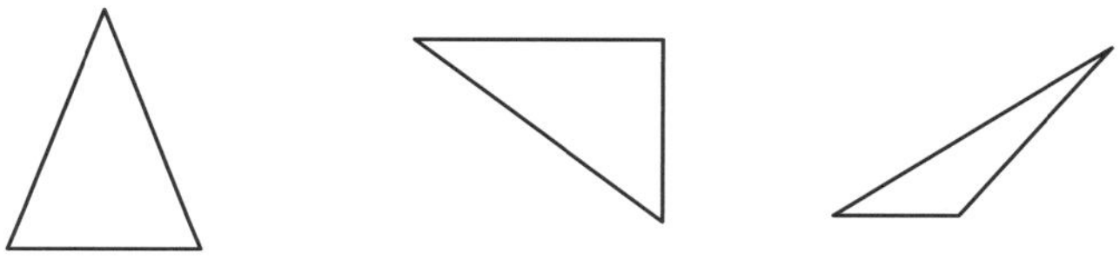

(　　　) (　　　) (　　　)

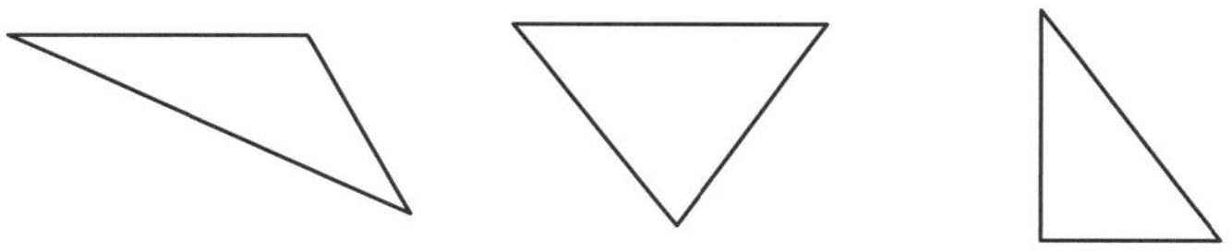

(　　　) (　　　) (　　　)

3 주어진 선분을 한 변으로 하는 삼각형을 각각 그려 보세요.

(1) 예각삼각형

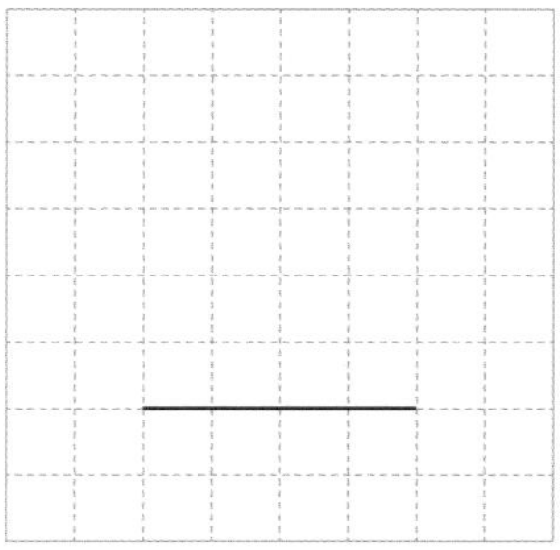

(2) 둔각삼각형

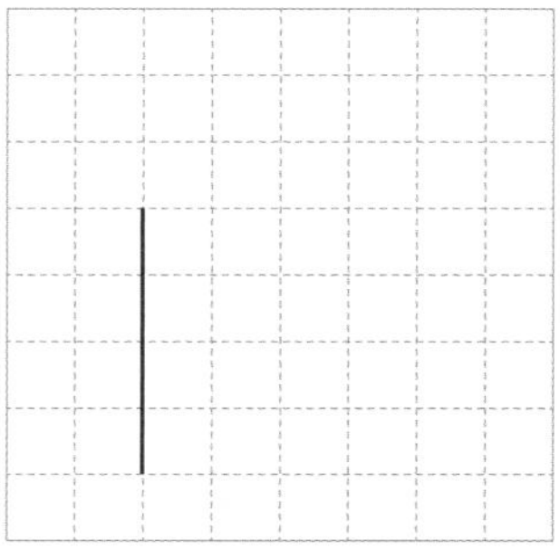

개념 따라쓰기

2 단원

예각삼각형 알아보기

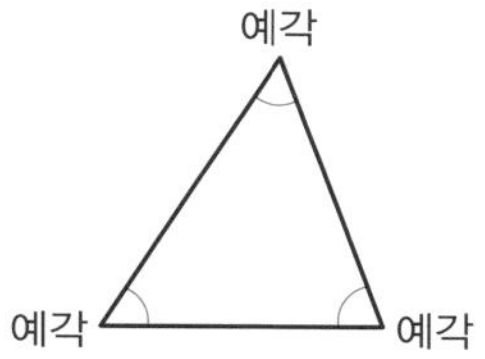

예각삼각형은 세 각이 모두 예각인 삼각형입니다.

둔각삼각형 알아보기

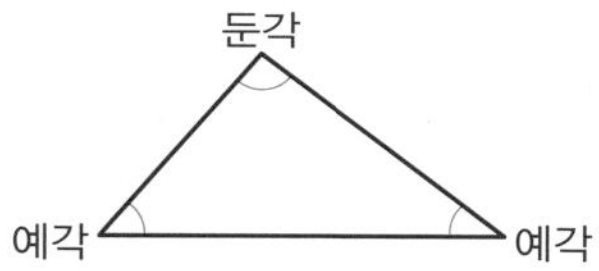

둔각삼각형은 한 각이 둔각인 삼각형입니다.

예각삼각형, 둔각삼각형 그리기

- 예각삼각형은 세 각이 모두 예각이 되도록 그립니다.
- 둔각삼각형은 한 각이 둔각이 되도록 그립니다.

스스로 풀어내는 도전 10 문제

1 이해

삼각형을 분류하여 기호를 써넣으세요.

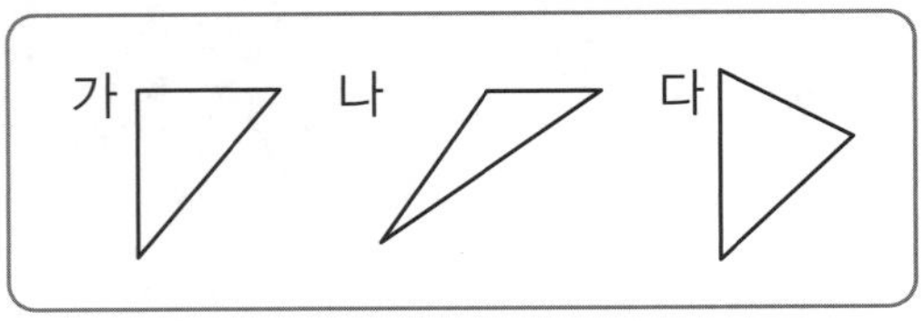

예각삼각형	직각삼각형	둔각삼각형

2 이해

다음 도형은 둔각삼각형입니다. 둔각을 찾아 ∠표 하고, □ 안에 알맞은 수를 써넣으세요.

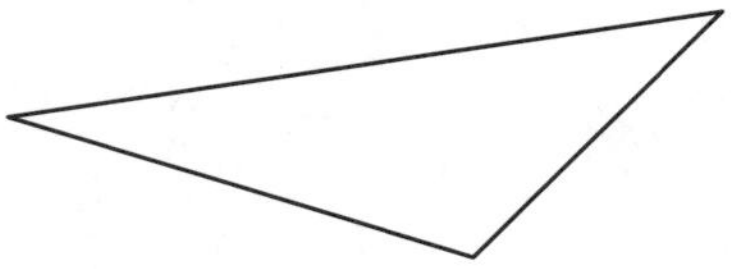

둔각삼각형에는 둔각이 □개 있습니다.

3 18쪽 적용

주어진 선분을 한 변으로 하는 예각삼각형을 그리려고 합니다. 나머지 한 꼭짓점의 위치로 알맞은 것은 어느 것일까요? ·······························(　　　　　)

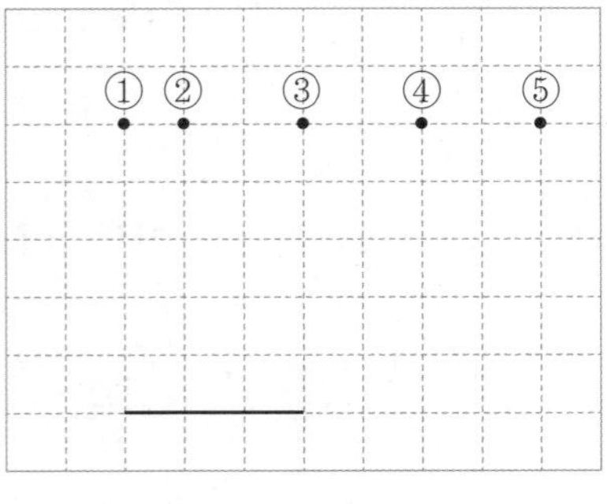

4 18쪽 적용

점 종이에 둔각삼각형을 2개 그려 보세요.

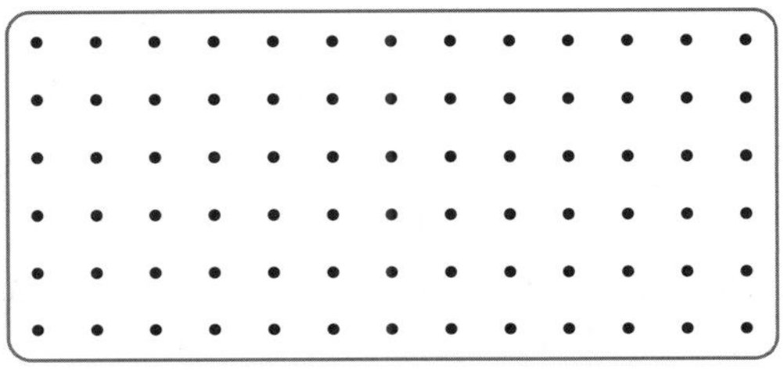

5 18쪽 적용

직사각형 모양의 종이를 선을 따라 오렸습니다. 예각삼각형과 둔각삼각형을 모두 찾아 기호를 쓰세요.

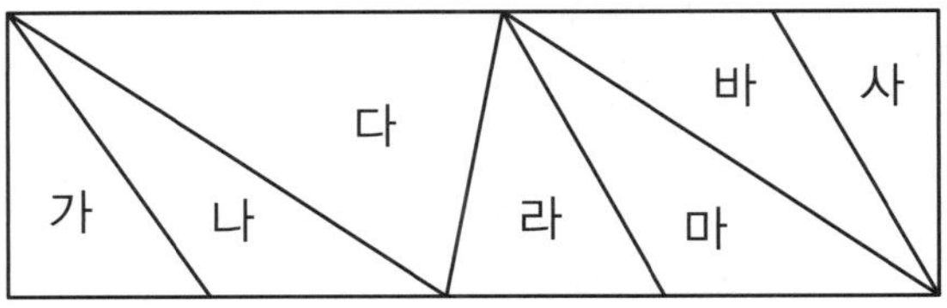

예각삼각형 (　　　　　　　　　)
둔각삼각형 (　　　　　　　　　)

6 18쪽 적용

그림과 같이 육각형의 꼭짓점을 이으면 예각삼각형과 둔각삼각형이 각각 몇 개 생기나요?

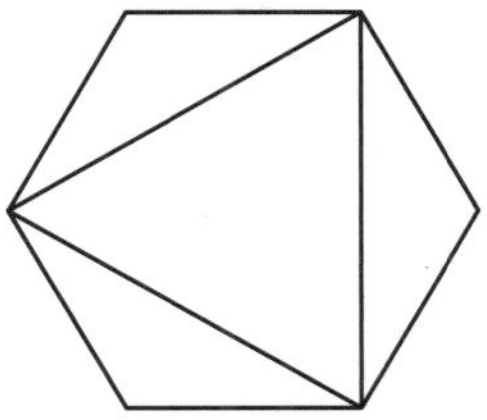

예각삼각형 (　　　　　　　　　)
둔각삼각형 (　　　　　　　　　)

7 19쪽

추론

왼쪽은 삼각형의 두 각의 크기입니다. 예각삼각형, 직각삼각형, 둔각삼각형 중에서 어느 삼각형인지 선으로 이어 보세요.

75°　45° •	• 직각삼각형
60°　30° •	• 둔각삼각형
35°　25° •	• 예각삼각형

8 19쪽

문제 해결

다음 사각형에 한 개의 선분을 그어 2개의 둔각삼각형을 만들어 보세요.

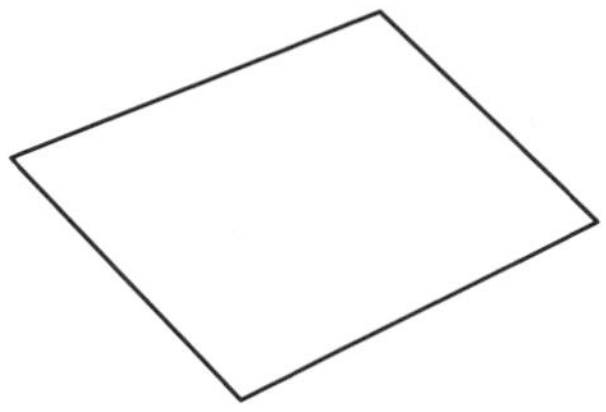

+9 19쪽

수학적 독해력

다음 그림에서 찾을 수 있는 크고 작은 둔각삼각형은 모두 몇 개일까요?

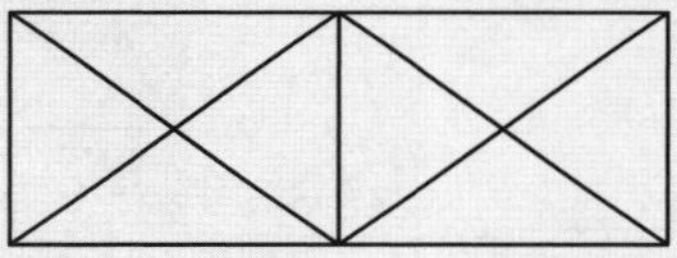

(　　　　　　　　)

+10 19쪽

수학적 표현력

로운이가 삼각형을 설명하는 것을 듣고 잘못된 부분을 바르게 고쳐 보세요.

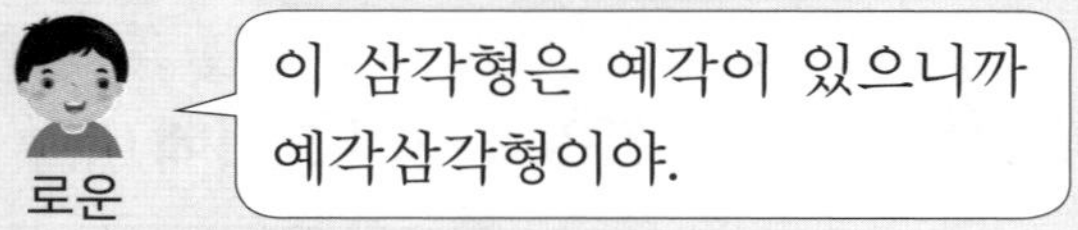

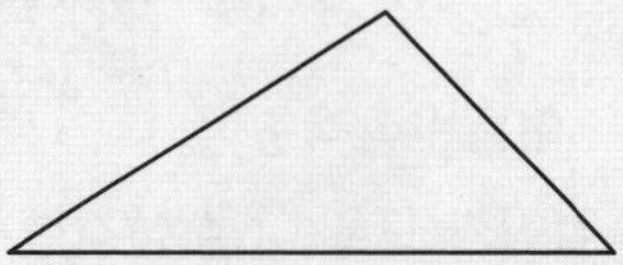

[바르게 고치기] 이 삼각형은 ________________

____

____

오늘 공부 어땠나요? 10개 중 맞힌 문제 [　] 개 > **틀린 문제**는 힌트를 보고 다시 도전해 보세요. > **맞힌 문제**는 힌트를 보고 자신의 생각과 비교해 보세요.

10일 두 가지 기준으로 삼각형 분류하기

❶ 변의 길이와 각의 크기에 따라 삼각형 분류하기

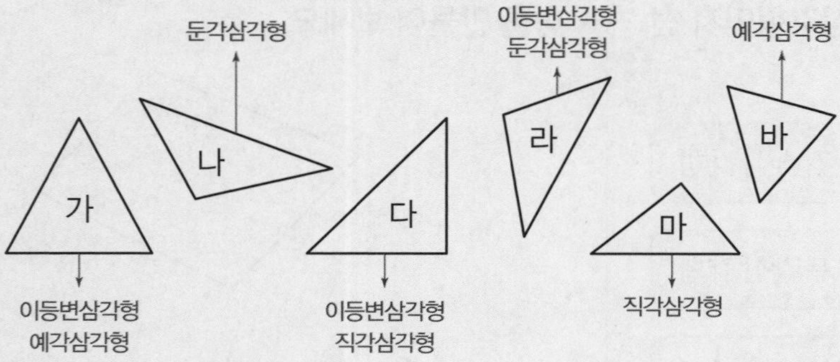

• 변의 길이에 따라 삼각형 분류하기

이등변삼각형	가, 다, 라
세 변의 길이가 모두 다른 삼각형	나, 마, 바

• 각의 크기에 따라 삼각형 분류하기

예각삼각형	직각삼각형	둔각삼각형
가, 바	다, 마	나, 라

개념+ 변의 길이와 각의 크기에 따라 삼각형 분류하기

	예각삼각형	직각삼각형	둔각삼각형
이등변삼각형	가	다	라
세 변의 길이가 모두 다른 삼각형	바	마	나

◐ 삼각형 분류하기

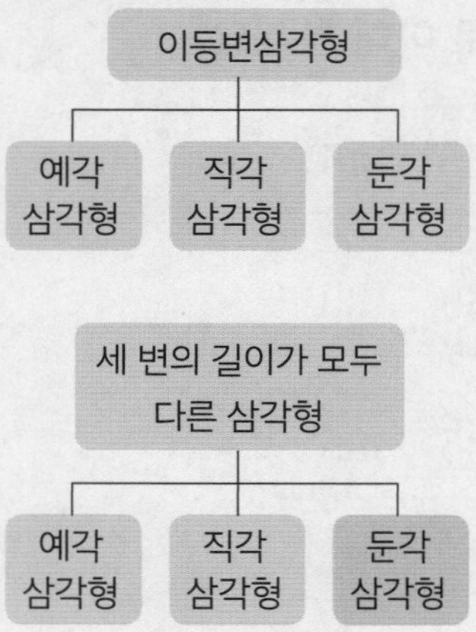

◐ 정삼각형 알아보기

정삼각형은 이등변삼각형이면서 예각삼각형입니다.

확인 1 그림을 보고 □ 안에 알맞은 기호를 써넣으세요.

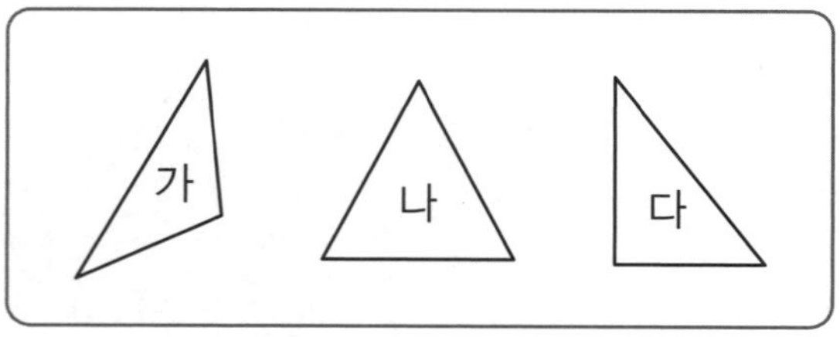

(1) 이등변삼각형은 □, □입니다.

(2) (1)에서 찾은 삼각형 중에서 둔각삼각형은 □입니다.

확인 2 다음 도형을 보고 알맞은 말에 ○표 하세요.

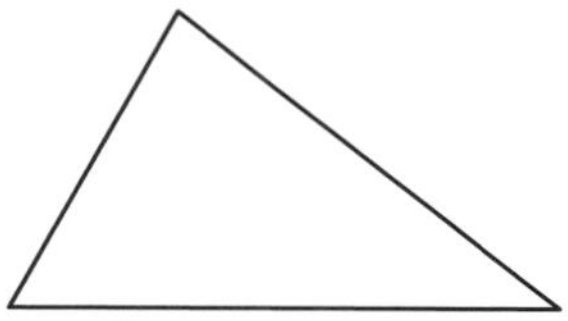

(1) 변의 길이에 따라 분류하면
(이등변삼각형 , 세 변의 길이가 다른 삼각형) 입니다.

(2) 각의 크기에 따라 분류하면
(예각삼각형 , 직각삼각형 , 둔각삼각형)입니다.

기본기 다지는 교과서 문제

» 정답 · 풀이 14쪽

1 알맞은 것끼리 선으로 이어 보세요.

이등변삼각형 · 정삼각형

예각삼각형 · 직각삼각형 · 둔각삼각형

2 도형을 보고 □ 안에 알맞은 삼각형의 이름을 써넣으세요.

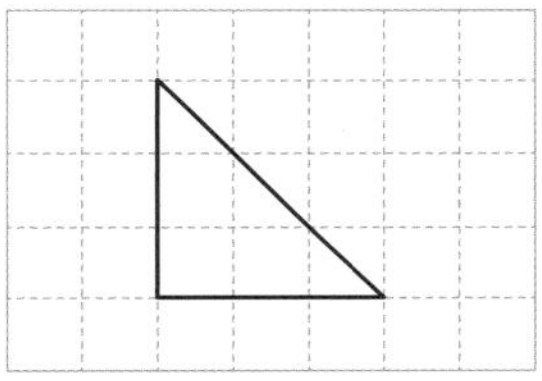

(1) 이 삼각형은 두 변의 길이가 같기 때문에

□ 입니다.

(2) 이 삼각형은 직각이 있기 때문에

□ 입니다.

3 삼각형의 이름으로 알맞은 것에 모두 ○표 하세요.

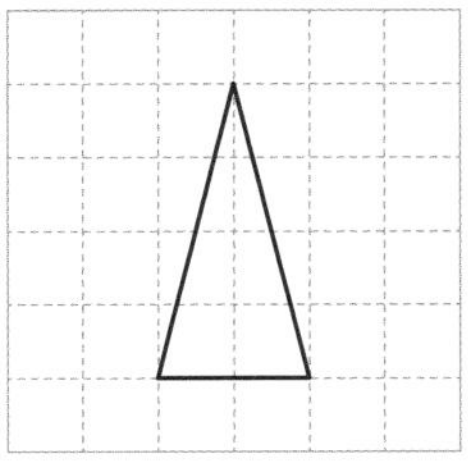

정삼각형
이등변삼각형
예각삼각형

개념 따라쓰기

삼각형 분류하기

삼각형은 변의 길이와 각의 크기에 따라 분류할 수 있습니다.

변의 길이에 따라 삼각형 분류하기

삼각형은 변의 길이에 따라 이등변삼각형과 세 변의 길이가 모두 다른 삼각형으로 분류할 수 있습니다.

각의 크기에 따라 삼각형 분류하기

삼각형은 각의 크기에 따라 예각삼각형, 직각삼각형, 둔각삼각형으로 분류할 수 있습니다.

1

이해

□ 안에 알맞은 삼각형의 이름을 써넣으세요.

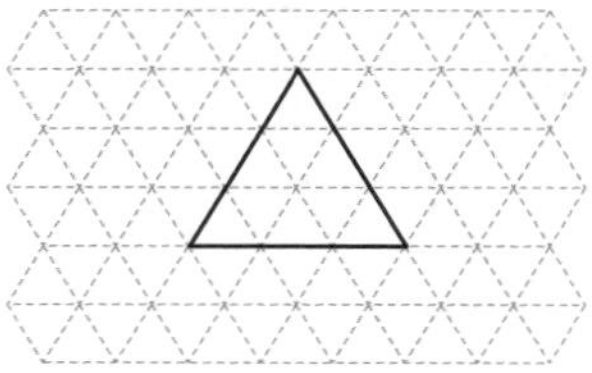

(1) 이 삼각형은 세 변의 길이가 같기 때문에

[   ]입니다.

(2) 이 삼각형은 세 각이 모두 예각이므로

[   ]입니다.

2

20쪽 적용

오른쪽 삼각형의 이름으로 알맞은 것에 모두 ○표 하세요.

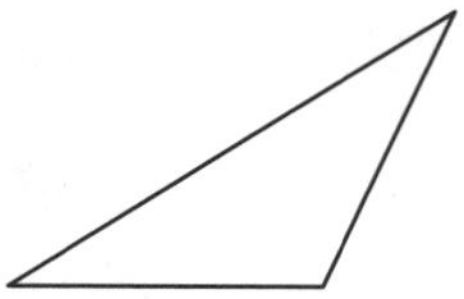

이등변삼각형	정삼각형
예각삼각형	둔각삼각형

3

20쪽 적용

변의 길이와 각의 크기에 따라 삼각형을 분류하여 기호를 써넣으세요.

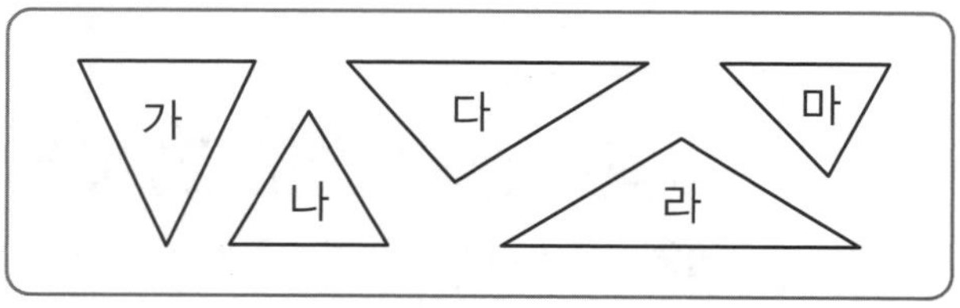

	예각삼각형	둔각삼각형
이등변삼각형		
세 변의 길이가 모두 다른 삼각형		

[4~5] 도형을 보고 물음에 답하세요.

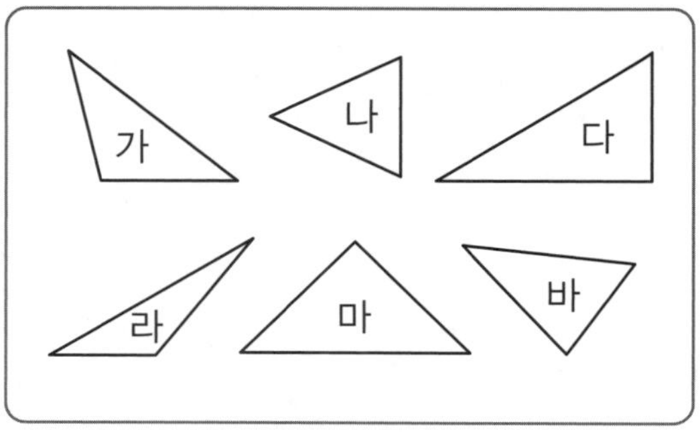

4

20쪽 적용

이등변삼각형이면서 직각삼각형인 것을 찾아 기호를 쓰세요.

(   )

5

적용

세 변의 길이가 서로 다른 삼각형이면서 예각삼각형인 것을 찾아 기호를 쓰세요.

(   )

6

20쪽 의사 소통

잘못 설명한 것을 찾아 기호를 쓰세요.

㉠ 정삼각형은 예각삼각형입니다.
㉡ 정삼각형은 이등변삼각형입니다.
㉢ 이등변삼각형은 예각삼각형입니다.

(   )

7 21쪽

문제 해결

〈보기〉에서 설명하는 삼각형을 그려 보세요.

〈보기〉
- 변이 3개입니다.
- 두 변의 길이가 같습니다.
- 한 각이 둔각입니다.

8 21쪽

추론

오른쪽 삼각형의 이름이 될 수 없는 것을 모두 찾아 기호를 쓰세요.

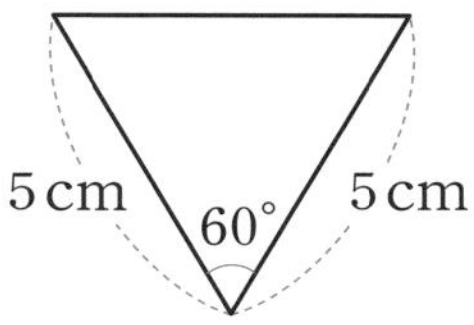

㉠ 이등변삼각형　㉡ 정삼각형
㉢ 예각삼각형　㉣ 직각삼각형
㉤ 둔각삼각형

(　　　　　　)

+9 21쪽

수학적 독해력

길이가 같은 막대 3개를 변으로 하여 삼각형을 만들었습니다. 이 삼각형의 이름이 될 수 있는 것을 모두 쓰세요.

(　　　　　　)

+10 21쪽

수학적 표현력

삼각형의 일부가 지워졌습니다. 이 삼각형의 이름이 될 수 있는 것을 모두 쓰려고 합니다. 풀이 과정을 쓰고, 답을 구하세요.

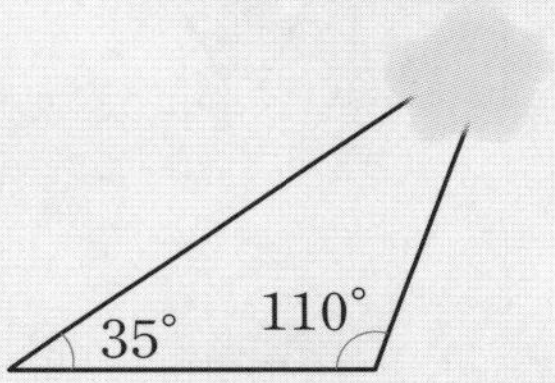

〔풀이〕 삼각형의 나머지 한 각의 크기는 ________

〔답〕 ________

오늘 공부 어땠나요?

10개 중 맞힌 문제 [　] 개 〉 **틀린 문제**는 힌트를 보고 다시 도전해 보세요. 〉 **맞힌 문제**는 힌트를 보고 자신의 생각과 비교해 보세요.

단원평가

01 이등변삼각형을 찾아 기호를 쓰세요.

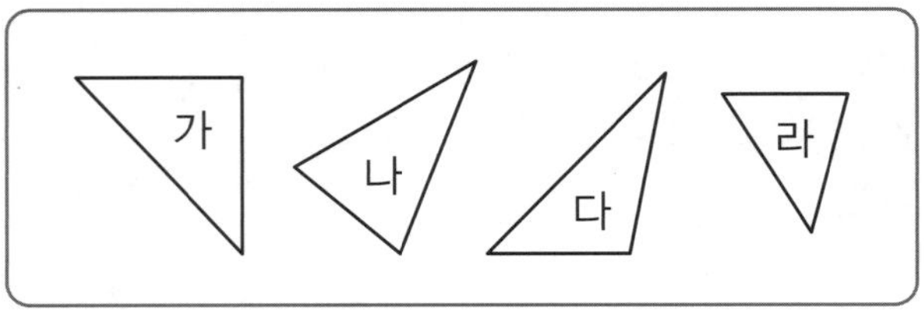

(   )

02 다음 도형은 정삼각형입니다. □ 안에 알맞은 수를 써넣으세요.

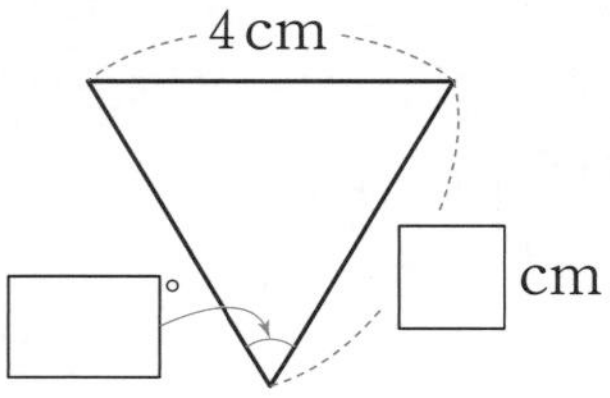

03 주어진 선분을 한 변으로 하는 둔각삼각형을 그리려고 합니다. 나머지 한 꼭짓점의 위치로 알맞은 것은 어느 것일까요? … (   )

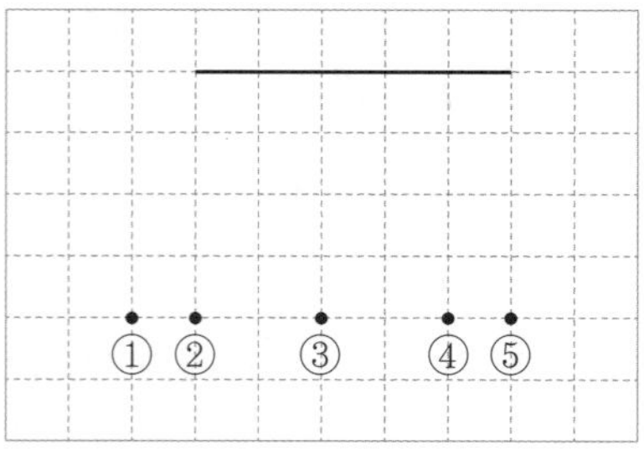

04 다음 도형을 보고 □ 안에 알맞은 말을 써넣으세요.

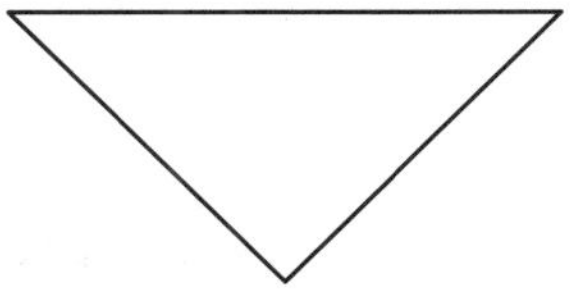

두 변의 길이가 같으므로 □삼각형이고, 한 각이 직각이므로 □삼각형입니다.

05 그림을 보고 □ 안에 알맞은 수를 써넣으세요.

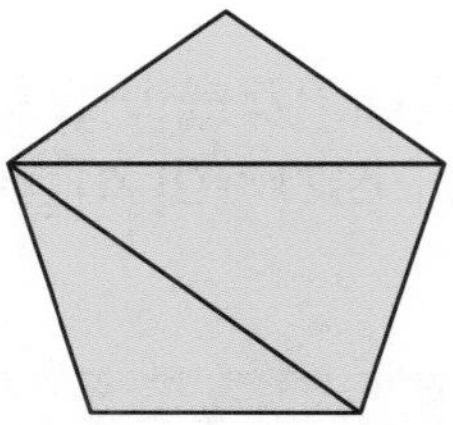

그림과 같이 오각형의 꼭짓점을 이었더니 예각삼각형이 □개, 둔각삼각형이 □개 생겼습니다.

06 선인장을 완전히 둘러싸는 이등변삼각형을 그려 보세요.

07 다음 도형은 이등변삼각형입니다. □ 안에 알맞은 수를 써넣으세요.

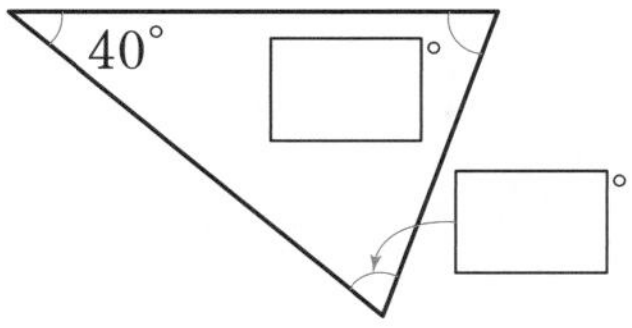

08 〈보기〉에서 설명하는 삼각형을 그려 보세요.

〈보기〉
- 두 변의 길이가 같습니다.
- 세 각이 모두 예각입니다.

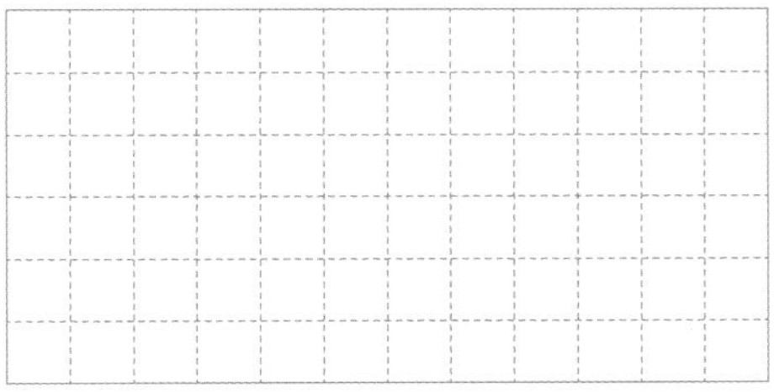

09 왼쪽 정삼각형과 오른쪽 이등변삼각형의 세 변의 길이의 합은 같습니다. □ 안에 알맞은 수를 써넣으세요.

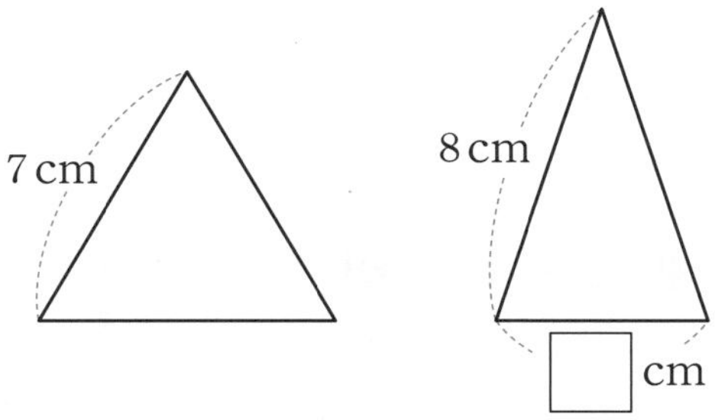

10 예각삼각형과 둔각삼각형을 한 개씩 그렸을 때 두 삼각형에서 찾을 수 있는 예각은 모두 몇 개인지 풀이 과정을 쓰고, 답을 구하세요.

〔풀이〕

〔답〕

공부한 날 (월) (일)

11일 소수 두 자리 수, 소수 세 자리 수

❶ 소수 두 자리 수 알아보기

$\frac{1}{100}$ →

소수로 쓰기	소수 읽기
0.01	영 점 영일

$\frac{75}{100}$ →

소수로 쓰기	소수 읽기
0.75	영 점 칠오

❷ 소수 세 자리 수 알아보기

$\frac{1}{1000}$ →

소수로 쓰기	소수 읽기
0.001	영 점 영영일

$\frac{408}{1000}$ →

소수로 쓰기	소수 읽기
0.408	영 점 사영팔

→ 소수점 아래에 있는 0을 읽지 않으면 자릿수가 달라지므로 반드시 '영'이라고 읽습니다.

❸ 소수의 자릿값 알아보기

1.367은 **일 점 삼육칠**이라고 읽습니다.

일의 자리		소수 첫째 자리	소수 둘째 자리	소수 셋째 자리
1	.			
0	.	3		
0	.	0	6	
0	.	0	0	7

1.367에서
- 1은 일의 자리 숫자이고, 1을 나타냅니다.
- 3은 소수 첫째 자리 숫자이고, 0.3을 나타냅니다.
- 6은 소수 둘째 자리 숫자이고, 0.06을 나타냅니다.
- 7은 소수 셋째 자리 숫자이고, 0.007을 나타냅니다.

1.367은 1이 1개, 0.1이 3개, 0.01이 6개, 0.001이 7개

◐ 소수 읽는 방법

소수의 자연수 부분은 숫자와 자릿값을 모두 읽고, 소수점 아래의 수는 자릿값은 읽지 않고 숫자만 차례로 읽습니다.

17.17 < 십칠 점 일칠(○) / 십칠 점 십칠(×)

확인 1 전체 크기가 1인 모눈종이에 색칠된 부분의 크기를 소수로 나타내고 읽어 보세요.

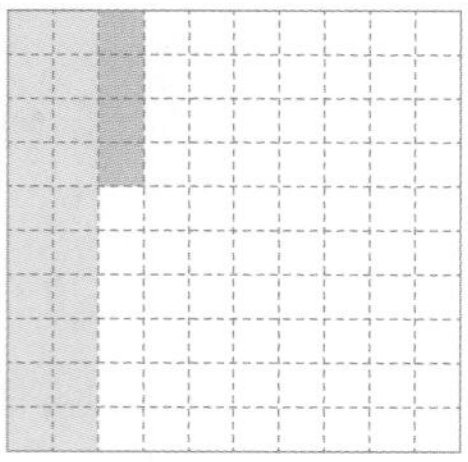

(　　　　,　　　　)

확인 2 전체 크기가 1인 모눈종이에 색칠된 부분의 크기를 소수로 나타내고 읽어 보세요.

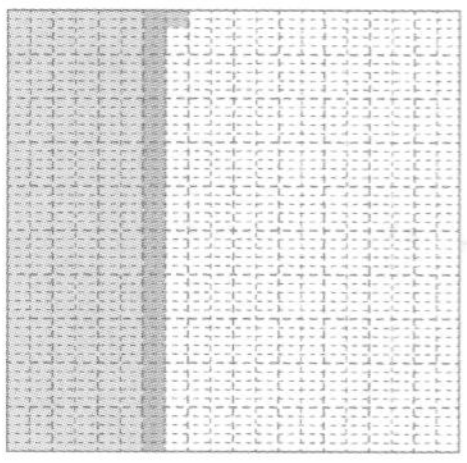

(　　　　,　　　　)

기본기 다지는 교과서 문제

1 분수를 소수로 나타내고 읽어 보세요.

(1) $\frac{3}{100}=$ ☐　　(2) $\frac{144}{1000}=$ ☐

[읽기] ________　　[읽기] ________

2 ☐ 안에 알맞은 소수를 써넣으세요.

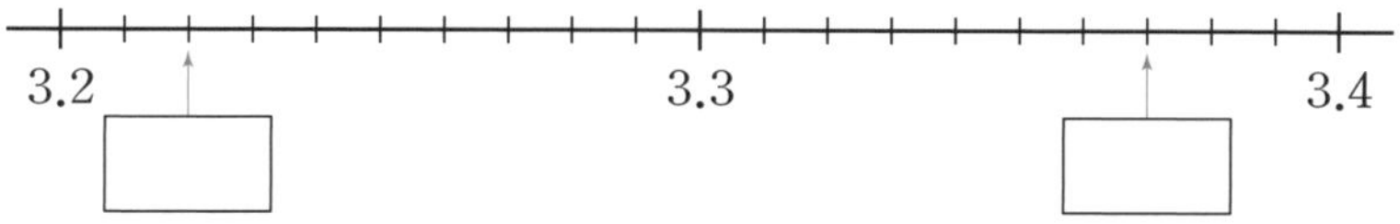

3 ☐ 안에 알맞은 소수를 써넣으세요.

1이 6개, 0.1이 5개, 0.01이 3개, 0.001이 9개인 수는 ☐입니다.

4 소수를 보고 ☐ 안에 알맞은 수나 말을 써넣으세요.

2.457

(1) 2는 일의 자리 숫자이고, ☐를 나타냅니다.

(2) 4는 소수 첫째 자리 숫자이고, ☐를 나타냅니다.

(3) 5는 소수 ☐ 자리 숫자이고, 0.05를 나타냅니다.

(4) 7은 소수 ☐ 자리 숫자이고, ☐을 나타냅니다.

개념 따라쓰기

소수 두 자리 수 알아보기

$$\frac{1}{100}=0.01$$

분수 $\frac{1}{100}$은 소수로 0.01이라 쓰고, 영 점 영일이라고 읽습니다.

소수 세 자리 수 알아보기

$$\frac{1}{1000}=0.001$$

분수 $\frac{1}{1000}$은 소수로 0.001이라 쓰고, 영 점 영영일이라고 읽습니다.

소수의 자릿값 알아보기

1이 ■개 → ■
0.1이 ▲개 → 0.▲
0.01이 ●개 → 0.0●
0.001이 ★개 → 0.00★
■.▲●★

1이 ■개, 0.1이 ▲개, 0.01이 ●개, 0.001이 ★개이면 ■.▲●★입니다.

스스로 풀어내는 도전 10 문제

1 이해

전체 크기가 1인 모눈종이에 색칠된 부분의 크기를 소수로 나타내어 보세요.

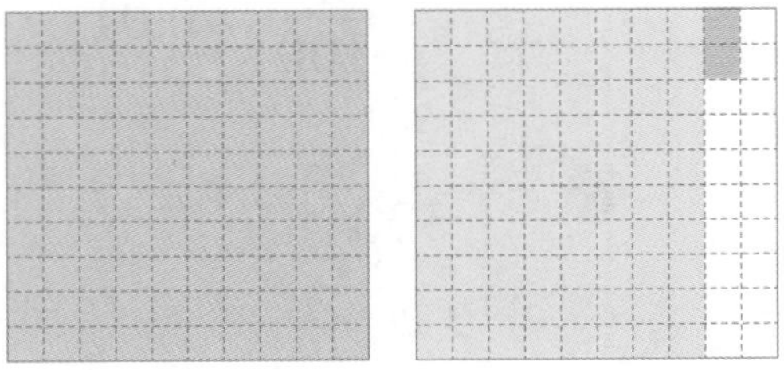

(　　　　　　　)

2 이해

소수 셋째 자리 숫자가 7인 수는 어느 것일까요? ……………………………………………(　　　　)

① 1.372　② 6.705　③ 7.086
④ 4.947　⑤ 3.713

3 22쪽 이해

□ 안에 알맞은 수나 말을 써넣으세요.

4.96

4는 □의 자리 숫자이고, □을/를 나타냅니다.
9는 소수 □ 자리 숫자이고, □을/를 나타냅니다.
6은 소수 □ 자리 숫자이고, □을/를 나타냅니다.

4 22쪽 적용

□ 안에 알맞은 소수를 써넣으세요.

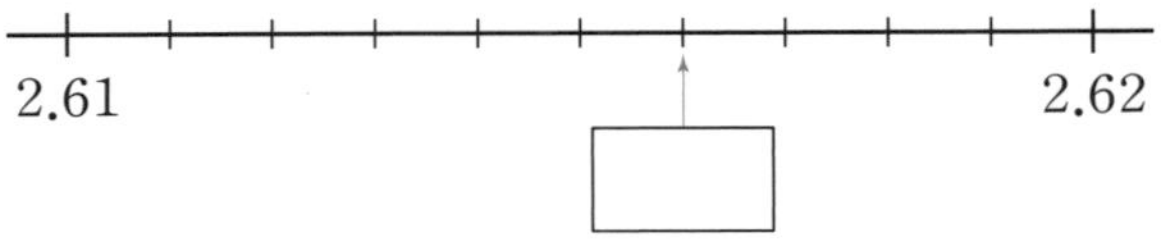

5 22쪽 문제 해결

2가 나타내는 수가 큰 수부터 순서대로 ○ 안에 1, 2, 3을 써넣으세요.

○ 3.124　○ 2.596　○ 1.284

6 22쪽 추론

설명하는 소수를 구해 보세요.

(1) 1이 5개, 0.1이 2개, 0.01이 6개, 0.001이 3개인 수
(　　　　　　　)

(2) 10이 5개, 1이 3개, $\frac{1}{10}$이 9개, $\frac{1}{100}$이 7개, $\frac{1}{1000}$이 2개인 수
(　　　　　　　)

조금 더 어려운 문제에 도전해 볼까요?

7 23쪽 문제 해결

주하네 반 학급문고에 있는 100권의 책 중에 동화책은 17권입니다. 동화책은 학급문고 전체의 얼마인지 소수로 나타내어 보세요.

(　　　　　　　　)

8 23쪽 추론

다음이 나타내는 수를 구하세요.

> 1이 2개, 0.1이 13개, 0.01이 7개, 0.001이 16개인 수

(　　　　　　　　)

+9 23쪽 수학적 독해력

〈조건〉을 만족하는 소수를 쓰고 읽어 보세요.

〈조건〉
- 소수 세 자리 수입니다.
- 5보다 크고 6보다 작습니다.
- 소수 첫째 자리 숫자는 8입니다.
- 소수 둘째 자리 숫자는 0입니다.
- 소수 셋째 자리 숫자는 1입니다.

[쓰기] (　　　　　　　　)

[읽기] (　　　　　　　　)

+10 23쪽 수학적 표현력

소수를 바르게 읽지 않은 사람의 이름을 모두 찾아 쓰고, 그 소수를 바르게 읽어 보세요.

[이름] ____________________

[바르게 읽기] ____________________

오늘 공부 어땠나요? 10개 중 맞힌 문제 [　] 개 〉 틀린 문제는 힌트를 보고 다시 도전해 보세요. 〉 맞힌 문제는 힌트를 보고 자신의 생각과 비교해 보세요.

12일 소수의 크기 비교하기

① 크기가 같은 소수

예 0.2와 0.20 비교하기

0.2와 0.20은 같은 수입니다. 소수는 필요한 경우 소수의 오른쪽 끝자리에 0을 붙여서 나타낼 수 있습니다.

0.2=0.20

소수에서 생략할 수 있는 0
소수의 오른쪽 끝자리에 있는 0은 생략할 수 있습니다.
예 0.4~~0~~, 5.09~~0~~

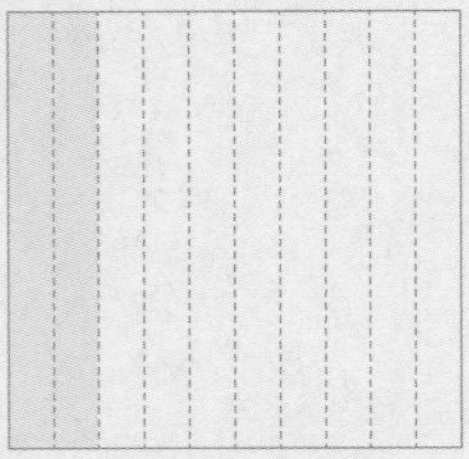

0.2 ⊜ 0.20

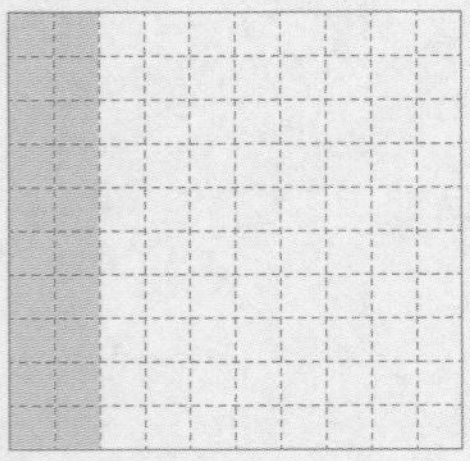

② 소수의 크기 비교

높은 자리부터 차례로 같은 자리 숫자의 크기를 비교합니다.

자연수가 다르면 **자연수 부분 비교**	→	자연수 부분이 같으면 **소수 첫째 자리 수 비교**	→	소수 첫째 자리 수까지 같으면 **소수 둘째 자리 수 비교**	→	소수 둘째 자리 수까지 같으면 **소수 셋째 자리 수 비교**
2.18 > 1.95		0.47 < 0.52		3.106 < 3.184		5.289 > 5.283

확인 1 크기가 같은 소수끼리 선으로 이어 보세요.

0.5	0.05	5
5.0	0.050	0.50

확인 2 전체 크기가 1인 모눈종이에 나타낸 두 소수의 크기를 비교하여 ◯ 안에 >, =, <를 알맞게 써넣으세요.

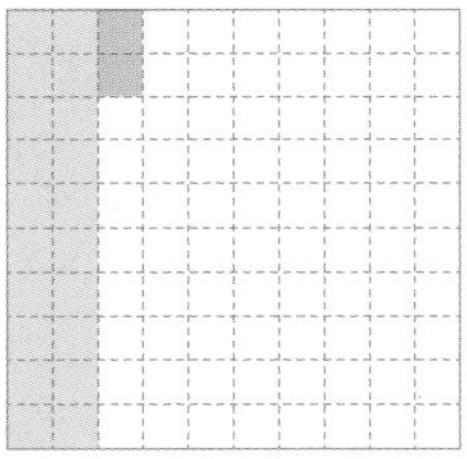

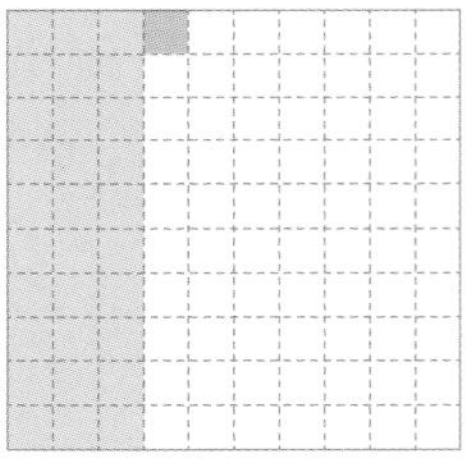

0.22 ◯ 0.31

기본기 다지는 교과서 문제

» 정답 · 풀이 18쪽

1 수직선에 1.423과 1.436을 각각 화살표(↑)로 나타내고, ◯ 안에 >, =, <를 알맞게 써넣으세요.

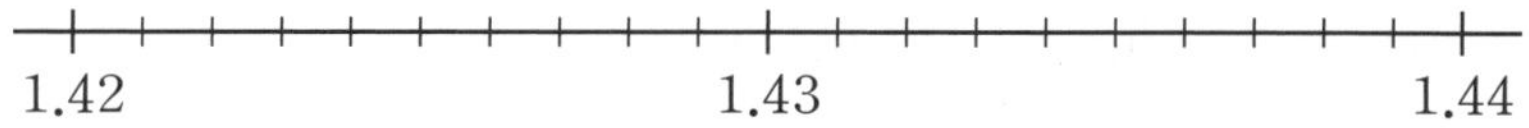

1.423 ◯ 1.436

2 소수에서 생략할 수 있는 0을 찾아 〈보기〉와 같이 나타내어 보세요.

〈보기〉
0.7~~0~~ 9.53~~0~~

0.30 1.060 5.080

3 더 작은 수에 색칠해 보세요.

(1) 3.19 2.35

(2) 1.64 1.87

4 두 수의 크기를 비교하여 ◯ 안에 >, =, <를 알맞게 써넣으세요.

(1) 6.28 ◯ 6.09

(2) 0.537 ◯ 0.54

개념 따라쓰기

크기가 같은 소수 알아보기

1.5 = 1.50 = 1.500 ⋯

1.5, 1.50, 1.500 ⋯은 모두 같은 수입니다. 소수는 필요한 경우 소수의 오른쪽 끝자리에 0을 붙여서 나타낼 수 있습니다.

소수의 크기 비교하기

높은 자리부터 차례로 같은 자리 숫자의 크기를 비교합니다.

① 자연수 부분 비교
↓ 같은 경우
② 소수 첫째 자리 숫자 비교
↓ 같은 경우
③ 소수 둘째 자리 숫자 비교
↓ 같은 경우
④ 소수 셋째 자리 숫자 비교

3 단원

1

이해

전체 크기가 1인 모눈종이에 나타낸 두 소수만큼 색칠하고, 크기를 비교하여 ◯ 안에 >, =, <를 알맞게 써넣으세요.

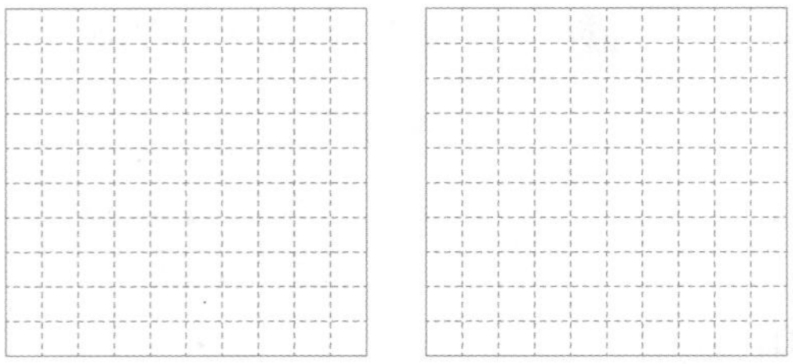

0.6 ◯ 0.65

2

이해

1.7 kg과 무게가 같은 것을 찾아 ◯표 하세요.

호박
1.07 kg
(　　　)

멜론
1.70 kg
(　　　)

쌀
10.7 kg
(　　　)

3

24쪽

의사 소통

두 수의 크기를 <u>잘못</u> 비교한 것을 찾아 기호를 쓰세요.

㉠ 3.201 > 3.24
㉡ 9.631 < 9.632

(　　　　　)

4

24쪽

적용

빨간색 털실은 8.19 m, 파란색 털실은 8.21 m입니다. 더 긴 털실에 ◯표 하세요.

8.19 m (　　　)　　8.21 m (　　　)

5

24쪽

적용

가장 큰 수에 ◯표, 가장 작은 수에 △표 하세요.

2.96　　2.853　　2.84

6

24쪽

추론

0부터 9까지의 수 중에서 □ 안에 들어갈 수 있는 수를 모두 구하세요.

0.678 < 0.6□3

(　　　　　)

7 25쪽 창의 융합

작은 수부터 순서대로 놓아 단어를 완성해 보세요.

3.03	0.33	3.3	0.3
목	전	마	회

< < <

8 25쪽 문제 해결

카드를 한 번씩 모두 사용하여 소수 두 자리 수를 만들려고 합니다. 만들 수 있는 가장 큰 수와 가장 작은 수를 각각 구하세요.

. 5 1 4

가장 큰 수 ( )
가장 작은 수 ( )

3단원

+9 25쪽 수학적 독해력

주하네 집에서부터 학교, 소방서, 도서관까지의 거리를 알아보았습니다. 집에서 먼 곳부터 순서대로 써 보세요.

집 ~ 학교	0.688 km
집 ~ 소방서	1070 m
집 ~ 도서관	1.09 km

+10 25쪽 수학적 표현력

슬기와 민호의 대화를 보고 민호의 대답을 완성해 보세요.

0.72 ○ 0.8

슬기: 72가 8보다 크니까 0.72가 0.8보다 큰 소수야.

민호: 아니야. 0.8이 0.72보다 큰 소수야.
왜냐하면 ____________________

오늘 공부 어땠나요? 10개 중 맞힌 문제 [ ] 개 > 틀린 문제는 힌트를 보고 다시 도전해 보세요. > 맞힌 문제는 힌트를 보고 자신의 생각과 비교해 보세요.

13일 소수 사이의 관계

❶ 1, 0.1, 0.01, 0.001 사이의 관계

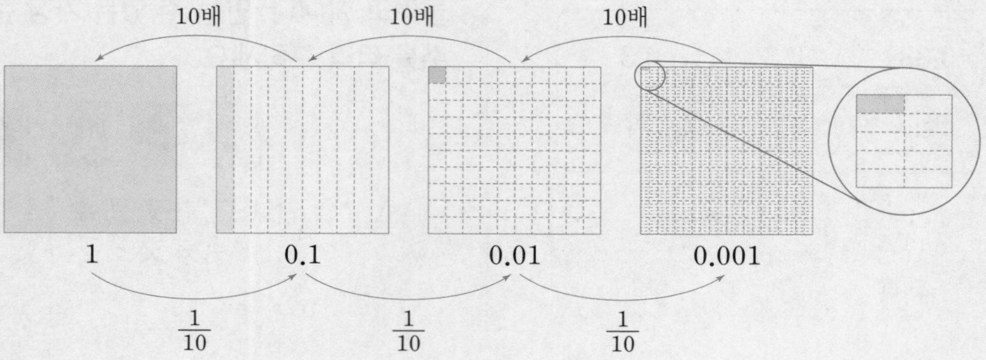

1 ⇄ 0.1 ⇄ 0.01 ⇄ 0.001 (왼쪽으로: 10배, 오른쪽으로: $\frac{1}{10}$)

❷ 소수 사이의 관계

어떤 수의 $\frac{1}{10}$을 하면 소수점을 기준으로 수가 오른쪽으로 한 자리씩 이동합니다.

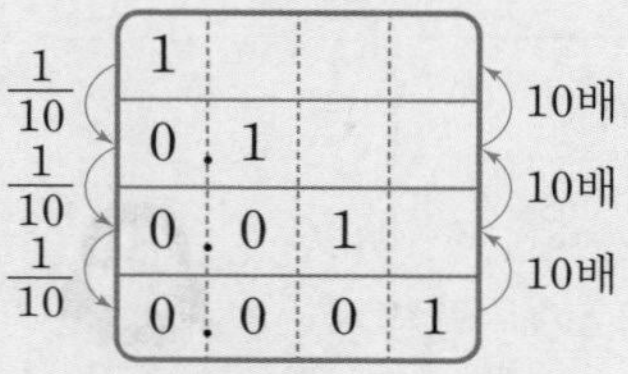

어떤 수를 10배 하면 소수점을 기준으로 수가 왼쪽으로 한 자리씩 이동합니다.

확인 1 빈칸에 알맞은 수를 써넣으세요.

(1)

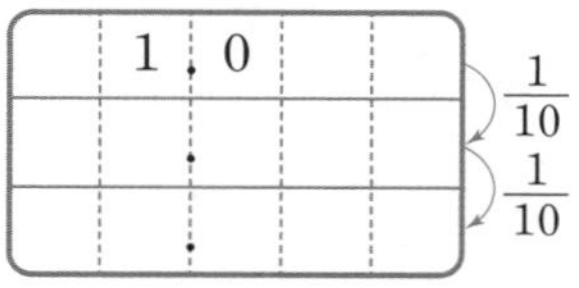

(2)

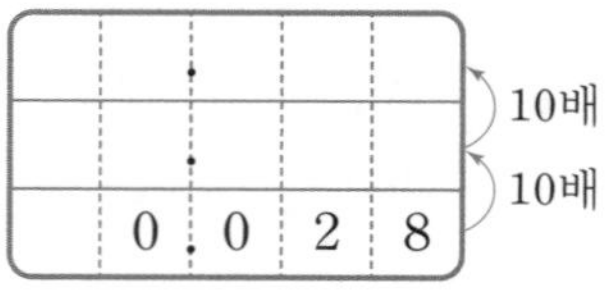

확인 2 알맞은 것에 ○표 하세요.

(1) 0.16의 $\left(\frac{1}{10}, 10배 \right)$은/는 1.6입니다.

(2) 3.2의 $\left(\frac{1}{10}, 10배 \right)$은/는 0.32입니다.

(3) 0.75의 10배는 [ ]입니다.

(4) 2.6의 $\frac{1}{10}$은 [ ]입니다.

기본기 다지는 교과서 문제

» 정답 · 풀이 19쪽

1 빈칸에 알맞은 수를 써넣으세요.

$\frac{1}{10}$ ← , $\frac{1}{10}$ ← , 10배 → , 10배 →

		8	80	
	1.17	11.7		

2 □ 안에 알맞은 수를 써넣으세요.

(1) 21의 $\frac{1}{10}$은 □이고, $\frac{1}{100}$은 □입니다.

(2) 0.14의 10배는 □이고, 100배는 □입니다.

3 □ 안에 알맞은 수를 써넣으세요.

(1)

0 .	3	
0 .	0	3

→ 0.3은 0.03의 □배

(2)

7 .			
0 .	0	0	7

→ 7은 0.007의 □배

4 주스 한 병의 양은 0.405 L입니다. 주스 100병의 양은 몇 L일까요?

(　　　　　　　　)

개념 따라쓰기

소수의 $\frac{1}{10}$을 하는 경우

	1			
$\frac{1}{10}$	0 .	1		
$\frac{1}{10}$	0 .	0	1	
$\frac{1}{10}$	0 .	0	0	1

어떤 수의 $\frac{1}{10}$을 하면 소수점을 기준으로 수가 오른쪽으로 한 자리씩 이동합니다.

소수를 10배 하는 경우

1				
0 .	1			10배
0 .	0	1		10배
0 .	0	0	1	10배

어떤 수를 10배 하면 소수점을 기준으로 수가 왼쪽으로 한 자리씩 이동합니다.

3단원

1

이해

□ 안에 알맞은 수를 써넣으세요.

(1) 1은 0.01의 □배입니다.

(2) 0.001은 0.01의 $\frac{1}{\square}$입니다.

2 26쪽

적용

빈칸에 알맞은 수를 써넣으세요.

100배	10배		$\frac{1}{10}$	$\frac{1}{100}$
		4		
		0.7		
		20.9		

3

적용

나타내는 수가 1.3인 것을 찾아 ○표 하세요

0.13의 $\frac{1}{10}$ (　　　　)

0.013의 100배 (　　　　)

13의 $\frac{1}{100}$ (　　　　)

4 26쪽

적용

㉠이 나타내는 수는 ㉡이 나타내는 수의 몇 배일까요?

54.704 (㉠: 5<u>4</u>의 4, ㉡: 70<u>4</u>의 4)

(　　　　　　)

5 26쪽

적용

나타내는 수가 다른 것을 찾아 기호를 쓰세요.

㉠ 0.06의 10배　　㉡ 60의 $\frac{1}{100}$

㉢ 0.6의 $\frac{1}{10}$　　㉣ 0.006의 100배

(　　　　　　)

6 26쪽

문제 해결

설명하는 수를 100배 한 수는 얼마일까요?

1이 8개, 0.1이 5개, 0.01이 6개, 0.001이 2개인 수

(　　　　　　)

» 정답 · 풀이 20쪽

7

27쪽

창의 융합

노란색 종이 1묶음의 무게는 0.957 kg이고 초록색 종이 1묶음의 무게는 3 kg입니다. 노란색 종이 10묶음과 초록색 종이 $\frac{1}{100}$묶음은 각각 몇 kg인지 구하세요.

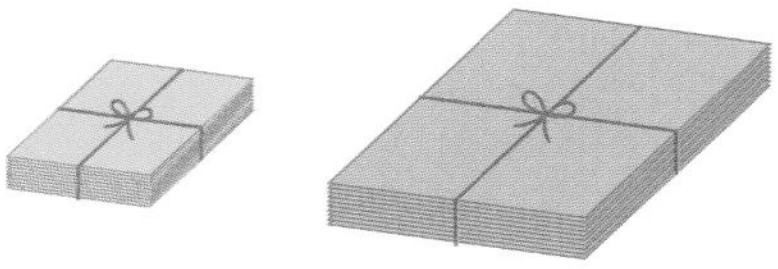

노란색 종이 10묶음 (   )

초록색 종이 $\frac{1}{100}$묶음 (   )

8

27쪽

추론

□ 안에 들어가는 수를 모두 더하면 얼마일까요?

- 1.9의 □배는 190입니다.
- 30.6은 306의 $\frac{1}{\square}$입니다.
- 0.76의 □배는 76입니다.

(   )

+9

27쪽

수학적 독해력

무엇이든 넣을 수 있는 마법 상자가 2개 있습니다. 빨간 상자에 넣었다가 빼면 길이가 10배가 되고, 파란 상자에 넣었다가 빼면 길이가 $\frac{1}{10}$이 됩니다. 서준이는 17.5 cm인 연필을 빨간 상자에 1번, 파란 상자에 2번 넣었다가 뺐습니다. 지금 서준이의 연필은 몇 cm일까요?

10배 $\frac{1}{10}$

(   )

+10

27쪽

수학적 표현력

잘못 말한 사람을 찾아 이름을 쓰고, 바르게 고쳐 보세요.

로운: 920은 0.92의 1000배야.

윤하: 41.6은 416의 $\frac{1}{100}$이야.

[이름] ____________________

[바르게 고치기] ____________________

____

____

오늘 공부 어땠나요?

10개 중 맞힌 문제 □개

틀린 문제는 힌트를 보고 다시 도전해 보세요.

맞힌 문제는 힌트를 보고 자신의 생각과 비교해 보세요.

공부한 날 월 일

14일 소수 한 자리 수의 덧셈

① 소수 한 자리 수의 덧셈

소수점끼리 맞추어 세로로 쓰고 같은 자리 수끼리 더합니다.
이때 같은 자리 수끼리의 합이 10이거나 10보다 크면 바로 윗자리로 받아올림합니다.

1) 받아올림이 없는 소수 한 자리 수의 덧셈

예 0.2+0.4의 계산

$$\begin{array}{r} 0.2 \\ +\,0.4 \\ \hline 6 \end{array} \rightarrow \begin{array}{r} 0.2 \\ +\,0.4 \\ \hline 0.6 \end{array}$$

2+4=6 / 0은 그대로 내려 씁니다.

2) 받아올림이 있는 소수 한 자리 수의 덧셈

예 1.8+0.6의 계산

$$\begin{array}{r} {}^{1}\ \ \ \\ 1.8 \\ +\,0.6 \\ \hline 4 \end{array} \rightarrow \begin{array}{r} {}^{1}\ \ \ \\ 1.8 \\ +\,0.6 \\ \hline 2.4 \end{array}$$

8+6=14 / 1+1+0=2

개념+ 다른 방법으로 1.8+0.6 계산하기

방법 1 그림으로 알아보기

→ 1.8+0.6=2.4

방법 2 0.1의 개수를 이용하여 알아보기

1.8은 0.1이 18개입니다. 0.6은 0.1이 6개입니다.
1.8+0.6은 0.1이 모두 18+6=24(개)이므로 2.4입니다.

→ 1.8+0.6=2.4

확인 1 □ 안에 알맞은 수를 써넣으세요.

(1)

$$\begin{array}{r} 1.3 \\ +\,0.5 \\ \hline \end{array} \rightarrow \begin{array}{r} 1.3 \\ +\,0.5 \\ \hline \square \end{array} \rightarrow \begin{array}{r} 1.3 \\ +\,0.5 \\ \hline \square.\square \end{array}$$

(2)

$$\begin{array}{r} 0.7 \\ +\,1.4 \\ \hline \end{array} \rightarrow \begin{array}{r} \square\ \ \ \\ 0.7 \\ +\,1.4 \\ \hline \square \end{array} \rightarrow \begin{array}{r} \square\ \ \ \\ 0.7 \\ +\,1.4 \\ \hline \square.\square \end{array}$$

확인 2 □ 안에 알맞은 수를 써넣으세요.

0.7은 0.1이 □개입니다.
1.2는 0.1이 □개입니다.
0.7+1.2는 0.1이 □개이므로 □입니다.

0.7+1.2=□

기본기 다지는 교과서 문제

1 전체 크기가 1인 모눈종이에 0.5만큼 빨간색으로 색칠하고, 이어서 0.8만큼 파란색으로 색칠한 후 □ 안에 알맞은 수를 써넣으세요.

$0.5+0.8=\square$

2 수직선을 보고 □ 안에 알맞은 수를 써넣으세요.

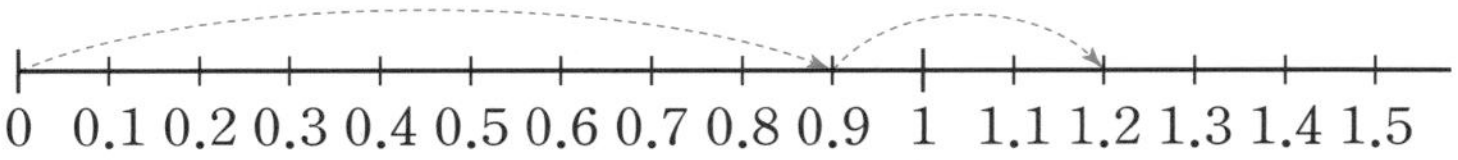

$0.9+\square=\square$

3 계산해 보세요.

(1)
$$\begin{array}{r} 0.4 \\ +\ 3.4 \\ \hline \end{array}$$

(2)
$$\begin{array}{r} 1.7 \\ +\ 0.5 \\ \hline \end{array}$$

(3) $1.6+0.2$

(4) $2.3+2.9$

개념 따라쓰기

받아올림이 없는 소수 한 자리 수의 덧셈

$$\begin{array}{r} 4.1 \\ +\ 1.2 \\ \hline 5.3 \end{array}$$

소수점끼리 맞추어 세로로 쓰고 같은 자리 수끼리 더합니다.

받아올림이 있는 소수 한 자리 수의 덧셈

1 ← 받아올림한 수

$$\begin{array}{r} 3.6 \\ +\ 2.7 \\ \hline 6.3 \end{array}$$

$6+7=13$

같은 자리 수끼리의 합이 10이거나 10보다 크면 바로 윗자리로 받아올림합니다.

1

계산

□ 안에 알맞은 수를 써넣으세요.

(1)

$$\begin{array}{r} 1.2 \\ +\ 1.3 \\ \hline \square.\square \end{array}$$

(2)

$$\begin{array}{r} \square \\ 0.9 \\ +\ 1.2 \\ \hline \square.\square \end{array}$$

2

계산

□ 안에 알맞은 수를 써넣으세요.

1.5 → +4.2 → □

3 28쪽

계산

계산 결과를 찾아 선으로 이어 보세요.

1.4+0.5 •	• 1.2
0.7+0.3 •	• 1
0.8+0.4 •	• 1.9

4 28쪽

적용

설명하는 수를 구해 보세요.

6.5보다 3.7 큰 수

( )

5 28쪽

문제 해결

두 달 전에 강낭콩의 길이를 재었더니 1.7 m였습니다. 오늘 다시 재어 보니 두 달 전보다 0.6 m가 더 자랐습니다. 오늘 잰 강낭콩의 키는 몇 m인지 식을 쓰고 답을 구해 보세요.

〔식〕

〔답〕

6 28쪽

계산

계산 결과가 큰 것부터 ○ 안에 1, 2, 3을 써넣으세요.

○	○	○
$\begin{array}{r} 3.4 \\ +\ 4.6 \\ \hline \end{array}$	$\begin{array}{r} 6.9 \\ +\ 0.2 \\ \hline \end{array}$	$\begin{array}{r} 5.1 \\ +\ 2.2 \\ \hline \end{array}$

» 정답 · 풀이 21쪽

7 29쪽 추론

□ 안에 들어갈 수 있는 소수 한 자리 수 중에서 가장 큰 수를 구해 보세요.

$2.5+3.2>\square$

(　　　　　　　)

8 29쪽 의사 소통

지혜와 영민이가 생각하는 소수의 합을 구해 보세요.

지혜: 내가 생각하는 소수는 0.1이 29개 있어.

영민: 내가 생각하는 소수는 0.01이 580개 있어.

(　　　　　　　)

+9 29쪽 수학적 독해력

냉장고에 우유는 1.5 L 있고, 주스는 우유보다 0.3 L 더 많습니다. 냉장고에 있는 우유와 주스는 모두 몇 L일까요?

(　　　　　　　)

+10 29쪽 수학적 표현력

계산에서 잘못된 부분을 찾아 잘못된 이유를 쓰고, 바르게 계산해 보세요.

$$\begin{array}{r} 1.6 \\ +\ 1.9 \\ \hline 2.5 \end{array} \rightarrow \begin{array}{r} 1.6 \\ +\ 1.9 \\ \hline \end{array}$$

[이유] ______________________

____

[바르게 계산한 값] ______________________

오늘 공부 어땠나요? 10개 중 맞힌 문제 □ 개 › 틀린 문제는 힌트를 보고 다시 도전해 보세요. › 맞힌 문제는 힌트를 보고 자신의 생각과 비교해 보세요.

공부한 날 월 일

15일 소수 한 자리 수의 뺄셈

① 소수 한 자리 수의 뺄셈

소수점끼리 맞추어 세로로 쓰고 같은 자리 수끼리 뺍니다.
이때 같은 자리 수끼리 뺄 수 없으면 바로 윗자리에서 10을 받아내림하여 계산합니다.

1) 받아내림이 없는 소수 한 자리 수의 뺄셈

예 0.9−0.5의 계산

$$\begin{array}{r} 0.9 \\ -\,0.5 \\ \hline 4 \end{array} \rightarrow \begin{array}{r} 0.9 \\ -\,0.5 \\ \hline 0.4 \end{array}$$

9−5=4 / 0은 그대로 내려 씁니다.

2) 받아내림이 있는 소수 한 자리 수의 뺄셈

예 2.4−1.6의 계산

$$\begin{array}{r} \scriptstyle 1\ \ 10 \\ \not{2}.4 \\ -\,1.6 \\ \hline 8 \end{array} \rightarrow \begin{array}{r} \scriptstyle 1\ \ 10 \\ \not{2}.4 \\ -\,1.6 \\ \hline 0.8 \end{array}$$

10+4−6=8 / 2−1−1=0

개념+ 다른 방법으로 2.4−1.6 계산하기

방법 1 그림으로 알아보기

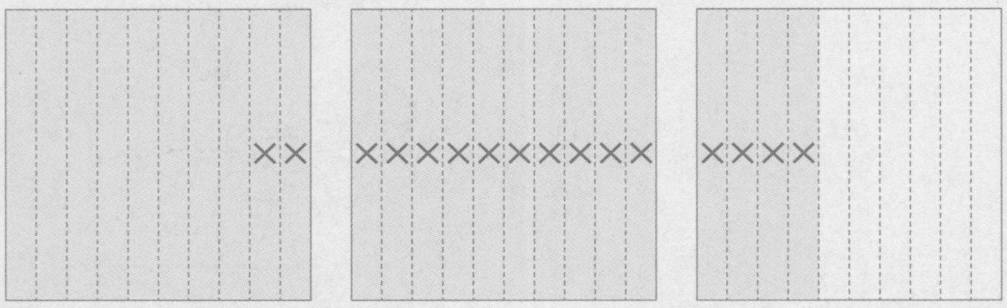

→ 2.4−1.6=0.8

방법 2 0.1의 개수를 이용하여 알아보기

2.4는 0.1이 24개입니다. 1.6은 0.1이 16개입니다.
2.4−1.6은 0.1이 모두 24−16=8(개)이므로 0.8입니다.

→ 2.4−1.6=0.8

확인 1 □ 안에 알맞은 수를 써넣으세요.

(1)
$$\begin{array}{r} 2.6 \\ -\,0.3 \\ \hline \end{array} \rightarrow \begin{array}{r} 2.6 \\ -\,0.3 \\ \hline \square \end{array} \rightarrow \begin{array}{r} 2.6 \\ -\,0.3 \\ \hline \square.\square \end{array}$$

(2)
$$\begin{array}{r} 3.5 \\ -\,1.9 \\ \hline \end{array} \rightarrow \begin{array}{r} \square\ \scriptstyle 10 \\ \not{3}.5 \\ -\,1.9 \\ \hline \square \end{array} \rightarrow \begin{array}{r} \square\ \scriptstyle 10 \\ \not{3}.5 \\ -\,1.9 \\ \hline \square.\square \end{array}$$

확인 2 □ 안에 알맞은 수를 써넣으세요.

1.3은 0.1이 □개입니다.
0.5는 0.1이 □개입니다.
1.3−0.5는 0.1이 □개이므로
□입니다.

1.3−0.5=□

» 정답 · 풀이 22쪽

1 그림을 보고 □ 안에 알맞은 수를 써넣으세요.

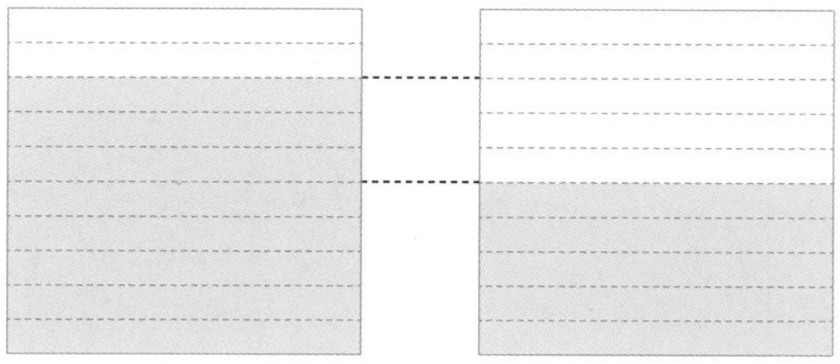

0.8−0.5=□

2 수직선을 보고 □ 안에 알맞은 수를 써넣으세요.

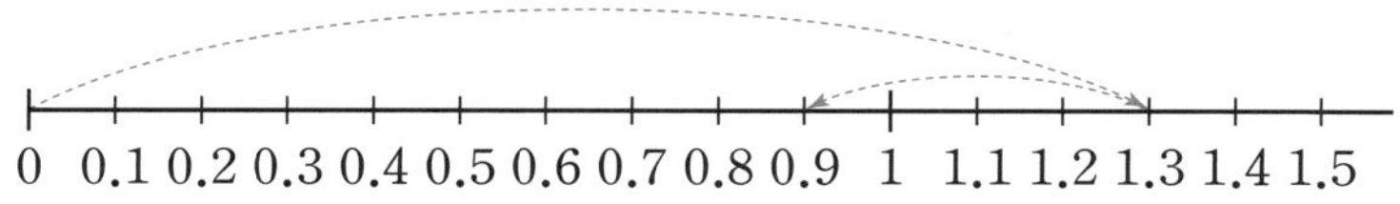

1.3−□=□

3 계산해 보세요.

(1) $\begin{array}{r} 1.7 \\ -\ 0.2 \\ \hline \end{array}$

(2) $\begin{array}{r} 2.6 \\ -\ 1.9 \\ \hline \end{array}$

(3) 3.4−2.5

(4) 5.1−2.3

개념 따라쓰기

받아내림이 없는 소수 한 자리 수의 뺄셈

$\begin{array}{r} 4.6 \\ -\ 2.5 \\ \hline 2.1 \end{array}$

소수점끼리 맞추어 세로로 쓰고 같은 자리 수끼리 뺍니다.

받아내림이 있는 소수 한 자리 수의 뺄셈

받아내림한 수

$\begin{array}{r} {\scriptstyle 5\ \ 10} \\ \not{6}.2 \\ -\ 2.9 \\ \hline 3.3 \end{array}$

같은 자리 수끼리 뺄 수 없으면 바로 윗자리에서 10을 받아내림하여 계산합니다.

1
계산

□ 안에 알맞은 수를 써넣으세요.

(1)

$$\begin{array}{r} 2.7 \\ -\ 1.5 \\ \hline \square.\square \end{array}$$

(2)

$$\begin{array}{r} \square\ \ \square \\ \not{3}.4 \\ -\ 0.9 \\ \hline \square.\square \end{array}$$

2
이해

0.6만큼 색칠한 그림에서 0.2만큼 ×표 하고, □ 안에 알맞은 수를 써넣으세요.

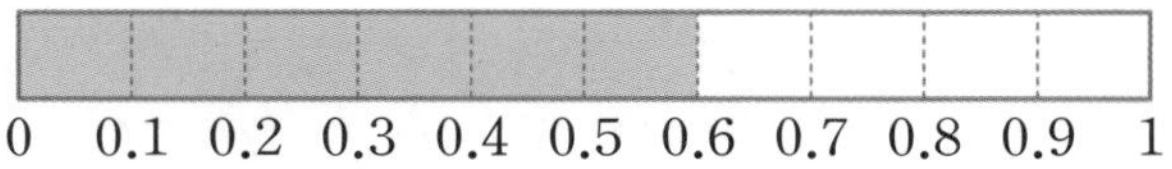

$0.6-0.2=\square$

3
30쪽 계산

두 수의 차를 빈칸에 써넣으세요.

0.8	1.4

4
30쪽 적용

설명하는 수를 구해 보세요.

7.1보다 2.9 작은 수

(　　　　　　)

5
30쪽 문제 해결

물이 2.3 L 있었습니다. 화분에 물을 주고 남은 물이 1.7 L라면 화분에 준 물은 몇 L인지 식을 쓰고 답을 구해 보세요.

[식] ______________________

[답] ______________

6
30쪽 적용

계산 결과를 비교하여 ○ 안에 >, =, <를 알맞게 써넣으세요.

3.8−1.5 ○ 4.2−1.7

7 31쪽

추론

〈보기〉에서 두 수를 골라 차가 가장 큰 뺄셈식을 만들고 차를 구해 보세요.

〈보기〉
3.6 9.4 4.8

□ − □ = □

8 31쪽

문제 해결

식당에 밀가루가 6.8 kg 있었습니다. 어제는 2.3 kg을 사용하고, 오늘은 1.8 kg을 사용했습니다. 남은 밀가루는 몇 kg일까요?

( )

3 단원

+9 31쪽

수학적 독해력

다음 직사각형에서 세로는 가로보다 1.5 cm 더 짧습니다. 직사각형의 가로와 세로의 길이의 합은 몇 cm일까요?

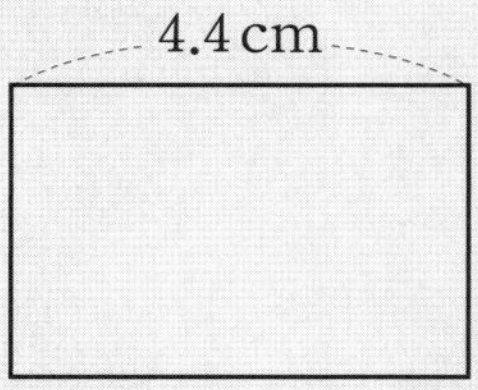

( )

+10 31쪽

수학적 표현력

주하가 바르게 계산한 값은 얼마인지 풀이 과정을 쓰고, 답을 구하세요.

어떤 수에서 2.5를 빼야 할 것을 잘못하여 더했더니 8.7이 되었어.

그럼 내가 바르게 계산한 값을 구해 볼게.

〔풀이〕

〔답〕

오늘 공부 어땠나요?

10개 중 맞힌 문제 □ 개

틀린 문제는 힌트를 보고 다시 도전해 보세요.

맞힌 문제는 힌트를 보고 자신의 생각과 비교해 보세요.

16일 소수 두 자리 수의 덧셈

❶ 소수 두 자리 수의 덧셈

소수점끼리 맞추어 세로로 쓰고 같은 자리 수끼리 더합니다.
이때 받아올림이 있으면 바로 윗자리로 받아올림하여 계산합니다.

예 0.17+0.25의 계산

$$\begin{array}{r} 0.17 \\ +\,0.25 \\ \hline \end{array} \rightarrow \begin{array}{r} {\scriptstyle 1}\ \ \\ 0.17 \\ +\,0.25 \\ \hline 2 \end{array} \rightarrow \begin{array}{r} {\scriptstyle 1}\ \ \\ 0.17 \\ +\,0.25 \\ \hline 42 \end{array} \rightarrow \begin{array}{r} {\scriptstyle 1}\ \ \\ 0.17 \\ +\,0.25 \\ \hline 0.42 \end{array}$$

받아올림한 수

소수점끼리 맞추어 세로로 씁니다. / 7+5=12 / 1+1+2=4 / 0은 그대로 내려 씁니다.

개념+ 자릿수가 다른 소수의 덧셈

자릿수가 다른 소수의 덧셈을 할 때에는 반드시 소수점끼리 맞추어 계산합니다.

예 1.32+2.9의 계산

$$\begin{array}{r} 1.32 \\ +\,2.9\ \\ \hline \end{array} \rightarrow \begin{array}{r} 1.32 \\ +\,2.90 \\ \hline 2 \end{array} \rightarrow \begin{array}{r} {\scriptstyle 1}\ \ \ \\ 1.32 \\ +\,2.90 \\ \hline 22 \end{array} \rightarrow \begin{array}{r} {\scriptstyle 1}\ \ \ \\ 1.32 \\ +\,2.90 \\ \hline 4.22 \end{array}$$

소수 끝자리에 0이 있는 것으로 생각합니다.

소수점끼리 맞추어 세로로 씁니다. / 2+0=2 / 3+9=12 / 1+1+2=4

확인 1 전체 크기가 1인 모눈종이에 색칠된 그림을 보고 □ 안에 알맞은 수를 써넣으세요.

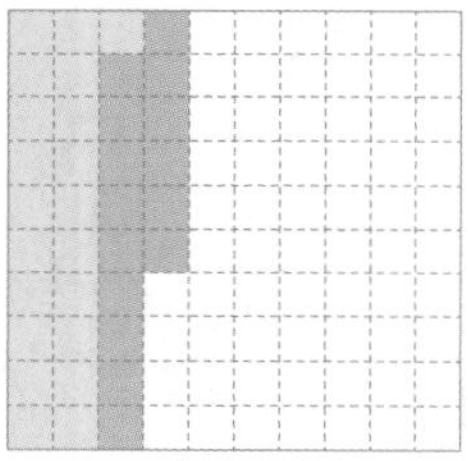

0.21+0.15=□

확인 2 □ 안에 알맞은 수를 써넣으세요.

$$\begin{array}{r} 0.56 \\ +\,0.7\ \\ \hline \end{array} \rightarrow \begin{array}{r} 0.56 \\ +\,0.70 \\ \hline \square \end{array} \rightarrow \begin{array}{r} \square\ \ \ \\ 0.56 \\ +\,0.70 \\ \hline \square\square \end{array} \rightarrow \begin{array}{r} \square\ \ \ \\ 0.56 \\ +\,0.70 \\ \hline \square.\square\square \end{array}$$

기본기 다지는 교과서 문제

» 정답 · 풀이 23쪽

1 수직선을 보고 □ 안에 알맞은 수를 써넣으세요.

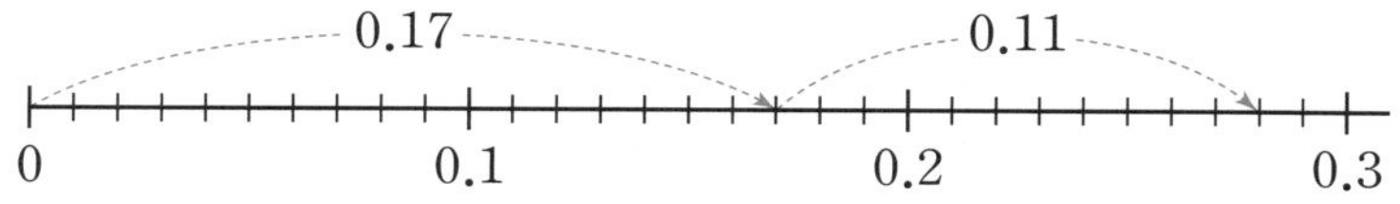

$0.17+0.11=$ □

2 전체 크기가 1인 모눈종이에 색칠된 그림을 보고 □ 안에 알맞은 수를 써넣으세요.

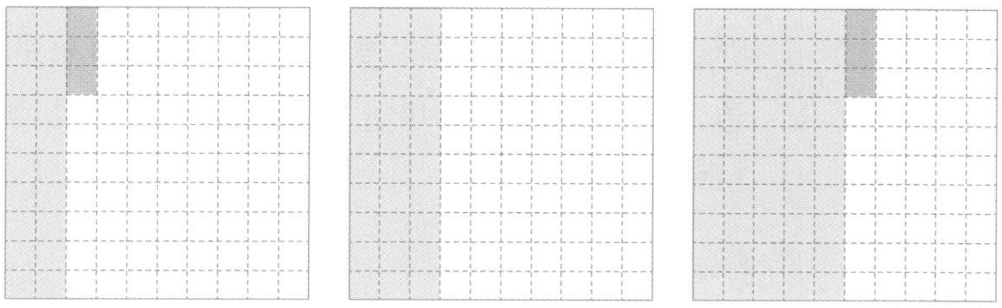

□ $+0.3=$ □

3 계산해 보세요.

(1)
$$\begin{array}{r} 0.71 \\ +\ 3.14 \\ \hline \end{array}$$

(2)
$$\begin{array}{r} 5.6 \\ +\ 1.78 \\ \hline \end{array}$$

(3) $2.55+1.46$

(4) $0.59+3.7$

개념 따라쓰기

소수 두 자리 수의 덧셈

받아올림한 수 ①

$$\begin{array}{r} 2.45 \\ +\ 3.26 \\ \hline 5.71 \end{array}$$

$5+6=11$

① 소수점끼리 맞추어 세로로 쓰고 같은 자리 수끼리 더합니다.

② 이때 받아올림이 있으면 바로 윗자리로 받아올림하여 계산합니다.

자릿수가 다른 소수의 덧셈

0이 있는 것으로 생각해.

$$\begin{array}{r} 1.7 \\ +\ 2.84 \\ \hline 4.54 \end{array}$$

자릿수가 다른 소수의 덧셈을 할 때에는 반드시 소수점을 기준으로 맞추어 써서 계산합니다.

3 단원

1

계산

□ 안에 알맞은 수를 써넣으세요.

```
  □
    3 . 7  2
 +  1 . 4  6
 ------------
  □ . □  □
```

2

계산

□ 안에 알맞은 수를 써넣으세요.

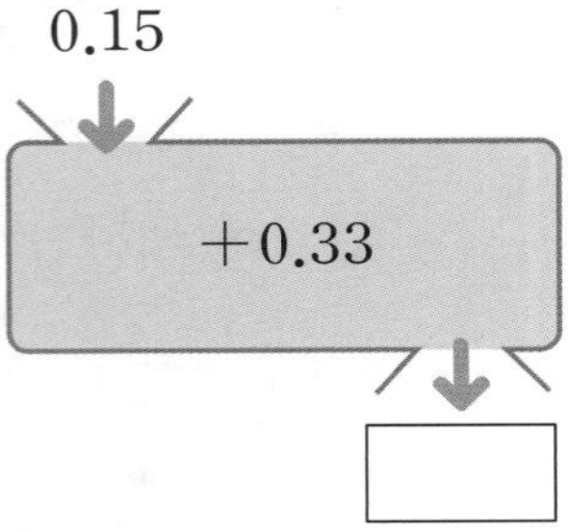

3 32쪽

적용

가장 큰 수와 가장 작은 수의 합을 구해 보세요.

2.18　　0.9　　1.76

(　　　　　　)

4 32쪽

추론

□ 안에 알맞은 수를 써넣으세요.

$\square - 4.51 = 3.7$

(　　　　　　)

5 32쪽

문제 해결

매실 원액 1.65 L와 물 2.15 L를 섞어서 매실 주스를 만들었습니다. 매실 주스는 몇 L인지 식을 쓰고 답을 구해 보세요.

〔식〕 ______________________

〔답〕 ______________

6 32쪽

창의 융합

선을 따라 내려간 곳에 계산 결과를 써넣으세요.

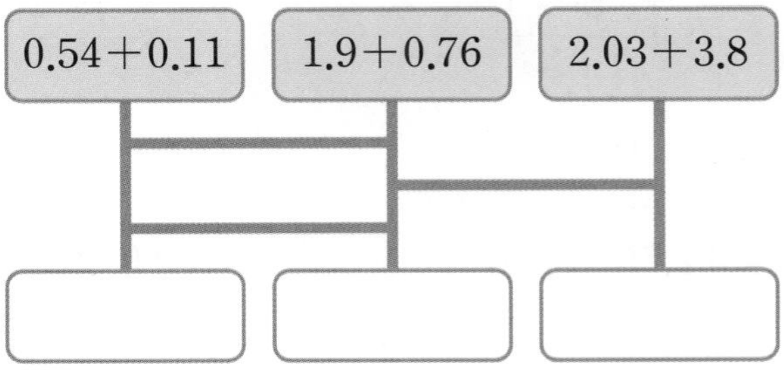

» 정답 · 풀이 23쪽

7 33쪽 문제 해결

수직선에서 ㉠과 ㉡이 나타내는 수의 합을 구해 보세요.

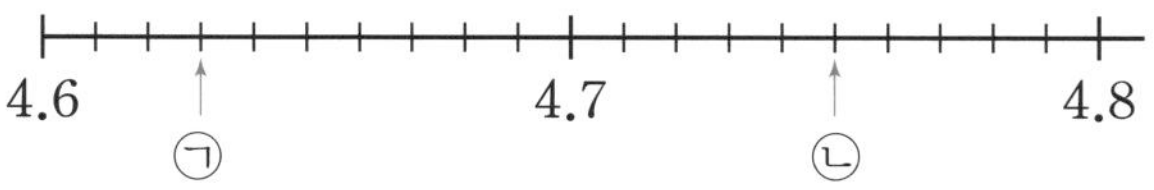

(　　　　　　　　)

8 33쪽 추론

□ 안에 알맞은 수를 써넣으세요.

$$\begin{array}{r} \square.\,9\,2 \\ +\ 2.\,\square\,1 \\ \hline 4.\,3\,\square \end{array}$$

+9 33쪽 수학적 독해력

카드를 한 번씩 모두 사용하여 소수 두 자리 수를 만들려고 합니다. 만들 수 있는 가장 큰 수와 가장 작은 수의 합을 구해 보세요.

. 　5　2　6

(　　　　　　　　)

+10 33쪽 수학적 표현력

수현이와 종욱이가 말한 두 소수의 합은 얼마인지 풀이 과정을 쓰고, 답을 구하세요.

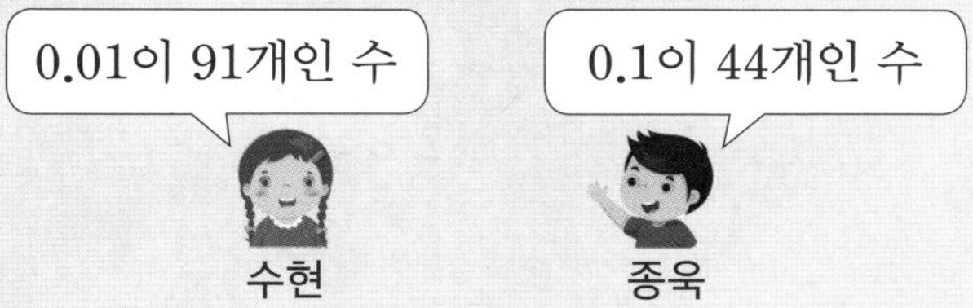

풀이 0.01이 91개인 수를 소수로 나타내면

답

오늘 공부 어땠나요?

10개 중 맞힌 문제 　개

틀린 문제는 힌트를 보고 다시 도전해 보세요.

맞힌 문제는 힌트를 보고 자신의 생각과 비교해 보세요.

공부한 날 월 일

17일 소수 두 자리 수의 뺄셈

① 소수 두 자리 수의 뺄셈

소수점끼리 맞추어 세로로 쓰고 같은 자리 수끼리 뺍니다.
이때 같은 자리 수끼리 뺄 수 없으면 바로 윗자리에서 받아내림하여 계산합니다.

예 0.63－0.24의 계산

$$\begin{array}{r} 0.63 \\ -\,0.24 \\ \hline \end{array} \rightarrow \begin{array}{r} {\scriptstyle 5\ 10} \\ 0.\not{6}3 \\ -\,0.24 \\ \hline 9 \end{array} \rightarrow \begin{array}{r} {\scriptstyle 5\ 10} \\ 0.\not{6}3 \\ -\,0.24 \\ \hline 39 \end{array} \rightarrow \begin{array}{r} {\scriptstyle 5\ 10} \\ 0.\not{6}3 \\ -\,0.24 \\ \hline 0.39 \end{array}$$

받아내림한 수

소수점끼리 맞추어 세로로 씁니다. / 10＋3－4＝9 / 6－1－2＝3 / 0은 그대로 내려 씁니다.

개념+ 자릿수가 다른 소수의 뺄셈

자릿수가 다른 소수의 뺄셈을 할 때에는 반드시 소수점을 기준으로 맞추어 써야 합니다.

예 3.5－1.26의 계산

$$\begin{array}{r} 3.5 \\ -\,1.26 \\ \hline \end{array} \rightarrow \begin{array}{r} {\scriptstyle 4\ 10} \\ 3.\not{5}0 \\ -\,1.26 \\ \hline 4 \end{array} \rightarrow \begin{array}{r} {\scriptstyle 4\ 10} \\ 3.\not{5}0 \\ -\,1.26 \\ \hline 24 \end{array} \rightarrow \begin{array}{r} {\scriptstyle 4\ 10} \\ 3.\not{5}0 \\ -\,1.26 \\ \hline 2.24 \end{array}$$

소수 끝자리에 0이 있는 것으로 생각합니다.

소수점끼리 맞추어 세로로 씁니다. / 10＋0－6＝4 / 5－1－2＝2 / 3－1＝2

확인 1 전체 크기가 1인 모눈종이에 ×표 한 그림을 보고 □ 안에 알맞은 수를 써넣으세요.

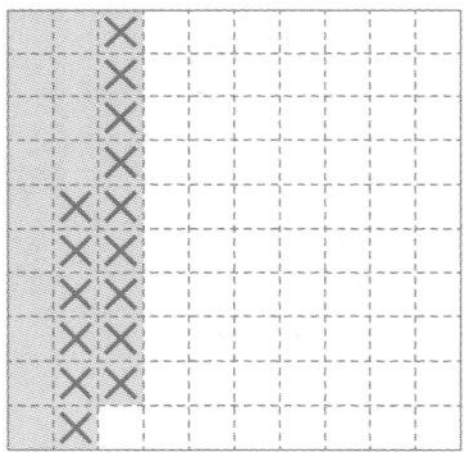

0.29－0.15＝□

확인 2 □ 안에 알맞은 수를 써넣으세요.

$$\begin{array}{r} 2.31 \\ -\,0.6 \\ \hline \end{array} \rightarrow \begin{array}{r} 2.31 \\ -\,0.60 \\ \hline \square \end{array} \rightarrow \begin{array}{r} {\scriptstyle 1\ \square} \\ \not{2}.31 \\ -\,0.60 \\ \hline \square\square \end{array} \rightarrow \begin{array}{r} {\scriptstyle 1} \\ \not{2}.31 \\ -\,0.60 \\ \hline \square.\square\square \end{array}$$

기본기 다지는 교과서 문제

» 정답 · 풀이 24쪽

1 수직선을 보고 □ 안에 알맞은 수를 써넣으세요.

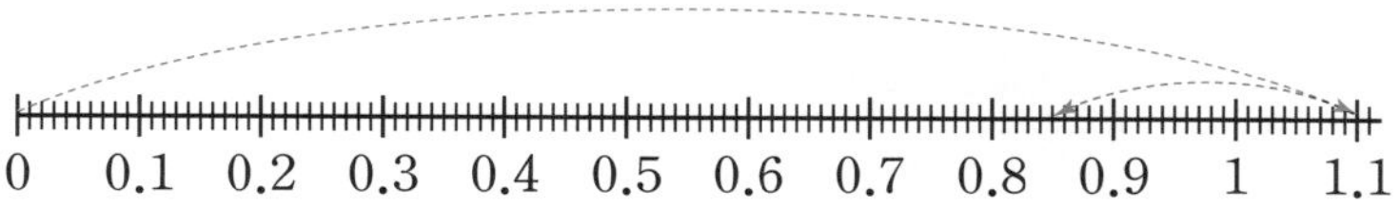

$1.1-0.25=$ □

2 전체 크기가 1인 모눈종이에 색칠된 그림을 보고 □ 안에 알맞은 수를 써넣으세요.

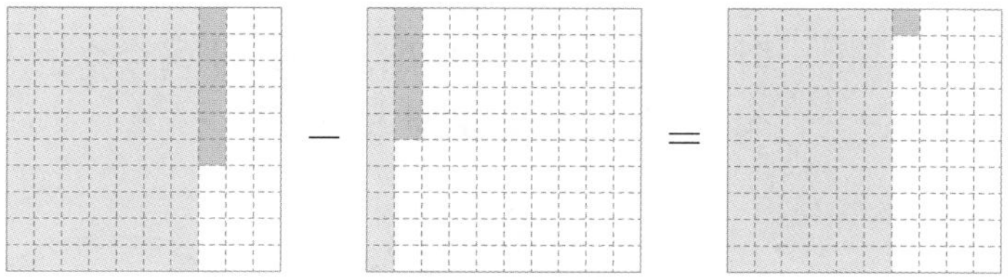

$0.76-$ □ $=$ □

3 계산해 보세요.

(1)
$$\begin{array}{r} 0.98 \\ -\ 0.39 \\ \hline \end{array}$$

(2)
$$\begin{array}{r} 4.1 \\ -\ 1.29 \\ \hline \end{array}$$

(3) $5.06-2.41$

(4) $8.32-4.8$

개념 따라쓰기

소수 두 자리 수의 뺄셈

받아내림한 수

$$\begin{array}{r} \overset{4}{\not5}\ \overset{10}{} \\ 0.\not5\,4 \\ -\ 0.2\,6 \\ \hline 0.2\,8 \end{array}$$

① 소수점끼리 맞추어 세로로 쓰고 같은 자리 수끼리 뺍니다.

② 이때 같은 자리 수끼리 뺄 수 없으면 바로 윗자리에서 받아내림하여 계산합니다.

자릿수가 다른 소수의 뺄셈

0이 있는 것으로 생각해.

$$\begin{array}{r} 5.2\,(0) \\ -\ 2.0\,6 \\ \hline 3.1\,4 \end{array}$$

자릿수가 다른 소수의 뺄셈을 할 때에는 반드시 소수점을 기준으로 맞추어 써서 계산합니다.

1

계산

□ 안에 알맞은 수를 써넣으세요.

```
   □  □  10
   3̸ . 1̸  5
 - 1 . 2  8
 ----------
   □ . □ □
```

2

계산

빈칸에 알맞은 수를 써넣으세요.

7.82 → (−5.1) → □

3

34쪽

적용

두 수의 차를 구해 보세요.

0.87 1.69

(　　　　　　　)

4

34쪽

적용

계산 결과가 더 큰 것을 찾아 ○표 하세요.

$0.91-0.13$	$7.98-7.14$
(　　　)	(　　　)

5

34쪽

문제 해결

옥수수가 들어 있는 바구니의 무게는 4.12 kg입니다. 빈 바구니가 1.26 kg일 때 옥수수는 몇 kg인지 식을 쓰고 답을 구해 보세요.

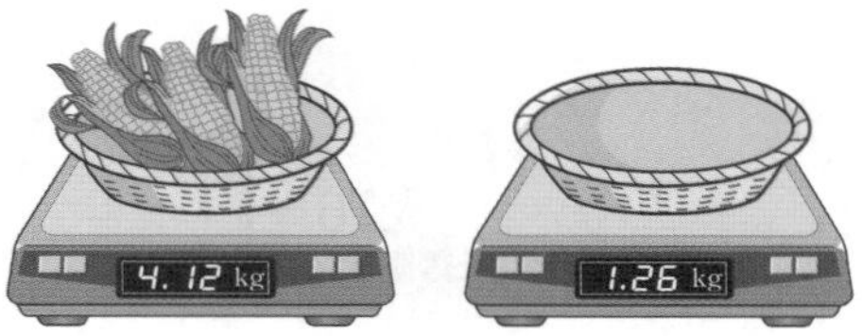

[식] ______________________

[답] ______________

6

34쪽

추론

0부터 9까지의 수 중에서 □ 안에 들어갈 수 있는 수를 모두 구해 보세요.

$7.44-5.06 > 2.\square 5$

(　　　　　　　)

조금 더 **어려운 문제**에 도전해 볼까요?

3 단원

7 35쪽 · 추론

▲에 알맞은 수를 구해 보세요.

$3.8-1.29=\bigstar$

$\bigstar-1.65=\blacktriangle$

(　　　　　　　　)

8 35쪽 · 문제 해결

길이가 9.3 cm인 색 테이프 2장을 2.74 cm만큼 겹치게 이어 붙였습니다. 이어 붙인 색 테이프의 전체 길이는 몇 cm일까요?

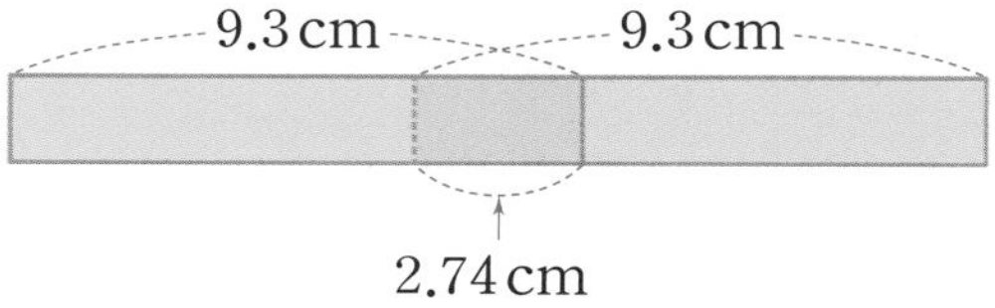

(　　　　　　　　)

+9 35쪽 · 수학적 독해력

물병에 물이 3.58 L 들어 있었습니다. 그중 슬기가 280 mL, 로운이가 450 mL를 마셨다면 남은 물은 몇 L일까요?

(　　　　　　　　)

+10 35쪽 · 수학적 표현력

계산에서 잘못된 부분을 찾아 잘못된 이유를 쓰고, 바르게 계산해 보세요.

$$\begin{array}{r} 6.35 \\ -\ \ 1.4 \\ \hline 6.21 \end{array} \rightarrow \square$$

[이유] ______________________

____

____

오늘 공부 어땠나요? 10개 중 맞힌 문제 □ 개 > **틀린 문제**는 힌트를 보고 다시 도전해 보세요. > **맞힌 문제**는 힌트를 보고 자신의 생각과 비교해 보세요.

단원평가

시험 시간 **20분** | 문제 수 **10개**

01 분수를 소수로 나타내고 읽어 보세요.

(1) $\frac{49}{100}=\square$

[읽기] (　　　　　　　　)

(2) $\frac{215}{1000}=\square$

[읽기] (　　　　　　　　)

02 3이 0.003을 나타내는 수는 어느 것일까요? .... (　　　)

① 0.395　② 9.43

③ 3.572　④ 7.103

⑤ 10.63

03 두 수의 크기를 비교하여 ◯ 안에 >, =, < 를 알맞게 써넣으세요.

(1) 7.29 ◯ 7.3

(2) 0.149 ◯ 0.146

04 계산에서 잘못된 부분을 찾아 바르게 계산해 보세요.

$$\begin{array}{r} 4.68 \\ -\ 1.93 \\ \hline 3.75 \end{array} \rightarrow \begin{array}{r} 4.68 \\ -\ 1.93 \\ \hline \end{array}$$

05 ㉠이 나타내는 수는 ㉡이 나타내는 수의 몇 배일까요?

18.682 (㉠: 1**8**.682의 일의 자리 8, ㉡: 18.6**8**2의 백분의 일의 자리 8)

(　　　　　　　　)

06 □ 안에 알맞은 수를 써넣으세요.

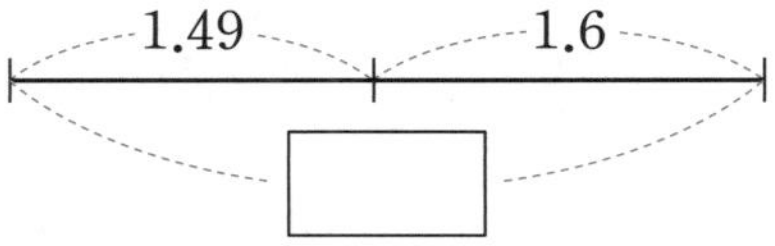

07 서준이와 슬기는 종이비행기를 날리고 있습니다. 서준이의 종이비행기는 $6.1\ \mathrm{m}$ 날아갔고, 슬기의 종이비행기는 $4.7\ \mathrm{m}$를 날아갔습니다. 누구의 종이비행기가 몇 m 더 멀리 날아갔는지 차례로 쓰세요.

(,)

08 나타내는 수가 가장 큰 것부터 차례로 기호를 쓰세요.

㉠ 0.125의 100배	㉡ 12.5의 10배
㉢ 1.25의 $\frac{1}{10}$	㉣ 125의 $\frac{1}{100}$

□—□—□—□

09 카드를 한 번씩 모두 사용하여 소수 한 자리 수를 만들려고 합니다. 만들 수 있는 가장 큰 수와 가장 작은 수의 차는 얼마일까요?

[.] [7] [2]

( )

서술형

10 주전자에 물이 $2.5\ \mathrm{L}$ 들어 있었습니다. 그중에서 $1.08\ \mathrm{L}$를 마시고 $1.94\ \mathrm{L}$를 더 부었습니다. 지금 주전자에 들어 있는 물은 몇 L인지 풀이 과정을 쓰고, 답을 구하세요.

[풀이] ______________________

____

____

[답] ______________________

18일 수직 알아보기

① 수직과 수선

- 두 직선이 만나서 이루는 각이 직각일 때, 두 직선은 서로 **수직**이라고 합니다.
- 두 직선이 서로 수직으로 만나면 한 직선을 다른 직선에 대한 **수선**이라고 합니다.

수직인 직선

수선 알아보기

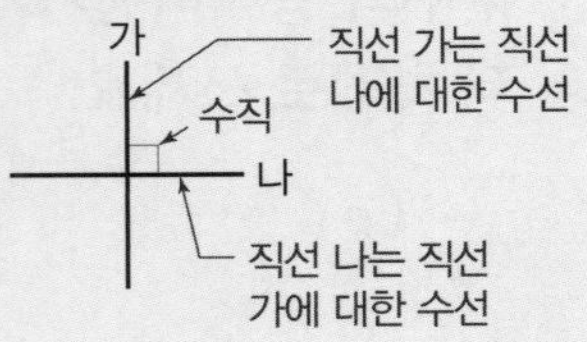

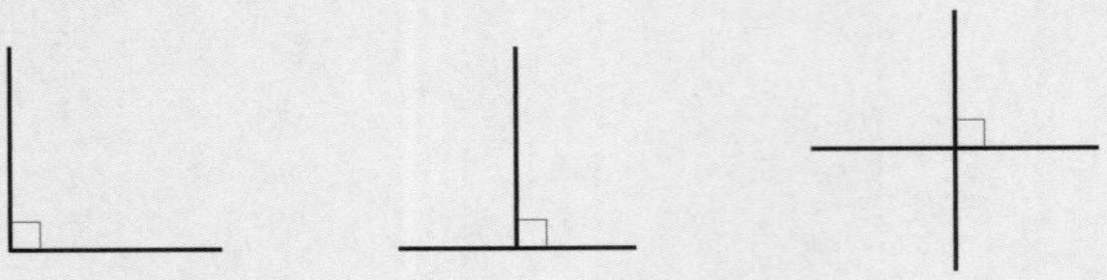

② 수선 긋기

방법 1 삼각자를 사용하여 수선 긋기

» 삼각자의 한 변을 직선에 맞춥니다.
» 삼각자의 다른 한 변을 따라 선을 긋습니다.

방법 2 각도기를 사용하여 수선 긋기

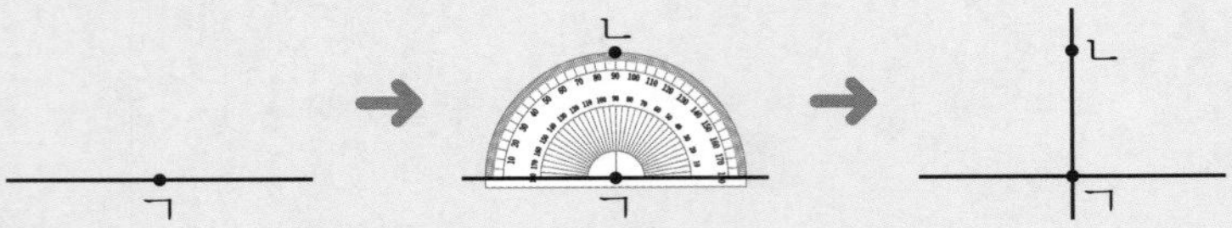

» 주어진 직선 위에 점 ㄱ을 찍습니다.
» 각도기의 중심을 점 ㄱ에 맞추고 90°가 되는 눈금 위에 점 ㄴ을 찍습니다.
» 점 ㄱ과 점 ㄴ을 직선으로 잇습니다.

개념+ 한 직선에 그을 수 있는 수선의 개수

- 한 직선에 대한 수선은 여러 개 그을 수 있습니다.
- 한 점을 지나고 한 직선에 대한 수선은 한 개만 그을 수 있습니다.

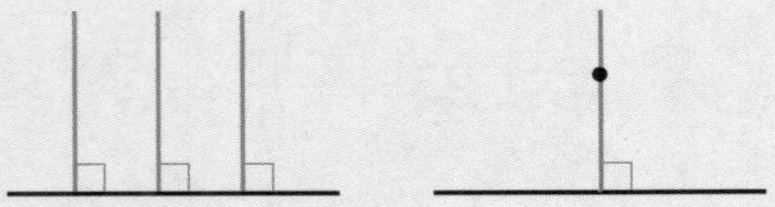

확인 1 그림을 보고 □ 안에 알맞은 말을 써넣으세요.

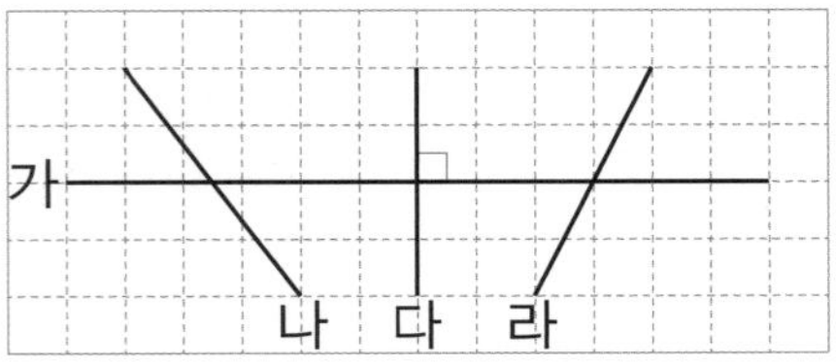

(1) 직선 가와 직선 다는 서로 □입니다.

(2) 직선 가에 대한 수선은 직선 □입니다.

(3) 직선 다에 대한 수선은 직선 □입니다.

확인 2 각도기를 사용하여 주어진 직선에 대한 수선을 그어 보세요.

(1)

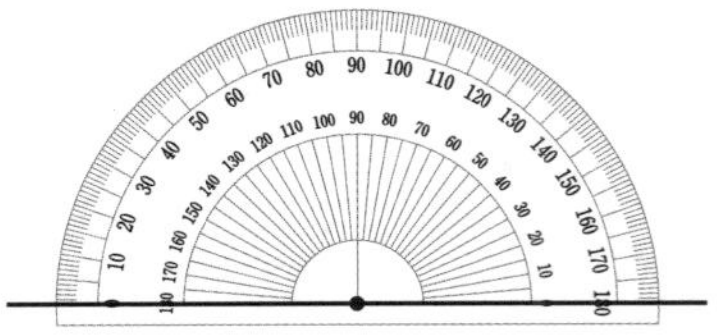

(2)

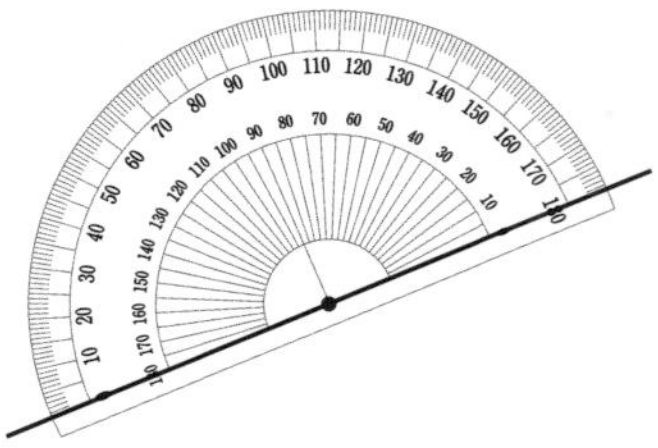

기본기 다지는 교과서 문제

» 정답 · 풀이 26쪽

1 □ 안에 알맞은 말을 써넣으세요.

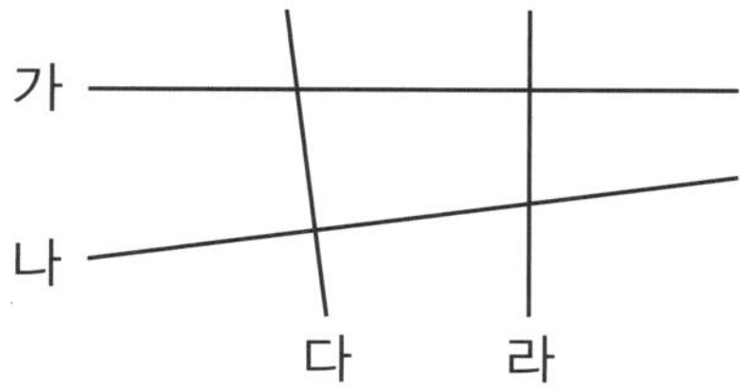

(1) 직선 가에 수직인 직선을 찾아보세요.

( )

(2) 직선 다에 대한 수선을 찾아보세요.

( )

2 서로 수직인 변이 있는 도형을 모두 찾아 기호를 쓰세요.

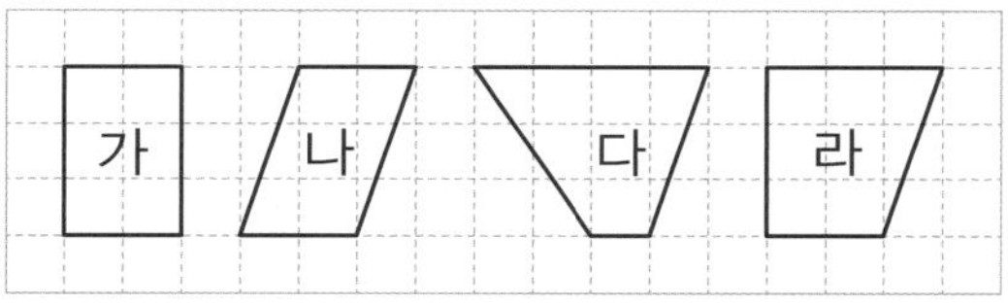

( )

3 삼각자와 각도기를 사용하여 주어진 직선에 대한 수선을 그어 보세요.

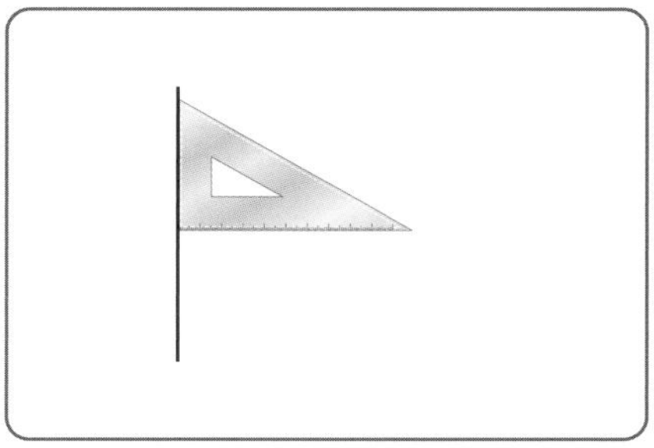

개념 따라쓰기

수직 알아보기

두 직선이 만나서 이루는 각이 직각일 때, 두 직선은 서로 수직이라고 합니다.

수선 알아보기

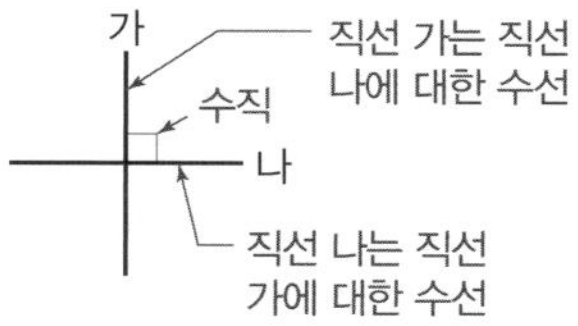

두 직선이 서로 수직으로 만나면 한 직선을 다른 직선에 대한 수선이라고 합니다.

한 직선에 그을 수 있는 수선의 개수

① 한 직선에 대한 수선은 여러 개 그을 수 있습니다.

② 한 점을 지나고 한 직선에 대한 수선은 한 개만 그을 수 있습니다.

1

이해

두 직선이 만나서 이루는 각이 직각인 곳을 찾아 ∟로 표시해 보세요.

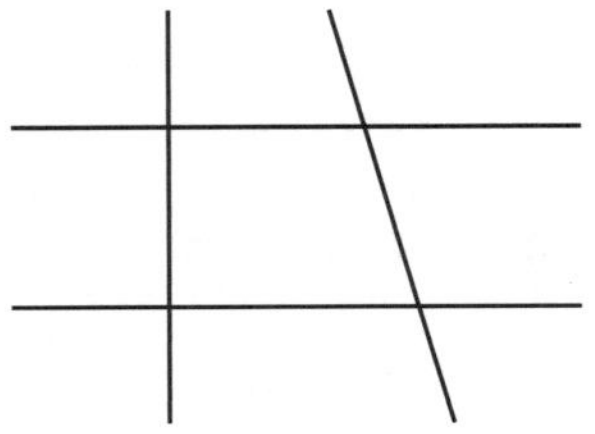

2

36쪽

이해

삼각자를 사용하여 직선 가에 대한 수선을 바르게 그은 것을 찾아 ○표 하세요.

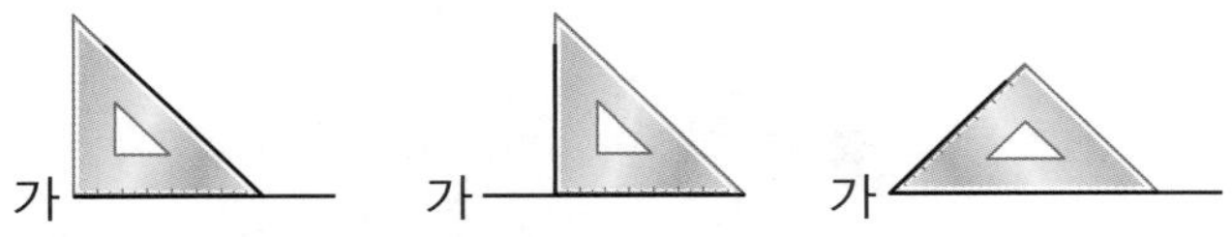

(　　　) (　　　) (　　　)

3

36쪽

적용

직선 가에 대한 수선을 그으려고 합니다. 점 ㄱ과 어떤 점을 이어야 할까요? ………………(　　　)

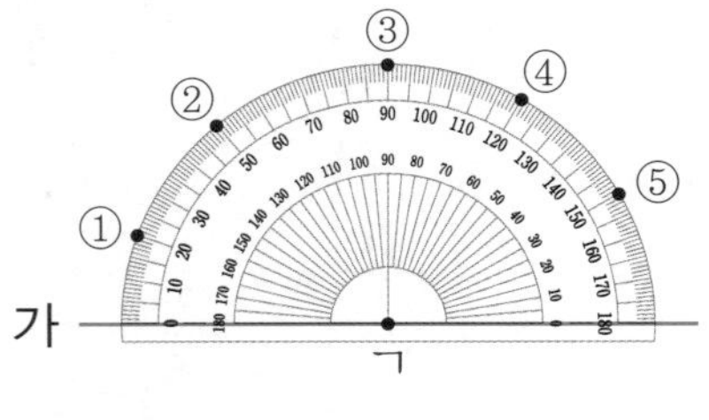

4

적용

삼각자를 사용하여 점 ㄱ을 지나고 직선 가에 수직인 직선을 그어 보세요.

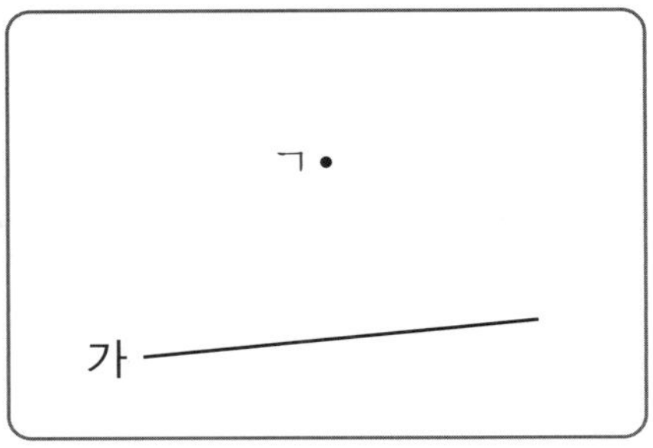

5

36쪽

적용

서로 수직인 직선은 모두 몇 쌍일까요?

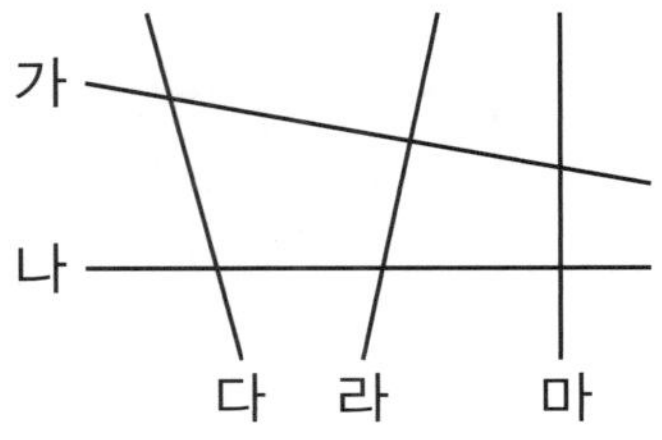

(　　　)

6

36쪽

추론

선분 ㄱㅇ과 선분 ㄷㅇ은 서로 수직입니다. 각 ㄴㅇㄷ의 크기는 몇 도일까요?

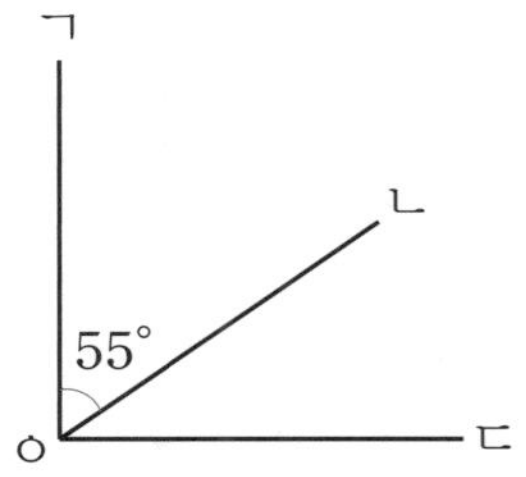

(　　　)

» 정답 · 풀이 26쪽

7 37쪽 추론

점 ㄱ에서 각 변에 수선을 그을 때 그을 수 있는 수선은 모두 몇 개일까요?

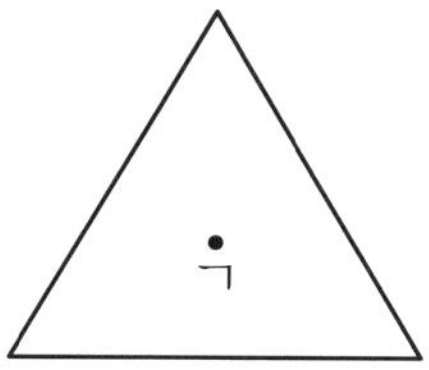

(   )

8 37쪽 추론

직선 나는 직선 가에 대한 수선입니다. ㉠의 각도는 몇 도일까요?

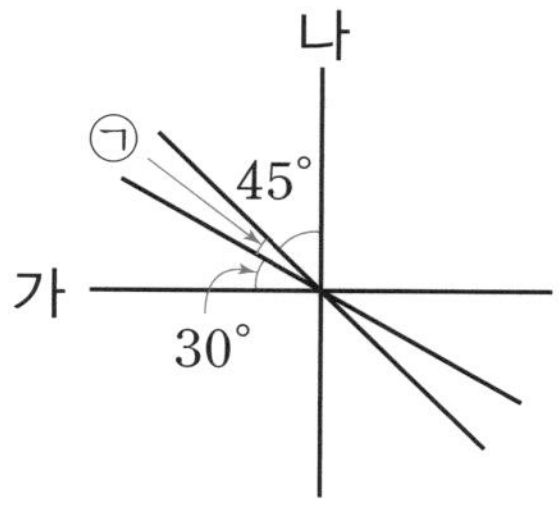

(   )

+9 37쪽 수학적 독해력

소미와 준영이 중에서 잘못 말한 사람은 누구인가요?

소미: 한 직선에 수직인 직선은 셀 수 없이 많이 그을 수 있어.
준영: 한 점을 지나고 한 직선에 수직인 직선은 2개 그을 수 있어.

(   )

+10 37쪽 수학적 표현력

사각형 ㄱㄴㄷㄹ에서 직선 가에 수직인 변은 모두 몇 개인지 풀이 과정을 쓰고 답을 구하세요.

풀이 ______________________

____

____

답 ______________________

오늘 공부 어땠나요? 10개 중 맞힌 문제 [ ] 개 > 틀린 문제는 힌트를 보고 다시 도전해 보세요. > 맞힌 문제는 힌트를 보고 자신의 생각과 비교해 보세요.

평행 알아보기

❶ 평행과 평행선

- 한 직선에 수직인 두 직선을 그었을 때, 그 두 직선은 서로 만나지 않습니다. 이와 같이 서로 만나지 않는 두 직선을 **평행**하다고 합니다.
- 이때 평행한 두 직선을 **평행선**이라고 합니다.
  - 평행선은 끝없이 길게 늘여도 서로 만나지 않습니다.

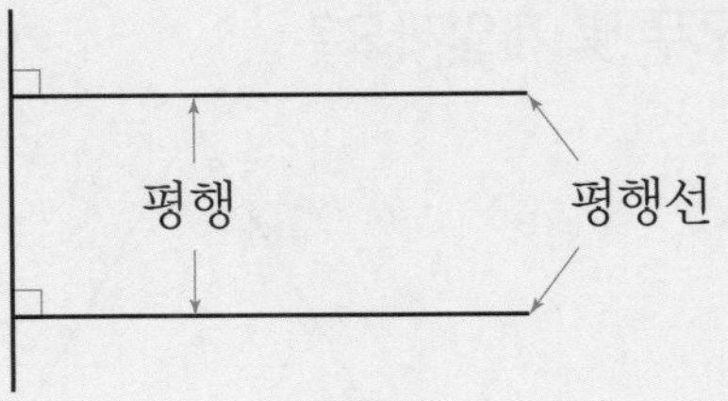

❷ 평행선 긋기

방법 1 삼각자를 사용하여 주어진 직선과 평행한 직선 긋기

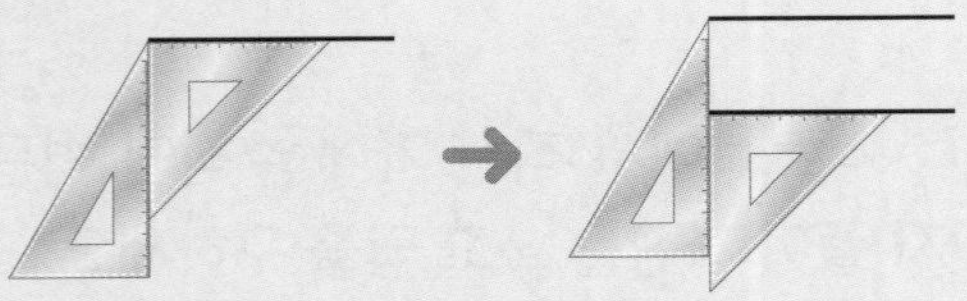

» 그림과 같이 삼각자 2개를 놓습니다.

» 왼쪽 삼각자를 고정하고 오른쪽 삼각자를 움직여 평행선을 긋습니다.

방법 2 삼각자를 사용하여 점 ㄱ을 지나고 주어진 직선과 평행한 직선 긋기

» 삼각자의 한 변을 직선에 맞추고 다른 한 변이 점 ㄱ을 지나도록 놓습니다.

» 다른 삼각자를 사용하여 점 ㄱ을 지나고 주어진 직선과 평행한 직선을 긋습니다.

개념+ 한 직선과 평행한 직선의 수

- 한 직선과 평행한 직선은 무수히 많이 그을 수 있습니다.
- 한 점을 지나고 한 직선과 평행한 직선은 한 개만 그을 수 있습니다.

확인 1 그림을 보고 □ 안에 알맞은 기호나 말을 써넣으세요.

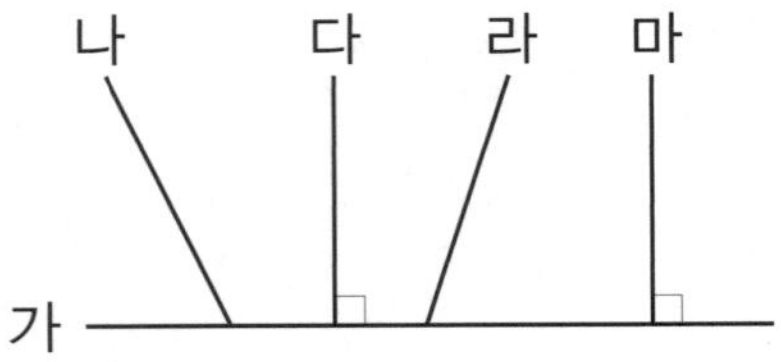

(1) 직선 가와 수직인 직선은 직선 □와 직선 □이고, 이 두 직선은 서로 만나지 않습니다.

(2) 서로 만나지 않는 두 직선을 □하다고 합니다.

확인 2 그림을 보고 □ 안에 알맞은 기호를 써넣으세요.

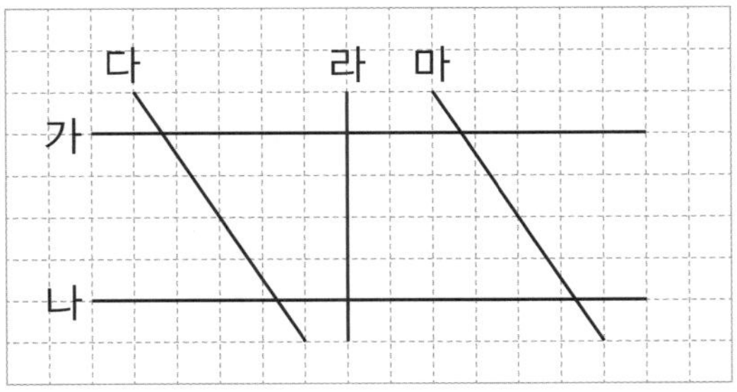

(1) 직선 가와 직선 □는 서로 평행합니다.

(2) 직선 다와 직선 □는 서로 평행합니다.

기본기 다지는 교과서 문제

» 정답 · 풀이 27쪽

1 평행선인 것에 모두 ○표 하세요.

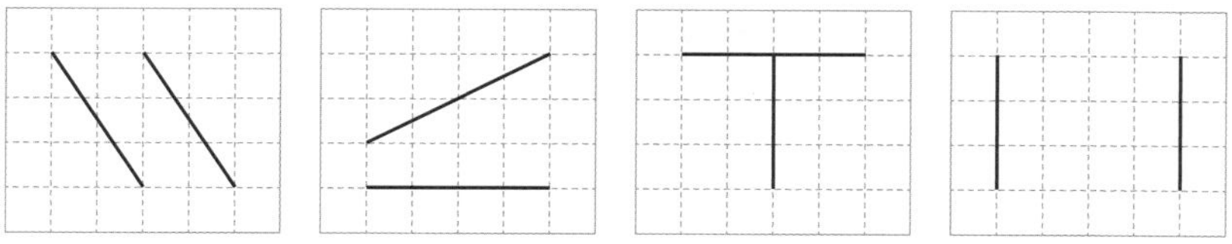

(   ) (   ) (   ) (   )

2 삼각자를 사용하여 점 ㄱ을 지나고 직선 가와 평행한 직선을 그어 보세요.

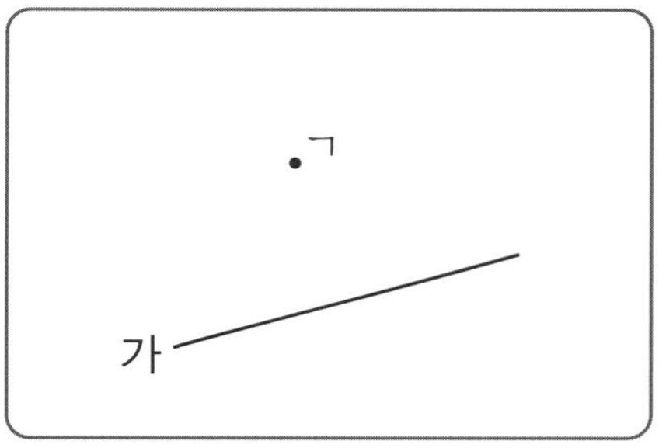

3 평행선에 대해 말한 것입니다. 옳게 말한 학생은 누구일까요?

평행한 두 직선은 서로 만나지 않아.

평행한 두 직선을 수선이라고 해.

한 직선에 그을 수 있는 평행선은 1개야.

(   )

개념 따라쓰기

평행 알아보기

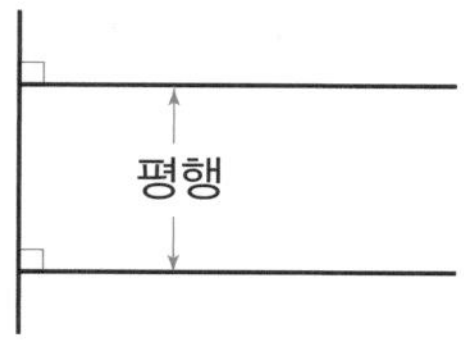

서로 만나지 않는 두 직선을 평행하다고 합니다.

평행선 알아보기

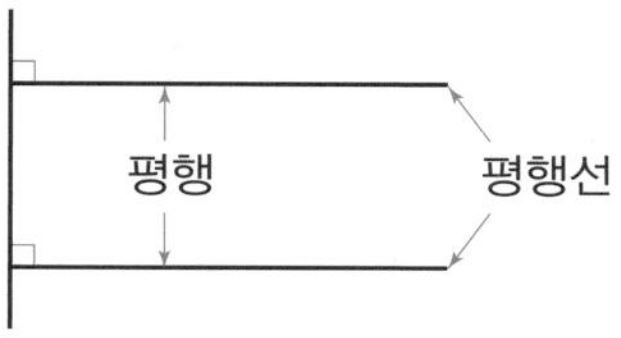

평행한 두 직선을 평행선이라고 합니다.

한 직선과 평행한 직선의 수

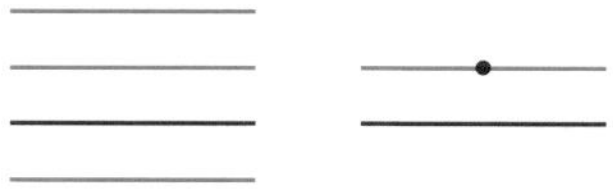

① 한 직선과 평행한 직선은 무수히 많이 그을 수 있습니다.

② 한 점을 지나고 한 직선과 평행한 직선은 한 개만 그을 수 있습니다.

1

이해

□ 안에 알맞은 말을 써넣으세요.

> 두 직선이 서로 만나지 않을 때, 두 직선은 서로 ☐하다고 합니다. 이때 평행한 두 직선을 ☐(이)라고 합니다.

2

38쪽

적용

직사각형에서 서로 평행한 변을 모두 찾아 쓰세요.

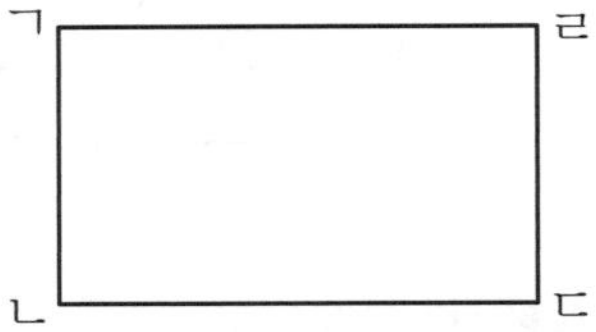

(   )

3

38쪽

적용

삼각자를 사용하여 평행선을 바르게 그은 것에 ○표 하세요.

(   ) (   ) (   )

4

적용

평행선을 모두 찾아 쓰세요.

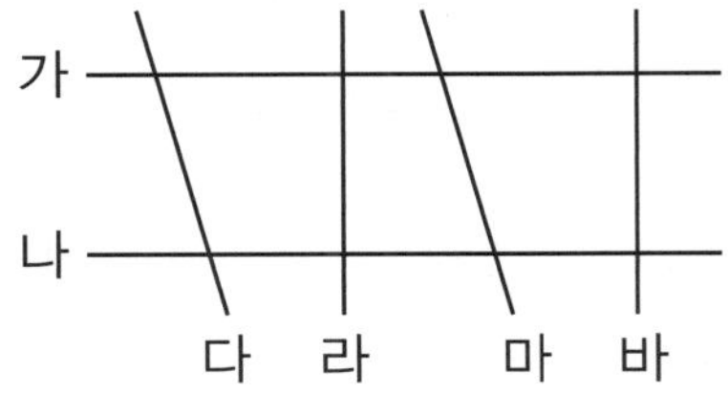

(   )

5

38쪽

적용

직선 가와 평행한 직선은 모두 몇 개 그을 수 있나요? ···(   )

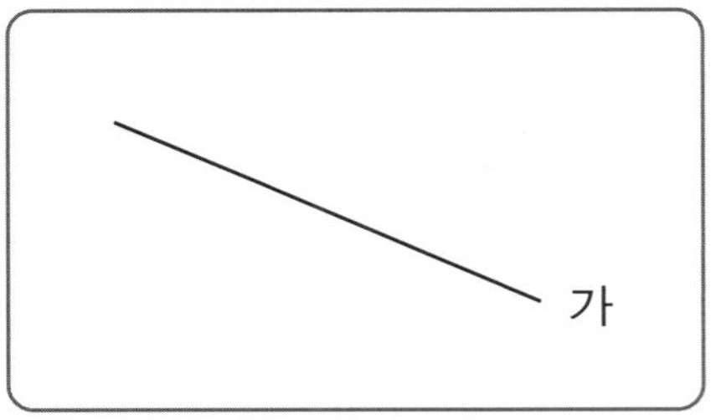

① 1개　　② 2개　　③ 3개
④ 10개　　⑤ 무수히 많습니다.

6

38쪽

적용

도형에서 서로 평행한 변은 모두 몇 쌍인지 각각 구하세요.

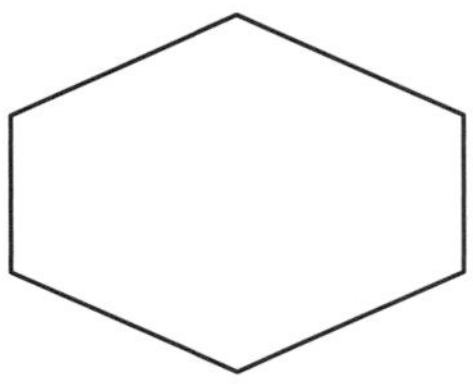

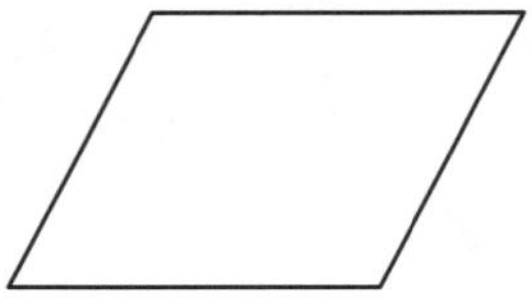

(   ) (   )

» 정답 · 풀이 27쪽

7 39쪽 적용

도형에서 평행선은 모두 몇 쌍일까요?

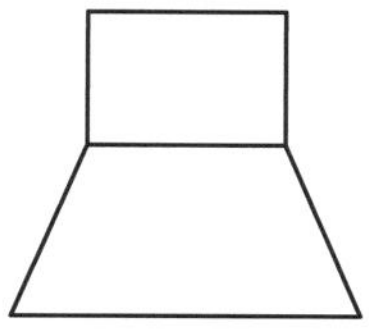

(   )

8 39쪽 추론

직선 가와 직선 나는 서로 평행합니다. ㉠의 각도를 구해 보세요.

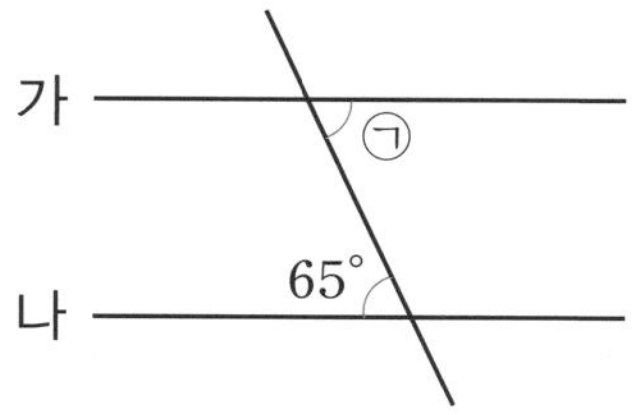

(   )

+9 39쪽 수학적 독해력

평행선에 대해 잘못 설명한 것을 찾아 기호를 쓰세요.

㉠ 평행한 두 직선은 서로 만나지 않습니다.
㉡ 평행한 두 직선이 이루는 각은 직각입니다.
㉢ 한 직선에 수직인 두 직선을 평행선이라고 합니다.

(   )

+10 39쪽 수학적 표현력

수직인 선분도 있고 평행한 선분도 있는 알파벳은 모두 몇 개인지 풀이 과정을 쓰고, 답을 구하세요.

A E H N Z T

[풀이] ______________________

____

____

[답] ______________________

오늘 공부 어땠나요? 10개 중 맞힌 문제 ☐ 개 › 틀린 문제는 힌트를 보고 다시 도전해 보세요. › 맞힌 문제는 힌트를 보고 자신의 생각과 비교해 보세요.

20일 평행선 사이의 거리

❶ 평행선 사이의 거리

평행선의 한 직선에서 다른 직선에 수선을 그었을 때 이 수선의 길이를 **평행선 사이의 거리**라고 합니다.

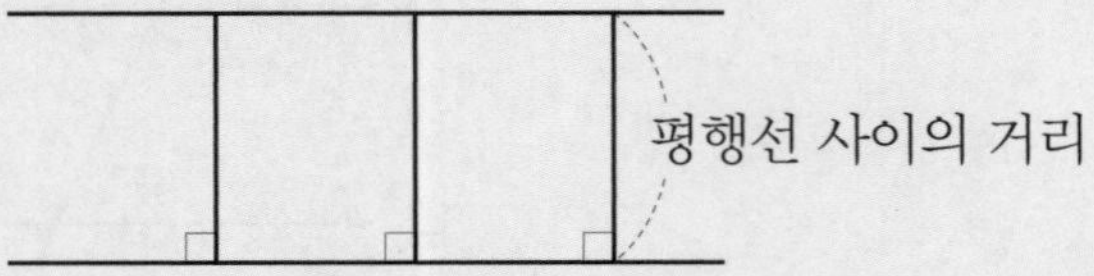

→ 평행선 사이의 거리는 모두 같습니다.

◐ 평행선 위의 두 점을 이은 선분 중 평행선 사이의 거리가 가장 짧습니다.

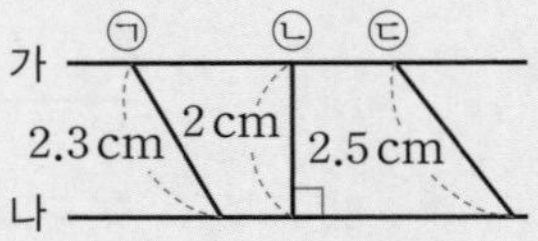

→ 평행선 사이의 거리: ㉡

❷ 평행선 사이의 거리 재기

평행선의 한 직선에서 다른 직선에 수선을 긋고, 수선의 길이를 잽니다.

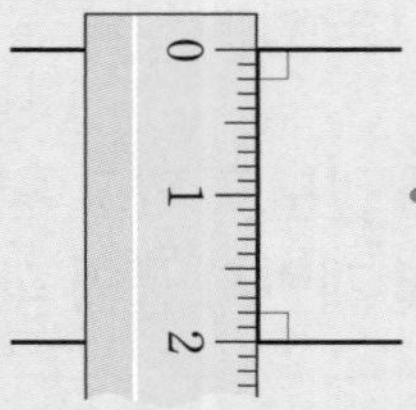

→ 2 cm

→ 수선의 길이는 2 cm이므로 평행선 사이의 거리는 2 cm입니다.

[주의] 평행선 사이의 거리를 잴 때에는 자를 평행선과 수직이 되도록 놓아야 합니다.

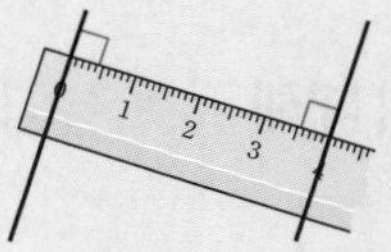

확인 1 직선 가와 직선 나는 서로 평행합니다. □ 안에 알맞게 써넣으세요.

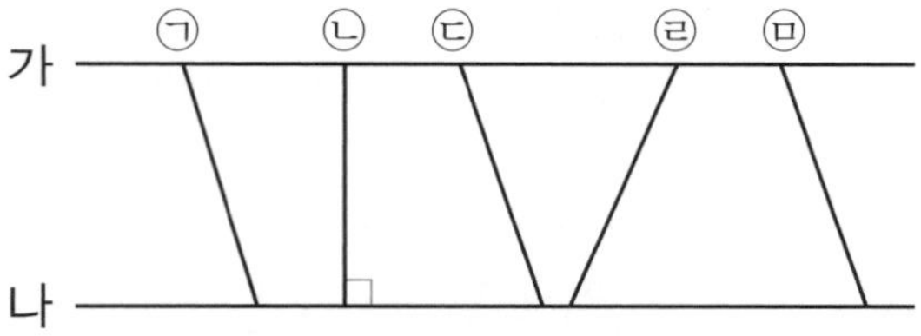

(1) 직선 가와 직선 나 위에 있는 두 점을 이은 선분 중 길이가 가장 짧은 선분은 □입니다.

(2) 길이가 가장 짧은 선분과 두 직선 가, 나가 만나서 이루는 각도는 □°입니다.

(3) 선분 ㉡과 같이 평행선 사이의 수선의 길이를 □(이)라고 합니다.

확인 2 직선 가와 직선 나는 서로 평행합니다. 물음에 답하세요.

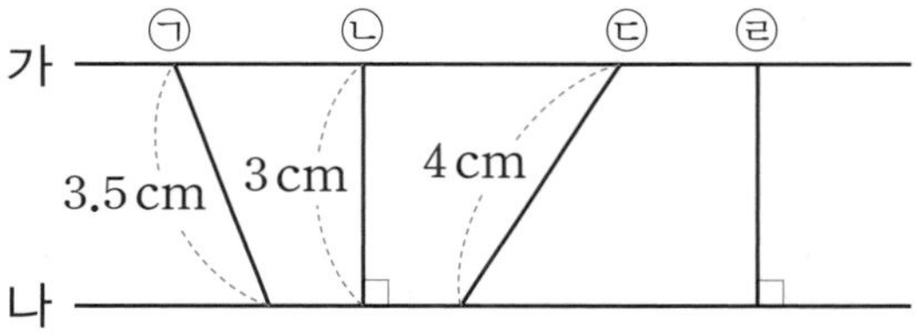

(1) 평행선 사이의 거리를 나타내는 선분을 모두 찾아 기호를 쓰세요.

( )

(2) 선분 ㉣의 길이는 얼마일까요?

( )

기본기 다지는 교과서 문제

» 정답 · 풀이 28쪽

1 직선 가와 직선 나는 서로 평행합니다. 물음에 답하세요.

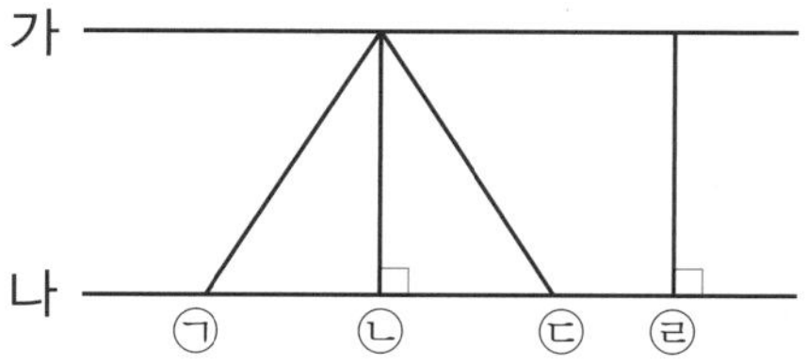

(1) 평행선 사이의 거리를 나타내는 선분을 모두 찾아 기호를 쓰세요.

(　　　　　　　　)

(2) (1)에서 구한 선분의 길이는 서로 (같습니다 , 다릅니다).

2 직선 가와 직선 나는 서로 평행합니다. 평행선 사이의 거리는 몇 cm일까요?

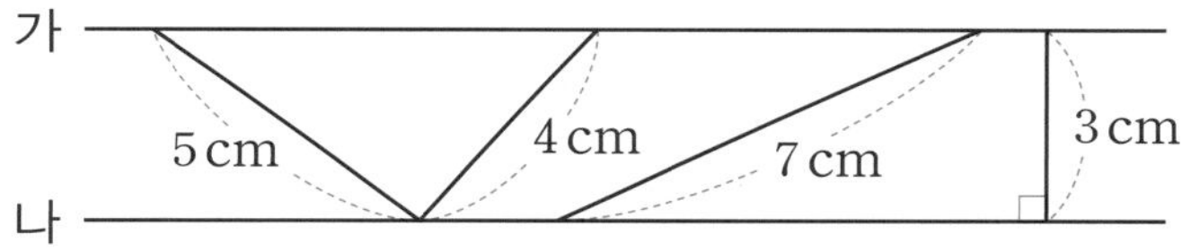

(　　　　　　　　)

3 평행선 사이의 거리를 재어 보세요.

(　　　　　　　　)

개념 따라쓰기

평행선 사이의 거리

평행선의 한 직선에서 다른 직선에 그은 수선의 길이를 평행선 사이의 거리라고 합니다.

평행선 사이의 거리의 성질

평행선 사이의 거리는 모두 같습니다.

평행선 사이의 거리 재기

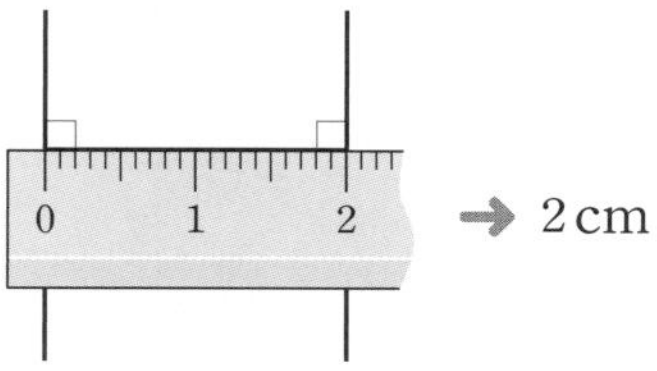

평행선의 한 직선에서 다른 직선에 수선을 긋고 수선의 길이를 재어 봅니다.

4 단원

1 이해

직선 가와 직선 나는 서로 평행합니다. 직선 가와 직선 나 위에 두 점을 이은 선분 중 길이가 가장 짧은 선분을 찾아 기호를 쓰세요.

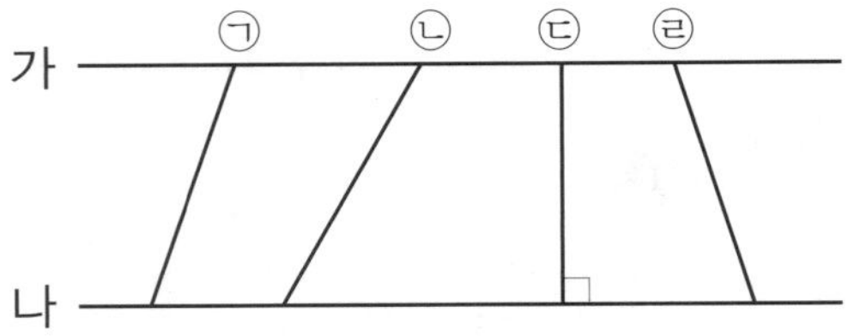

(　　　　　　　　)

2 40쪽 이해

평행선 사이의 거리를 나타내는 선분을 모두 고르세요.

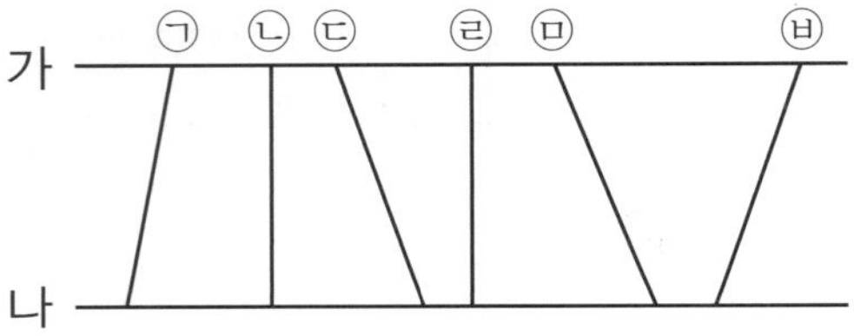

(　　　　　　　　)

3 적용

평행선 사이의 거리는 몇 cm일까요?

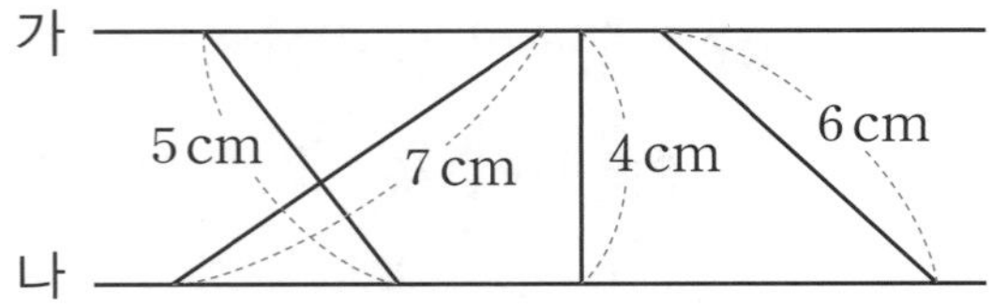

(　　　　　　　　)

4 40쪽 적용

도형에서 평행선 사이의 거리를 재려면 어느 선분의 길이를 재어야 할까요?

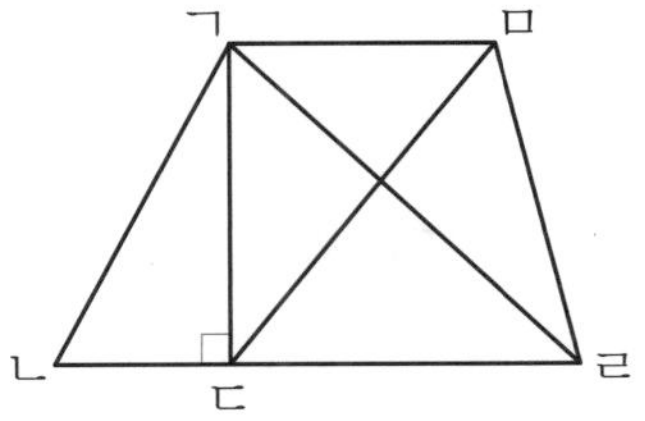

(　　　　　　　　)

5 40쪽 적용

모눈 한 칸의 길이가 1 cm일 때, 직선 가와 직선 나 사이의 거리는 몇 cm일까요?

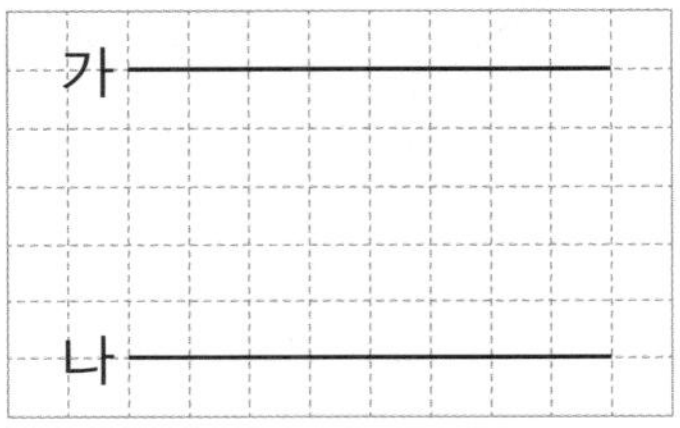

(　　　　　　　　)

6 40쪽 추론

도형에서 평행선 사이의 거리는 몇 cm일까요?

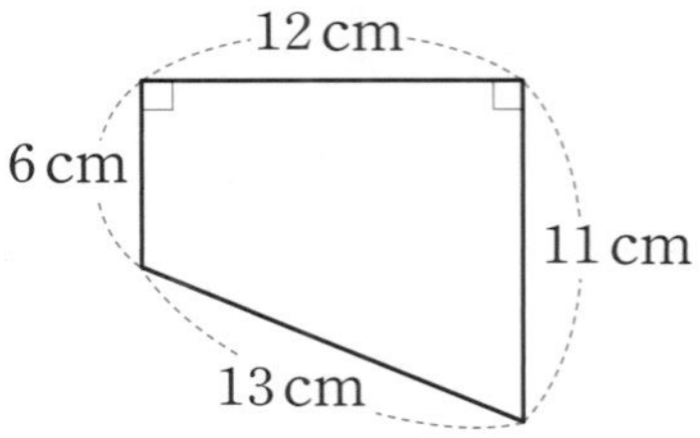

(　　　　　　　　)

7 41쪽 문제 해결

도형에서 평행선을 찾아 평행선 사이의 거리를 재어 보세요.

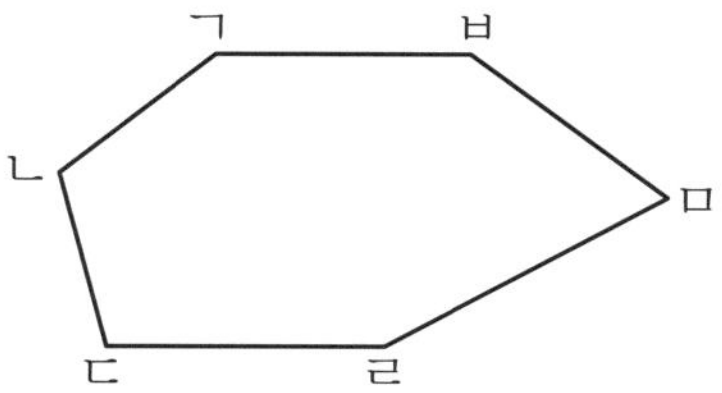

(　　　　　　　　)

8 41쪽 추론

도형에서 변 ㄱㅂ과 변 ㄹㅁ은 서로 평행합니다. 변 ㄱㅂ과 변 ㄹㅁ 사이의 거리는 몇 cm일까요?

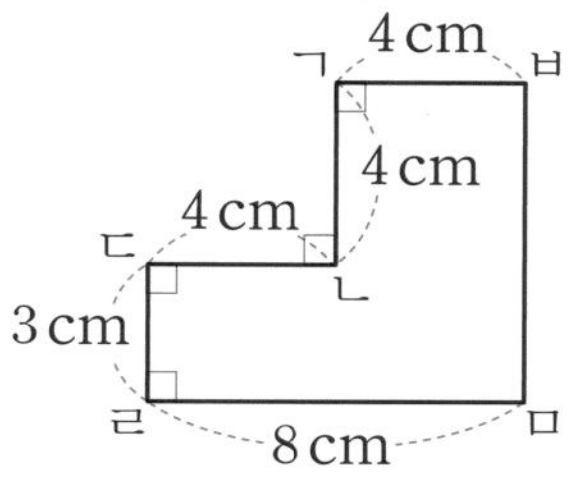

(　　　　　　　　)

+9 41쪽 수학적 독해력

직선 가와 직선 나는 서로 평행합니다. 그림을 보고 잘못 설명한 사람은 누구일까요?

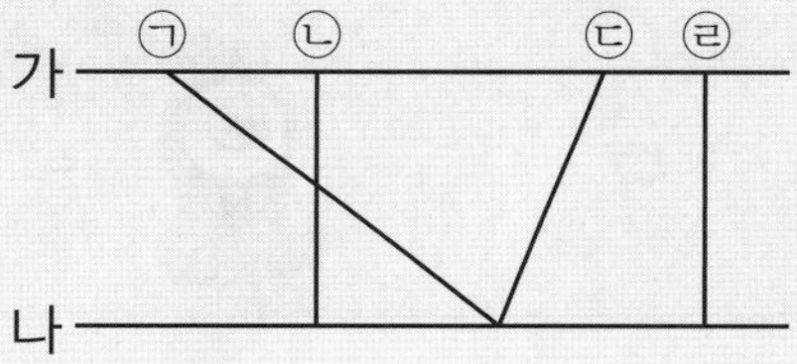

슬기: 직선 가, 나와 선분 ㉡이 만나서 이루는 각도는 90°야.

로운: 직선 가와 직선 나 사이에 그은 ㉠~㉣의 길이는 모두 달라.

(　　　　　　　　)

+10 41쪽 수학적 표현력

세 직선 가, 나, 다는 서로 평행합니다. 직선 가와 직선 다 사이의 거리는 몇 cm인지 풀이 과정을 쓰고, 답을 구하세요.

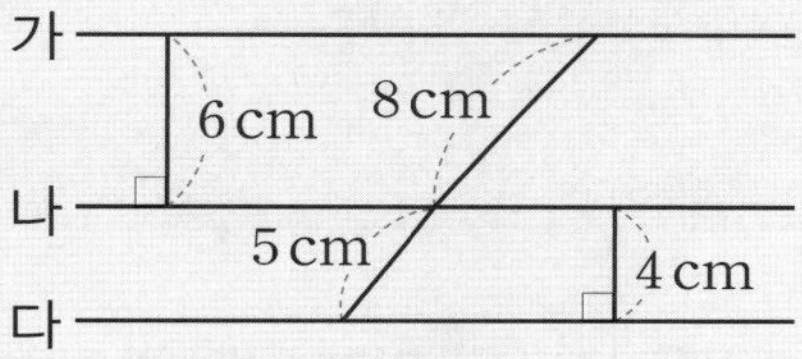

[풀이] ________________

____

____

[답] ________________

오늘 공부 어땠나요? 10개 중 맞힌 문제 [　] 개 > 틀린 문제는 힌트를 보고 다시 도전해 보세요. > 맞힌 문제는 힌트를 보고 자신의 생각과 비교해 보세요.

21일 사다리꼴

① 사다리꼴

평행한 변이 한 쌍이라도 있는 사각형을 **사다리꼴**이라고 합니다.

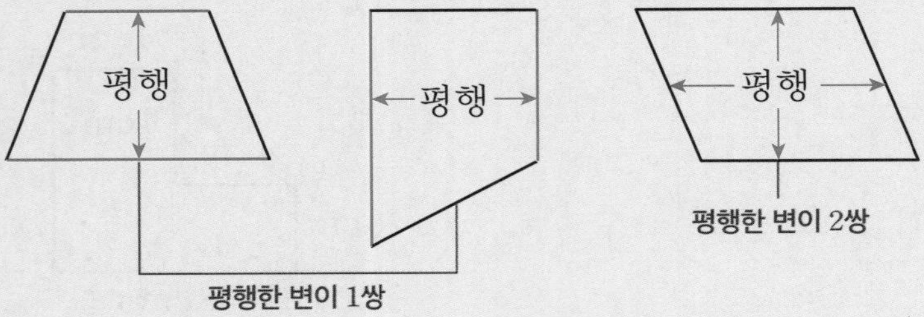

사다리꼴은 평행한 변이 적어도 한 쌍인 사각형이므로 평행한 변이 두 쌍인 사각형도 사다리꼴입니다.

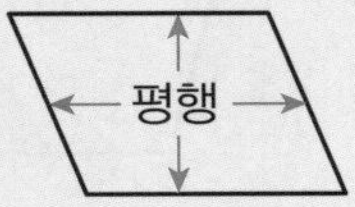

개념+ 직사각형 모양의 종이띠로 사다리꼴 만들기

직사각형 모양의 종이띠를 선을 따라 잘랐을 때 만들어지는 사각형 가, 나, 다, 라, 마는 평행한 변이 있으므로 모두 사다리꼴입니다.

예
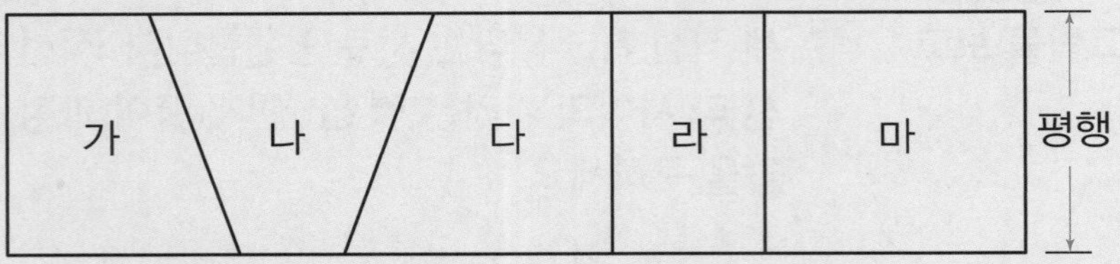

확인 1 그림을 보고 □ 안에 알맞은 기호나 말을 써넣으세요.

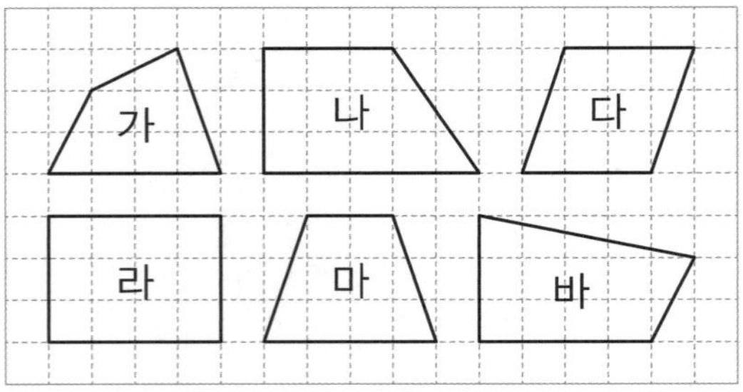

(1) 평행한 변이 한 쌍이라도 있는 사각형은

□, □, □, □입니다.

(2) 평행한 변이 한 쌍이라도 있는 사각형을

□(이)라고 합니다.

확인 2 사각형을 보고 사다리꼴에 ○표, 사다리꼴이 아닌 것에 ×표 하세요.

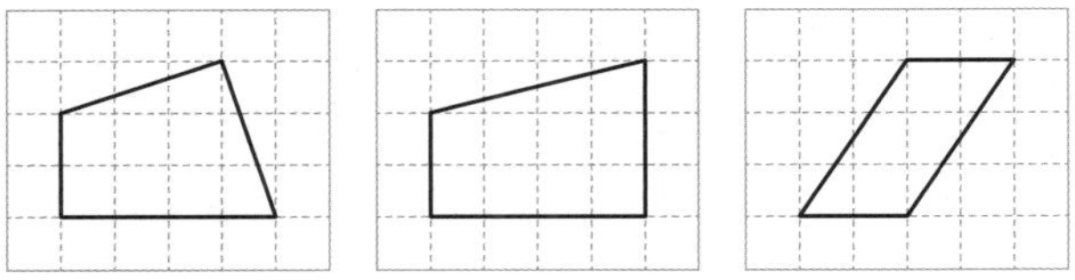

(　　　) (　　　) (　　　)

기본기 다지는 교과서 문제

» 정답 · 풀이 29쪽

1 사다리꼴을 모두 찾아 기호를 쓰세요.

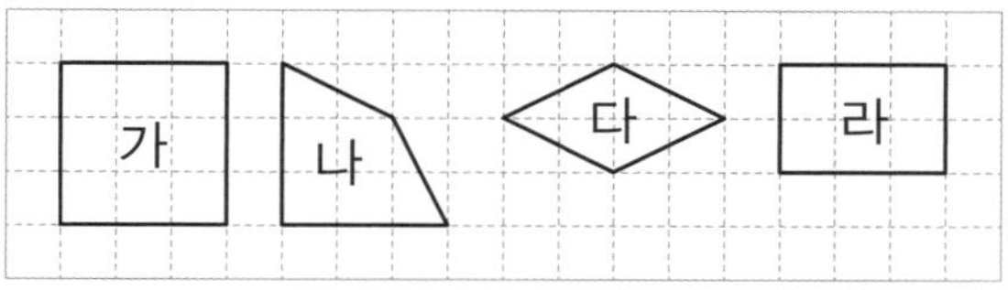

(　　　　　　　　　　　　　　　　)

2 〈보기〉와 같이 사각형에서 일부분을 잘라 사다리꼴을 만들어 보세요.

〈보기〉

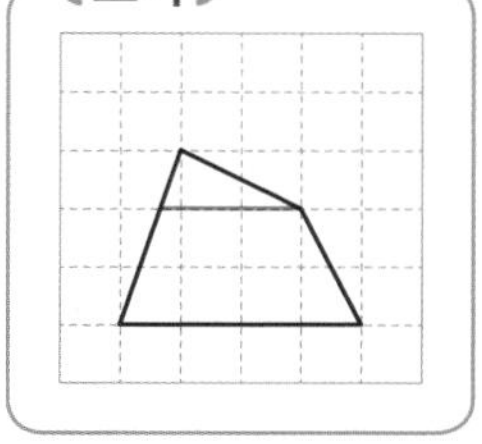

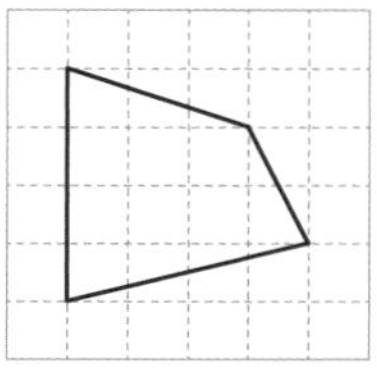

3 주어진 선분을 한 변으로 하는 사다리꼴을 각각 완성해 보세요.

4 사다리꼴에 대해 말한 것입니다. 옳게 말한 학생은 누구일까요?

(　　　　　　　　　　)

개념 따라쓰기

사다리꼴 알아보기①

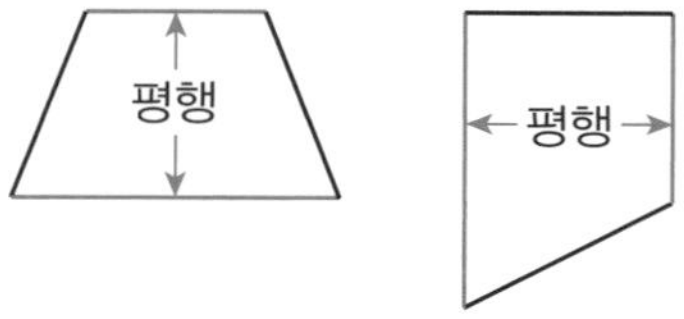

평행한 변이 한 쌍이라도 있는 사각형을 사다리꼴이라고 합니다.

사다리꼴 알아보기②

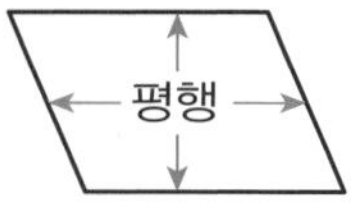

사다리꼴은 평행한 변이 한 쌍이라도 있는 사각형이므로 평행한 변이 두 쌍인 사각형도 사다리꼴입니다.

1

이해

사각형을 보고 물음에 답하세요.

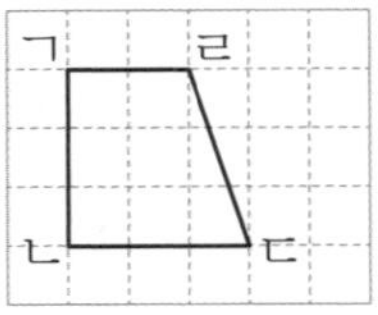

(1) 서로 평행한 변에 ○표 하세요.

(2) 위와 같은 사각형을 무엇이라고 할까요?

(   )

2

42쪽

이해

사다리꼴을 모두 찾아 기호를 쓰세요.

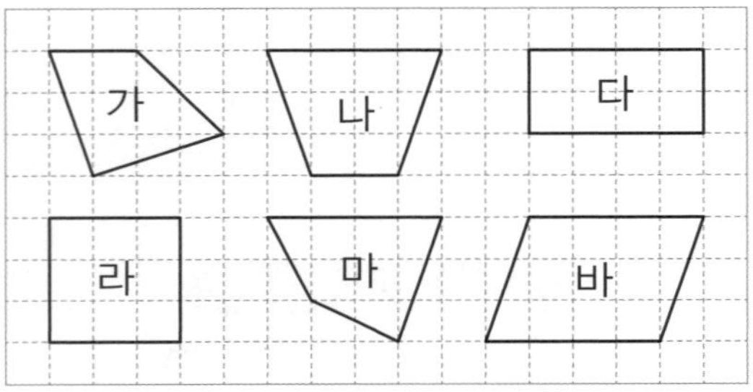

(   )

3

42쪽

의사 소통

사각형을 보고 잘못 말한 친구의 이름을 쓰세요.

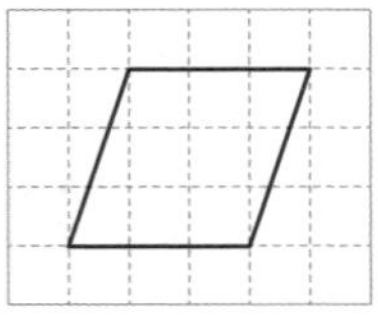

> 윤하: 평행한 변이 있으니까 사다리꼴이야.
> 세영: 평행한 변이 두 쌍이니까 사다리꼴이 아니야.

(   )

4

추론

어떤 도형에 대한 설명일까요?

> • 변이 4개입니다.
> • 마주 보는 한 쌍의 변이 서로 평행합니다.

(   )

5

42쪽

추론

직사각형 모양의 종이띠를 선을 따라 잘랐을 때 잘라 낸 사각형 중 사다리꼴은 모두 몇 개일까요?

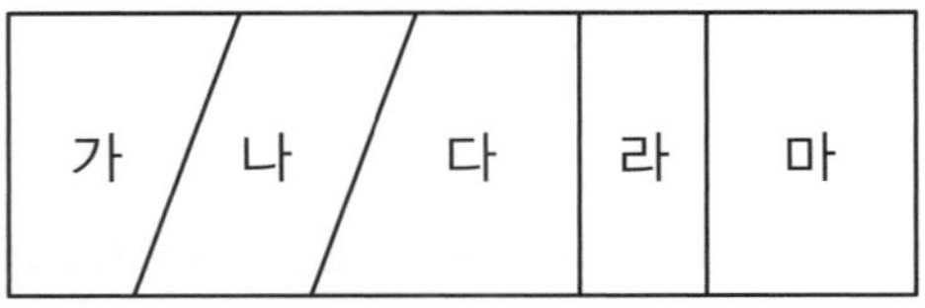

(   )

6

42쪽

창의 융합

다음과 같이 직사각형 모양의 종이를 자른 후 빗금 친 부분을 펼쳤을 때 만들어지는 사각형의 이름을 쓰세요.

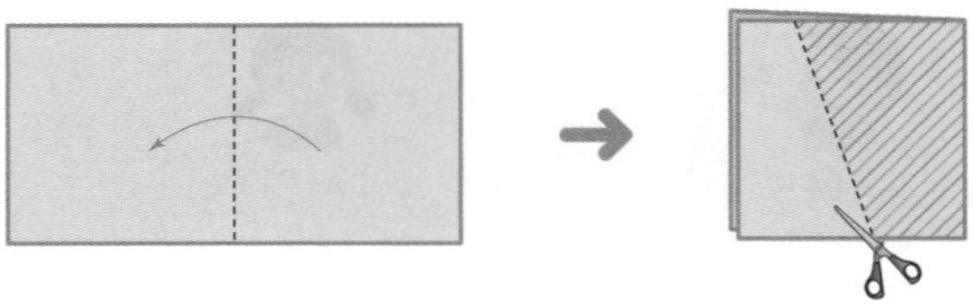

(   )

» 정답 · 풀이 29쪽

7 43쪽 문제 해결

도형판에서 한 꼭짓점만 옮겨서 사다리꼴을 만들어 보세요.

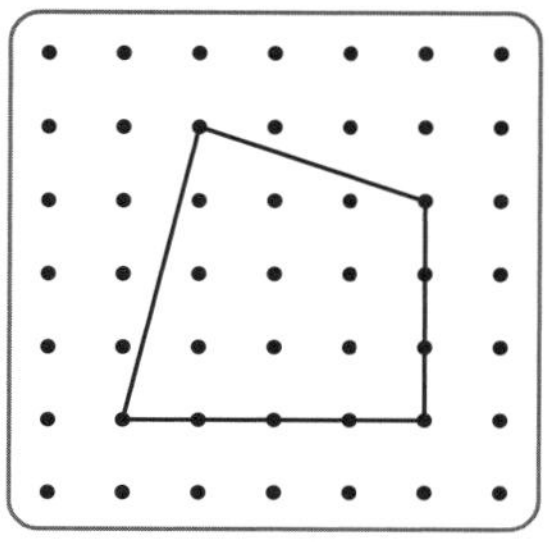

8 43쪽 추론

사다리꼴 ㄱㄴㄷㄹ에서 각 ㄱㄴㄷ의 크기는 몇 도일까요?

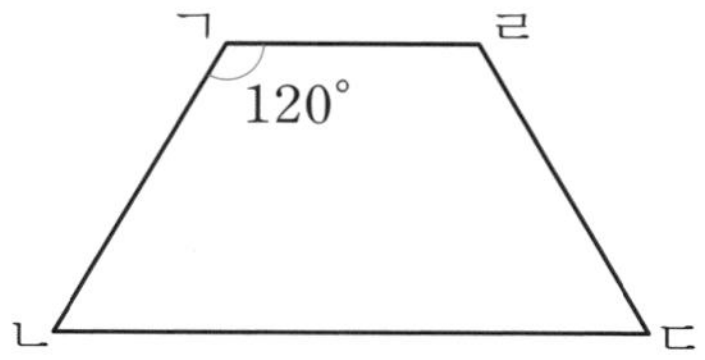

(　　　　　　　　)

+9 43쪽 수학적 독해력

도형에서 찾을 수 있는 크고 작은 사다리꼴은 모두 몇 개일까요?

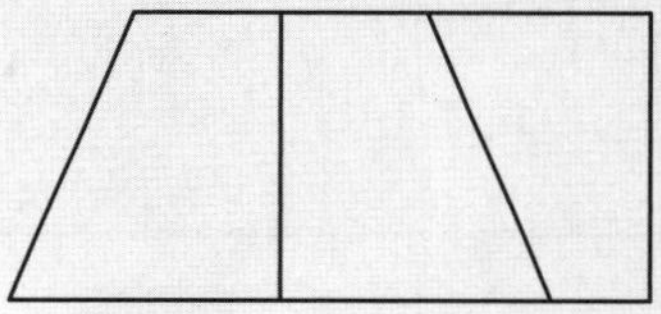

(　　　　　　　　)

+10 43쪽 수학적 표현력

다음 도형은 사다리꼴인가요? 그렇게 생각한 이유를 설명해 보세요.

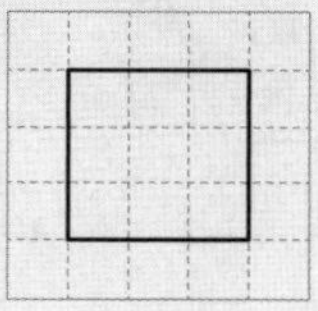

[답] ______________________

[이유] ______________________

____

____

오늘 공부 어땠나요? 10개 중 맞힌 문제 [　] 개 > 틀린 문제는 힌트를 보고 다시 도전해 보세요. > 맞힌 문제는 힌트를 보고 자신의 생각과 비교해 보세요.

공부한 날 ( ) 월 ( ) 일

22일

평행사변형

① 평행사변형

마주 보는 두 쌍의 변이 서로 평행한 사각형을 **평행사변형**이라고 합니다.

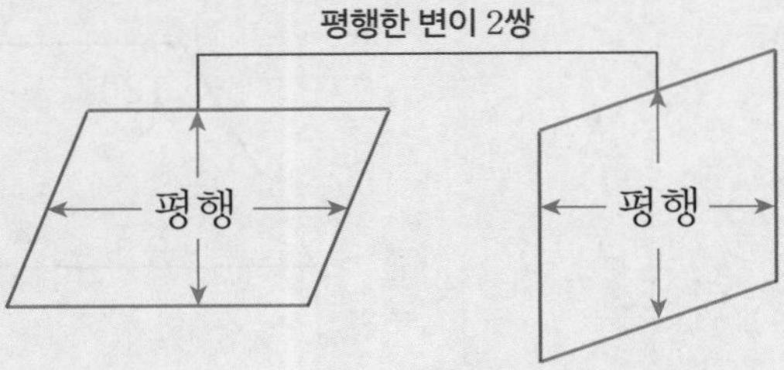

◐ 평행사변형과 사다리꼴의 관계
평행사변형은 평행한 변이 있으므로 사다리꼴이라고 할 수 있습니다.

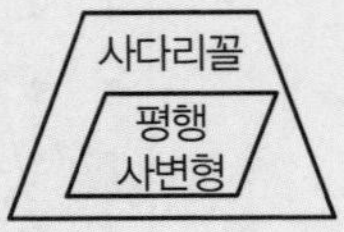

◐ 서로 평행한 변이 한 쌍뿐인 사각형은 사다리꼴이지만 평행사변형은 아닙니다.

② 평행사변형의 성질

• 마주 보는 두 변의 길이가 같습니다.
• 마주 보는 두 각의 크기가 같습니다.
• 이웃한 두 각의 크기의 합이 180°입니다.

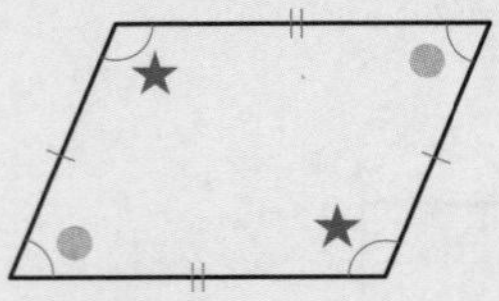

사각형의 네 각의 크기의 합은 360°이므로

★+●+★+●=360°

→ ★+●=180°

확인 1 그림을 보고 □ 안에 알맞은 기호나 말을 써넣으세요.

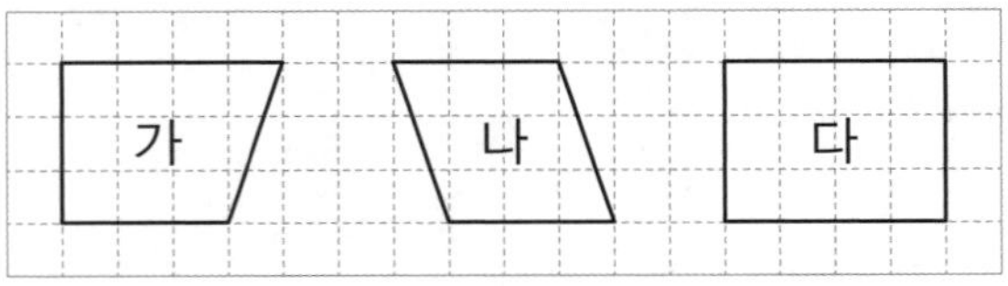

(1) 마주 보는 두 쌍의 변이 서로 평행한 사각형은 □, □입니다.

(2) 마주 보는 두 쌍의 변이 서로 평행한 사각형을 □(이)라고 합니다.

확인 2 평행사변형을 보고 알맞은 말에 ○표 하고, □ 안에 알맞은 수를 써넣으세요.

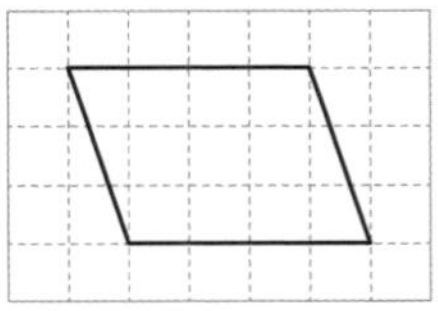

(1) 마주 보는 두 변의 길이가 (같습니다 , 다릅니다).

(2) 마주 보는 두 각의 크기가 (같습니다 , 다릅니다).

(3) 이웃한 두 각의 크기의 합이 □°입니다.

기본기 다지는 교과서 문제

1 평행사변형을 모두 찾아 기호를 쓰세요.

(　　　　　　　　　)

2 평행사변형을 완성해 보세요.

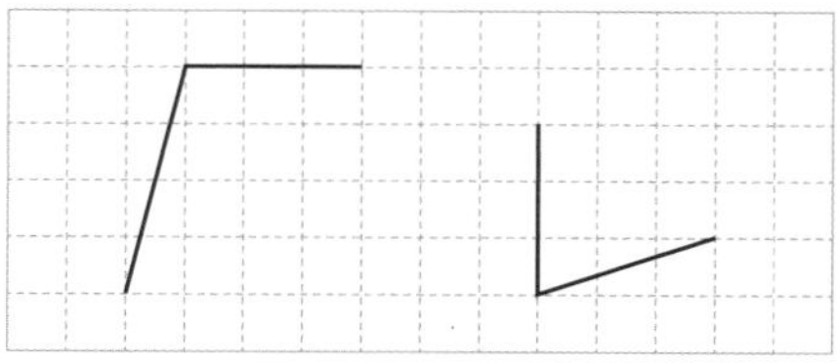

3 평행사변형을 보고 □ 안에 알맞은 수를 써넣으세요.

(1)

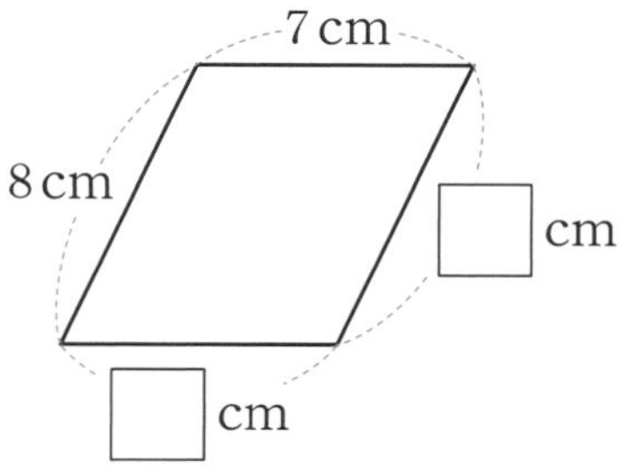

(2)

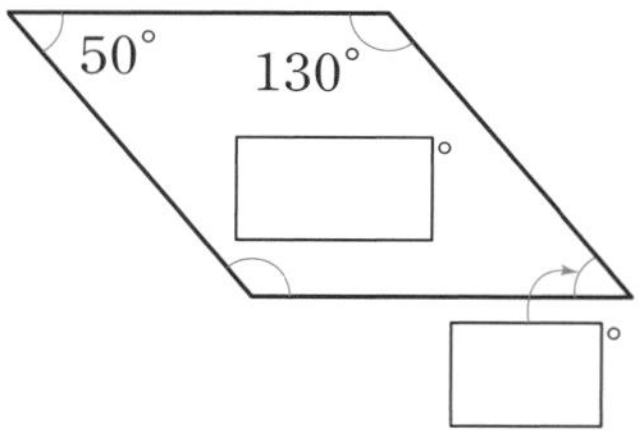

(3)

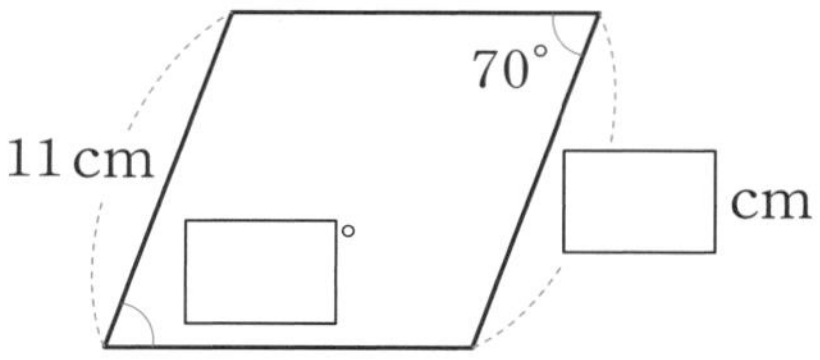

개념 따라쓰기

평행사변형 알아보기

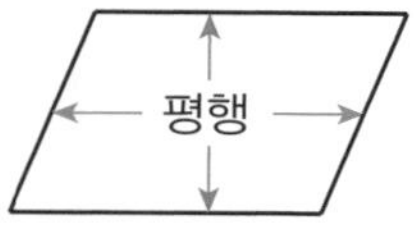

마주 보는 두 쌍의 변이 서로 평행한 사각형을 평행사변형이라고 합니다.

평행사변형의 성질

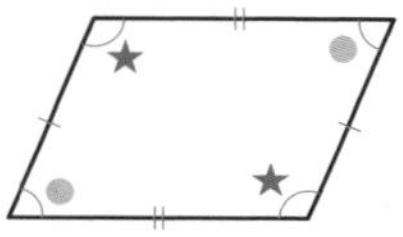

① 마주 보는 두 변의 길이가 같습니다.

② 마주 보는 두 각의 크기가 같습니다.

③ 이웃한 두 각의 크기의 합이 180°입니다.

4단원

1 이해

사각형을 보고 물음에 답하세요.

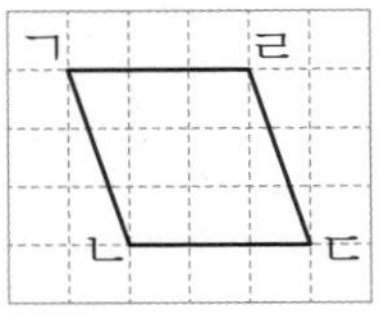

(1) 서로 평행한 변을 찾아 쓰세요.

( )

(2) 위와 같은 사각형을 무엇이라고 할까요?

( )

2 44쪽 적용

평행사변형을 모두 찾아 기호를 쓰세요.

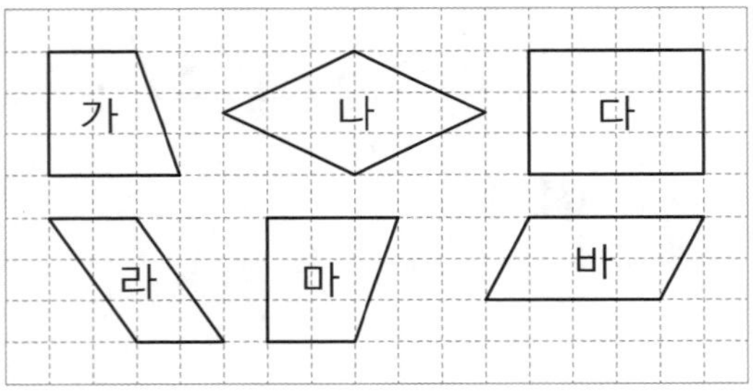

( )

3 44쪽 적용

평행사변형입니다. □ 안에 알맞은 수를 써넣으세요.

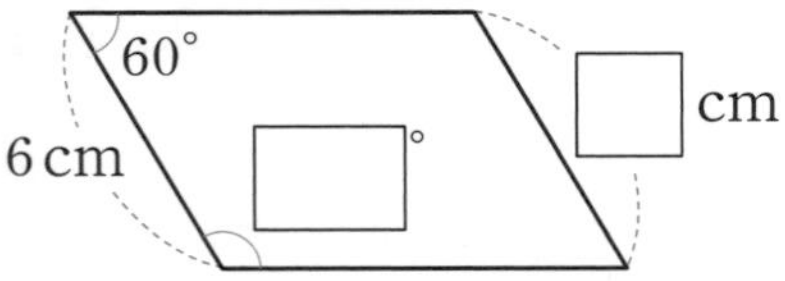

4 의사 소통

다음 사각형에 대한 설명이 틀린 것을 찾아 기호를 쓰세요.

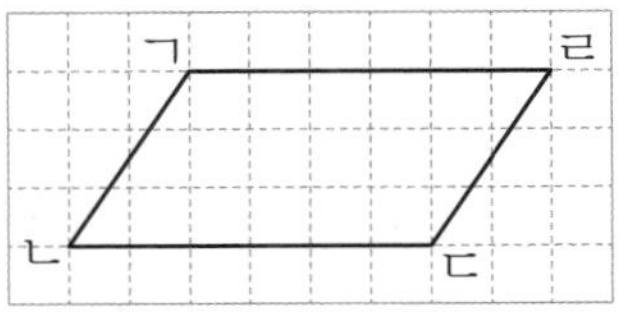

㉠ 사각형 ㄱㄴㄷㄹ은 평행사변형입니다.
㉡ 사각형 ㄱㄴㄷㄹ은 사다리꼴입니다.
㉢ 변 ㄱㄴ과 변 ㄹㄷ의 길이는 같습니다.
㉣ 각 ㄱㄴㄷ과 각 ㄴㄷㄹ의 크기는 같습니다.

( )

5 44쪽 적용

평행사변형입니다. ㉠의 각도를 구하세요.

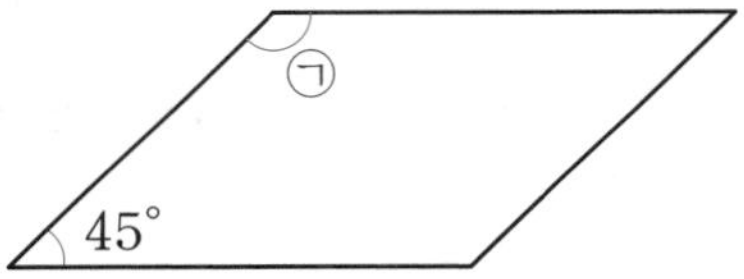

( )

6 44쪽 문제 해결

도형판에서 꼭짓점 한 개만 옮겨서 평행사변형을 만들어 보세요.

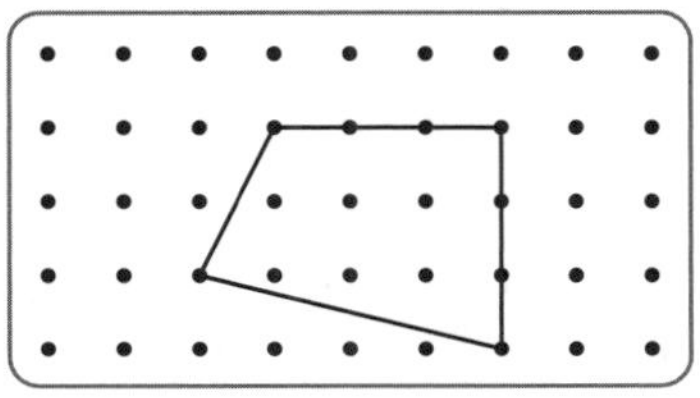

» 정답 · 풀이 30쪽

조금 더 **어려운 문제**에 도전해 볼까요?

7 45쪽 추론

평행사변형의 네 변의 길이의 합은 몇 cm일까요?

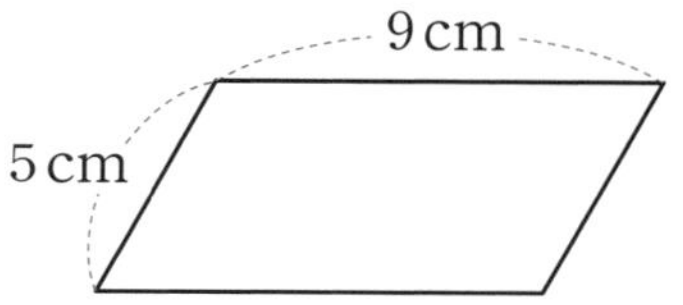

(   )

8 45쪽 문제 해결

도형에서 찾을 수 있는 크고 작은 평행사변형은 모두 몇 개일까요?

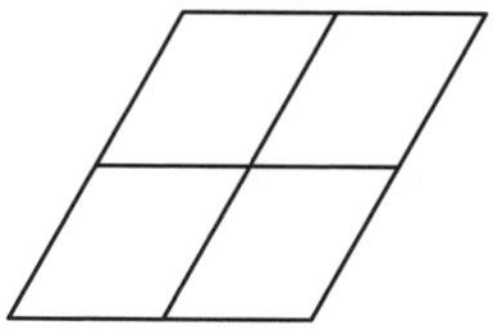

(   )

+9 45쪽 수학적 독해력

평행사변형 ㄱㄴㄷㄹ의 네 변의 길이의 합은 38 cm입니다. 변 ㄱㄴ의 길이는 몇 cm일까요?

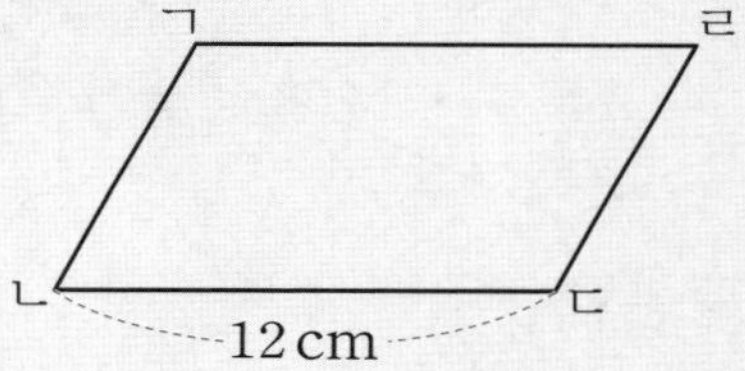

(   )

+10 45쪽 수학적 표현력

다음 도형은 평행사변형인가요? 그렇게 생각한 이유를 설명해 보세요.

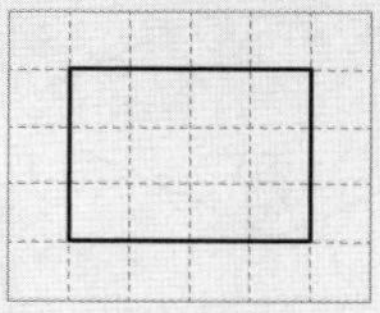

답 ______________________

이유 ______________________

____

____

오늘 공부 어땠나요? 10개 중 맞힌 문제 ☐ 개 > 틀린 문제는 힌트를 보고 다시 도전해 보세요. > 맞힌 문제는 힌트를 보고 자신의 생각과 비교해 보세요.

23일 마름모

① 마름모

네 변의 길이가 모두 같은 사각형을 **마름모**라고 합니다.

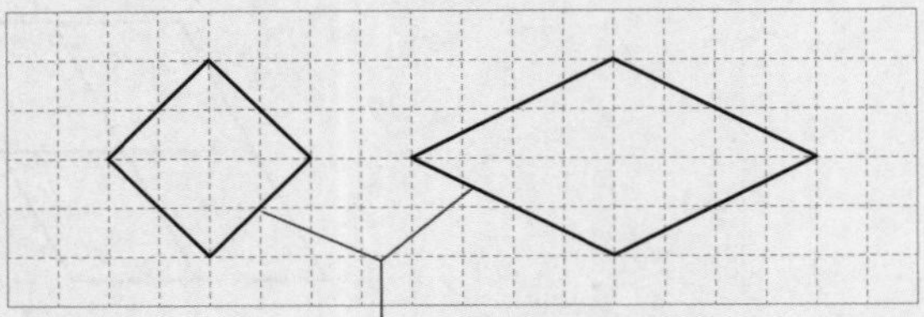

마름모는 마주 보는 두 쌍의 변이 서로 평행하므로 평행사변형, 사다리꼴이라고 할 수 있습니다.

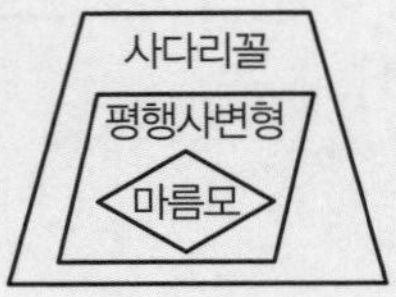

② 마름모의 성질

① 네 변의 길이가 모두 같습니다.

예

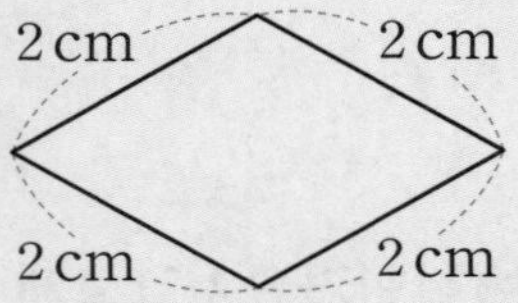

② 마주 보는 두 쌍의 변이 서로 평행합니다.

예

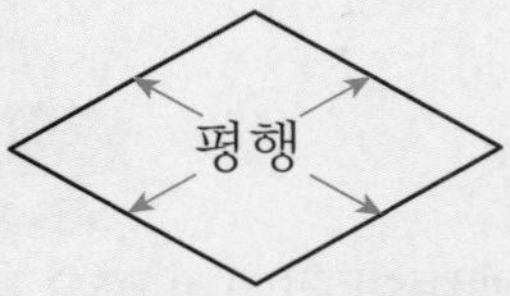

③ 마주 보는 두 각의 크기가 같습니다.

예

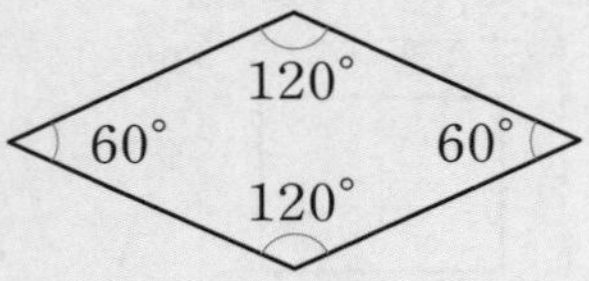

④ 이웃한 두 각의 크기의 합이 180°입니다.

예

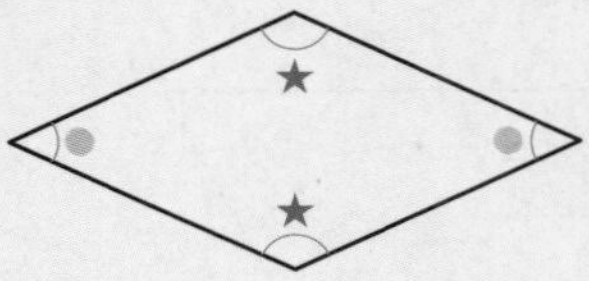

★+●=180°

⑤ 마주 보는 꼭짓점끼리 이은 선분이 서로 수직으로 만나고 이등분합니다.

예

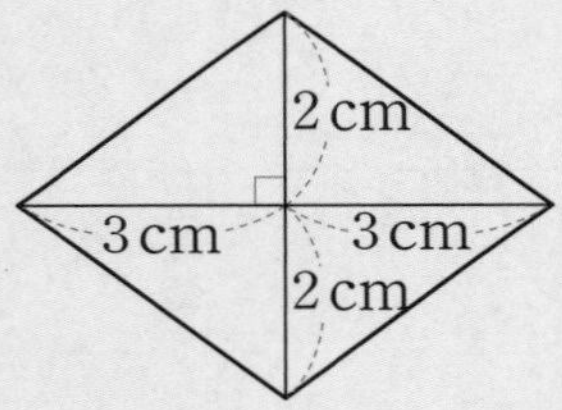

확인 1 사각형을 보고 마름모에 ○표 하세요.

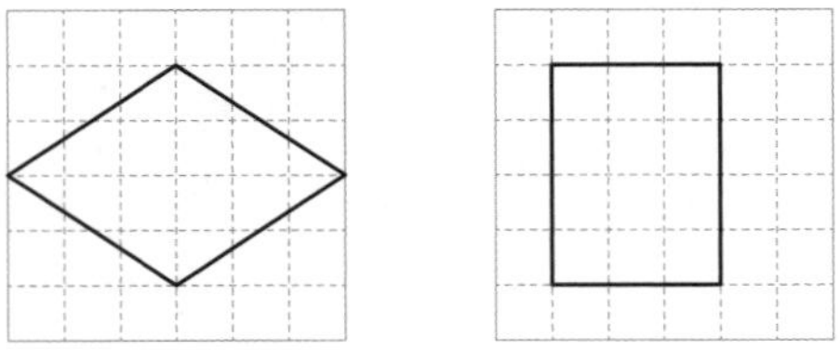

( ) ( )

확인 2 마름모를 보고 알맞은 말에 ○표 하고, □ 안에 알맞은 수를 써넣으세요.

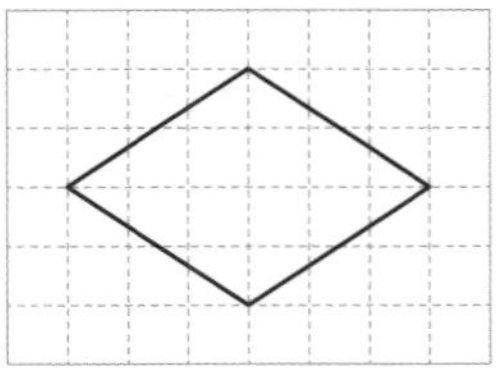

(1) 네 변의 길이가 모두 (같습니다 , 다릅니다).

(2) 마주 보는 두 각의 크기가 (같습니다 , 다릅니다).

(3) 이웃한 두 각의 크기의 합이 □°입니다.

» 정답 · 풀이 31쪽

1 마름모를 모두 찾아 기호를 쓰세요.

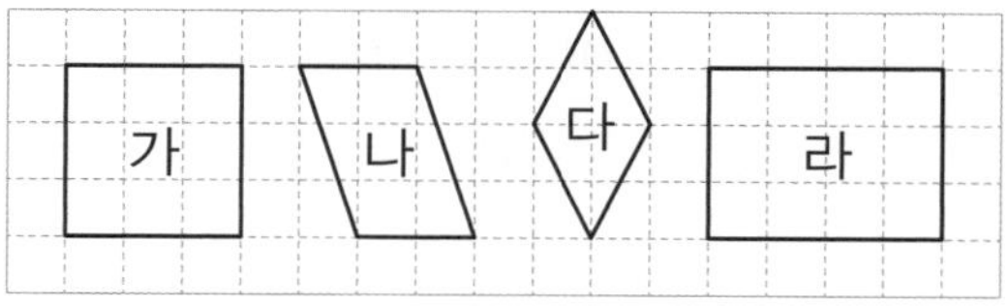

(　　　　　　　　)

2 마름모를 완성해 보세요.

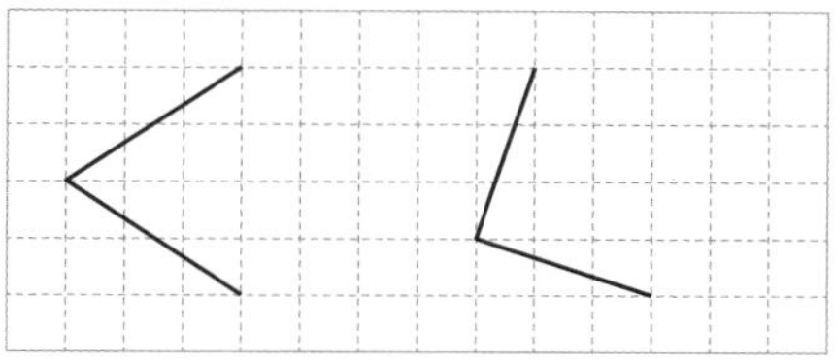

3 마름모를 보고 □ 안에 알맞은 수를 써넣으세요.

(1)

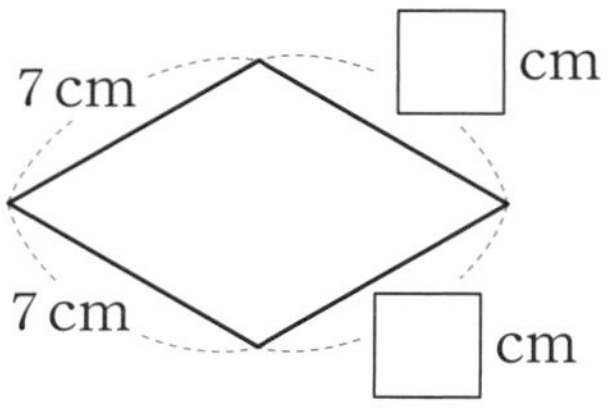

(2)

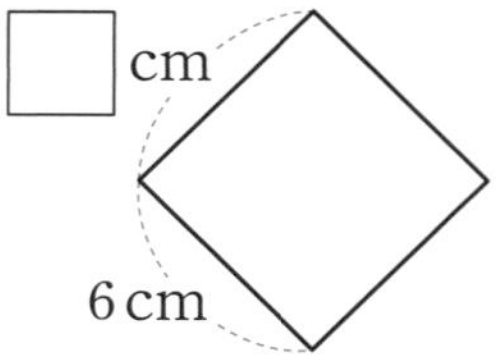

(3)

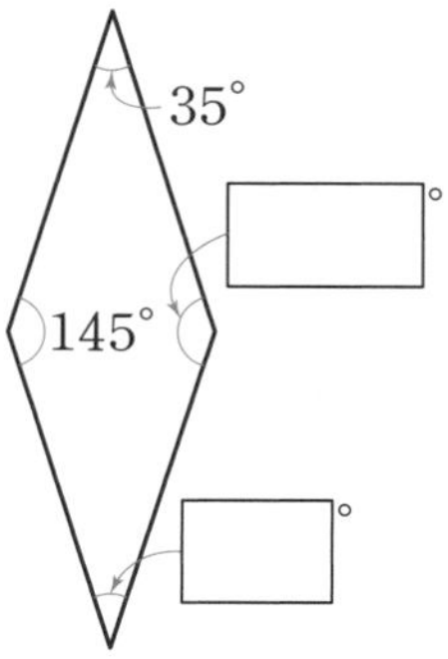

(4)

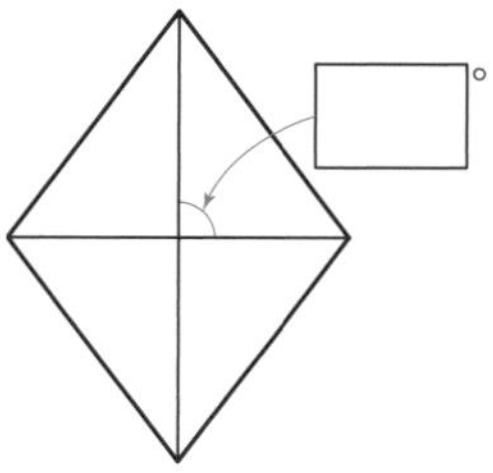

개념 따라쓰기

마름모 알아보기

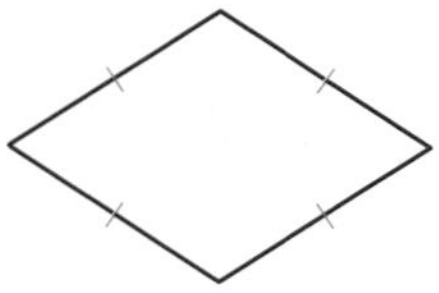

네 변의 길이가 모두 같은 사각형을 마름모라고 합니다.

마름모의 성질

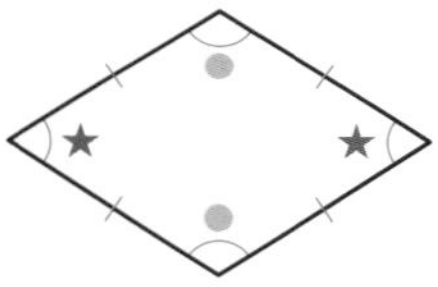

① 네 변의 길이가 모두 같습니다.

② 마주 보는 두 쌍의 변이 서로 평행합니다.

③ 마주 보는 두 각의 크기가 같습니다.

④ 이웃한 두 각의 크기의 합이 180°입니다.

1 46쪽 이해

마름모를 모두 찾아 기호를 쓰세요.

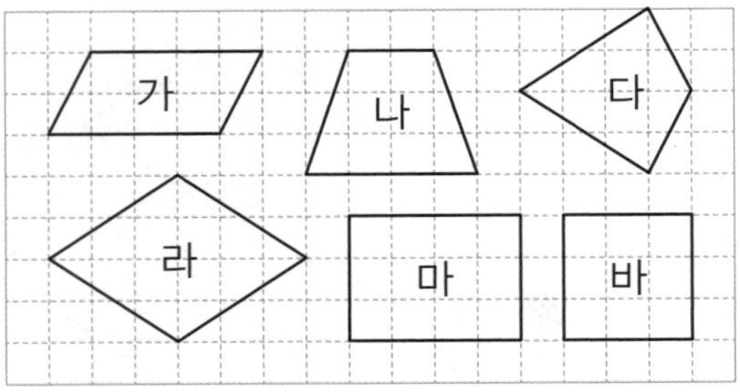

( )

2 적용

사각형을 보고 물음에 답하세요.

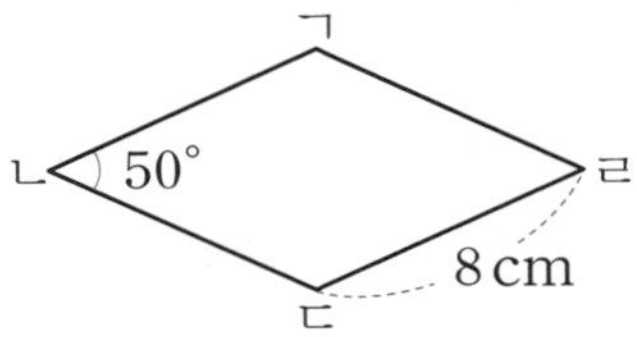

(1) 변 ㄱㄴ은 몇 cm인가요?

( )

(2) 각 ㄴㄷㄹ의 크기는 몇 도인가요?

( )

3 46쪽 적용

마름모를 보고 □ 안에 알맞은 수를 써넣으세요.

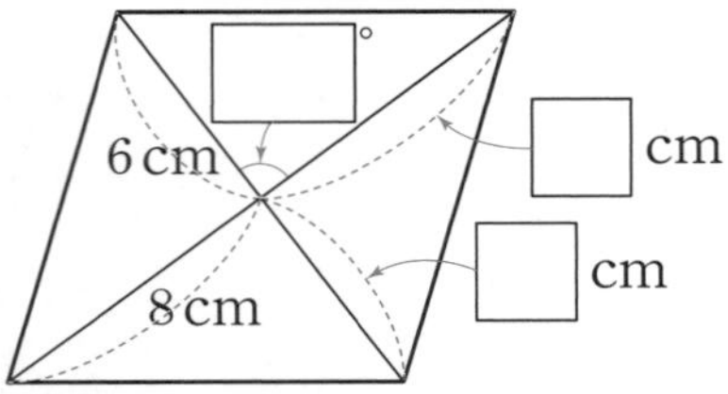

4 46쪽 창의 융합

다음과 같이 색종이를 자른 후 빗금친 부분을 펼쳤을 때 만들어지는 사각형의 이름을 쓰세요.

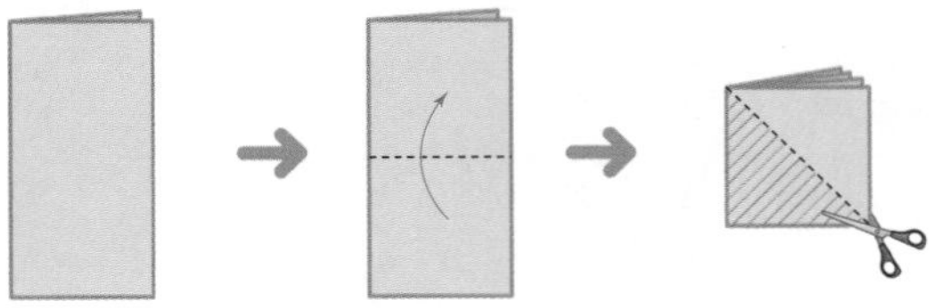

( )

5 46쪽 추론

마름모입니다. ㉠의 각도를 구하세요.

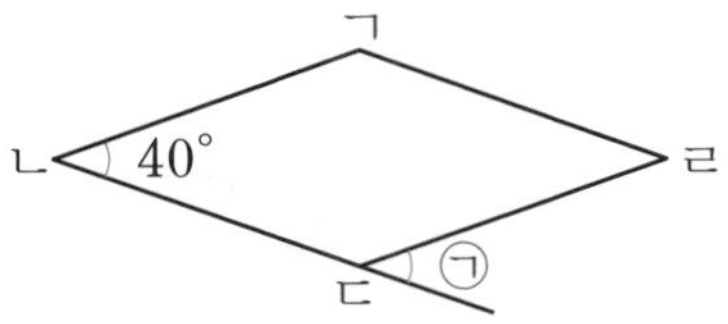

( )

6 문제 해결

마름모의 네 변의 길이의 합이 68 cm일 때 한 변의 길이는 몇 cm일까요?

( )

» 정답 · 풀이 31쪽

7 47쪽 추론

사각형 ㄱㄴㄷㄹ은 마름모입니다. 선분 ㄱㄷ과 선분 ㄴㄹ의 길이의 합은 얼마일까요?

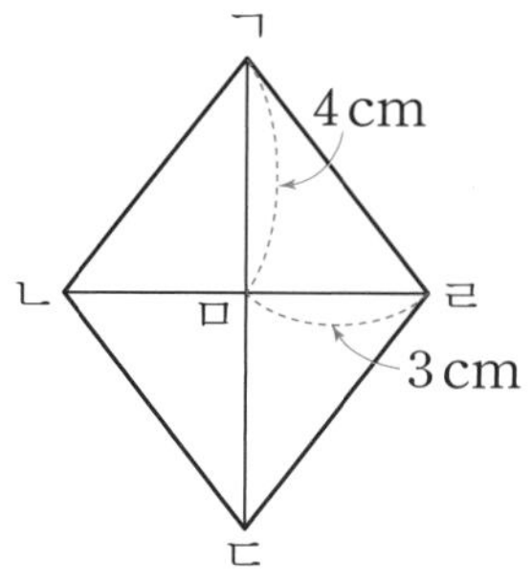

(   )

8 47쪽 문제 해결

크기가 같은 정삼각형을 겹치지 않게 이어 붙여서 만든 도형입니다. 찾을 수 있는 크고 작은 마름모는 모두 몇 개일까요?

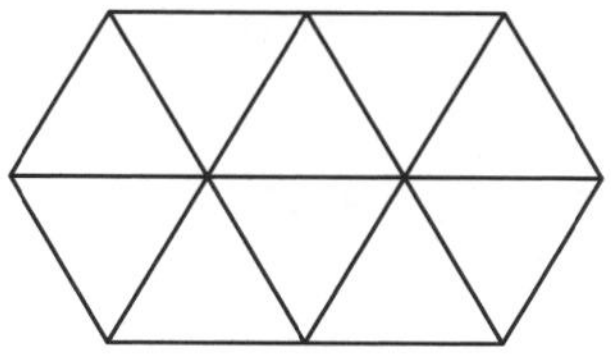

(   )

+9 47쪽 수학적 독해력

마름모입니다. 각 ㄴㄱㄹ의 크기는 각 ㄱㄴㄷ의 크기의 3배일 때 각 ㄱㄴㄷ의 크기는 몇 도일까요?

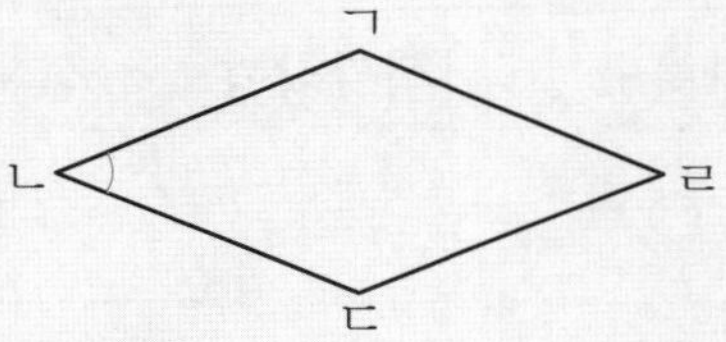

(   )

+10 47쪽 수학적 표현력

다음 도형은 마름모인가요? 그렇게 생각한 이유를 설명해 보세요.

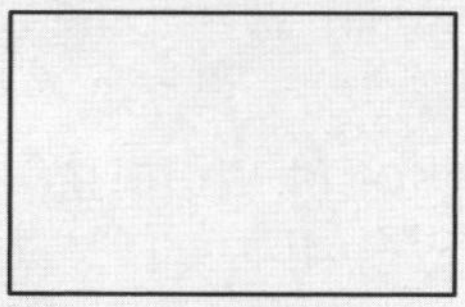

답 ____________________

이유 ____________________

____

____

오늘 공부 어땠나요? 10개 중 맞힌 문제 [ ] 개 > 틀린 문제는 힌트를 보고 다시 도전해 보세요. > 맞힌 문제는 힌트를 보고 자신의 생각과 비교해 보세요.

24일 여러 가지 사각형

❶ 직사각형의 성질

① 마주 보는 두 변의 길이가 같습니다.
② 네 각이 모두 직각입니다.
③ 마주 보는 두 쌍의 변이 서로 평행합니다.

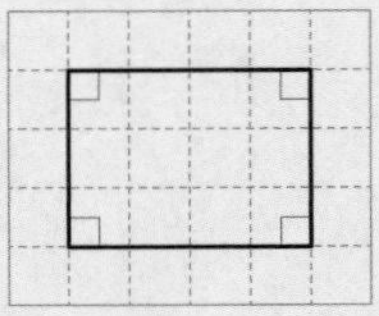

◐ 여러 가지 사각형의 관계

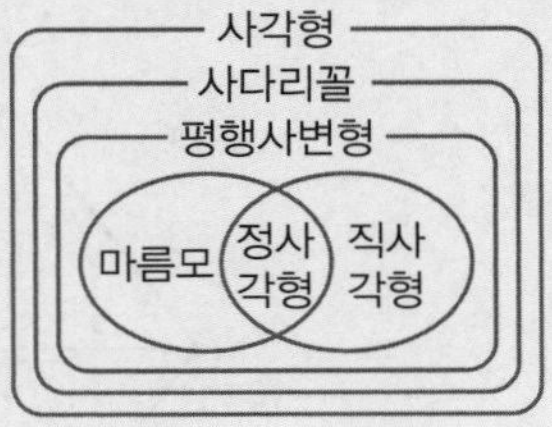

❷ 정사각형의 성질

① 네 변의 길이가 모두 같습니다.
② 네 각이 모두 직각입니다.
③ 마주 보는 두 쌍의 변이 서로 평행합니다.

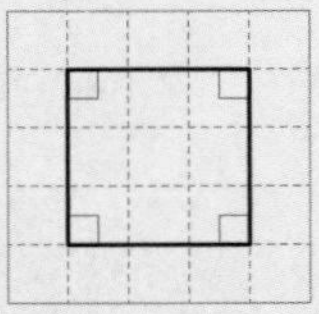

❸ 여러 가지 사각형의 성질

사다리꼴 평행사변형 마름모 직사각형 정사각형

	사다리꼴	평행사변형	마름모	직사각형	정사각형
평행한 변이 한 쌍이라도 있습니다.	○	○	○	○	○
마주 보는 두 쌍의 변이 서로 평행합니다.		○	○	○	○
네 각이 모두 직각입니다.				○	○
네 변의 길이가 모두 같습니다.			○		○
네 각이 모두 직각이고 네 변의 길이가 모두 같습니다.					○

확인 1 사각형을 보고 □ 안에 알맞은 기호를 쓰세요.

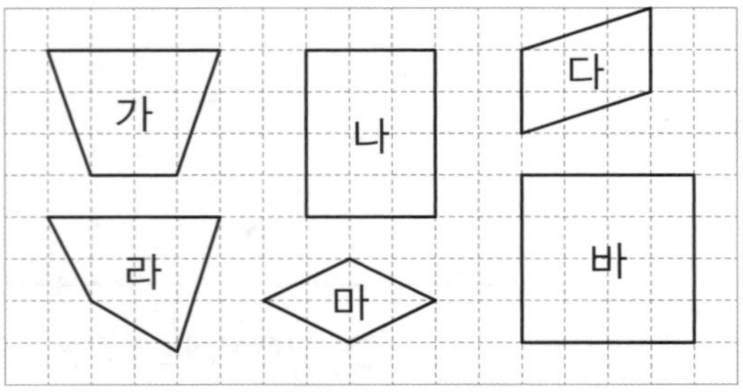

(1) 사다리꼴은 □, □, □, □, □입니다.

(2) 평행사변형은 □, □, □, □입니다.

(3) 마름모는 □, □입니다.

(4) 직사각형은 □, □입니다.

(5) 정사각형은 □입니다.

기본기 다지는 교과서 문제

» 정답 · 풀이 32쪽

1 직사각형과 정사각형을 각각 찾아 기호를 쓰세요.

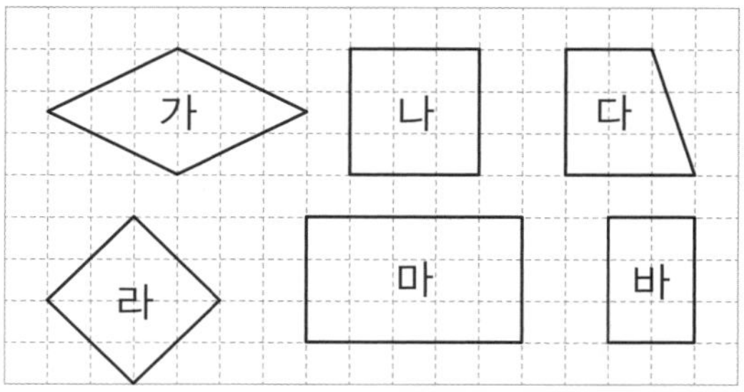

직사각형	정사각형

2 직사각형에 대한 설명에는 '직', 정사각형에 대한 설명에는 '정'을 쓰세요.

(1) 네 각이 모두 직각입니다. (　　　　　　)

(2) 네 변의 길이가 모두 같습니다. (　　　　　　)

(3) 마주 보는 변의 길이가 같습니다. (　　　　　　)

3 그림을 보고 물음에 답하세요.

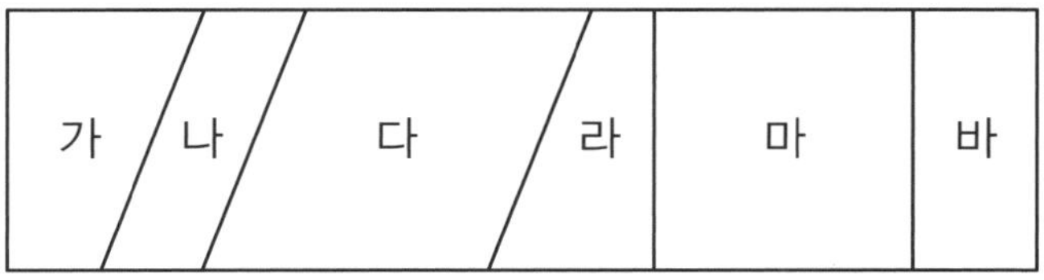

(1) 사다리꼴은 어느 것인가요? (　　　　　　)

(2) 평행사변형은 어느 것인가요? (　　　　　　)

(3) 마름모는 어느 것인가요? (　　　　　　)

(4) 직사각형은 어느 것인가요? (　　　　　　)

(5) 정사각형은 어느 것인가요? (　　　　　　)

개념 따라쓰기

직사각형의 성질

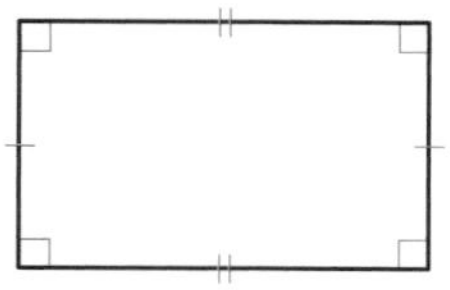

① 마주 보는 두 변의 길이가 같습니다.

② 네 각이 모두 직각입니다.

③ 마주 보는 두 쌍의 변이 서로 평행합니다.

정사각형의 성질

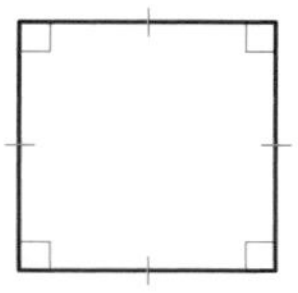

① 네 변의 길이가 모두 같습니다.

② 네 각이 모두 직각입니다.

③ 마주 보는 두 쌍의 변이 서로 평행합니다.

1

이해

네 각의 크기가 모두 같은 사각형을 모두 찾아 기호를 쓰세요.

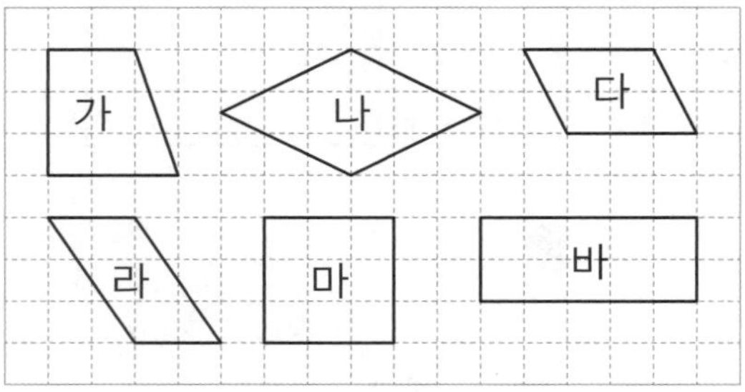

( )

2

48쪽

의사 소통

다음 도형은 정사각형이 아닙니다. 그 이유를 바르게 설명한 것의 기호를 쓰세요.

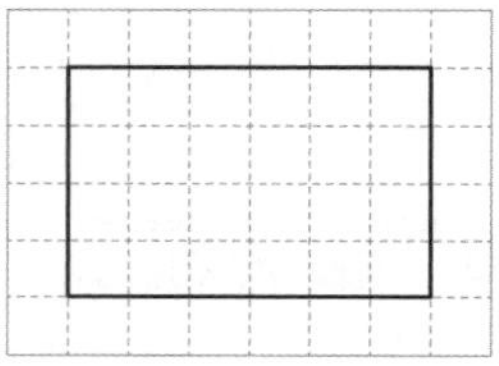

㉠ 네 변의 길이가 모두 같지 않습니다.
㉡ 네 각이 모두 직각이 아닙니다.

( )

3

48쪽

적용

다음 도형은 직사각형입니다. □ 안에 알맞은 수를 써넣으세요.

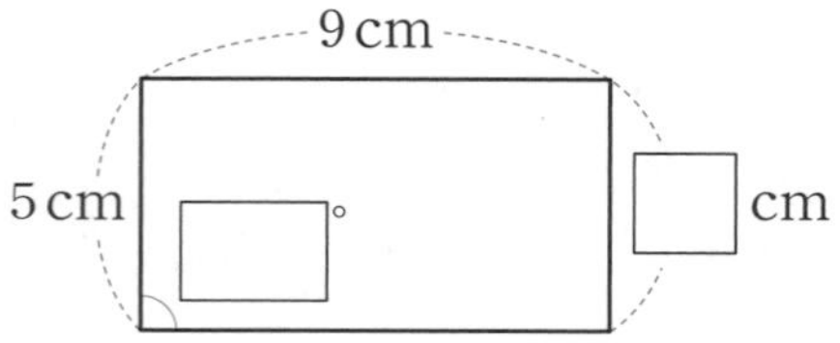

[4~5] 〈보기〉를 보고 물음에 답하세요.

〈보기〉

㉠ 사다리꼴　㉡ 평행사변형
㉢ 마름모　㉣ 직사각형
㉤ 정사각형

4

48쪽

적용

평행한 변이 두 쌍인 사각형을 모두 찾아 기호를 쓰세요.

( )

5

적용

네 변의 길이가 모두 같은 사각형을 모두 찾아 기호를 쓰세요.

( )

6

48쪽

추론

다음 막대로 만들 수 없는 사각형을 모두 고르세요. ( )

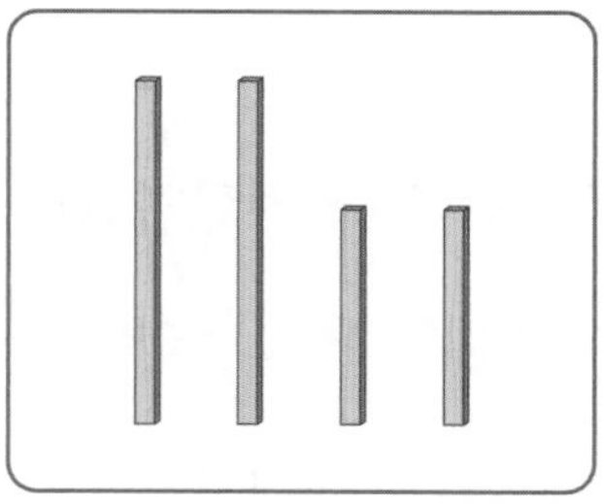

① 사다리꼴　② 평행사변형
③ 마름모　④ 직사각형
⑤ 정사각형

7 49쪽

추론

직사각형 모양의 종이띠를 선분을 따라 잘랐을 때 생기는 여러 가지 사각형의 개수를 세어 보세요.

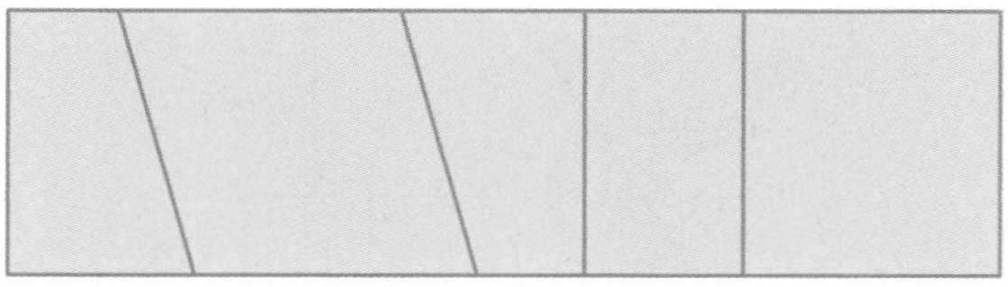

① 사다리꼴: □개 ② 평행사변형: □개,

③ 마름모: □개 ④ 직사각형: □개,

⑤ 정사각형: □개

8 49쪽

문제 해결

마름모, 정삼각형, 정사각형을 겹치지 않게 이어 붙인 도형입니다. 빨간색 선의 길이는 몇 cm일까요?

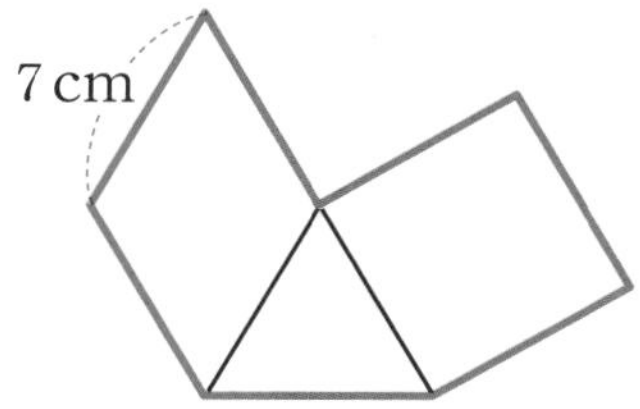

( )

+9 49쪽

수학적 독해력

(조건)을 모두 만족하는 사각형의 이름을 쓰세요.

(조건)
- 네 각이 모두 직각입니다.
- 마주 보는 두 쌍의 변이 서로 평행합니다.
- 네 변의 길이가 모두 같습니다.

( )

+10 49쪽

수학적 표현력

오른쪽 도형에 대해 잘못 말한 친구를 찾고, 잘못된 이유를 쓰세요.

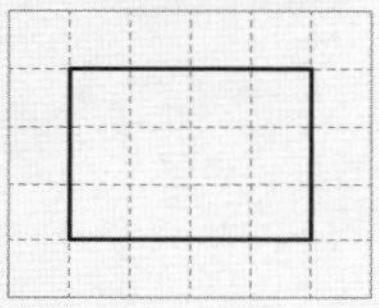

지은: 마주 보는 두 쌍의 변이 서로 평행하니까 평행사변형이라고 할 수 있어.

정우: 네 각이 직각이니까 정사각형이라고 할 수 있어.

승주: 마주 보는 한 쌍의 변이 서로 평행하니까 사다리꼴이라고 할 수 있어.

(잘못 말한 친구) ____________________

(이유) ____________________

____

오늘 공부 어땠나요? 10개 중 맞힌 문제 □개 > **틀린 문제**는 힌트를 보고 다시 도전해 보세요. > **맞힌 문제**는 힌트를 보고 자신의 생각과 비교해 보세요.

18~24일

단원평가

4. 사각형

시험 시간 20분 | 문제 수 10개

01 수직인 변이 없는 도형을 모두 고르세요. ………………………………………… (　　　　)

① 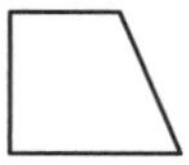　② 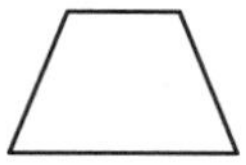

③ 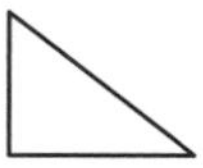　④ 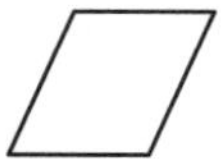

⑤ 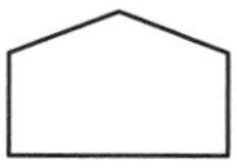

02 직선 가에 대한 수선은 모두 몇 개 그을 수 있을까요? ………………………………… (　　　　)

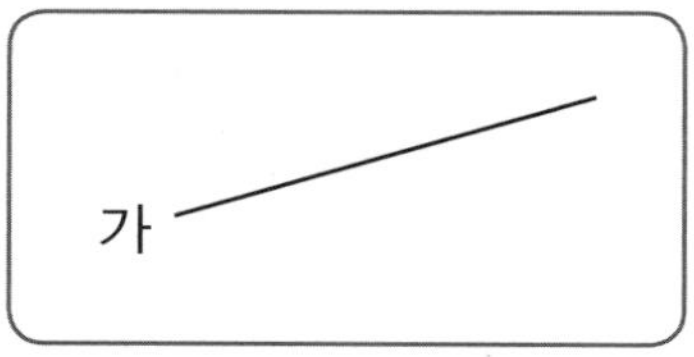

① 0개　② 1개

③ 2개　④ 4개

⑤ 셀 수 없이 많습니다.

03 다음 도형에서 서로 평행한 변은 모두 몇 쌍일까요?

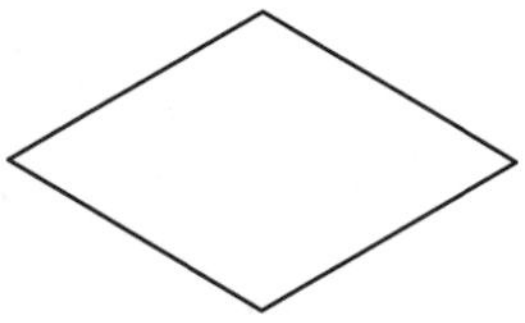

(　　　　)

04 도형에서 변 ㄱㅂ과 변 ㄴㄷ은 서로 평행합니다. 변 ㄱㅂ과 변 ㄴㄷ 사이의 거리는 몇 cm일까요?

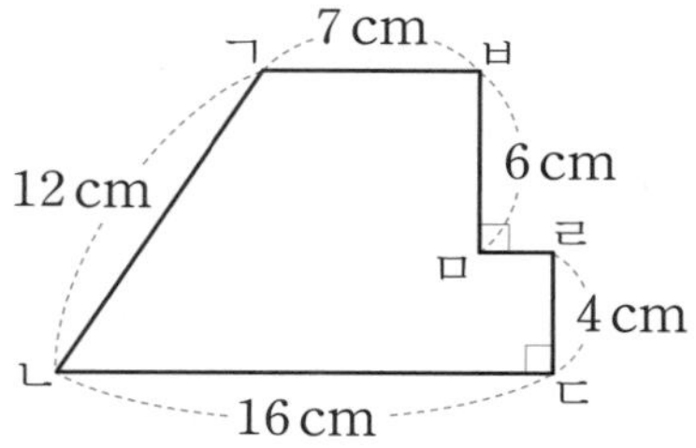

(　　　　)

05 도형판에서 꼭짓점 한 개만 옮겨서 사다리꼴을 만들어 보세요.

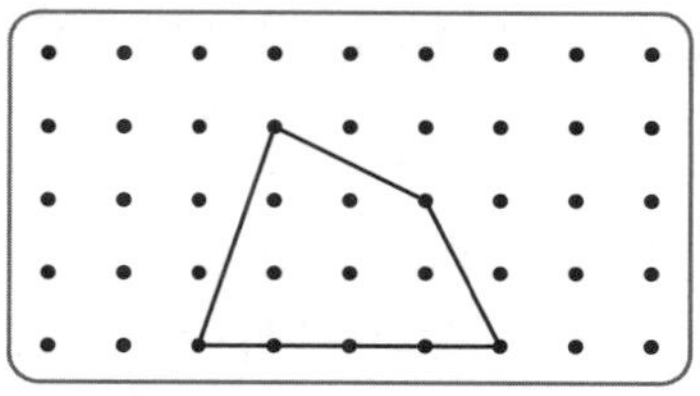

06 직사각형 모양의 종이띠를 선을 따라 잘랐을 때 잘라 낸 도형들 중 평행사변형은 모두 몇 개일까요?

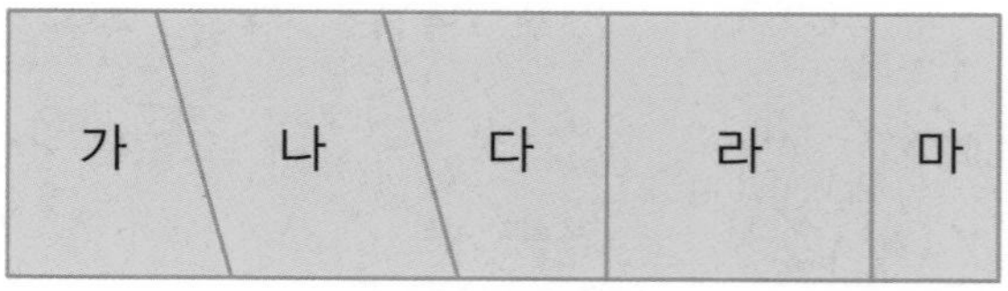

(　　　　)

07 평행사변형의 네 변의 길이의 합은 몇 cm일까요?

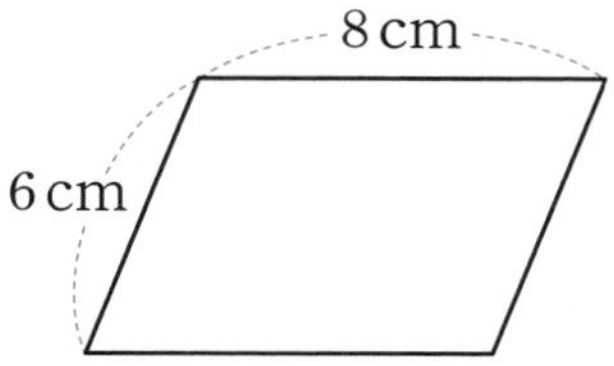

(   )

08 마름모에서 ㉠의 각도를 구하세요.

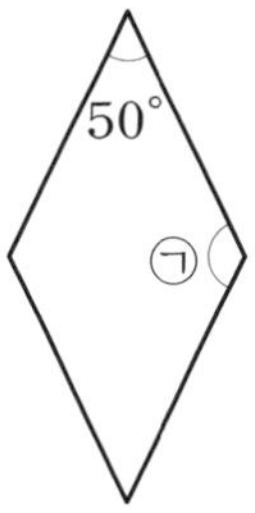

(   )

09 다음 사각형의 이름이 될 수 있는 것을 모두 고르세요. ·························· (   )

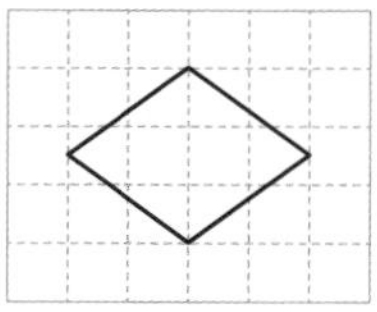

① 사다리꼴 ② 평행사변형
③ 마름모 ④ 직사각형
⑤ 정사각형

서술형

10 평행사변형과 정삼각형을 겹치지 않게 이어 붙여 사다리꼴을 만들었습니다. 사다리꼴 ㄱㄴㄹㅁ의 네 변의 길이의 합은 몇 cm인지 풀이 과정을 쓰고, 답을 구하세요.

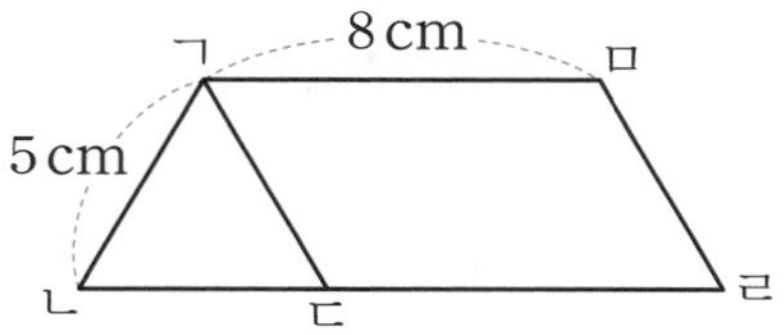

[풀이] ______________________________

____

____

[답] ______________________________

25일 꺾은선그래프 알아보기

1 꺾은선그래프

수량을 점으로 표시하고, 그 점들을 선분으로 이어 그린 그래프를 **꺾은선그래프**라고 합니다.

예 교실의 온도

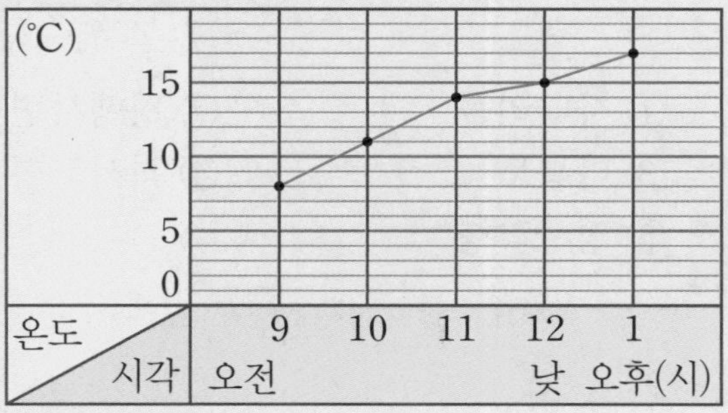

- 가로는 시각, 세로는 온도를 나타냅니다.
- 세로 눈금 한 칸은 1 ℃를 나타냅니다.
- 꺾은선은 교실의 온도 변화를 나타냅니다.

개념+ 막대그래프와 꺾은선그래프의 비교

강아지의 무게

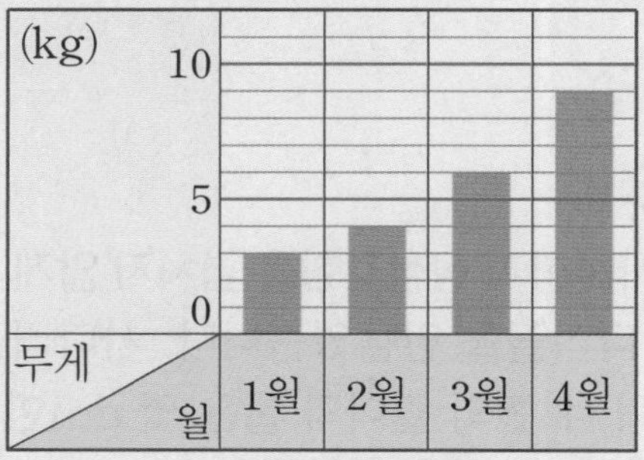

- 가로는 월, 세로는 무게를 나타냅니다.
- 세로 눈금 한 칸은 1 kg을 나타냅니다.

강아지의 무게

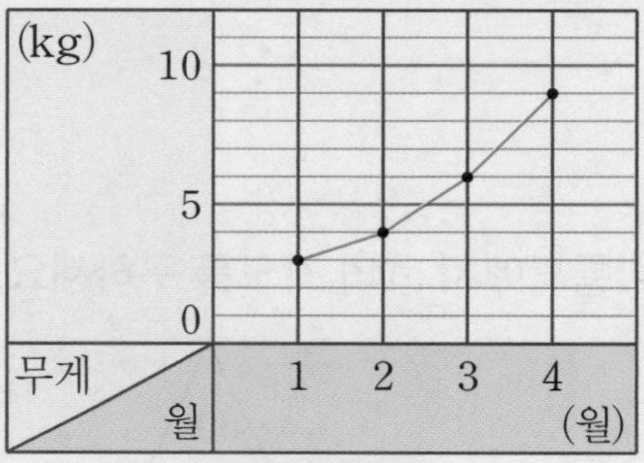

[막대그래프의 특징]

- 자료 값을 막대로 나타냅니다.
- 항목별 수량의 많고 적음을 한눈에 비교하기 쉽습니다.

[꺾은선그래프의 특징]

- 자료 값을 선분으로 나타냅니다.
- 시간에 따른 변화를 한눈에 알아보기 쉽습니다.

확인 1 오늘의 기온을 1시간마다 조사하여 나타낸 그래프입니다. □ 안에 알맞은 수나 말을 써넣으세요.

오늘의 기온

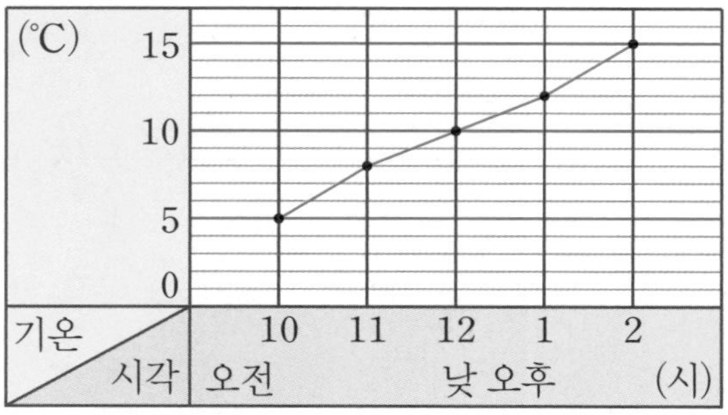

(1) 수량을 점으로 표시하고, 그 점들을 선분으로 이어 그린 그래프를 □(이)라고 합니다.

(2) 가로는 □을/를, 세로는 □을/를 나타냅니다.

(3) 세로 눈금 한 칸은 □ ℃를 나타냅니다.

(4) 꺾은선은 □을/를 나타냅니다.

기본기 다지는 교과서 문제

» 정답 · 풀이 34쪽

1 콩나물의 키를 조사하여 나타낸 꺾은선그래프입니다. 물음에 답하세요.

콩나물의 키

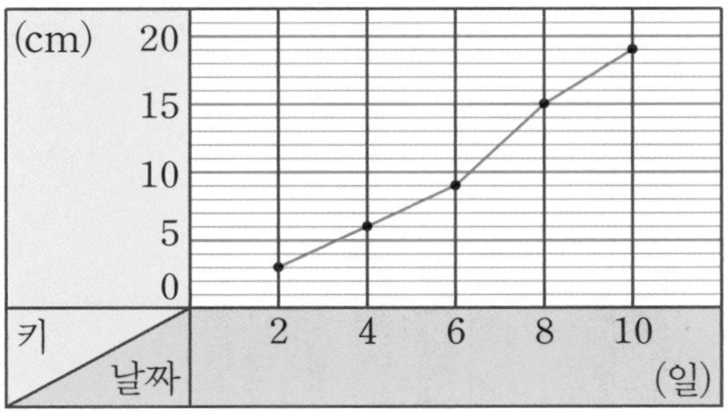

(1) 가로와 세로는 각각 무엇을 나타낼까요?

가로 (   ), 세로 (   )

(2) 세로 눈금 한 칸은 얼마를 나타낼까요? (   )

(3) 꺾은선은 무엇을 나타낼까요? (   )

2 운동장의 온도를 조사하여 나타낸 막대그래프와 꺾은선그래프입니다. 빈칸에 알맞은 말을 써넣으세요.

운동장의 온도

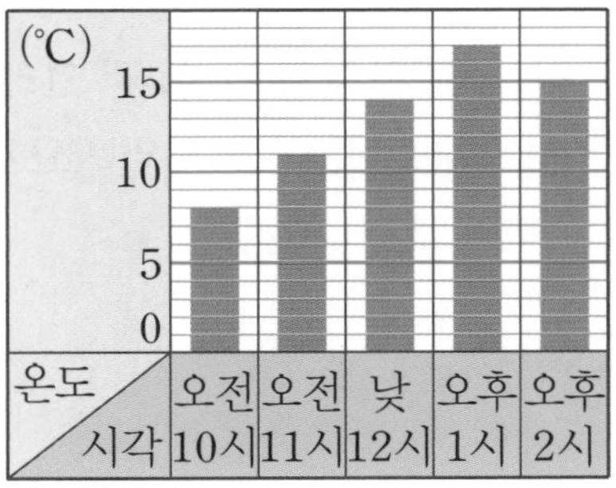

운동장의 온도

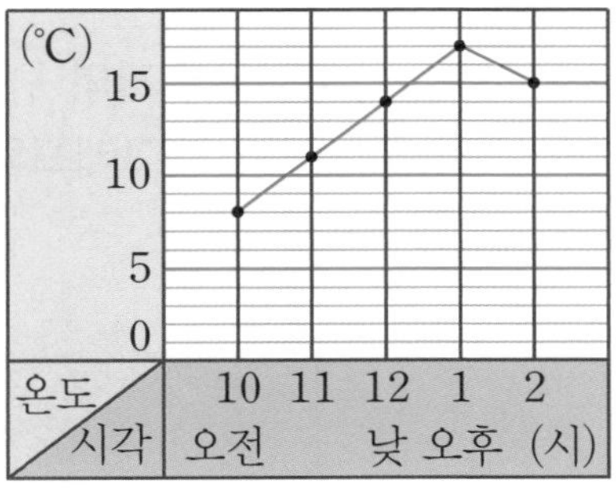

(1) 두 그래프의 같은 점
- 가로는 ☐ 을/를, 세로는 ☐ 을/를 나타냅니다.
- 세로 눈금 한 칸은 ☐ ℃를 나타냅니다.

(2) 두 그래프의 다른 점

자료 값을 막대그래프는 ☐ (으)로, 꺾은선그래프는 ☐ (으)로 나타냅니다.

(3) 막대그래프와 꺾은선그래프 중 운동장의 온도 변화를 한눈에 알아보기 쉬운 그래프는 ☐ 그래프입니다.

개념 따라쓰기

꺾은선그래프 알아보기

강아지의 무게

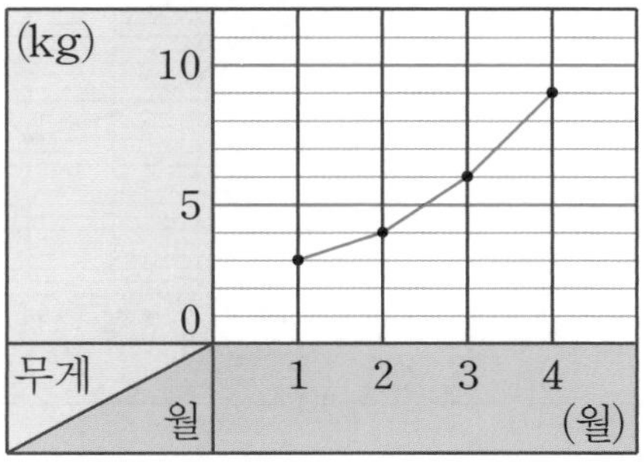

꺾은선그래프는 조사한 수량을 점으로 표시하고 그 점들을 선분으로 이어 그린 그래프입니다.

꺾은선그래프의 특징

강아지의 무게

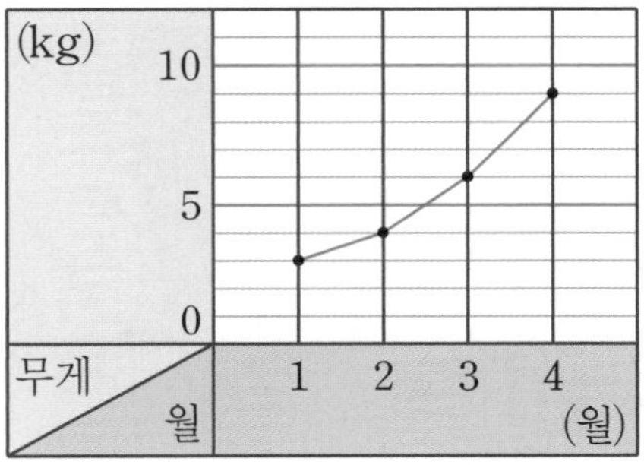

① 자료 값을 선분으로 나타냅니다.

② 시간에 따른 변화를 한눈에 알아보기 쉽습니다.

5 단원

[1~3] 어느 도시의 강수량을 매월 조사하여 나타낸 꺾은선그래프입니다. 물음에 답하세요.

어느 도시의 강수량

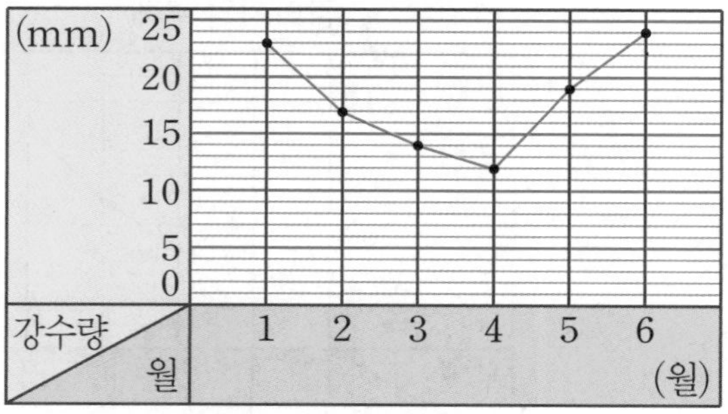

1

이해

꺾은선그래프에서 가로와 세로는 각각 무엇을 나타낼까요?

가로 (　　　　　　　　)
세로 (　　　　　　　　)

2

50쪽

이해

세로 눈금 한 칸은 몇 mm를 나타낼까요?

(　　　　　　　　)

3

이해

꺾은선은 무엇을 나타낼까요?

(　　　　　　　　)

[4~6] 준성이의 몸무게를 매년 조사하여 나타낸 막대그래프와 꺾은선그래프입니다. 물음에 답하세요.

준성이의 몸무게

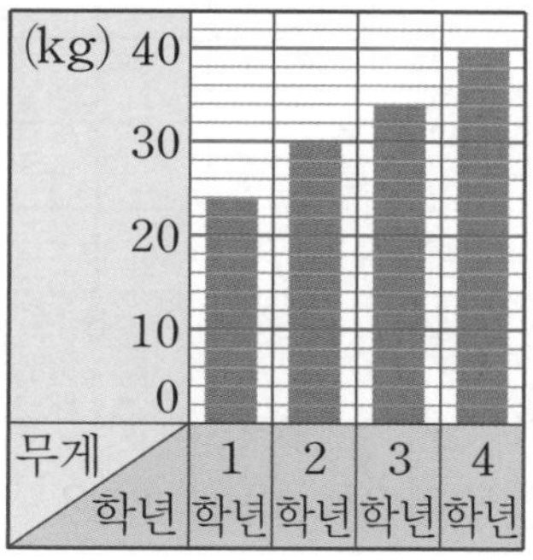

준성이의 몸무게

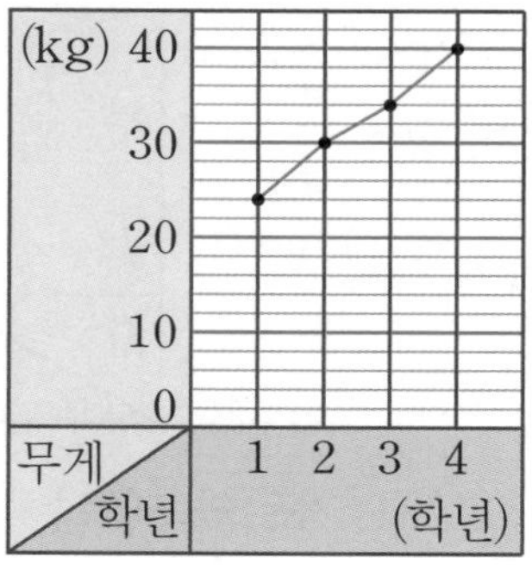

4

50쪽

이해

세로 눈금 한 칸은 몇 kg을 나타낼까요?

(　　　　　　　　)

5

50쪽

적용

몸무게의 변화를 한눈에 알아보기 쉬운 그래프는 막대그래프와 꺾은선그래프 중 어느 것일까요?

(　　　　　　　　)

6

50쪽

의사 소통

막대그래프와 꺾은선그래프의 차이점을 바르게 나타낸 것의 기호를 쓰세요.

㉠ 가로는 학년을 나타내고 세로는 몸무게를 나타냅니다.
㉡ 막대그래프는 막대로, 꺾은선그래프는 선분으로 나타냅니다.

(　　　　　　　　)

[7~8] 현정이의 오래 매달리기 기록을 조사하여 나타낸 꺾은선그래프입니다. 물음에 답하세요.

현정이의 오래 매달리기 기록

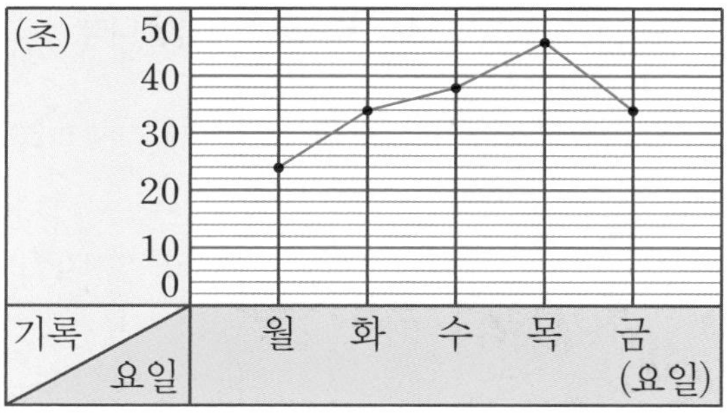

7 51쪽 적용

현정이의 오래 매달리기 기록이 가장 낮을 때와 가장 높을 때는 각각 무슨 요일일까요?

가장 낮을 때 (　　　　　　　)

가장 높을 때 (　　　　　　　)

8 51쪽 문제 해결

현정이의 오래 매달리기 기록이 가장 높을 때와 가장 낮을 때의 차는 몇 초일까요?

(　　　　　　　)

+9 51쪽 수학적 독해력

어느 컴퓨터 판매점의 컴퓨터 판매량을 조사하여 나타낸 꺾은선그래프입니다. 표의 빈칸에 컴퓨터 판매량을 써넣으세요.

컴퓨터 판매량

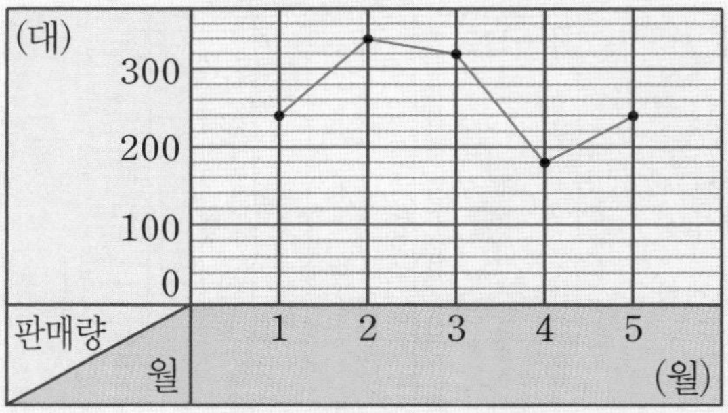

월(월)	1	2	3	4	5
판매량(대)					

+10 51쪽 수학적 표현력

9번의 꺾은선그래프를 보고 컴퓨터 판매량이 가장 많은 달과 가장 적은 달의 판매량의 차는 몇 대인지 풀이 과정을 쓰고, 답을 구하세요.

[풀이] ______________________

[답] ______________________

오늘 공부 어땠나요? 10개 중 맞힌 문제 [　] 개 > **틀린 문제**는 힌트를 보고 다시 도전해 보세요. > **맞힌 문제**는 힌트를 보고 자신의 생각과 비교해 보세요.

26일 꺾은선그래프에서 알 수 있는 것

❶ 꺾은선그래프의 내용 알아보기

강낭콩 싹의 키

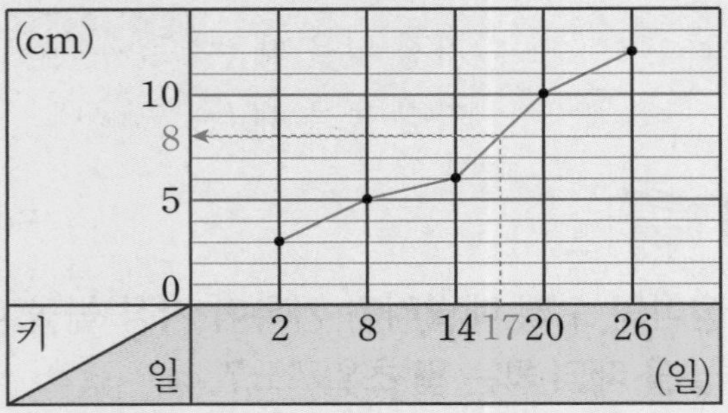

◐ 선분이 많이 기울어질수록 자료의 변화가 많습니다.

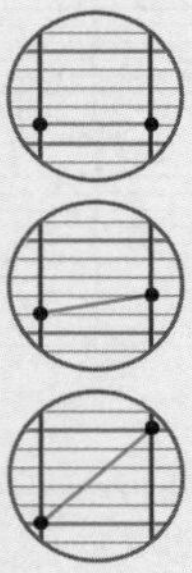

- 강낭콩 싹의 키의 변화가 가장 큰 때: 14일과 20일 사이
- 강낭콩 싹의 키의 변화가 가장 작은 때: 8일과 14일 사이
- 17일의 강낭콩 싹의 키: 8 cm라고 예상할 수 있습니다. ← 조사하지 않은 중간값을 예상할 수 있습니다.

❷ 물결선을 사용하여 나타낸 꺾은선그래프

물결선(≈)을 사용하여 필요 없는 부분을 줄여서 나타내면 변화하는 모습이 잘 나타납니다.

(가) 영주의 몸무게

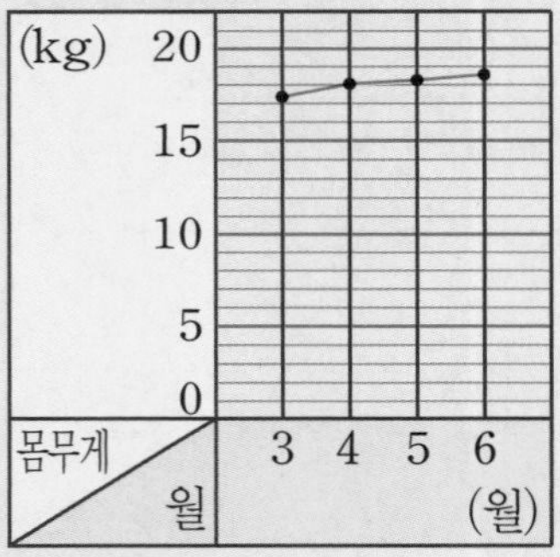

- 영주의 몸무게를 나타냅니다.
- 가로는 월, 세로는 몸무게를 나타냅니다.

(나) 영주의 몸무게

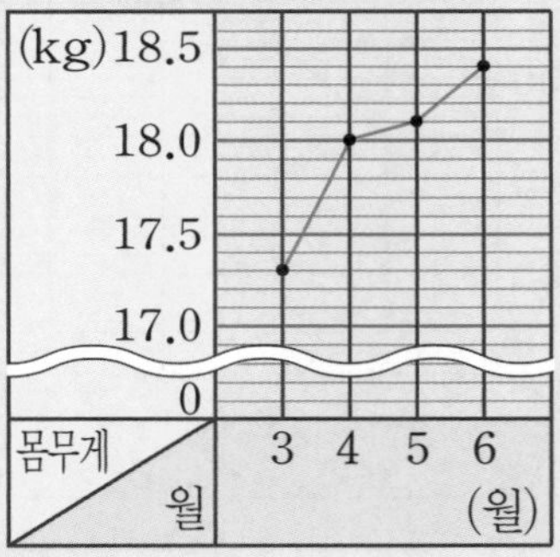

↓ • 세로 눈금이 0부터 시작합니다.

↓ • 세로 눈금이 물결선 위로 17부터 시작합니다.

0과 17 사이에 물결선을 사용하여 필요 없는 부분을 줄여서 나타냈기 때문에 변화하는 모습이 더 잘 나타납니다.

기본기 다지는 교과서 문제

» 정답 · 풀이 35쪽

1 어느 도서관의 요일별 이용자 수를 조사하여 나타낸 꺾은선그래프입니다. 물음에 답하세요.

요일별 이용자 수

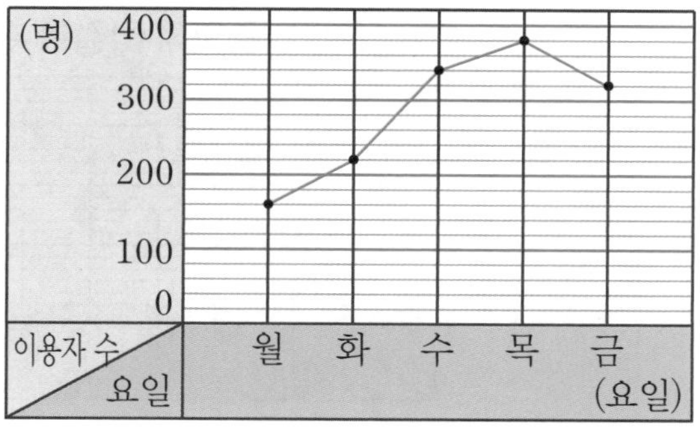

(1) 금요일의 이용자 수는 몇 명일까요? ( )

(2) 이용자 수의 변화가 가장 큰 때는 무슨 요일과 무슨 요일 사이일까요? ( )

2 운동장의 온도를 1시간마다 재어 두 꺾은선그래프로 나타냈습니다. 물음에 답하세요.

(가) 운동장의 온도

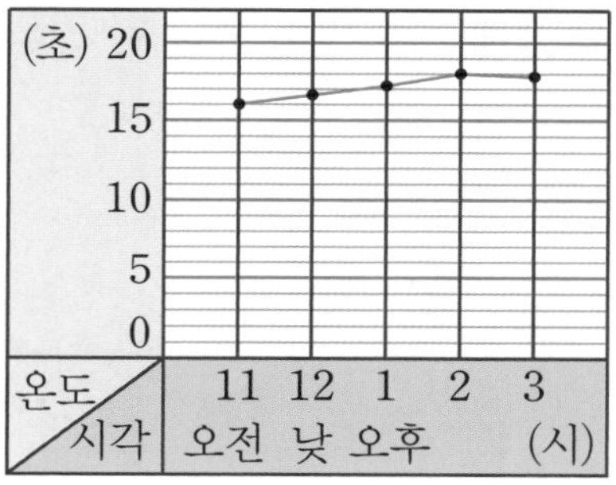

(나) 운동장의 온도

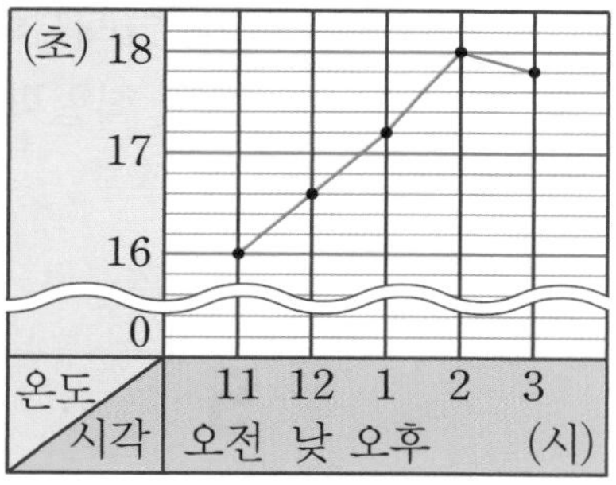

(1) 운동장의 온도가 가장 높은 때는 몇 시일까요?

( )

(2) 두 꺾은선그래프의 다른 점을 설명한 것입니다. □ 안에 알맞은 수를 써넣으세요.

> (가) 그래프는 세로 눈금이 □부터 시작하고, (나) 그래프는 세로 눈금이 물결선 위로 □부터 시작합니다.

(3) (가), (나) 그래프 중에서 변화하는 모습이 더 잘 나타난 그래프는 어느 것일까요? ( )

개념 따라쓰기

꺾은선그래프에서 선분의 변화

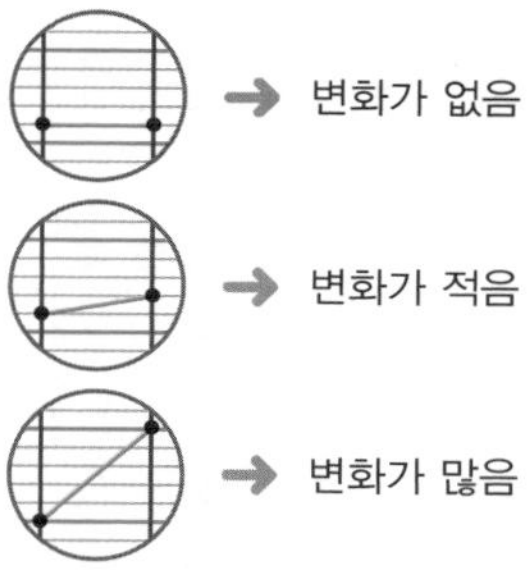

꺾은선그래프에서 선분이 많이 기울어질수록 자료의 변화가 많습니다.

물결선을 이용하여 나타낸 꺾은선그래프

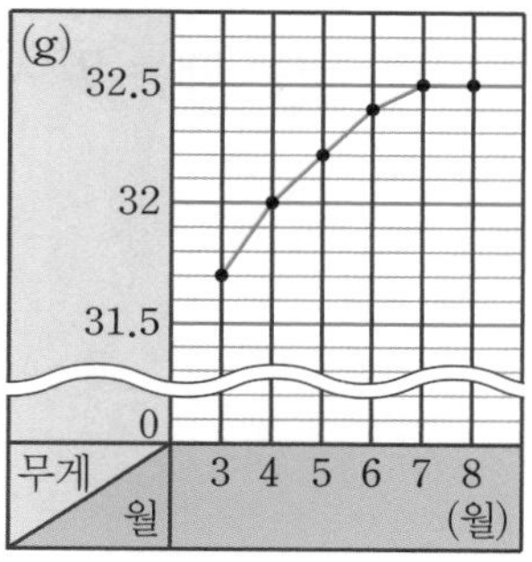

물결선을 이용하여 필요 없는 부분을 줄여서 나타내면 변화하는 모습을 더 잘 나타낼 수 있습니다.

5단원

스스로 풀어내는 도전 10 문제

[1~3] 어느 날 한강의 수온을 조사하여 나타낸 꺾은선그래프입니다. 물음에 답하세요.

한강의 수온

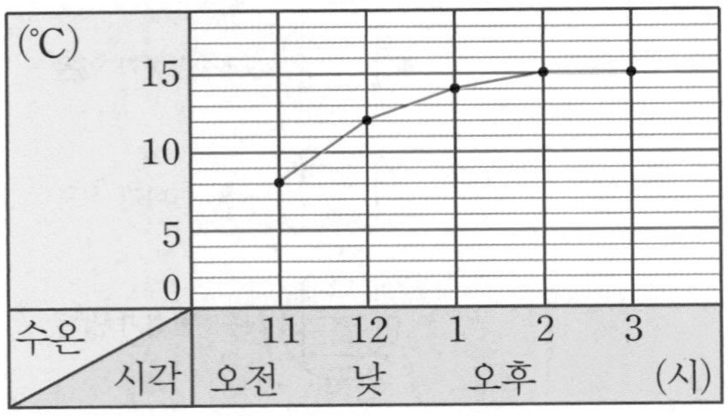

1
이해

낮 12시의 수온은 몇 ℃일까요?

( )

2 52쪽
이해

수온의 변화가 없는 때는 몇 시와 몇 시 사이일까요?

( )와 ( ) 사이

3 52쪽
적용

수온의 변화가 가장 큰 때는 몇 시와 몇 시 사이일까요?

( )와 ( ) 사이

[4~6] 민준이가 매일 턱걸이를 한 횟수를 조사하여 두 꺾은선그래프로 나타냈습니다. 물음에 답하세요.

(가) 민준이의 턱걸이 횟수

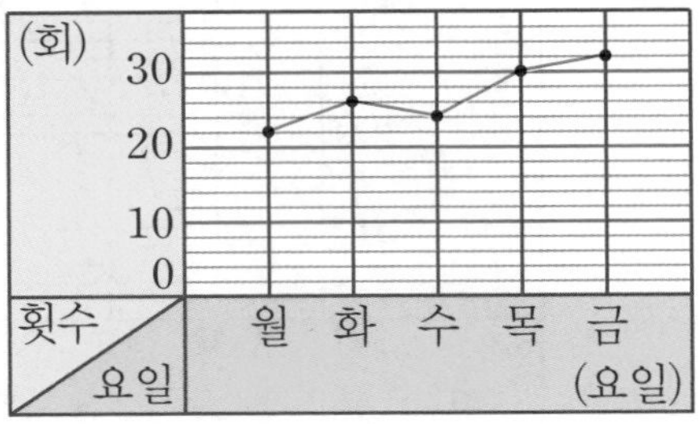

(나) 민준이의 턱걸이 횟수

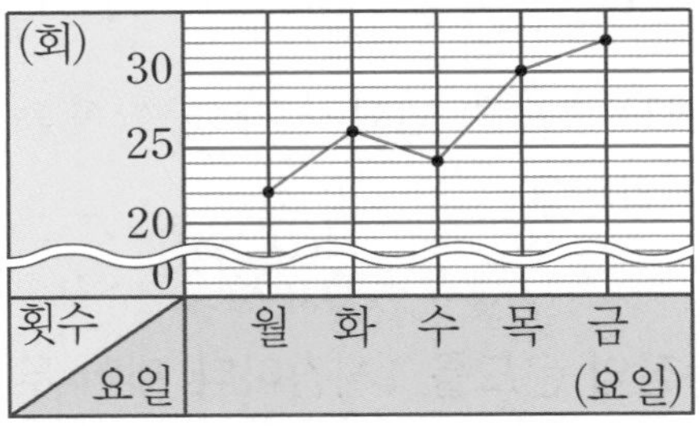

4 52쪽
이해

(가) 그래프와 (나) 그래프의 세로 눈금 한 칸의 크기는 몇 회일까요?

(가) 그래프 ( )

(나) 그래프 ( )

5
적용

(나) 그래프를 보고 민준이의 턱걸이 횟수를 표의 빈칸에 써넣으세요.

민준이의 턱걸이 횟수

요일	월	화	수	목	금
횟수(회)					

6 52쪽
적용

(가)와 (나) 그래프 중에서 자료 값을 더 읽기 쉬운 것은 어느 것일까요?

( )

» 정답 · 풀이 35쪽

조금 더 어려운 문제에 도전해 볼까요?

[7~8] 소희의 키와 현성이의 키를 매년 3월에 조사하여 나타낸 꺾은선그래프입니다. 물음에 답하세요.

소희의 키

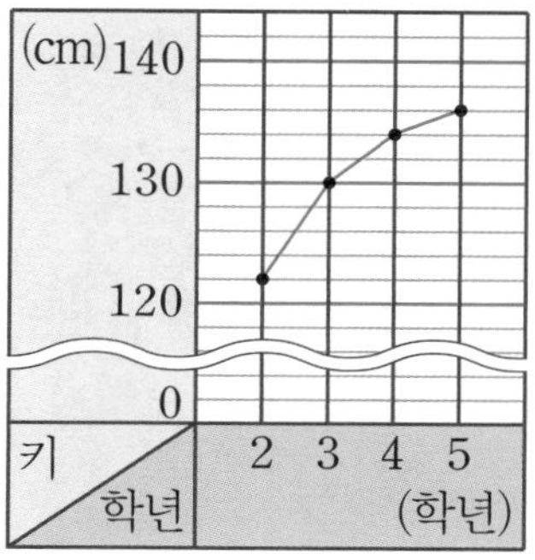

현성이의 키

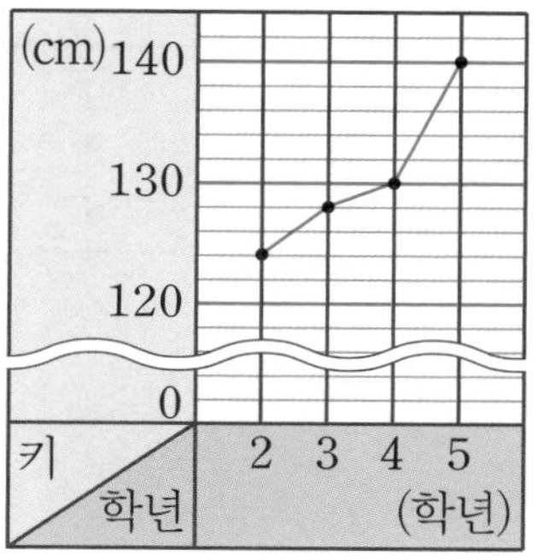

7 53쪽 적용

키가 처음에 빠르게 늘어나다가 시간이 지나면서 천천히 늘어난 사람은 누구일까요?

(　　　　　　　　)

8 53쪽 문제 해결

조사하는 동안 누구의 키가 얼마큼 더 많이 자랐을까요?

(　　　　　　　　,　　　　　　　　)

5단원

+9 53쪽 수학적 독해력

유미의 체온을 조사하여 나타낸 꺾은선그래프입니다. 유미의 체온이 가장 높았던 때와 가장 낮았던 때의 체온의 차는 몇 ℃일까요?

유미의 체온

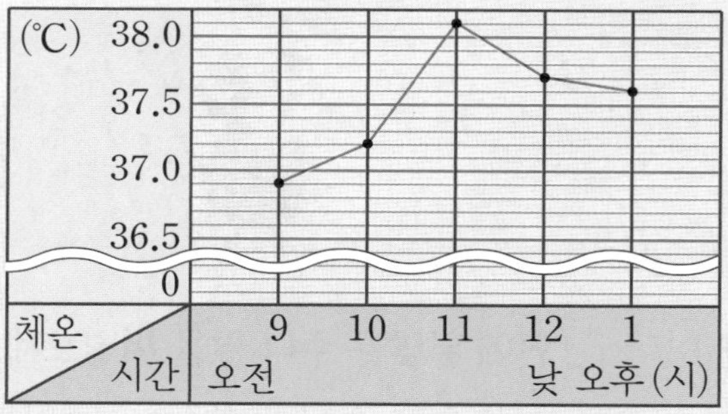

(　　　　　　　　)

+10 53쪽 수학적 표현력

9번의 꺾은선그래프에서 유미의 체온이 가장 적게 변할 때는 몇 시와 몇 시 사이인지 풀이 과정을 쓰고, 답을 구하세요.

[풀이] ______________________

____

____

[답] ______________________

오늘 공부 어땠나요?

10개 중 맞힌 문제 [　] 개

틀린 문제는 힌트를 보고 다시 도전해 보세요.

맞힌 문제는 힌트를 보고 자신의 생각과 비교해 보세요.

27일 꺾은선그래프로 나타내기

❶ 꺾은선그래프로 나타내기

① 가로와 세로 중에서 어느 쪽에 조사한 수를 나타낼 것인가를 정합니다.
② 눈금 한 칸의 크기와 눈금의 수를 정합니다.
③ 필요 없는 부분이 있으면 물결선을 그립니다.
④ 가로 눈금과 세로 눈금이 만나는 자리에 점을 찍습니다.
⑤ 점들을 선분으로 잇습니다.
⑥ 꺾은선그래프에 알맞은 제목을 붙입니다.

→ (눈금의 수) 조사한 수 중에서 가장 큰 수를 나타낼 수 있도록 눈금의 수를 정합니다.

→ (물결선) 자료값이 없는 부분에 물결선을 넣어 세로 눈금의 수를 생략하여 나타냅니다.

예 표를 보고 꺾은선그래프로 나타내기

100 m 달리기 기록

요일	월	화	수	목	금
기록(초)	13.7	14.1	13.8	13.5	13.1

100 m 달리기 기록 ⑥ 제목 붙이기

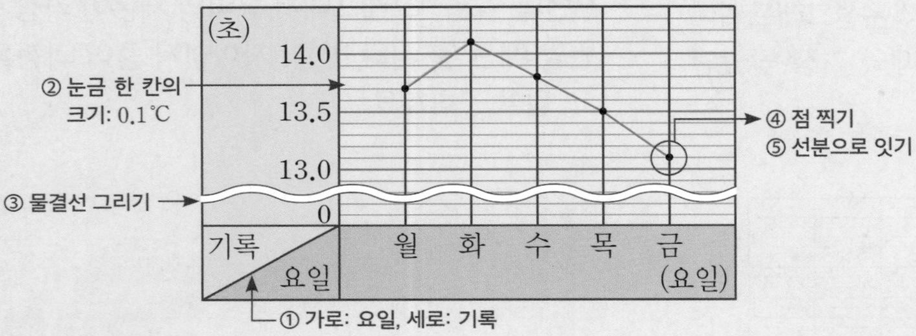

◐ 물결선을 사용할 때 주의할 점
- 물결선 위로 시작할 수를 정합니다.
- 물결선 아래로 점을 찍지 않도록 합니다.

확인 1 어느 지역의 하루의 최저 기온을 조사하여 나타낸 표입니다. □ 안에 알맞은 수나 말을 써넣으세요.

하루의 최저 기온

날짜(일)	5	10	15	20	25
기온(℃)	12	15	14	17	21

(1) 그래프의 가로에 날짜를 쓴다면 세로에는 □ 을/를 써야 합니다.

(2) 세로 눈금 한 칸은 □ ℃를 나타내어야 합니다.

(3) 그래프를 그리는 데 꼭 필요한 부분은 □ ℃부터 □ ℃까지입니다.

(4) 표를 보고 꺾은선그래프를 완성하세요.

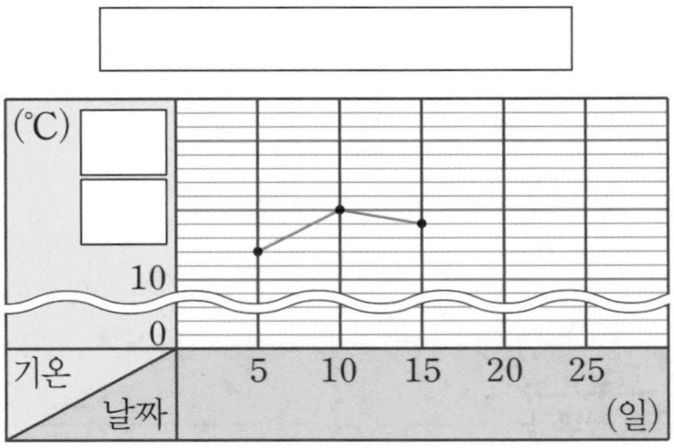

기본기 다지는 교과서 문제

» 정답 · 풀이 36쪽

1 죽순의 길이를 조사하여 나타낸 표를 보고 꺾은선그래프로 나타내려고 합니다. 물음에 답하세요.

죽순의 길이

날짜(일)	2	4	6	8	10
길이(cm)	5	10	13	19	23

(1) 꺾은선그래프의 가로와 세로에는 각각 무엇을 나타내어야 하는지 알맞은 말에 ○표 해 보세요.

> 가로에는 (날짜 , 길이)를 세로에는 (날짜 , 길이)를 나타냅니다.

(2) 세로 눈금 한 칸은 몇 cm를 나타내어야 할까요?

( )

(3) 꺾은선그래프를 완성하세요.

죽순의 길이

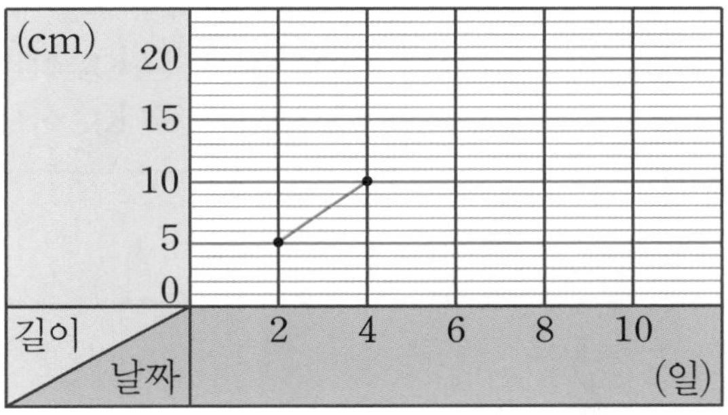

(4) 죽순의 길이는 어떻게 변하는지 알맞은 말에 ○표 하세요.

> 2일부터 10일까지 죽순의 길이는 (줄어들고 , 늘어나고) 있습니다.

(5) 죽순의 길이가 9일에는 몇 cm 정도였을 것인지 쓰세요.

( )

개념 따라쓰기

꺾은선그래프 그리기

① 가로와 세로 중에서 어느 쪽에 조사한 수를 나타낼 것인가 정하기

② 눈금 한 칸의 크기와 눈금의 수 정하기

③ 필요 없는 부분을 물결선으로 그리기

④ 가로 눈금과 세로 눈금이 만나는 자리에 점 찍기

⑤ 점들을 선분으로 잇기

⑥ 꺾은선그래프에 알맞은 제목 붙이기

5 단원

스스로 풀어내는 도전 10 문제

막힐 땐 힌트북

[1~3] 어느 병원의 출생아 수를 조사하여 나타낸 표를 보고 꺾은선그래프로 나타내려고 합니다. 물음에 답하세요.

출생아 수

월(월)	1	2	3	4	5
출생아 수(명)	10	14	12	15	23

1 54쪽 이해

꺾은선그래프의 가로에 월을 쓴다면 세로에는 무엇을 써야 할까요?

(　　　　　　　　)

2 54쪽 이해

세로 눈금 한 칸은 몇 명으로 하면 좋을까요?

(　　　　　　　　)

3 적용

표를 보고 꺾은선그래프로 나타내어 보세요.

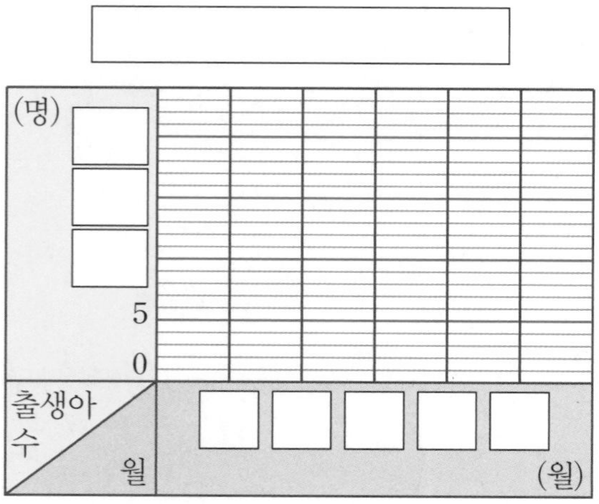

[4~6] 동욱이의 몸무게를 조사하여 나타낸 표를 보고 꺾은선그래프로 나타내려고 합니다. 물음에 답하세요.

동욱이의 몸무게

월(월)	3	4	5	6	7
몸무게(kg)	32.4	32.7	33.3	33.5	33.8

4 54쪽 적용

물결선을 넣는다면 세로 눈금 한 칸을 몇 kg으로 하면 좋을까요?

(　　　　　　　　)

5 54쪽 적용

물결선을 어디와 어디 사이에 넣으면 좋은지 알맞은 것을 찾아 기호를 쓰세요.

㉠ 10 kg과 35 kg 사이
㉡ 0 kg과 32 kg 사이
㉢ 0 kg과 33 kg 사이

(　　　　　　　　)

6 적용

표를 보고 꺾은선그래프로 나타내어 보세요.

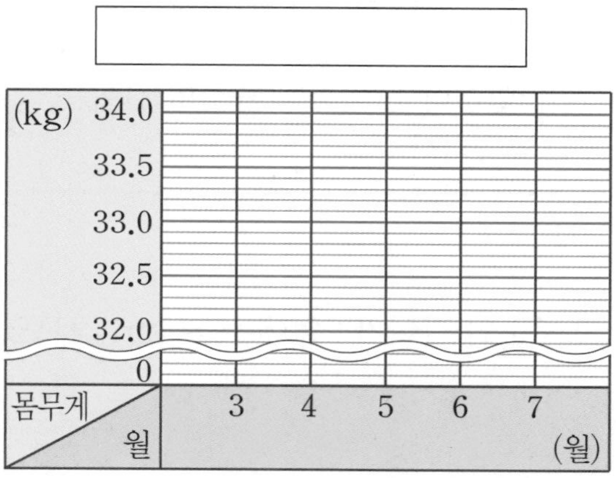

[7~8] 희망 초등학교의 졸업생 수를 조사하여 나타낸 표를 보고 물결선을 사용한 꺾은선그래프로 나타내려고 합니다. 물음에 답하세요.

희망 초등학교의 졸업생 수

연도(년)	2016	2017	2018	2019	2020
졸업생 수(명)	210	217	225	220	229

7 (55쪽)

적용

물결선을 어디와 어디 사이에 넣으면 좋을까요?

(   )과 (   ) 사이

8 (55쪽)

문제 해결

표를 보고 물결선을 사용한 꺾은선그래프로 나타내어 보세요.

희망 초등학교의 졸업생 수

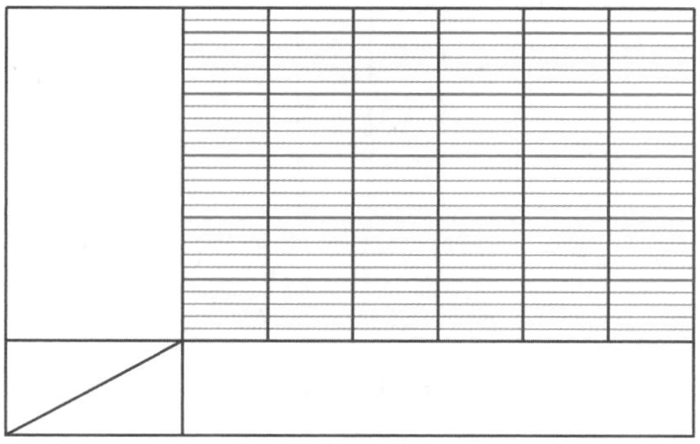

+9 (55쪽)

수학적 독해력

고양이의 무게를 매월 1일에 조사하여 나타낸 표와 꺾은선그래프입니다. 표와 꺾은선그래프를 각각 완성해 보세요.

고양이의 무게

월	1	2	3	4	5	6
무게(kg)	7.3	7.6	7.8			

고양이의 몸무게

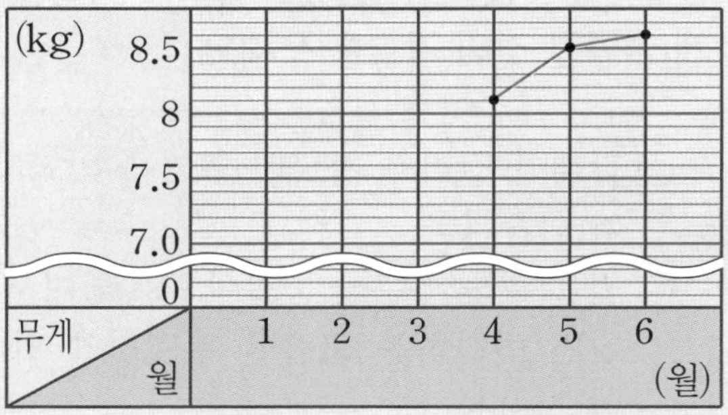

+10 (55쪽)

수학적 표현력

9번의 그래프에서 4월 15일의 고양이의 무게가 약 몇 kg인지 풀이 과정을 쓰고, 답을 구하세요.

[풀이] ____________________

[답] ____________________

오늘 공부 어땠나요?

10개 중 맞힌 문제 [   ]개

틀린 문제는 힌트를 보고 다시 도전해 보세요.

맞힌 문제는 힌트를 보고 자신의 생각과 비교해 보세요.

[1~3] 어느 도시의 기온을 2시간마다 조사하여 나타낸 꺾은선그래프입니다. 물음에 답하세요.

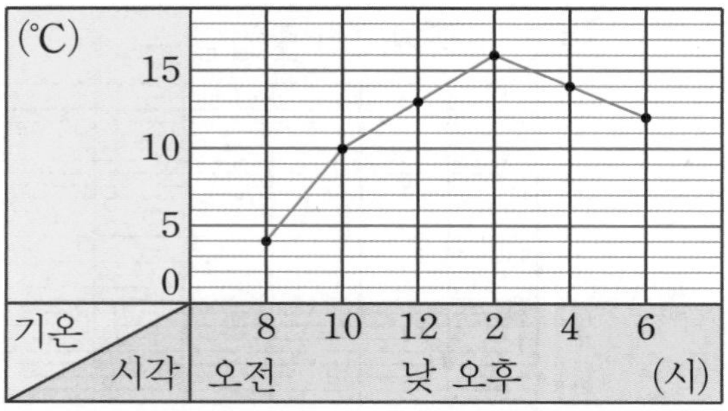

01 그래프에서 가로와 세로는 각각 무엇을 나타낼까요?

가로 (　　　　　　　　)
세로 (　　　　　　　　)

02 그래프를 보고 표를 완성하세요.

시각	오전 8시	오전 10시	낮 12시	오후 2시	오후 4시	오후 6시
온도 (℃)						

03 기온이 가장 높은 때는 언제이고 그때의 기온은 몇 ℃일까요?

(　　　　　　,　　　　　　)

[4~6] 어느 지역의 초등학생 수를 조사하여 나타낸 꺾은선그래프입니다. 물음에 답하세요.

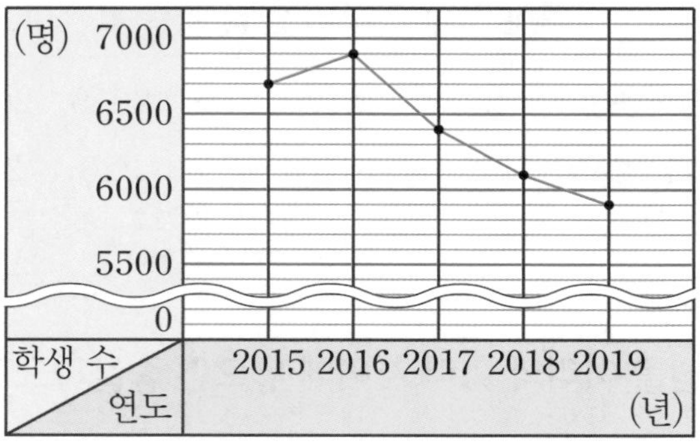

04 초등학생 수가 6400명인 때는 언제일까요?

(　　　　　　　　)

05 초등학생 수의 변화가 가장 큰 때는 몇 년과 몇 년 사이일까요?

(　　　　　　　　)

06 물결선을 사용한 꺾은선그래프의 특징을 바르게 설명한 것의 기호를 쓰세요.

> ㉠ 막대의 길이로 자료의 크기를 비교하기가 쉽습니다.
> ㉡ 필요 없는 부분을 물결선으로 줄여서 그리면 변화하는 모습을 뚜렷하게 알 수 있습니다.
> ㉢ 실제 모습과 비슷한 그림을 나타내어 알아보기 쉽습니다.

(　　　　　　　　)

07 어느 빵집의 빵 판매량을 조사하여 나타낸 표입니다. 표를 보고 물결선을 사용한 꺾은선그래프로 나타내어 보세요.

빵 판매량

날짜(일)	10	11	12	13	14
판매량(개)	87	90	95	93	100

빵 판매량

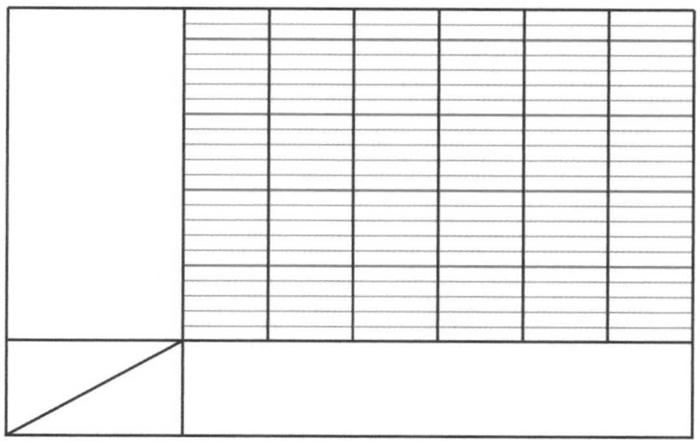

08 두 식물의 키를 6일 동안 조사하여 나타낸 꺾은선그래프입니다. (가), (나) 두 식물의 키의 차가 가장 클 때는 며칠이고, 그때의 키의 차는 몇 cm일까요?

식물의 키

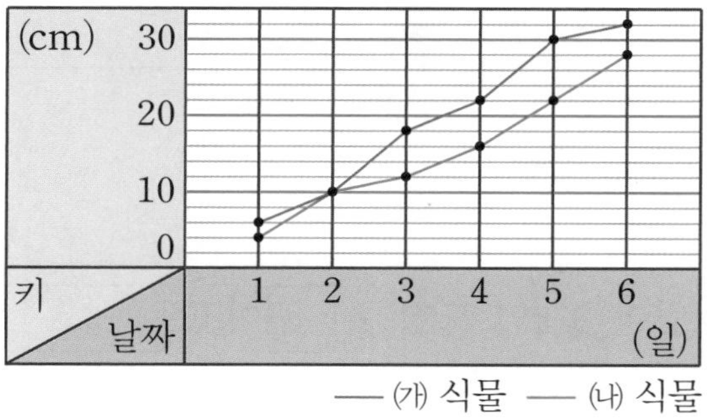

(,)

[9~10] 매년 세진이의 몸무게를 조사하여 나타낸 꺾은선그래프입니다. 물음에 답하세요.

세진이의 몸무게

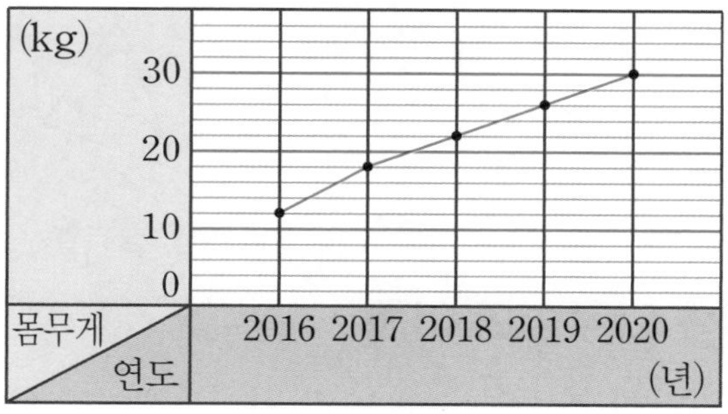

09 2016년부터 2020년까지 세진이의 몸무게는 몇 kg 늘었을까요?

( )

서술형

10 2021년의 세진이의 몸무게는 몇 kg이 될지 예상하려고 합니다. 풀이 과정을 쓰고, 답을 구하세요.

[풀이]

[답]

28일 다각형

❶ 다각형 알아보기

선분으로만 둘러싸인 도형을 **다각형**이라고 합니다.

◐ **다각형이 아닌 도형**
곡선이 포함되거나 선분으로 둘러싸이지 않은 도형은 다각형이 아닙니다.

❷ 다각형의 이름

다각형은 변의 수에 따라 변이 5개이면 **오각형**, 6개이면 **육각형**, 변이 7개이면 **칠각형**, 변이 8개이면 **팔각형**이라고 부릅니다.

변의 수가 많아질수록 원에 가까워집니다

도형	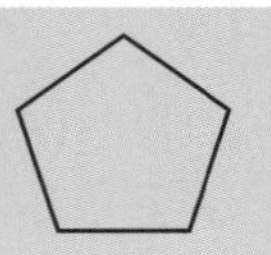	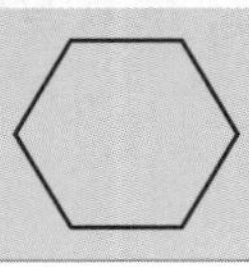	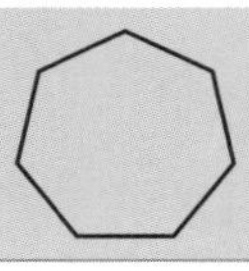	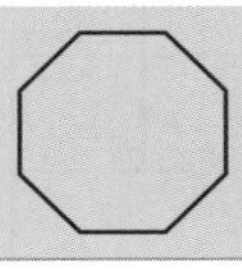	…
변의 수	5개	6개	7개	8개	…
이름	오각형	육각형	칠각형	팔각형	…

◐ 다각형의 이름은 변의 수에 따라 정해집니다.

변이 ■개인 다각형
↓
■각형

확인 ❶ 도형을 보고 □ 안에 알맞은 말을 써넣으세요.

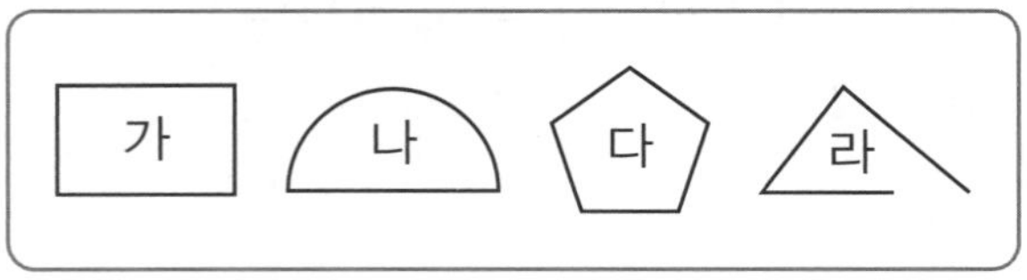

(1) 곡선이 포함된 도형은 □이고 선분으로 둘러싸이지 않고 열려 있는 도형은 □입니다.

(2) 선분으로만 둘러싸인 도형은 □, □이고 이런 도형을 □이라고 합니다.

확인 ❷ 도형을 보고 □ 안에 알맞은 말을 써넣으세요.

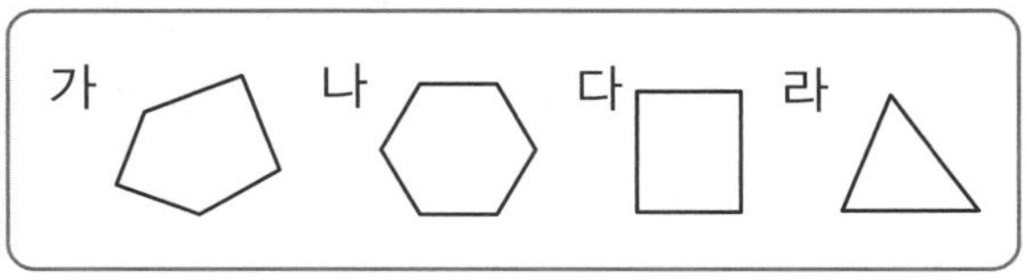

(1) 변이 4개인 도형은 □이고 □이라고 합니다.

(2) 변이 5개인 도형은 □이고 □이라고 합니다.

기본기 다지는 교과서 문제

» 정답 · 풀이 38쪽

1 도형을 보고 물음에 답하세요.

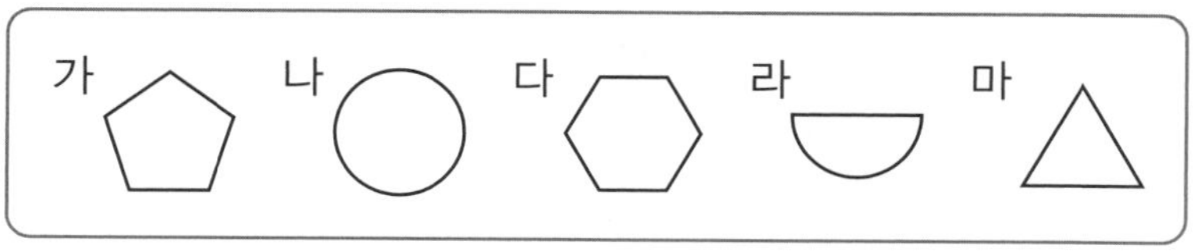

(1) 도형들을 선의 특징에 따라 분류해 보세요.

선분으로만 둘러싸인 도형	곡선이 포함된 도형

(2) 다각형을 모두 찾아 기호를 쓰세요.

( )

2 다음에서 설명하는 다각형의 이름을 쓰세요.

6개의 변으로 둘러싸인 다각형

( )

3 관련 있는 것끼리 선으로 이어 보세요.

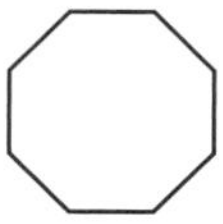

육각형

팔각형

칠각형

4 점 종이에 그려진 선분을 이용하여 다각형을 완성해 보세요.

(1) 오각형

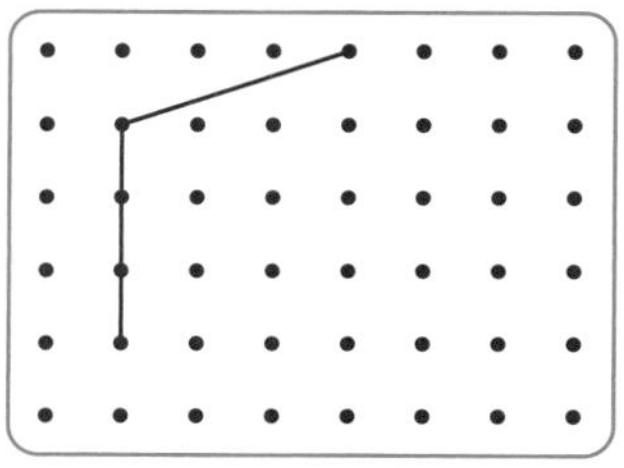

(2) 육각형

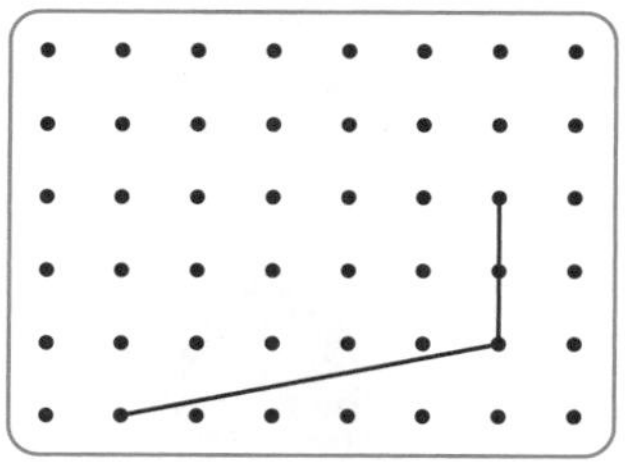

개념 따라쓰기

다각형 알아보기

다각형은 선분으로만 둘러싸인 도형입니다.

다각형의 이름

도형	변의 수	이름
	3개	삼각형
	4개	사각형
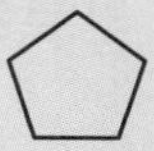	5개	오각형
	■개	■각형

다각형은 변의 수에 따라 변이 ■개이면 ■각형이라고 부릅니다.

스스로 풀어내는 도전 10 문제

1 56쪽 이해

다각형을 모두 찾아 기호를 쓰세요.

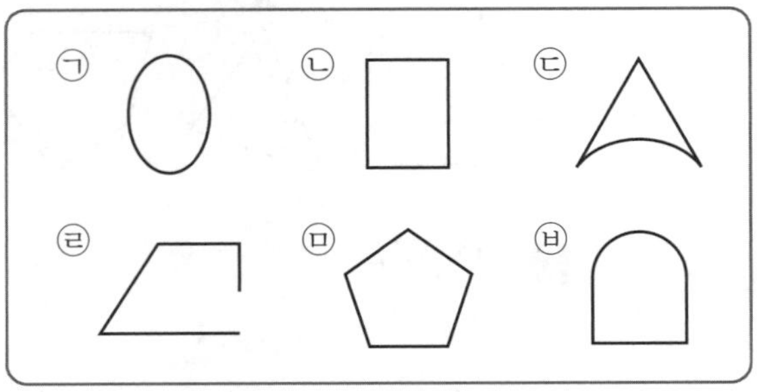

(　　　　　　　　)

[2~3] 그림을 보고 물음에 답하세요.

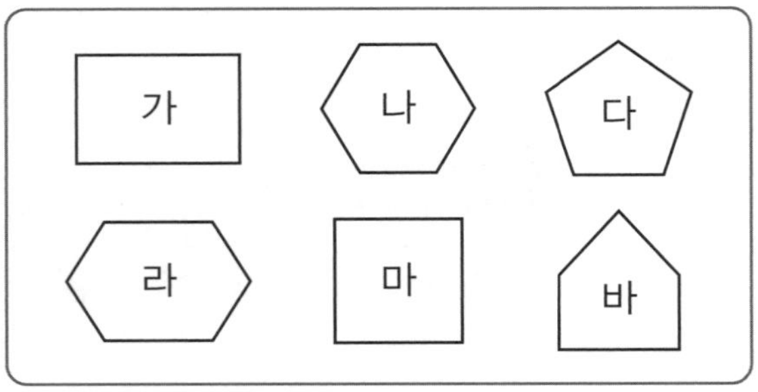

2 적용

다각형을 변의 수에 따라 분류하여 빈칸에 알맞은 기호를 써넣으세요.

변의 수(개)	4	5	6
기호			

3 56쪽 의사 소통

설명하는 도형이 몇 개인지 쓰세요.

- 선분으로만 둘러싸인 도형입니다.
- 변과 꼭짓점이 각각 5개입니다.

(　　　　　　　　)

4 적용

도형판에 만든 다각형의 이름을 쓰세요.

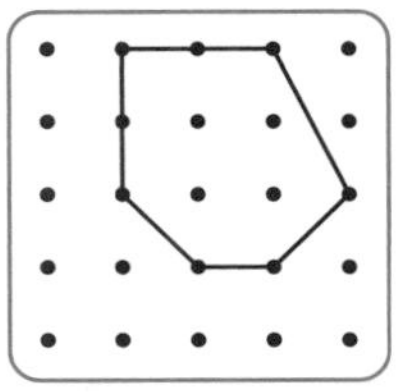

(　　　　　　　　)

5 56쪽 이해

칠각형을 찾아 ○표 하세요.

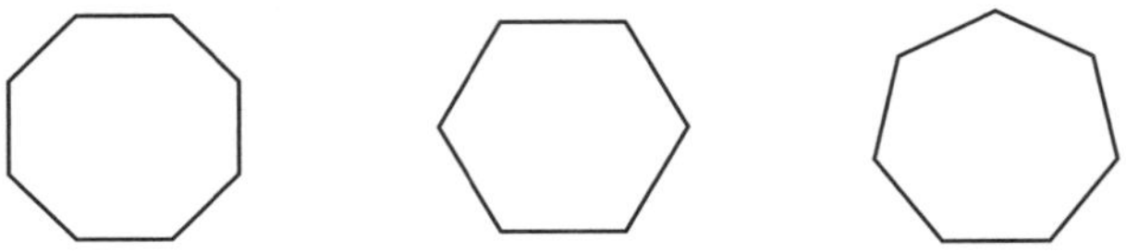

(　　　) (　　　) (　　　)

6 56쪽 창의 융합

관계있는 것끼리 선으로 이어 보세요.

 • 　　　　　　• 육각형

 • 　　　　　　• 사각형

 • 　　　　　　• 오각형

조금 더 어려운 문제에 도전해 볼까요?

7 57쪽 적용

팔각형을 찾아 ○표 하세요.

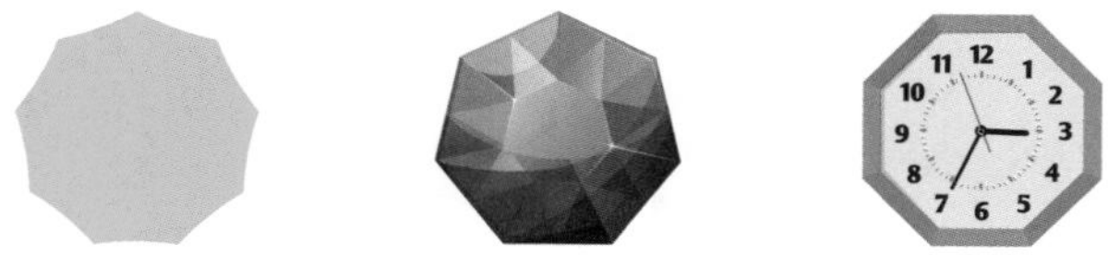

(　　　) (　　　) (　　　)

8 57쪽 적용

변의 수가 가장 많은 다각형을 찾아 기호를 쓰고, 그 다각형의 이름을 쓰세요.

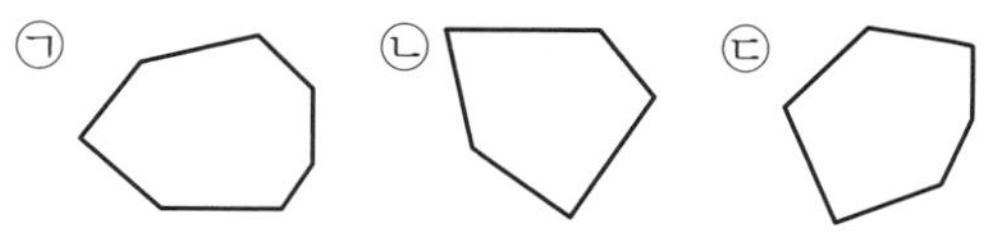

(　　　　　,　　　　　)

+9 57쪽 수학적 독해력

칠각형의 변의 수와 구각형의 변의 수의 합은 몇 개일까요?

(　　　　　)

+10 57쪽 수학적 표현력

다음 도형이 다각형인지 아닌지 쓰고, 그 이유를 설명해 보세요.

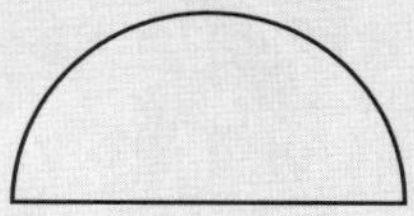

답 ______

이유 ______

______

______

오늘 공부 어땠나요? 10개 중 맞힌 문제 □개 > **틀린 문제**는 힌트를 보고 다시 도전해 보세요. > **맞힌 문제**는 힌트를 보고 자신의 생각과 비교해 보세요.

29일 변의 길이와 각의 크기가 모두 같은 다각형

① 정다각형 알아보기

변의 길이가 모두 같고 각의 크기가 모두 같은 다각형을 **정다각형**이라고 합니다.

② 정다각형의 이름

변의 수	3개	4개	5개	6개
도형	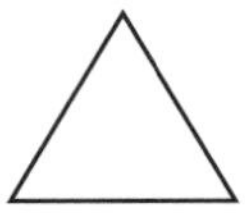		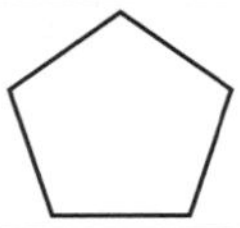	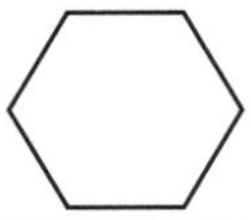
이름	정삼각형	정사각형	정오각형	정육각형

변이 ■개인 정다각형
↓
정■각형

개념+ 정다각형이 아닌 다각형

- 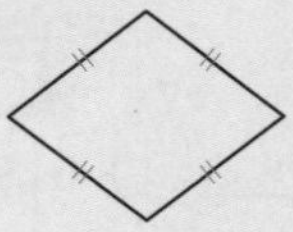 변의 길이는 모두 같지만 각의 크기가 모두 같지는 않은 다각형
- 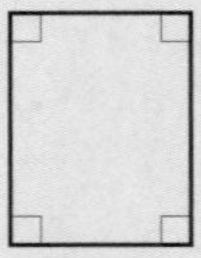 각의 크기는 모두 같지만 변의 길이가 모두 같지는 않은 다각형

정다각형은 변의 길이와 각의 크기가 모두 같아.

확인 1 도형을 보고 □ 안에 알맞은 기호나 말을 써넣으세요.

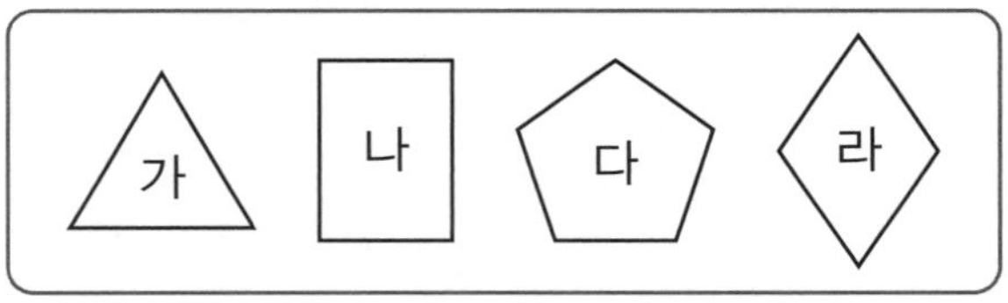

(1) 변의 길이가 모두 같은 도형은 □, □, □ 입니다.

(2) 각의 크기가 모두 같은 도형은 □, □, □ 입니다.

(3) 변의 길이와 각의 크기가 모두 같은 도형은 □, □이고 이런 도형을 □이라고 합니다.

확인 2 도형을 보고 □ 안에 알맞은 기호나 말을 써넣으세요.

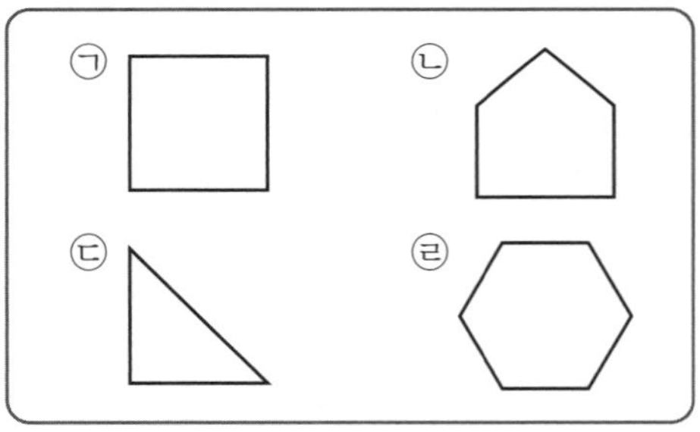

(1) 정다각형은 □, □입니다.

(2) 변이 6개인 정다각형은 □이고, 이 도형을 □이라고 합니다.

기본기 다지는 교과서 문제

» 정답 · 풀이 39쪽

1 도형을 보고 물음에 답하세요.

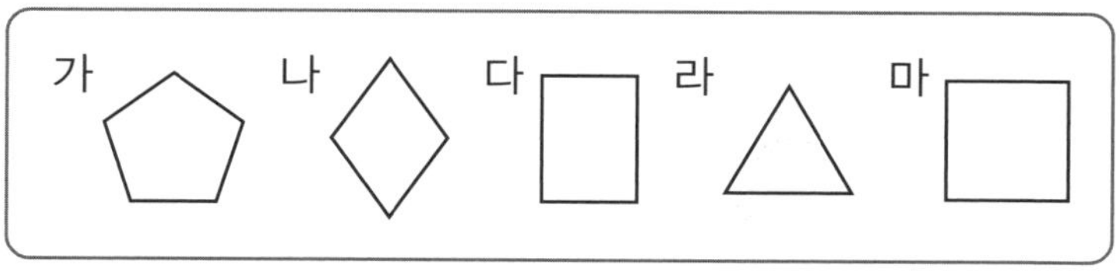

(1) 변의 길이에 따라 분류하여 기호를 쓰세요.

변의 길이가 모두 같은 도형	변의 길이가 모두 같지는 않은 도형

(2) 각의 크기에 따라 분류하여 기호를 쓰세요.

각의 크기가 모두 같은 도형	각의 크기가 모두 같지는 않은 도형

(3) 변의 길이가 모두 같고, 각의 크기가 모두 같은 도형을 모두 찾아 기호를 쓰세요.

(　　　　　　　　)

2 정오각형을 찾아 ○표 하세요.

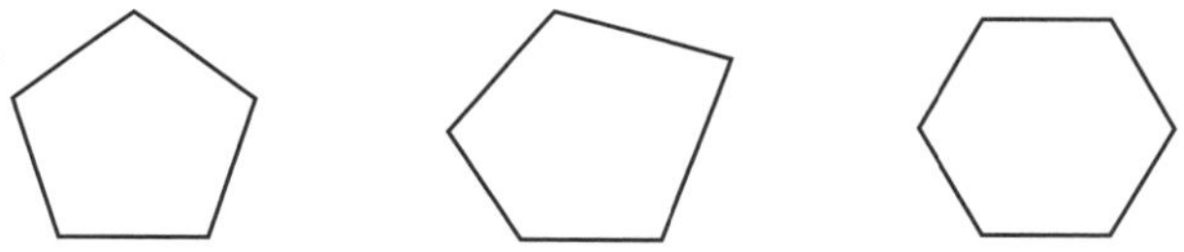

(　　　　)　(　　　　)　(　　　　)

3 주하가 설명하는 다각형의 이름을 쓰세요.

8개의 선분으로 둘러싸인 도형으로
변의 길이와 각의 크기가 모두 같습니다.

(　　　　　　　　)

개념 따라쓰기

정다각형 알아보기

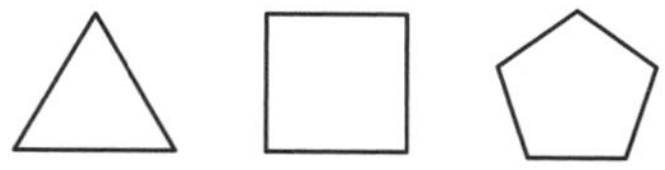

정다각형은 변의 길이가 모두 같고, 각의 크기가 모두 같은 다각형입니다.

정다각형의 이름

도형	변의 수	이름
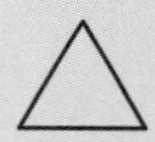	3개	정삼각형
	4개	정사각형
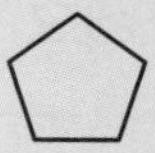	5개	정오각형
	■개	정■각형

6 단원

스스로 풀어내는 도전 10 문제

막힐 땐 힌트북

1
이해

정다각형을 모두 찾아 기호를 쓰세요.

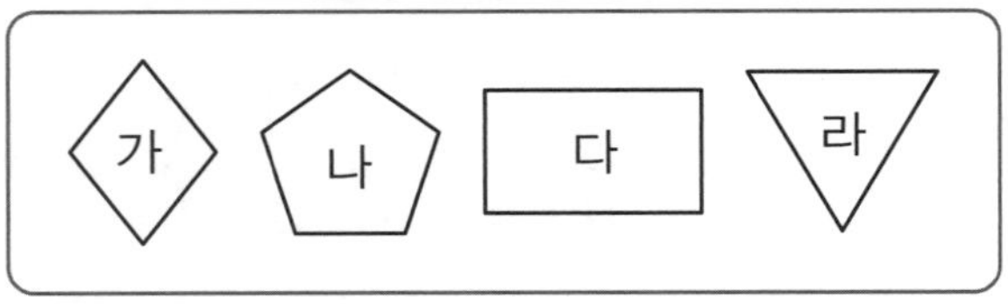

(　　　　　　　　)

4
58쪽 의사 소통

대화를 읽고 □ 안에 알맞은 말을 써넣으세요.

정다각형은 □의 길이가 모두 같고, □의 크기도 모두 같아야 해.

그런데 직사각형은 □의 길이가 항상 모두 같은 것은 아니므로 정다각형이 아니야.

2
58쪽 이해

정다각형의 이름을 쓰세요.

(1)

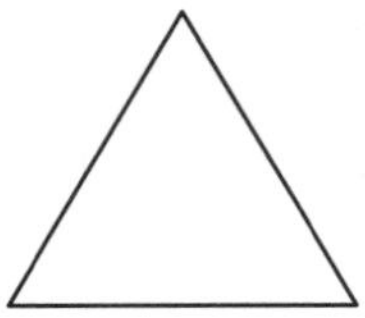

(　　　　)

(2)

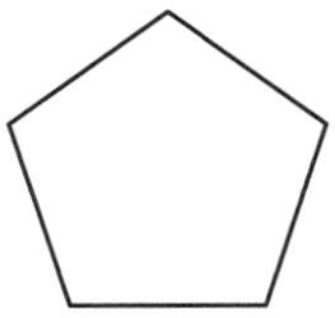

(　　　　)

5
적용

정다각형 모양 조각을 모두 찾아 색칠하고, 색칠한 조각의 이름을 쓰세요.

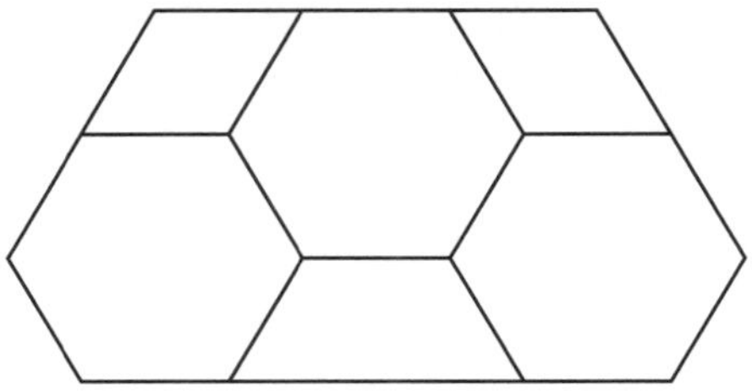

(　　　　　　　　)

3
58쪽 적용

정팔각형을 찾아 기호를 쓰세요.

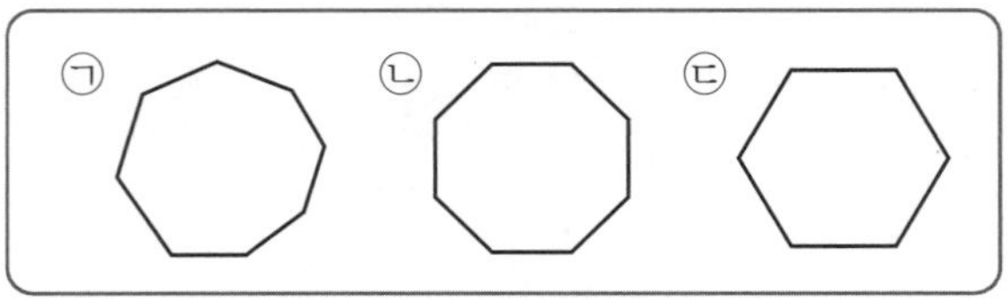

(　　　　　　　　)

6
58쪽 추론

정다각형입니다. □ 안에 알맞은 수를 써넣으세요.

(1)

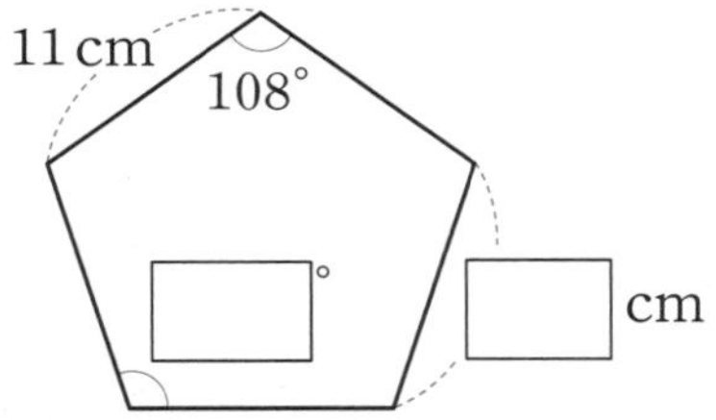

(2)

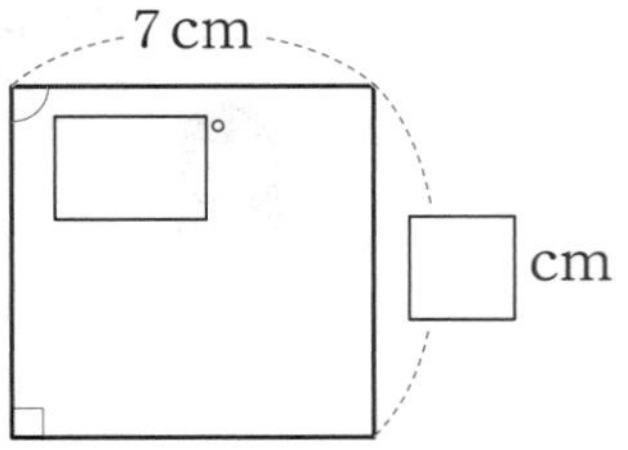

» 정답 · 풀이 39쪽

7 59쪽 적용

정다각형입니다. 도형의 이름을 쓰고 모든 변의 길이의 합을 구하세요.

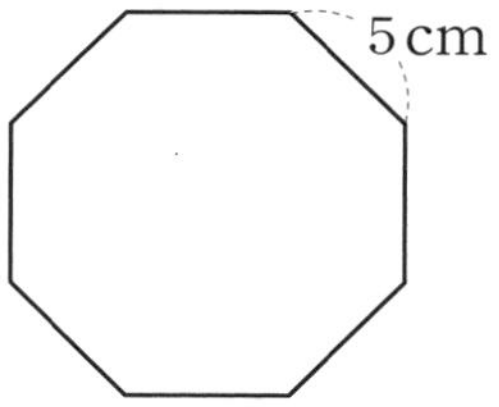

(,)

8 59쪽 추론

정다각형입니다. □ 안에 알맞은 수를 써넣으세요.

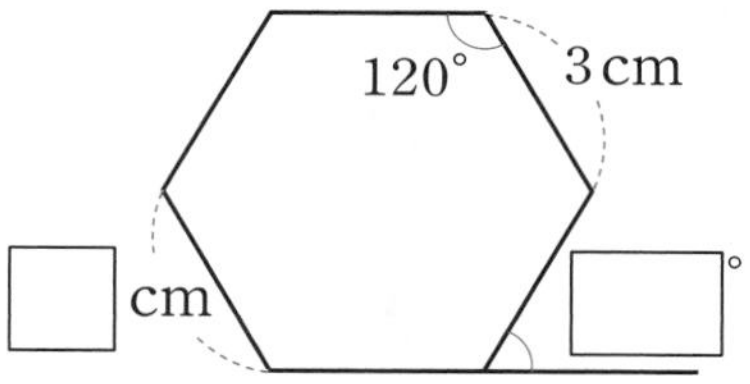

+9 59쪽 수학적 독해력

정다각형에 대한 설명으로 틀린 것을 찾아 기호를 쓰세요.

㉠ 변의 길이가 모두 같습니다.
㉡ 각의 크기가 모두 같습니다.
㉢ 평행사변형은 정다각형입니다.
㉣ 정사각형은 정다각형입니다.

( )

+10 59쪽 수학적 표현력

마름모는 정다각형인지 아닌지 쓰고, 그 이유를 설명해 보세요.

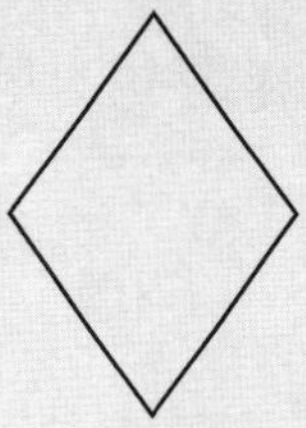

답 ______

이유 ______

오늘 공부 어땠나요? 10개 중 맞힌 문제 □ 개 > 틀린 문제는 힌트를 보고 다시 도전해 보세요. > 맞힌 문제는 힌트를 보고 자신의 생각과 비교해 보세요.

공부한 날 월 일

30일 대각선

❶ 대각선 알아보기

다각형에서 선분 ㄱㄷ, 선분 ㄴㄹ과 같이 이웃하지 않는 두 꼭짓점을 이은 선분을 **대각선**이라고 합니다.

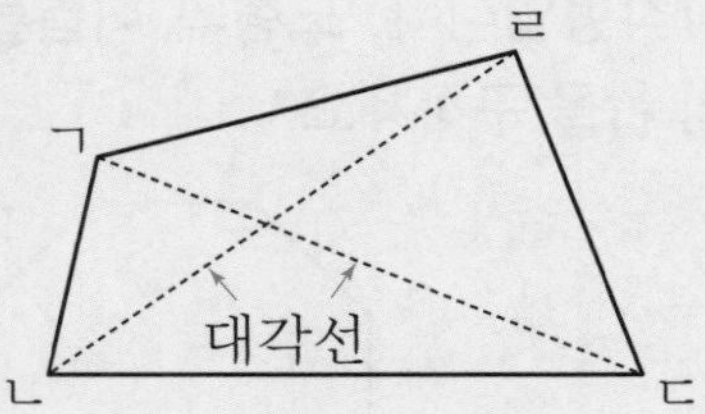

❷ 여러 가지 사각형의 대각선의 성질

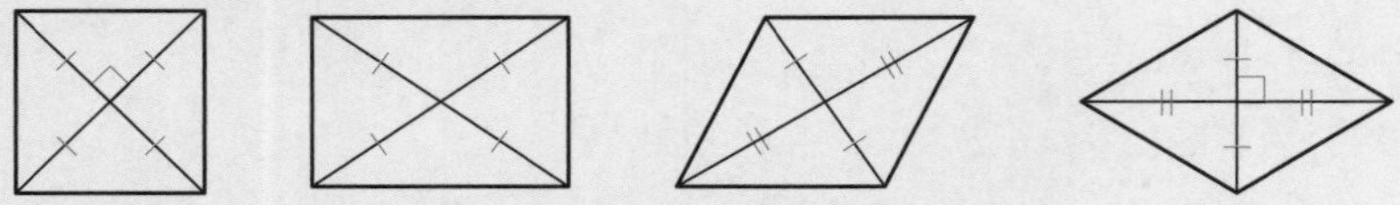

정사각형 직사각형 평행사변형 마름모

① 두 대각선의 길이가 같은 사각형 ➜ 직사각형, 정사각형

② 두 대각선이 서로 수직으로 만나는 사각형 ➜ 정사각형, 마름모

③ 한 대각선이 다른 대각선을 똑같이 둘로 나누는 사각형 ➜ 정사각형, 직사각형, 평행사변형, 마름모

개념+ 여러 가지 다각형에 대각선 그어 보기

꼭짓점의 수가 많은 다각형일수록 더 많은 대각선을 그을 수 있습니다.

다각형	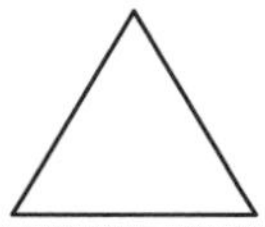	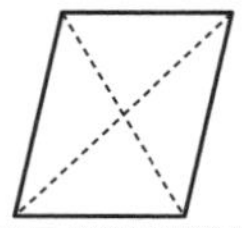	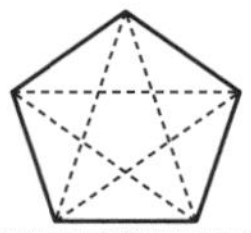	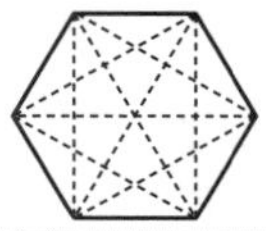
대각선의 수	0개	2개	5개	9개

● 삼각형은 꼭짓점 3개가 서로 이웃하고 있어서 대각선을 그을 수 없습니다.

확인 1 □ 안에 알맞은 말을 써넣으세요.

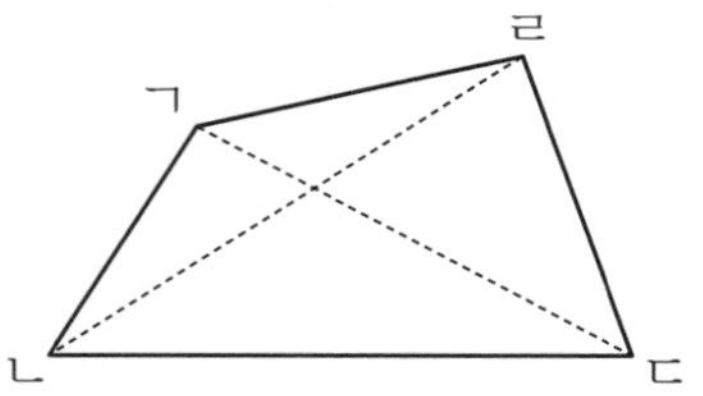

사각형에서 이웃하지 않는 두 꼭짓점을 이은 선분은 선분 □, 선분 ㄴㄹ이고 이 두 선분을 □이라고 합니다.

확인 2 직사각형에 대각선을 바르게 나타낸 것에 ○표 하세요.

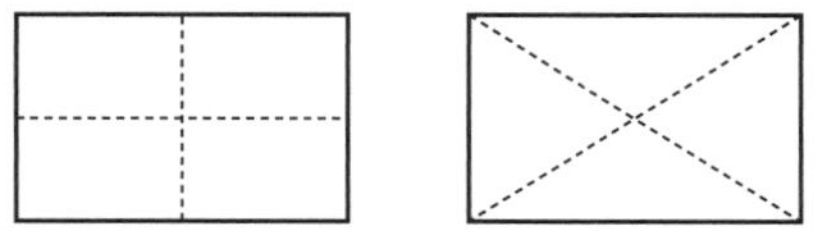

( ) ( )

기본기 다지는 교과서 문제

» 정답 · 풀이 40쪽

1 다음과 같이 서로 이웃하지 않는 두 꼭짓점을 이은 선분을 무엇이라고 할까요?

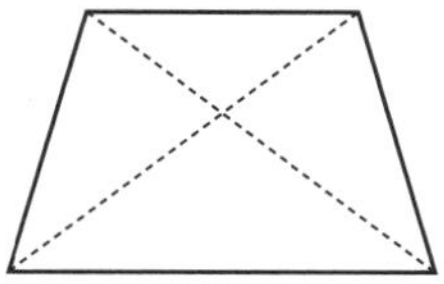

( )

2 도형에 대각선을 모두 그어 보세요.

(1)

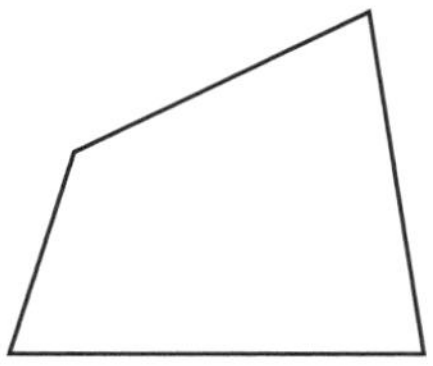

(2)

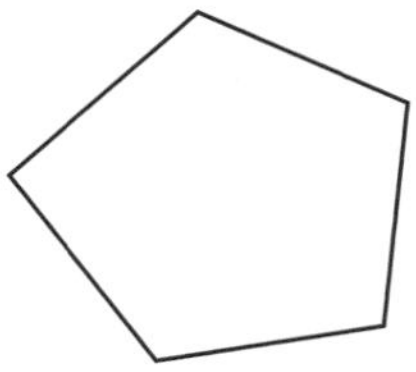

3 여러 가지 다각형을 보고 □ 안에 알맞은 기호를 써넣으세요.

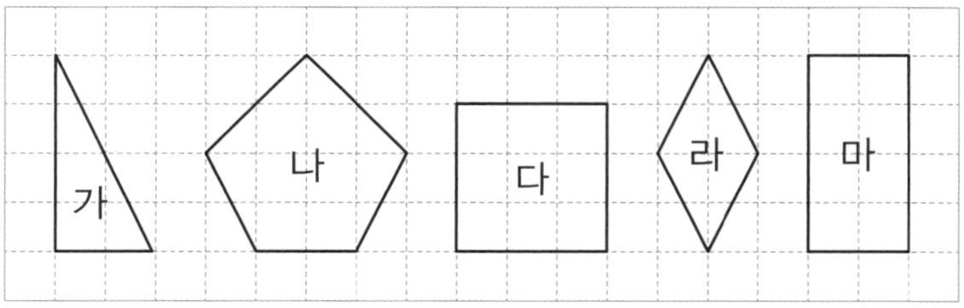

(1) 대각선을 그을 수 없는 다각형은 □입니다.

(2) 한 대각선이 다른 대각선을 둘로 똑같이 나누는 다각형은 □, □, □입니다.

(3) 두 대각선이 서로 수직으로 만나는 다각형은 □, □입니다.

(4) 두 대각선의 길이가 같은 다각형은 □, □입니다.

개념 따라쓰기

대각선 알아보기

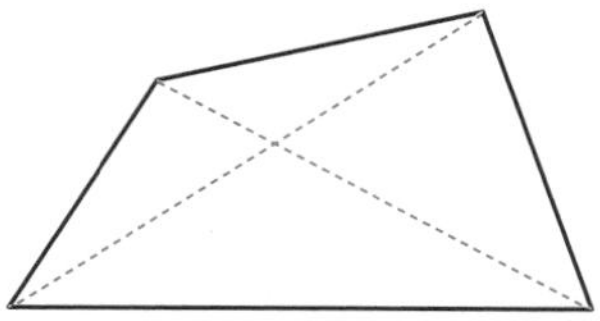

서로 이웃하지 않는 두 꼭짓점을 이은 선분을 대각선이라고 합니다.

다각형의 대각선의 수

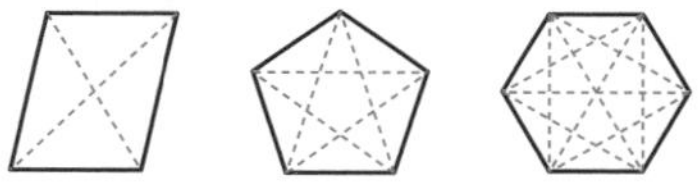

꼭짓점의 수가 많은 다각형일수록 더 많은 대각선을 그을 수 있습니다.

1

이해

도형에 대각선을 바르게 나타낸 것을 찾아 기호를 쓰세요.

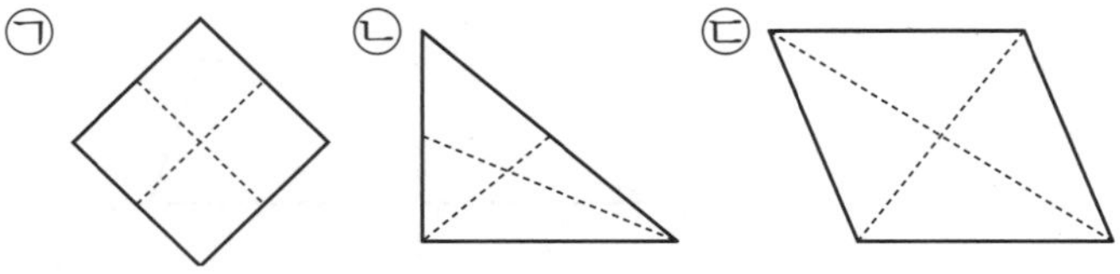

( )

2

이해

표시된 꼭짓점에서 그을 수 있는 대각선을 모두 그어 보고 □ 안에 알맞은 말을 써넣으세요.

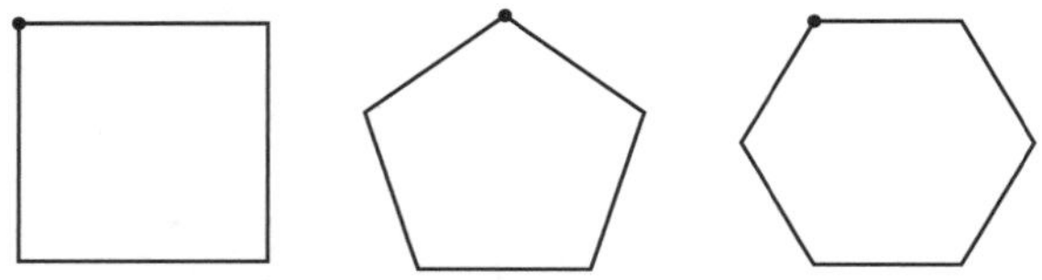

꼭짓점의 수가 많은 다각형일수록 더 □ 대각선을 그을 수 있습니다.

3 60쪽

추론

도형의 한 꼭짓점 ㄱ에서 그을 수 있는 대각선은 모두 몇 개일까요?

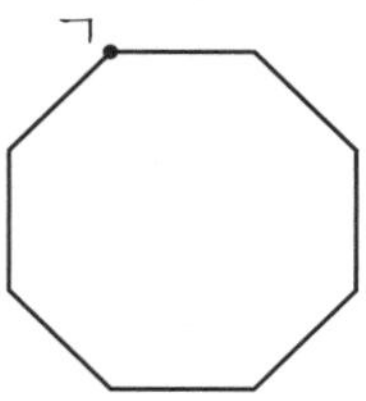

( )

4 60쪽

적용

직사각형 ㄱㄴㄷㄹ에서 선분 ㄴㄹ의 길이를 구하세요.

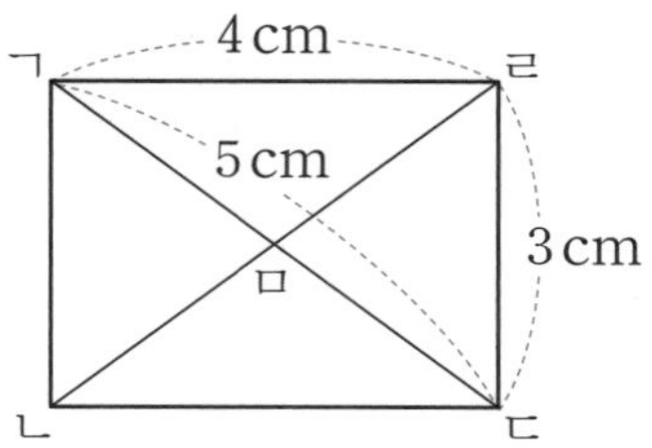

( )

5 60쪽

적용

두 대각선이 서로 수직으로 만나는 다각형을 찾아 기호를 쓰세요.

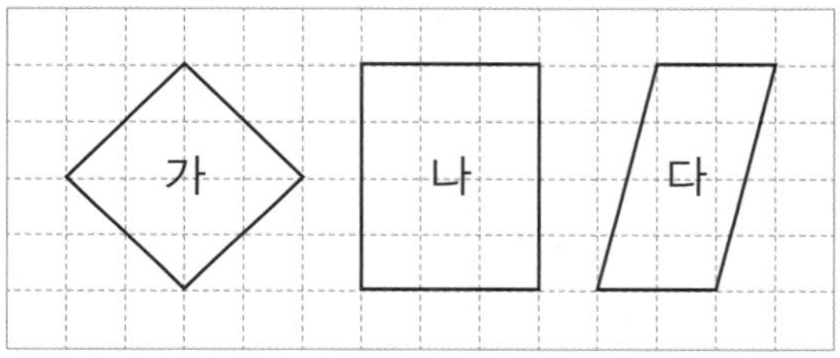

( )

6 60쪽

적용

육각형에 대각선을 모두 그어 보고 대각선은 모두 몇 개인지 구하세요.

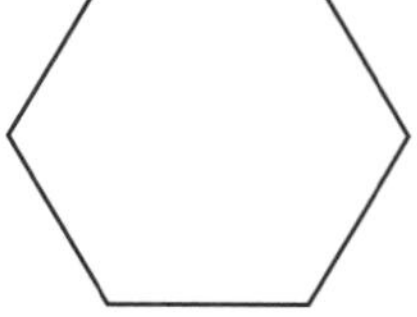

( )

7 61쪽 추론

평행사변형 ㄱㄴㄷㄹ에서 두 대각선의 길이의 합은 몇 cm일까요?

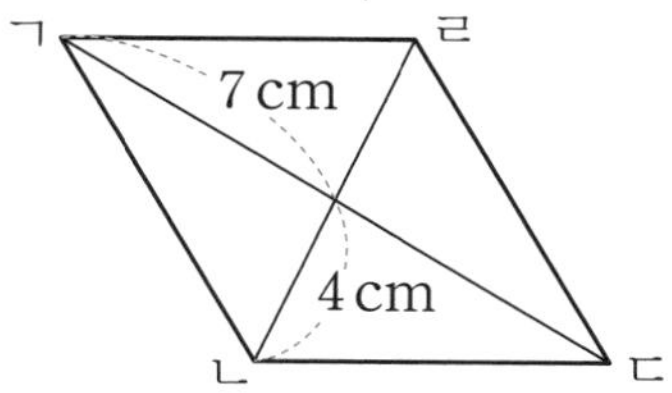

(　　　　　　　　)

8 61쪽 문제 해결

사각형 ㄱㄴㄷㄹ에서 각 ㄱㅇㄹ의 크기를 구하세요.

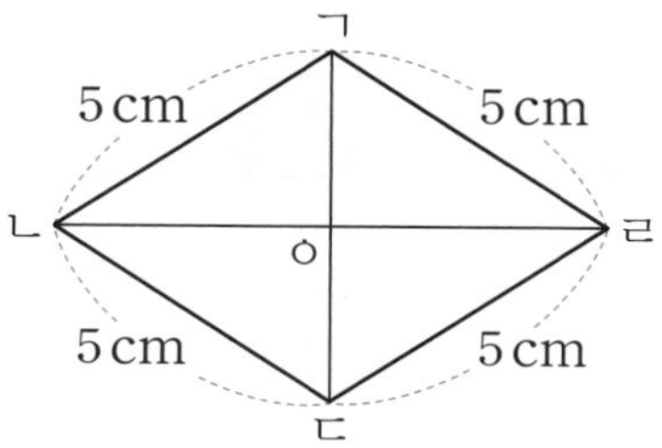

(　　　　　　　　)

+9 61쪽 수학적 독해력

대각선에 대한 설명이 옳은 것을 모두 찾아 기호를 쓰세요.

㉠ 삼각형의 대각선은 3개입니다.
㉡ 오각형의 한 꼭짓점에서 그을 수 있는 대각선은 3개입니다.
㉢ 정사각형의 두 대각선은 길이가 같습니다.
㉣ 평행사변형은 한 대각선이 다른 대각선을 똑같이 둘로 나눕니다.

(　　　　　　　　)

+10 61쪽 수학적 표현력

다음 삼각형에 대각선을 그을 수 있는지 없는지 쓰고, 그 이유를 설명해 보세요.

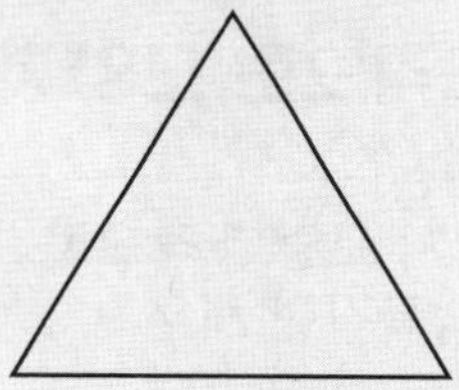

답 ______________________

이유 ______________________

____

____

오늘 공부 어땠나요?

10개 중 맞힌 문제 [　] 개 > **틀린 문제**는 힌트를 보고 다시 도전해 보세요. > **맞힌 문제**는 힌트를 보고 자신의 생각과 비교해 보세요.

6 단원

31일 모양 만들기 / 모양 채우기

❶ 모양 조각 알아보기

	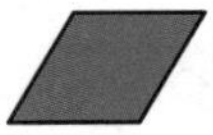		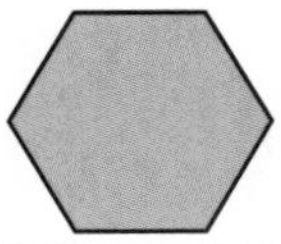		
정삼각형	마름모 (평행사변형)	사다리꼴	정육각형	정사각형	마름모 (평행사변형)

• 모양 조각의 모든 변의 길이는 같습니다.
단, 사다리꼴의 긴 변의 길이는 다른 변의 길이의 2배입니다.

❷ 모양 조각으로 모양 만들기

1가지 모양 조각으로 사다리꼴 만들기	2가지 모양 조각으로 사다리꼴 만들기	모양 조각으로 여러 가지 모양 만들기
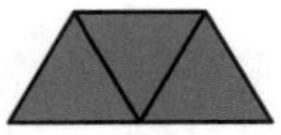	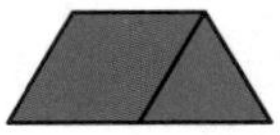	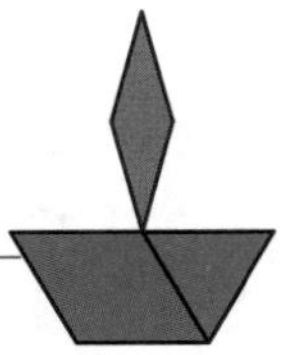

• 평행사변형 1개, 정삼각형 1개, 마름모 1개로 배 모양을 만들었습니다.

◐ 모양을 만드는 방법
- 길이가 같은 변끼리 이어 붙입니다.
- 서로 겹치지 않게 이어 붙입니다.
- 꼭짓점이 서로 맞닿도록 만듭니다.

❸ 모양 조각으로 모양 채우기

1가지 모양 조각으로 정육각형 채우기	여러 가지 모양 조각으로 정육각형 채우기
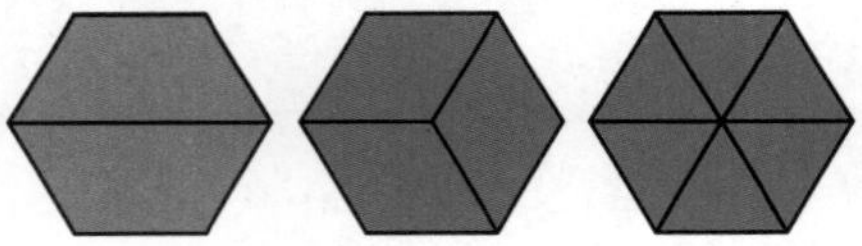	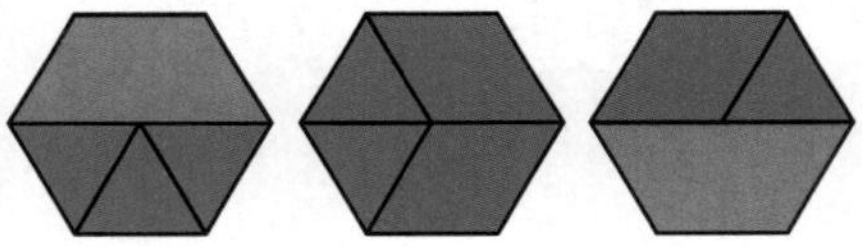

◐ 모양을 채우는 방법
- 길이가 같은 변끼리 이어 붙입니다.
- 빈틈없이 이어 붙입니다.
- 서로 겹치지 않게 이어 붙입니다.

확인 1 모양을 만드는 데 사용하지 않은 모양 조각의 이름을 찾아 ○표 하세요.

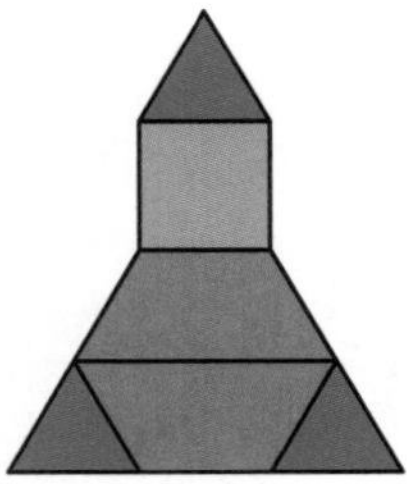

정삼각형	사다리꼴
정육각형	정사각형

확인 2 모양 조각으로 다각형을 채우려고 합니다. □ 안에 알맞은 수를 써넣으세요.

(1)  은  조각 □개로 채울 수 있습니다.

(2)  은  조각 □개와  조각 □개로 채울 수 있습니다.

기본기 다지는 교과서 문제

» 정답 · 풀이 40쪽

1 모양 조각을 사용하여 만든 모양입니다. 물음에 답하세요.

(1) 모양을 만드는 데 사용한 모양 조각을 모두 찾아 ○표 하세요.

정삼각형 , 정사각형 , 정육각형

(2) 모양을 어떻게 만들었는지 설명해 보세요.

길이가 같은 □끼리 이어 붙여서 만들었습니다.

2 다음 모양을 만들려면 〈보기〉의 모양 조각이 몇 개 필요할까요?

〈보기〉

(   )

3 다각형을 사용하여 채운 모양을 보고 물음에 답하세요.

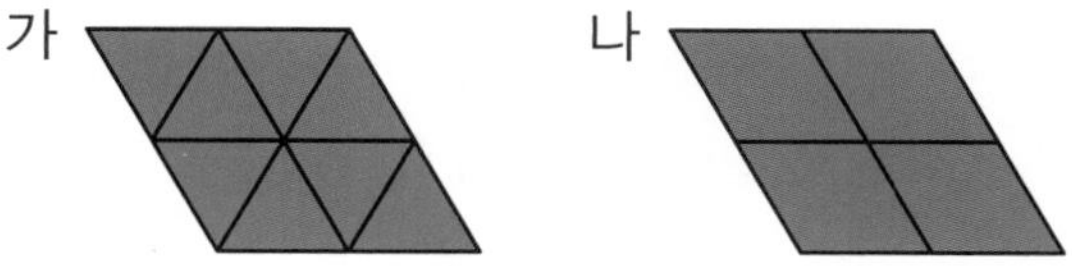

(1) 모양을 채우고 있는 다각형의 이름을 쓰세요.

가 (   ), 나 (   )

(2) 모양 채우기 방법을 바르게 설명한 것의 기호를 쓰세요.

㉠ 서로 겹치게 이어 붙였습니다.
㉡ 빈틈없이 이어 붙였습니다.

(   )

개념 따라쓰기

모양을 만드는 방법

① 꼭짓점이 서로 맞닿도록 만듭니다.

② 길이가 같은 변끼리 이어 붙입니다.

③ 서로 겹치지 않게 이어 붙입니다.

모양을 채우는 방법

① 빈틈없이 이어 붙입니다.

② 길이가 같은 변끼리 이어 붙입니다.

③ 서로 겹치지 않게 이어 붙입니다.

6 단원

1 이해

모양을 만드는 데 사용한 다각형을 모두 찾아 ○표 하세요.

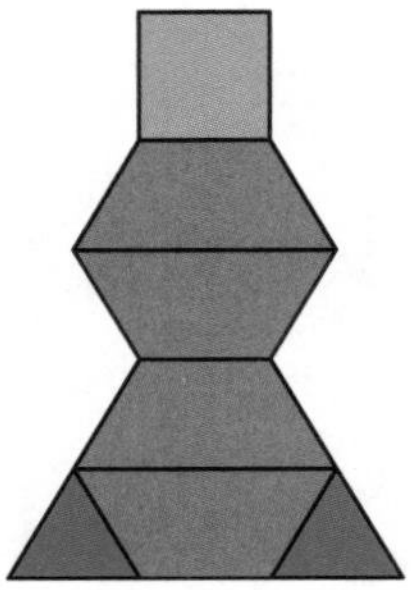

정삼각형 , 정사각형 , 정육각형 , 사다리꼴

2 62쪽 적용

다음 모양을 만들려면 ▲ 모양은 모두 몇 개 필요할까요?

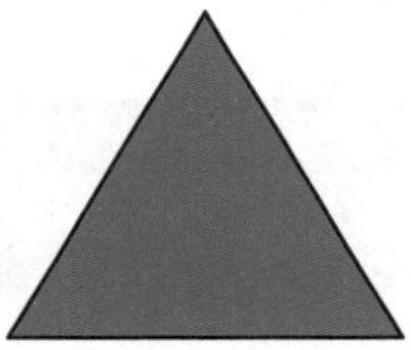

(　　　　　　)

3 62쪽 이해

모양을 채우고 있는 다각형의 이름을 쓰세요.

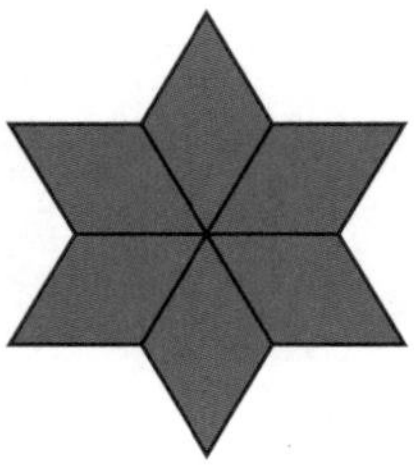

(　　　　　　)

4 62쪽 추론

〈보기〉의 모양 조각을 모두 사용하여 채우기를 해 보세요. (단, 같은 모양 조각을 여러 번 사용할 수 있습니다.)

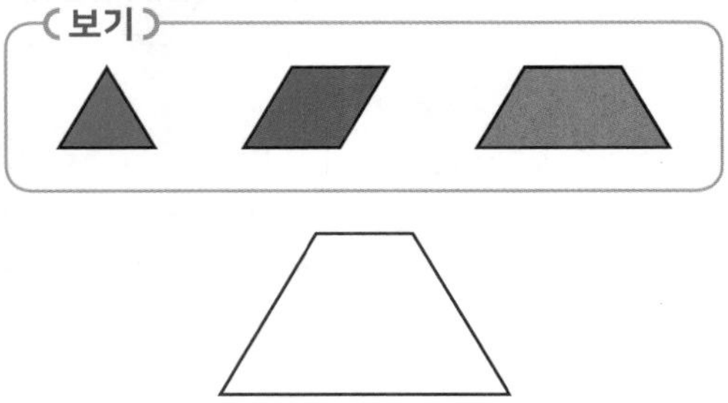

5 62쪽 문제 해결

〈보기〉의 모양 조각을 여러 번 사용하여 다음 모양을 채우려고 합니다. 모양 조각은 몇 개가 필요할까요?

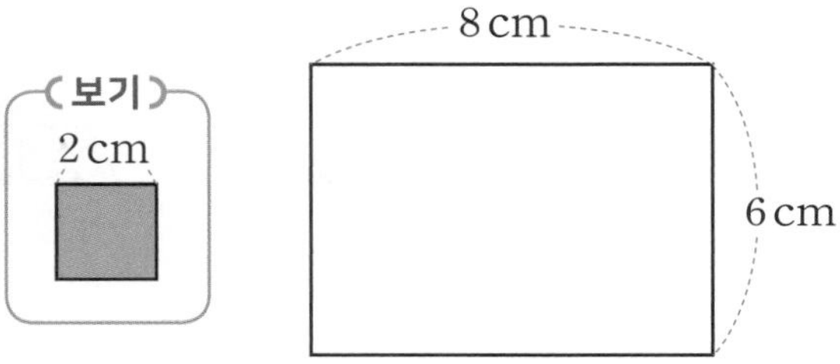

(　　　　　　)

6 적용

2가지 모양 조각을 사용하여 정삼각형과 평행사변형을 만들어 보세요.

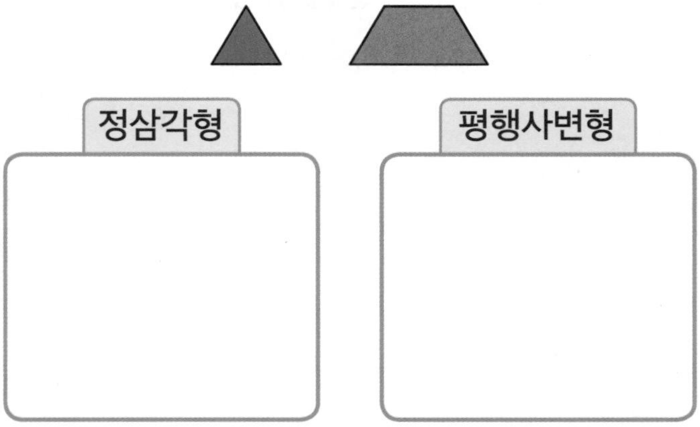

» 정답 · 풀이 41쪽

조금 더 어려운 문제에 도전해 볼까요?

7 63쪽 추론

정삼각형 모양 조각 4개를 사용하여 만들 수 없는 도형의 기호를 쓰세요.

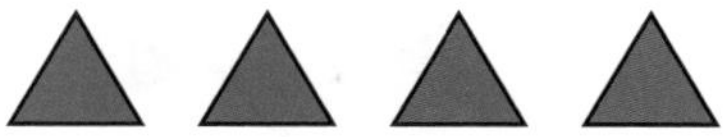

㉠ 정삼각형 ㉡ 직사각형 ㉢ 평행사변형

(　　　　　　)

8 63쪽 추론

한 가지 모양 조각을 사용하여 정육각형을 채우려고 합니다. 필요한 모양 조각의 수를 각각 쓰세요.

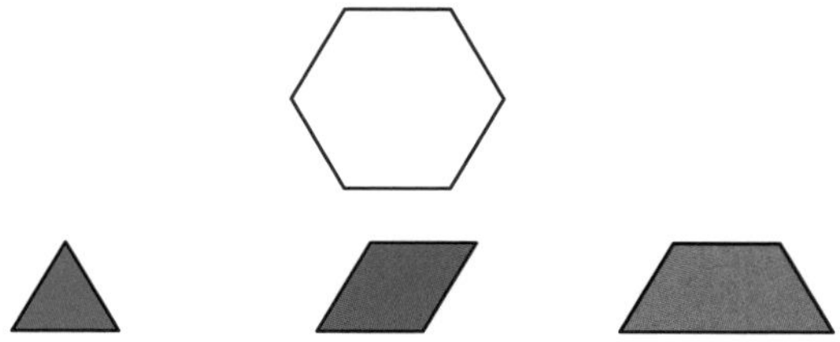

(　　　) (　　　) (　　　)

+9 63쪽 수학적 독해력

다각형을 사용하여 채운 모양을 보고 모양 채우기 방법을 말한 것입니다. 잘못 말한 친구의 이름을 모두 쓰세요.

슬기: 서로 겹치게 이어 붙여야 해.
로운: 빈틈없이 이어 붙어야 해.
서준: 길이가 다른 변끼리 이어 붙여야 해.
지혜: 길이가 서로 같은 변끼리 이어 붙여야 해.

(　　　　　　)

+10 63쪽 수학적 표현력

세 변의 길이의 합이 12 cm인 정삼각형 모양 조각 8개를 사용하여 육각형을 채우고, 이 육각형의 모든 변의 길이의 합을 구하세요.

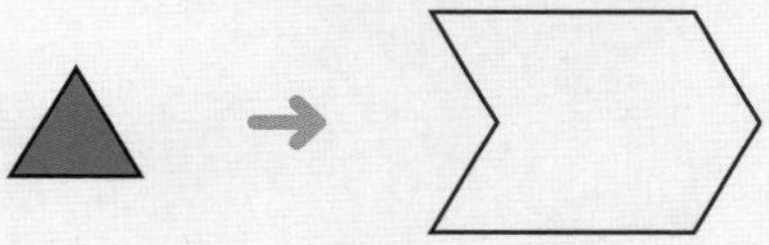

[풀이]

[답]

오늘 공부 어땠나요? 10개 중 맞힌 문제 [　] 개 > 틀린 문제는 힌트를 보고 다시 도전해 보세요. > 맞힌 문제는 힌트를 보고 자신의 생각과 비교해 보세요.

단원평가

6. 다각형

시험 시간 20분 | 문제 수 10개

01 다각형인 것을 찾아 ○표 하세요.

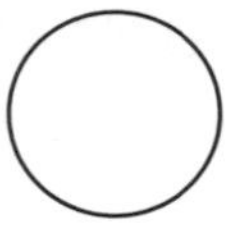 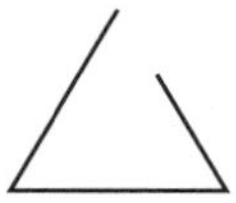 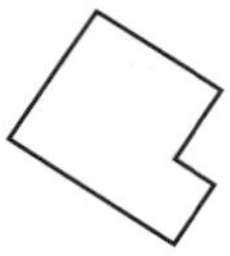

(   ) (   ) (   )

02 도형에 대각선을 모두 그어 보세요.

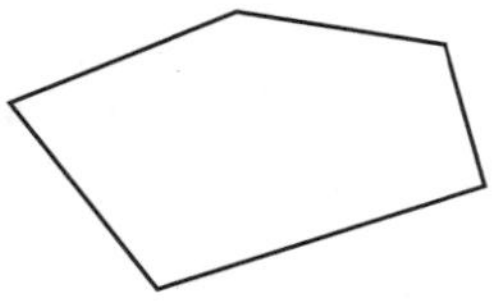

03 두 대각선이 서로 수직으로 만나는 사각형을 모두 고르세요. ······················ (   )

① 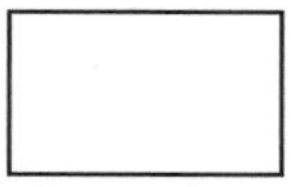

② 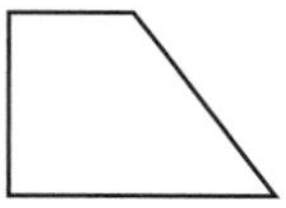

③ 

④ 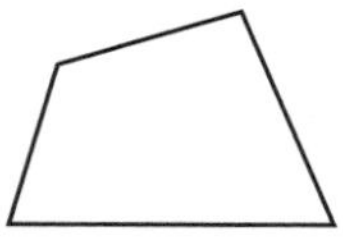

⑤ 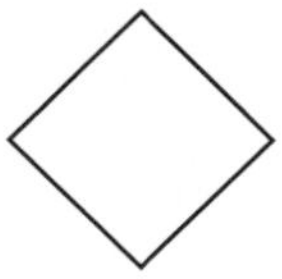

04 다음 모양을 만드는 데 사용한 다각형을 모두 찾아 ○표 하세요.

정삼각형 , 정사각형 , 정오각형 , 정육각형

05 두 도형에 그을 수 있는 대각선의 수의 차는 몇 개일까요?

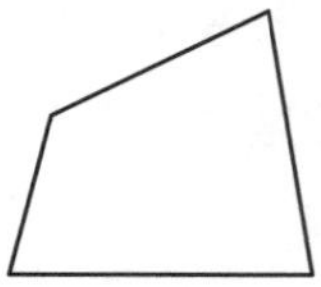 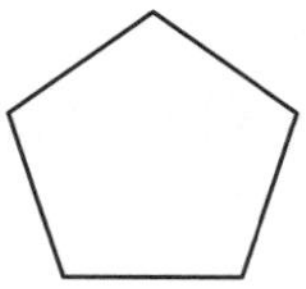

(   )

06 정구각형의 모든 각의 크기의 합은 $1260°$입니다. 정구각형의 한 각의 크기는 몇 도일까요?

(   )

07 정삼각형과 정오각형의 모든 변의 길이의 합이 같을 때, 정오각형의 한 변은 몇 cm일까요?

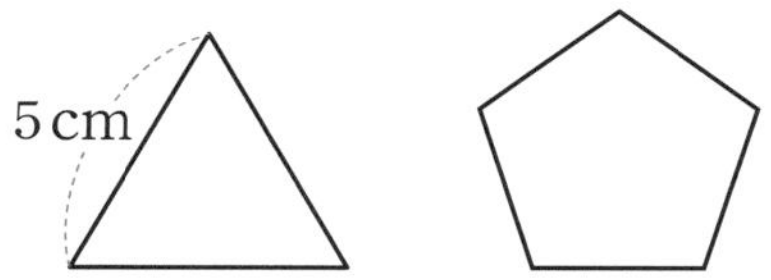

( )

08 주어진 2가지 모양 조각을 모두 사용하여 정육각형을 채울 수 있는 방법을 나타내어 보세요.(단, 같은 모양 조각을 여러 번 사용할 수 있습니다.)

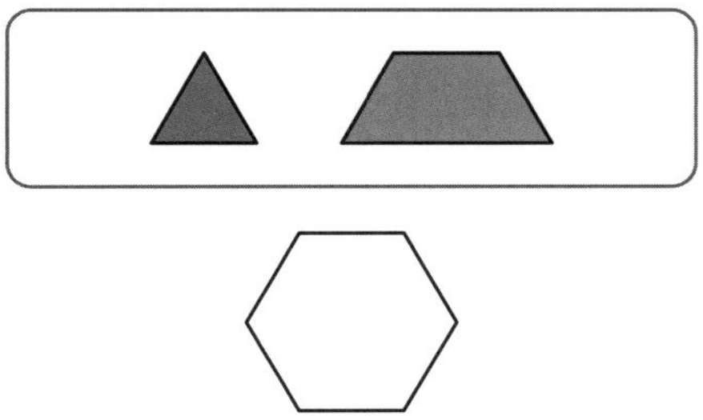

09 모든 변의 길이의 합이 42 cm인 정육각형입니다. □ 안에 알맞은 수를 써넣으세요.

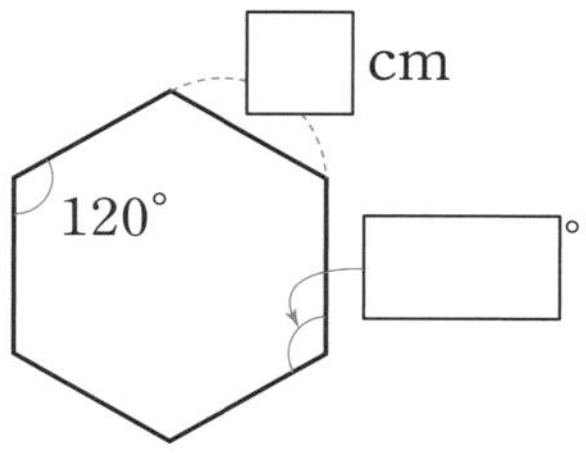

서술형

10 다음 도형이 정다각형인지 아닌지 쓰고 그 이유를 설명해 보세요.

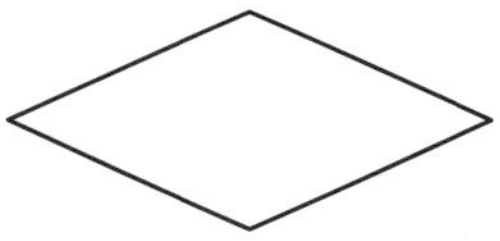

[답] ______

[이유] ______

______

______

memo

모든 문제의 첫 번째 힌트는
문제를 다시 읽는 것입니다.

새 교과서 분석 반영
초등 1등 공부 비법

막힐 땐 힌트북

초등수학 4-2

막힐 때 찾아보는 힌트북

슬기로운공부

힌트 = 개념

막힐 땐

힌트북

초등수학 4-2

막힐 때 찾아보는 힌트북

01 일 분수의 덧셈 (1)

진분수끼리의 덧셈

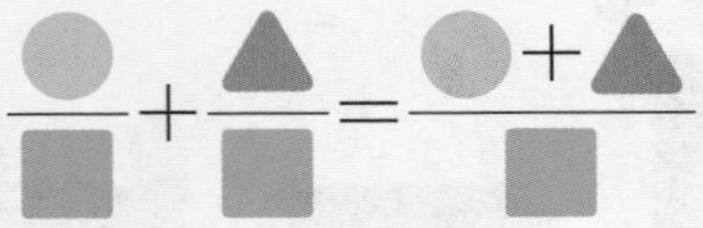

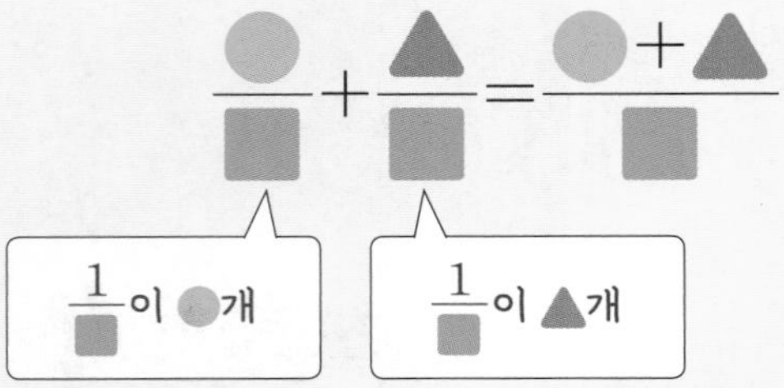

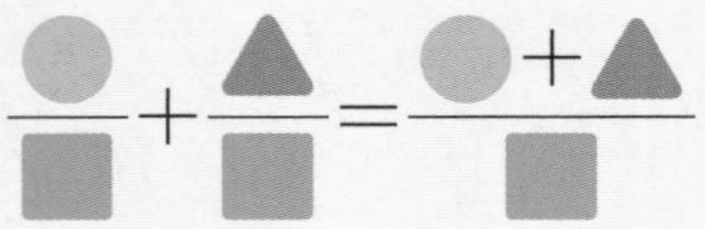

\ 주의해! /

계산 결과가 가분수이면 대분수로 나타내.

수진이는 주스를 어제는 $\frac{4}{10}$ L 마셨고 오늘은 $\frac{2}{10}$ L 마셨습니다. 수진이가 어제와 오늘 마신 주스는 모두 몇 L인가요?

어제와 오늘 마신 주스의 양 = 어제 마신 주스의 양 + 오늘 마신 주스의 양

3 □ 안에 알맞은 수를 써넣으세요.

(1) $\frac{1}{3}+\frac{1}{3}=\frac{\square+\square}{3}=\frac{\square}{\square}$

(2) $\frac{6}{10}+\frac{8}{10}=\frac{\square+\square}{10}=\frac{\square}{10}$
$=\square\frac{\square}{\square}$

4 □ 안에 알맞은 수를 써넣으세요.

$\frac{4}{6}$는 $\frac{1}{6}$이 □개, $\frac{5}{6}$는 $\frac{1}{6}$이 □개이므로
$\frac{4}{6}+\frac{5}{6}$는 $\frac{1}{6}$이 □개입니다.
➜ $\frac{4}{6}+\frac{5}{6}=\frac{\square}{6}=\square\frac{\square}{6}$

5 계산해 보세요.

(1) $\frac{1}{4}+\frac{2}{4}$

(2) $\frac{6}{7}+\frac{5}{7}$

6 수진이는 주스를 어제는 $\frac{4}{10}$ L 마셨고 오늘은 $\frac{2}{10}$ L 마셨습니다. 수진이가 어제와 오늘 마신 주스는 모두 몇 L인가요?

7 ㉠과 ㉡의 합은 얼마일까요?

㉠ $\frac{1}{12}$이 7개인 수　　㉡ $\frac{1}{12}$이 3개인 수

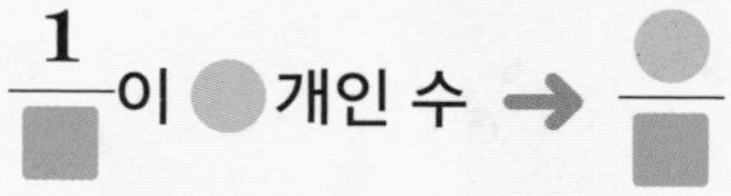

8 1부터 9까지의 수 중에서 □ 안에 들어갈 수 있는 수를 모두 쓰세요.

$$\frac{4}{15}+\frac{\square}{15}<\frac{11}{15}$$

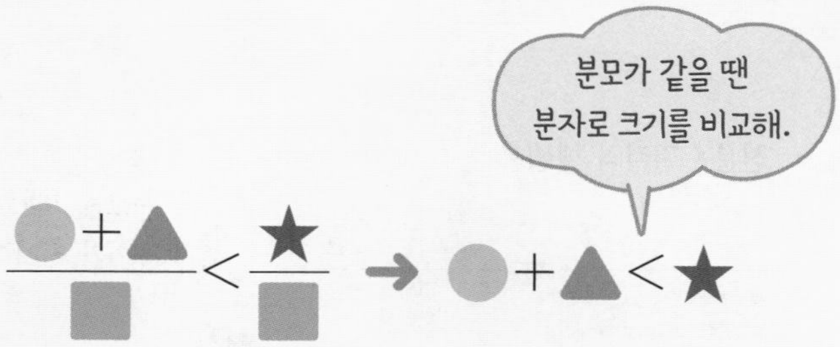

수학적 독해력

+9 소정이는 리본을 $\frac{9}{20}$ m 가지고 있고 지혜는 소정이보다 $\frac{5}{20}$ m 더 가지고 있습니다. 두 사람이 가지고 있는 리본은 모두 몇 m일까요?

(소정이의 리본의 길이) $+\frac{5}{20}$ m

두 사람이 가지고 있는 리본의 길이 = 소정이의 리본의 길이 + 지혜의 리본의 길이

수학적 표현력

+10 민호가 틀린 이유를 쓰고 바르게 계산해 보세요.

$\frac{3}{5}+\frac{1}{5}$을 $\frac{4}{10}$로 계산했습니다.

민호

02일 분수의 뺄셈 (1)

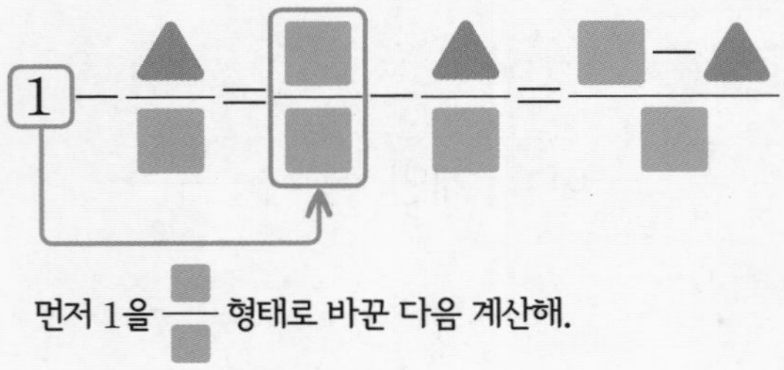

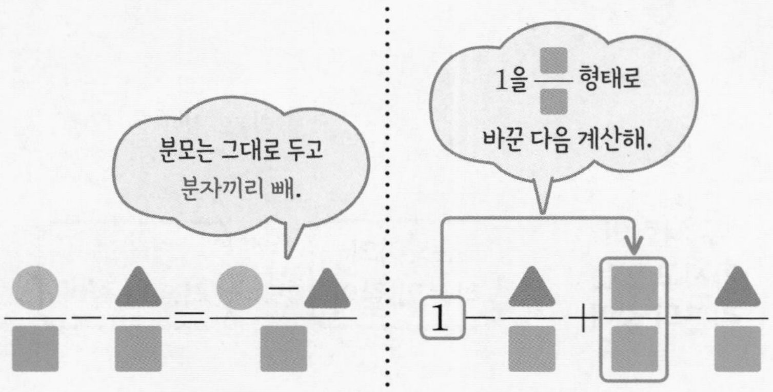

현민이는 페인트를 $\frac{7}{9}$ L 사 왔습니다. 책상을 칠하는 데 페인트를 $\frac{2}{9}$ L 사용했다면 남은 페인트는 몇 L인가요?

남은 페인트의 양 = 처음 페인트의 양 − 사용한 페인트의 양

3 □ 안에 알맞은 수를 써넣으세요.

(1) $\frac{1}{3}+\frac{1}{3}=\frac{\square+\square}{3}=\frac{\square}{\square}$

(2) $\frac{6}{10}+\frac{8}{10}=\frac{\square+\square}{10}=\frac{\square}{10}$
$=\square\frac{\square}{\square}$

4 빈 곳에 알맞은 수를 써넣으세요.

$\frac{9}{12}$	$-\frac{4}{12}$	

5 계산 결과가 같은 것끼리 선으로 이어 보세요.

- $\frac{8}{10}-\frac{3}{10}$ •
- $\frac{7}{10}-\frac{3}{10}$ •
- $\frac{9}{10}-\frac{6}{10}$ •

- • $1-\frac{7}{10}$
- • $1-\frac{5}{10}$

6 현민이는 페인트를 $\frac{7}{9}$ L 사 왔습니다. 책상을 칠하는 데 페인트를 $\frac{2}{9}$ L 사용했다면 남은 페인트는 몇 L일까요?

7 ㉠과 ㉡이 나타내는 수의 차를 구하세요.

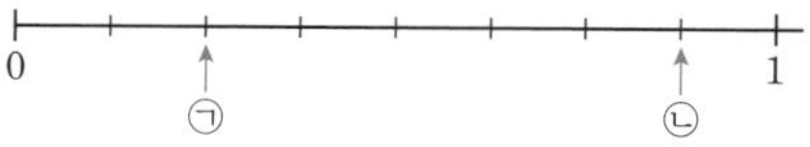

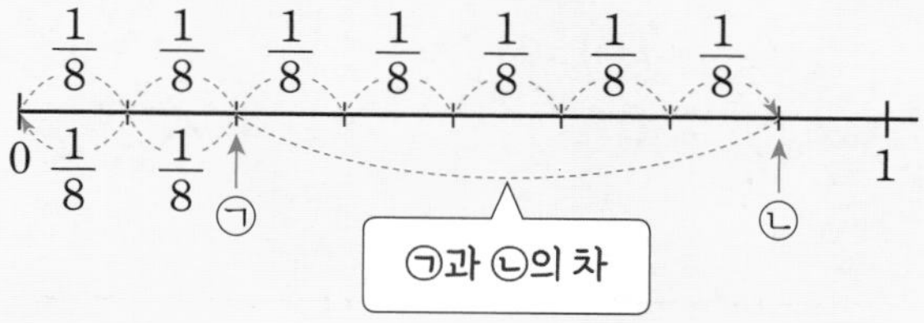

8 ★에 알맞은 수를 구하세요.

$1-★=\frac{2}{5}$

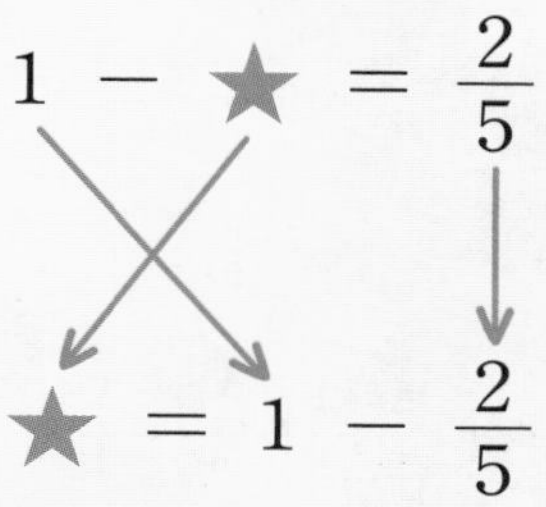

수학적 독해력

+9 물 1 L 중에서 지우는 $\frac{9}{15}$ L, 동생은 $\frac{4}{15}$ L를 마셨습니다. 남은 물은 몇 L일까요?

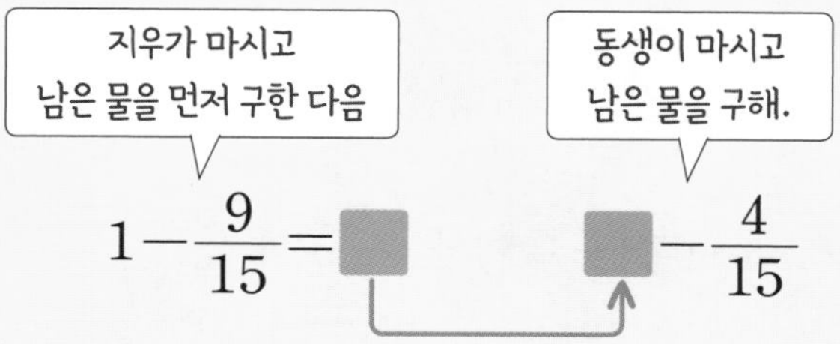

수학적 표현력

+10 주하가 설명하는 수를 구하려고 합니다. 풀이 과정을 쓰고, 답을 구하세요.

$\frac{10}{14}$보다 $\frac{2}{14}$만큼 더 작은 수야.

주하

03일 분수의 덧셈 (2)

대분수를 가분수로 바꾸어 계산해.

$1\frac{2}{6} = \frac{8}{6}$

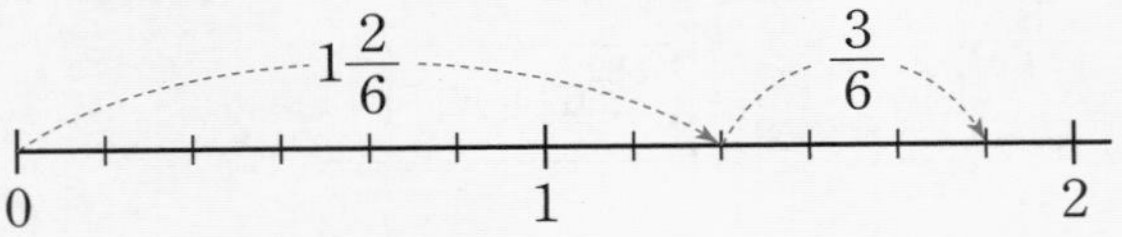

자연수는 자연수끼리 분수는 분수끼리 더해.

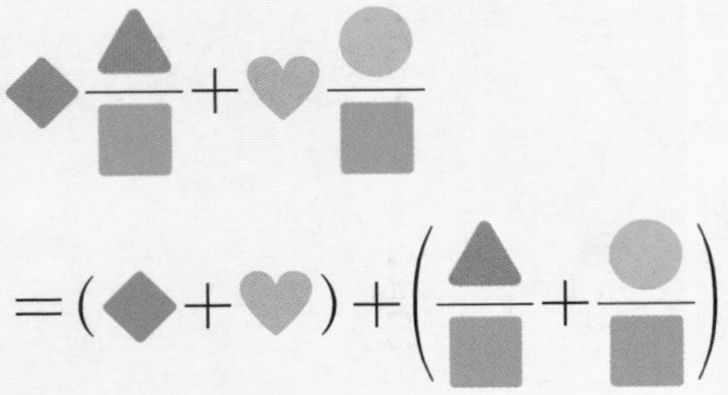

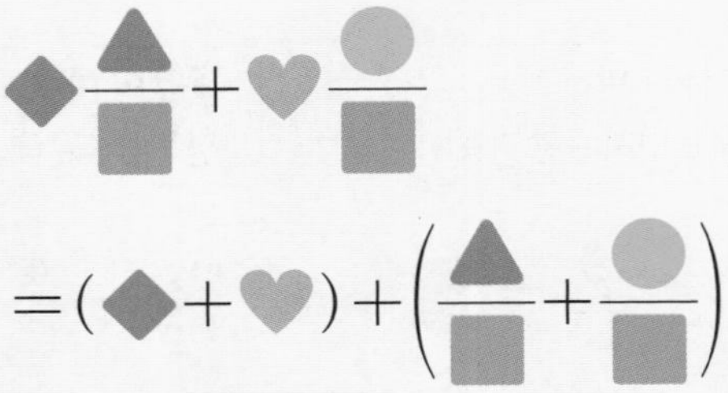

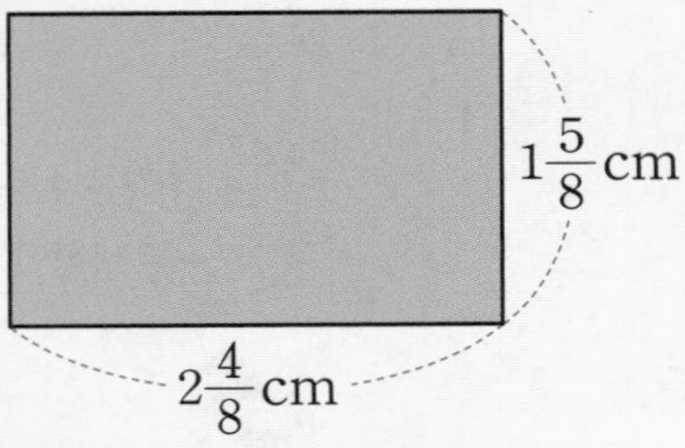

(가로)+(세로)$=2\frac{4}{8}+1\frac{5}{8}$

2 수직선을 이용하여 $1\frac{2}{6}+\frac{3}{6}$이 얼마인지 □ 안에 알맞은 수를 써넣으세요.

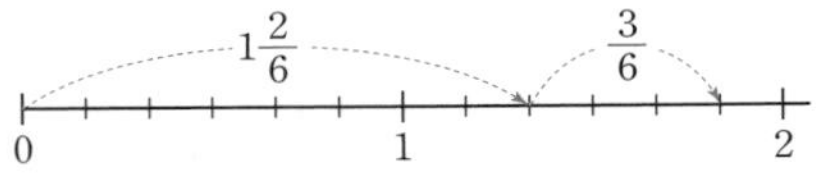

$1\frac{2}{6}+\frac{3}{6}=\frac{\square}{6}+\frac{3}{6}=\frac{\square}{6}=\square\frac{\square}{6}$

4 계산해 보세요.

(1) $2\frac{3}{8}+1\frac{1}{8}$

(2) $1\frac{3}{7}+1\frac{5}{7}$

5 두 분수의 합을 빈 곳에 써넣으세요.

$1\frac{2}{9}$	
$1\frac{4}{9}$	

6 직사각형의 가로와 세로의 합은 몇 cm일까요?

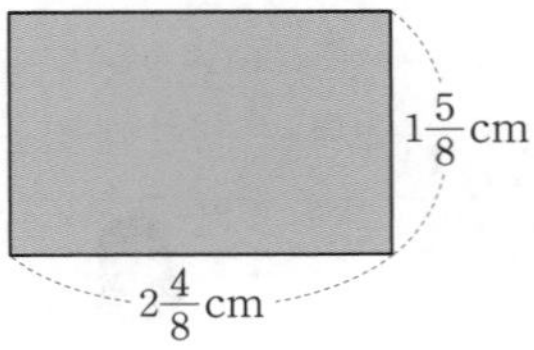

7 계산 결과가 4보다 큰 덧셈식에 ○표 하세요.

$3\frac{2}{10}+\frac{7}{10}$	$1\frac{8}{10}+2\frac{6}{10}$	$2\frac{5}{10}+1\frac{3}{10}$
(　　　)	(　　　)	(　　　)

자연수끼리, 분수끼리 더한 값이 4보다 큰 식을 찾아.

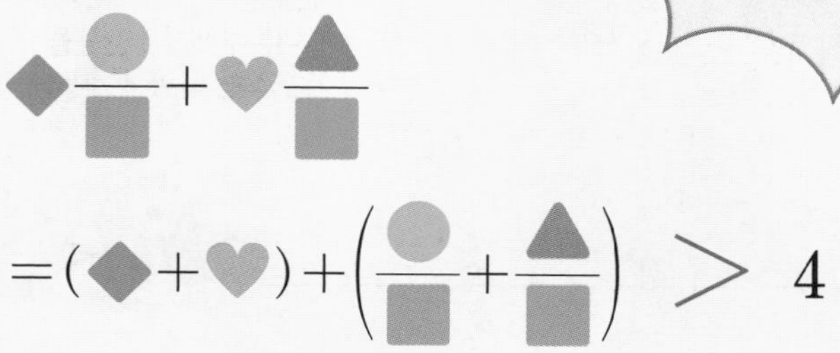

8 가장 큰 수와 가장 작은 수의 합을 구하세요.

$2\frac{7}{9}$　　$2\frac{8}{9}$　　$4\frac{3}{9}$

자연수가 같을 땐 분수가 클수록 큰 수야.

$2\frac{7}{9}$　　$2\frac{8}{9}$　　$4\frac{3}{9}$

자연수가 다를 땐 자연수가 클수록 큰 수야.

수학적 독해력

+9 다음 수 중에서 두 수를 골라 □ 안에 써넣어 계산 결과가 가장 큰 덧셈식으로 만들고 계산해 보세요.

1　5　8

$2\frac{\square}{11}+\frac{\square}{11}=\square$

분수는 분자가 클수록 큰 수야.

$2\frac{\square}{11}+\frac{\square}{11}=\square$

더하는 두 수의 계산 결과가 크려면 큰 수끼리 더해야 해.

수학적 표현력

+10 다음 계산이 잘못된 이유를 쓰고 바르게 계산해 보세요.

$3\frac{6}{7}+2\frac{4}{7}=5+\frac{10}{7}=5\frac{10}{7}$

계산 결과가 가분수이면 대분수로 바꿔야 해.

$3\frac{6}{7}+2\frac{4}{7}=5+\frac{10}{7}=5\frac{10}{7}$

04일 분수의 뺄셈 (2)

$2\frac{4}{6} = 1\frac{10}{6}$

분수끼리 뺄 수 없을 땐
대분수에서 1만큼을
가분수로 바꿔서 계산해.

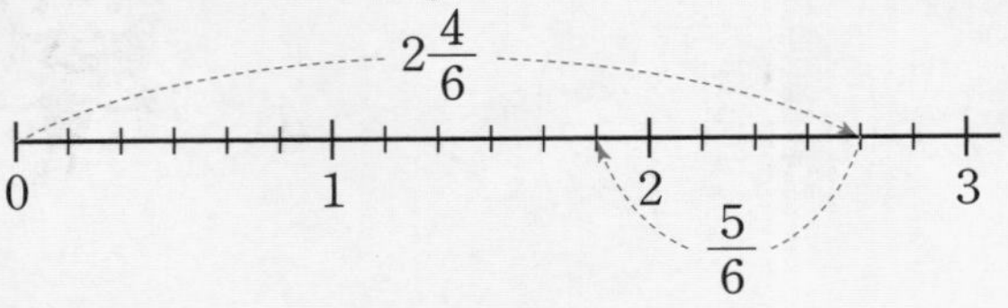

자연수는 자연수끼리
분수는 분수끼리 뺀 결과를
더해.

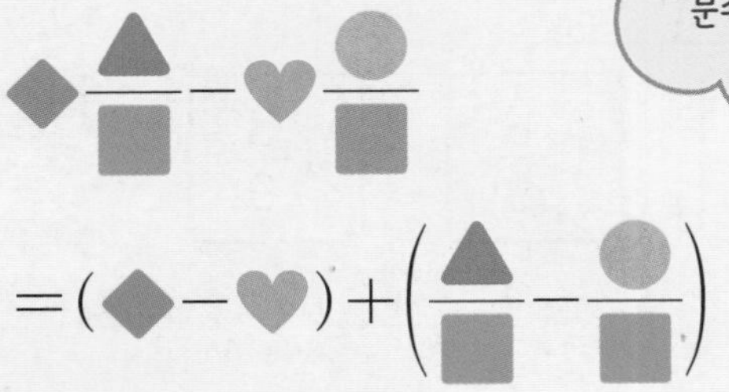

$$3\frac{2}{5}-\frac{3}{5}=\frac{17}{5}-\frac{3}{5}=\frac{14}{5}=2\frac{4}{5}$$

대분수를 가분수로
바꾸어 계산했어.

자연수끼리, 분수끼리
뺀 결과를 더해.

분수끼리 뺄 수 없을 땐
대분수에서 1만큼을
가분수로 바꿔서 계산해.

$3\frac{5}{9}-1\frac{1}{9}$ $4\frac{2}{9}-1\frac{3}{9}$

2 수직선을 이용하여 $2\frac{4}{6}-\frac{5}{6}$는 얼마인지 □ 안에 알맞은 수를 써넣으세요.

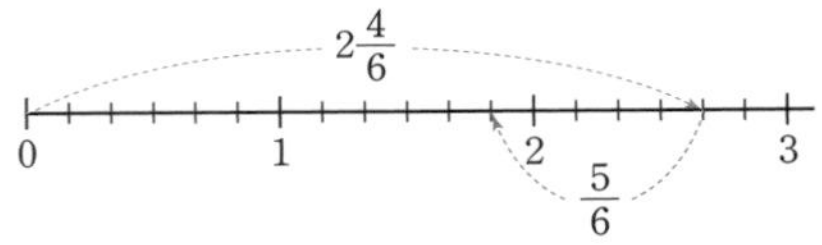

$$2\frac{4}{6}-\frac{5}{6}=1\frac{\square}{6}-\frac{5}{6}=\square+\left(\frac{\square}{6}-\frac{5}{6}\right)$$
$$=\square+\frac{\square}{6}=\square\frac{\square}{6}$$

4 빈 곳에 알맞은 분수를 써넣으세요.

$7\frac{5}{6}$ → $-2\frac{4}{6}$ → □

5 〈보기〉와 같이 나타내어 보세요.

〈보기〉
$3\frac{2}{5}-\frac{3}{5}=\frac{17}{5}-\frac{3}{5}=\frac{14}{5}=2\frac{4}{5}$

$2\frac{1}{7}-\frac{2}{7}=$ ________________

6 계산 결과가 더 큰 것에 색칠해 보세요.

$3\frac{5}{9}-1\frac{1}{9}$ $4\frac{2}{9}-1\frac{3}{9}$

7 다음이 나타내는 수와 $2\frac{3}{12}$의 차를 구해 보세요.

$\frac{1}{12}$이 5개인 수

$\frac{1}{■}$이 ▲ 개인 수 → $\frac{▲}{■}$

두 수의 차는 큰 수에서 작은 수를 빼.

8 1부터 5까지의 수 중에서 □ 안에 들어갈 수 있는 수는 모두 몇 개일까요?

$2\frac{6}{9}-2\frac{□}{9}>\frac{3}{9}$

$2\frac{6}{9}-2\frac{□}{9}>\frac{3}{9}$

먼저 계산한 다음 생각해.

$(2-2)+\left(\frac{6}{9}-\frac{□}{9}\right)=\frac{6-□}{9}$

수학적 독해력

+9 어떤 대분수에서 $2\frac{5}{10}$를 빼야 할 것을 잘못하여 더했더니 $5\frac{7}{10}$이 되었습니다. 바르게 계산하면 얼마일까요?

(어떤 대분수) $+2\frac{5}{10}=5\frac{7}{10}$

(어떤 대분수) $=5\frac{7}{10}-2\frac{5}{10}$

잘못 계산한 식에서 어떤 대분수를 먼저 구한 다음 바르게 계산해.

수학적 표현력

+10 냉장고에 포도주스가 $4\frac{3}{10}$ L, 오렌지주스가 $2\frac{7}{10}$ L 들어 있습니다. 어느 주스가 몇 L 더 많이 들어 있는지 풀이 과정을 쓰고, 답을 구하세요.

"어느 주스가 몇 L 더 많이 들어 있는지"

↓

두 주스의 차

두 수의 차는 큰 수에서 작은 수를 빼.

분수의 뺄셈 (3)

$2 = 1\frac{3}{3}$

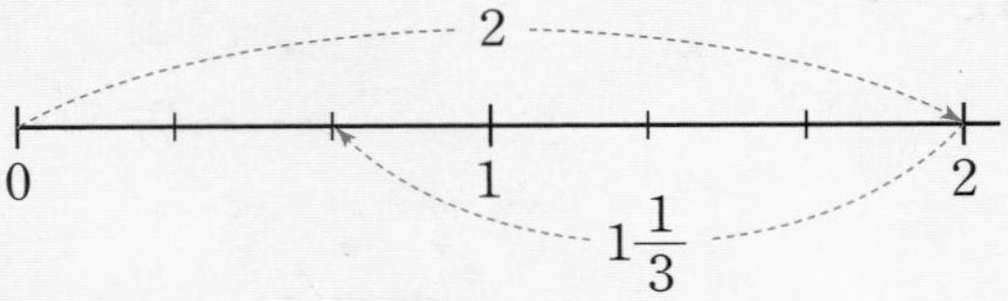

자연수에서 분수를 뺄 때에는 자연수에서 1만큼을 가분수로 바꾸어 계산해.

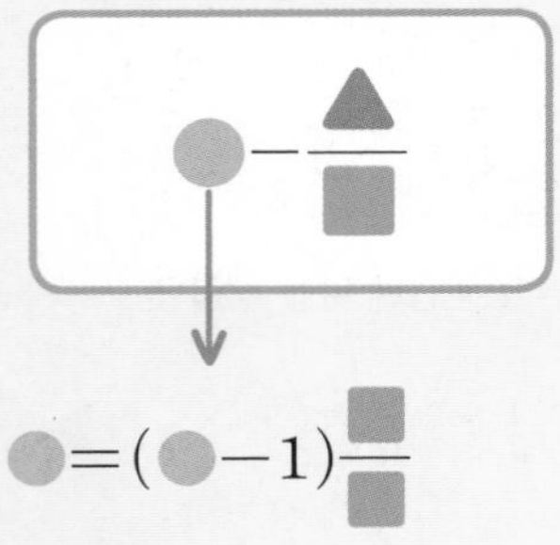

자연수에서 분수를 뺄 때에는 자연수에서 1만큼을 가분수로 바꾸어 계산해.

자연수를 가분수로 바꿀 때 가분수의 분모는 빼는 분수의 분모와 같아야 해.

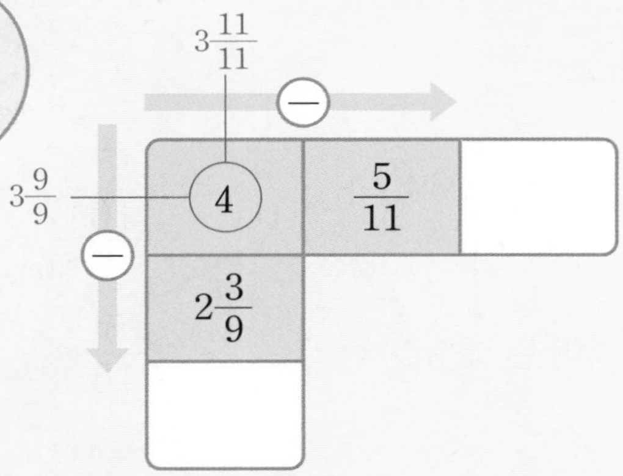

현서는 주스 2 L 중에서 $\frac{5}{8}$ L를 마셨습니다. 남은 주스는 몇 L일까요?

남은 주스의 양 = 전체 주스의 양 − 마신 주스의 양

2 수직선을 이용하여 $2-1\frac{1}{3}$은 얼마인지 □ 안에 알맞은 수를 써넣으세요.

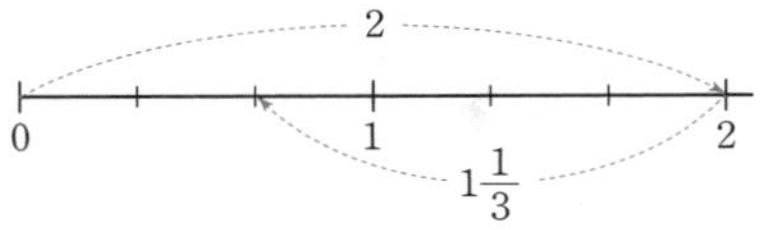

$2-1\frac{1}{3}=\square\frac{\square}{3}-1\frac{1}{3}=\frac{\square}{3}$

4 관계있는 것끼리 선으로 이어 보세요.

$2-\frac{2}{6}$	$1\frac{3}{6}$
$3-1\frac{1}{6}$	$1\frac{5}{6}$
	$1\frac{4}{6}$

5 빈칸에 알맞은 수를 써넣으세요.

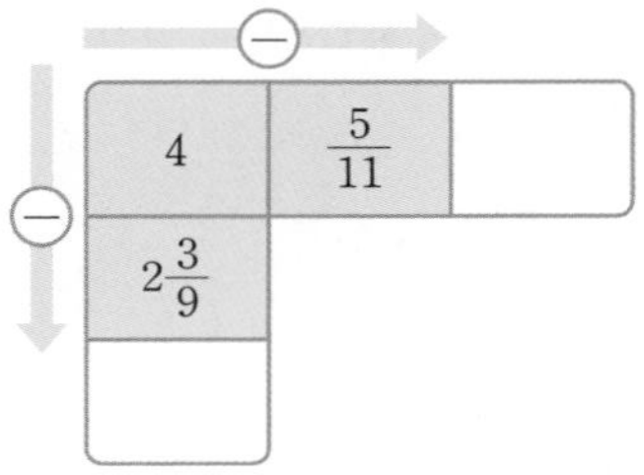

6 현서는 주스 2 L 중에서 $\frac{5}{8}$ L를 마셨습니다. 남은 주스는 몇 L일까요?

[식] ____________________

[답] ____________

7 계산 결과가 가장 큰 친구의 이름을 쓰세요.

$2-\frac{7}{10}$ $4-1\frac{5}{8}$ $3-2\frac{3}{9}$

자연수에서 1만큼을 가분수로 바꾸어 계산한 후 비교해.

$1\frac{10}{10}$ → 슬기: $2-\frac{7}{10}$

$3\frac{8}{8}$ → 로운: $4-1\frac{5}{8}$

$2\frac{9}{9}$ → 지혜: $3-2\frac{3}{9}$

8 □ 안에 알맞은 수를 구하세요.

$\square+\frac{6}{15}=4$

■+●=▲

➡ ■=▲−●를 이용해서 구해.

$\square+\frac{6}{15}=4$ → $\square=4-\frac{6}{15}$

수학적 독해력

+9 한 장의 카드를 골라 □ 안에 수를 써넣어 식을 만들려고 합니다. 계산 결과가 가장 큰 식을 만들고 계산해 보세요.

3 5 8 $6-2\frac{\square}{5}$

〔식〕 ______________________

분수는 분자가 작을수록 작은 수야.

$6-2\frac{\square}{5}$

계산 결과가 크려면 6에서 가장 작은 수를 빼야 해.

수학적 표현력

+10 풀이 과정을 보고 틀린 이유를 쓰고, 바르게 고쳐 보세요.

$9-3\frac{3}{9}=(9-3)+\frac{3}{9}=6\frac{3}{9}$

●−$\frac{▲}{■}$

●=(●−1)$\frac{■}{■}$

자연수에서 분수를 뺄 때에는 자연수에서 1만큼을 가분수로 바꾸어 계산해.

06일 변의 길이에 따라 삼각형 분류하기

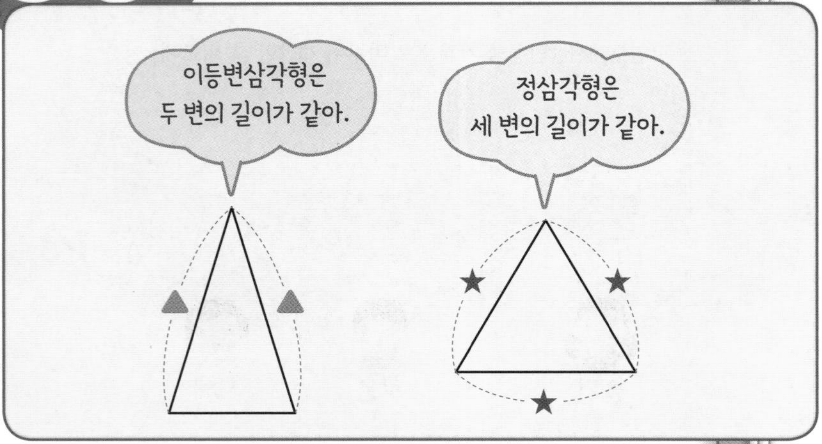

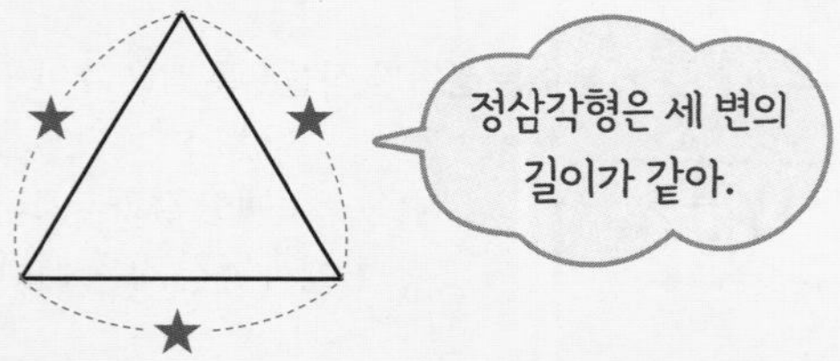

(정삼각형의 세 변의 길이의 합)$=★\times 3$

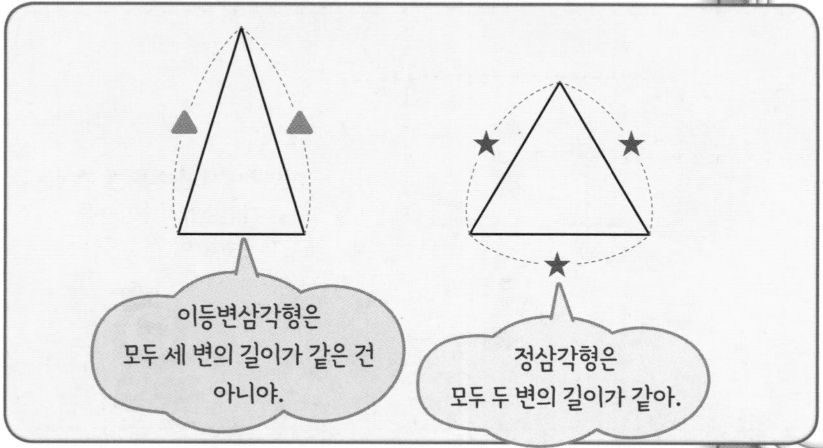

3 □ 안에 알맞은 수를 써넣으세요.

(1) 이등변삼각형

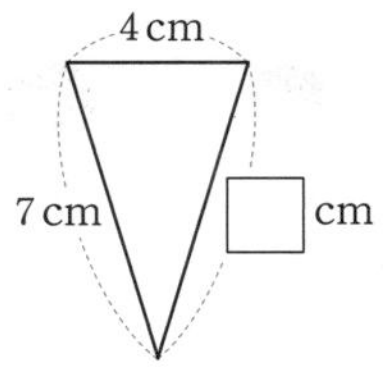

(2) 정삼각형

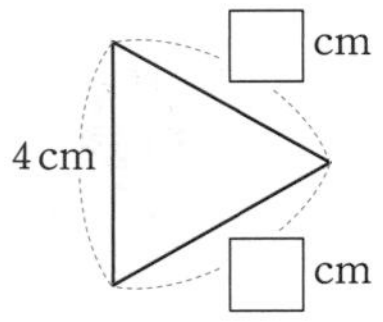

4 이등변삼각형을 찾아 따라 그리고, 정삼각형을 찾아 색칠해 보세요.

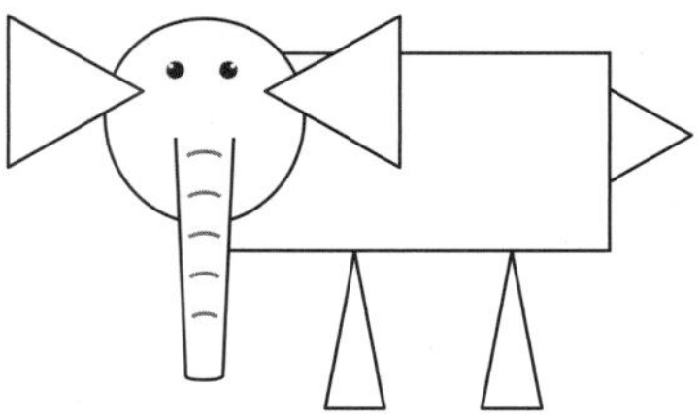

5 다음 도형은 정삼각형입니다. 세 변의 길이의 합은 몇 cm일까요?

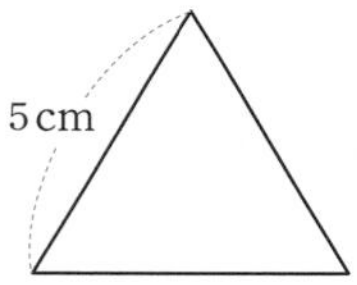

6 바르게 설명한 것을 찾아 기호를 쓰세요.

> ㉠ 이등변삼각형은 정삼각형이라고 할 수 있습니다.
> ㉡ 정삼각형은 이등변삼각형이라고 할 수 있습니다.

7 삼각형의 세 변의 길이를 나타낸 것입니다. 이등변삼각형이 아닌 것을 찾아 기호를 쓰세요.

㉠ 5 cm, 7 cm, 5 cm
㉡ 5 cm, 6 cm, 6 cm
㉢ 3 cm, 3 cm, 3 cm
㉣ 4 cm, 6 cm, 5 cm

■ cm, ■ cm, ▲ cm
■ cm, ▲ cm, ■ cm
■ cm, ■ cm, ▲ cm
■ cm, ■ cm, ■ cm
↓
이등변삼각형

8 왼쪽 정삼각형과 오른쪽 이등변삼각형의 세 변의 길이의 합은 같습니다. ㉠에 알맞은 수를 구하세요.

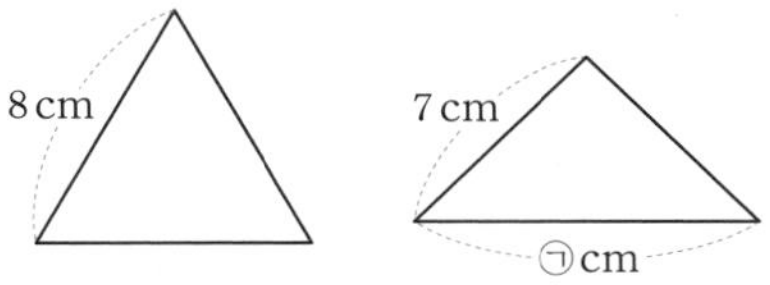

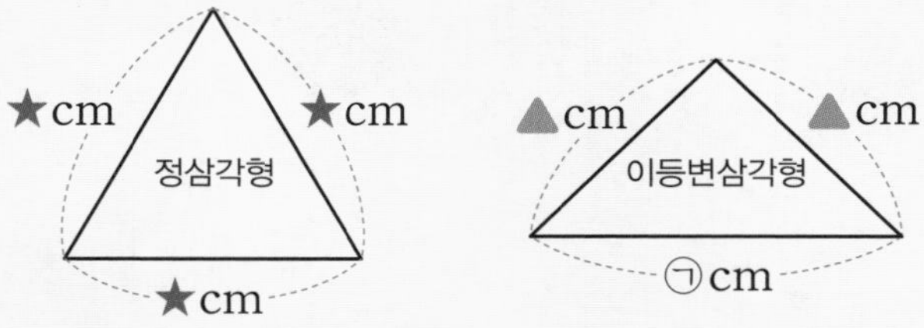

★+★+★=▲+▲+㉠

수학적 독해력

9 대화를 읽고 지혜, 영민, 윤하가 가지고 있는 막대를 세 변으로 하는 삼각형은 어떤 삼각형인지 쓰세요.

지혜: 내가 가지고 있는 막대의 길이는 4 cm야.
영민: 내가 가지고 있는 막대의 길이는 3 cm야.
윤하: 난 지혜와 똑같은 막대를 가지고 있어.

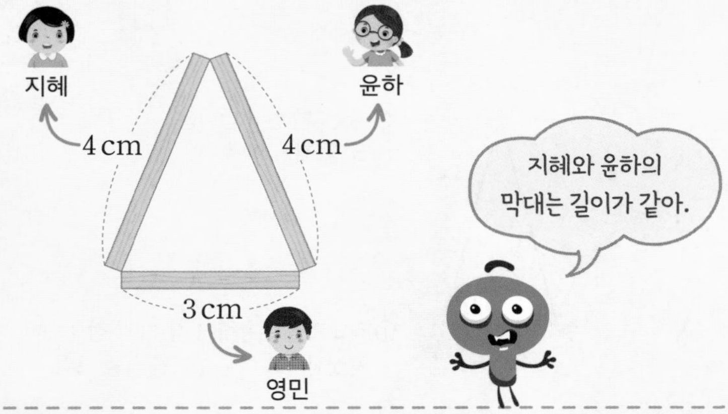

수학적 표현력

10 길이가 27 cm인 철사를 남김 없이 모두 사용하여 정삼각형을 한 개 만들었습니다. 만든 정삼각형의 한 변은 몇 cm인지 풀이 과정을 쓰고, 답을 구하세요.

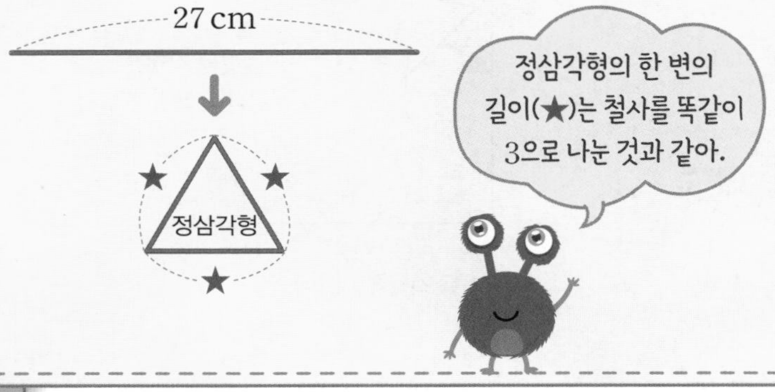

07일 이등변삼각형의 성질

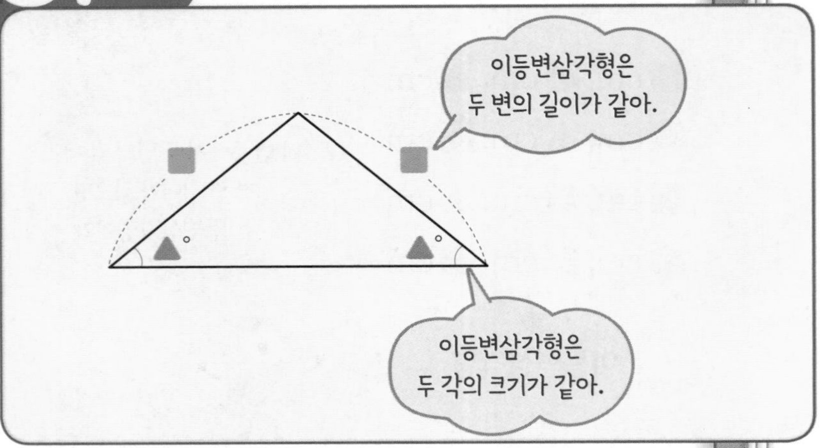

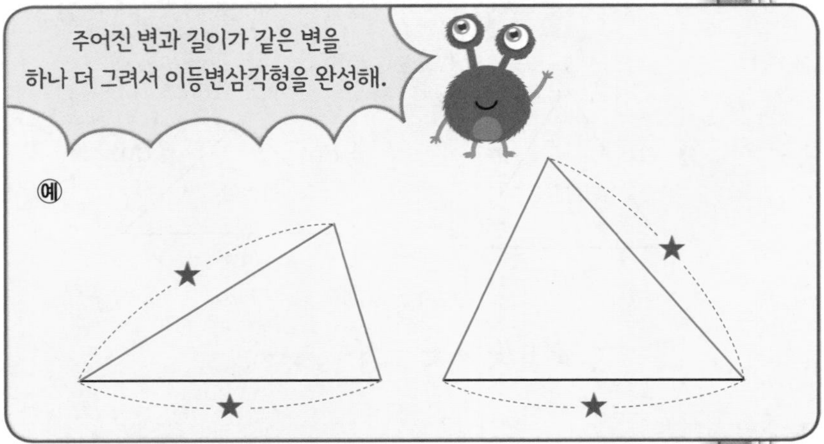

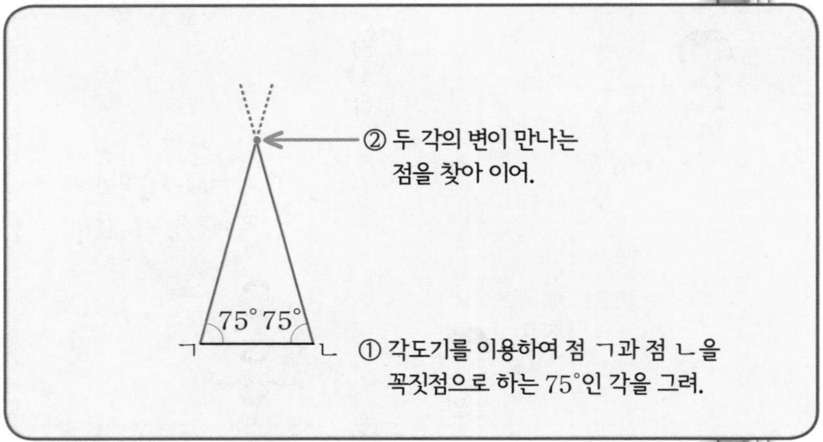

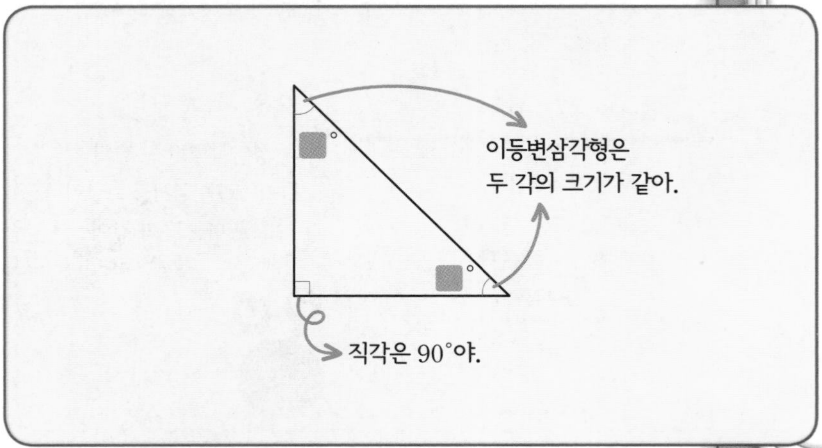

2 다음 도형은 이등변삼각형입니다. □ 안에 알맞은 수를 써넣으세요.

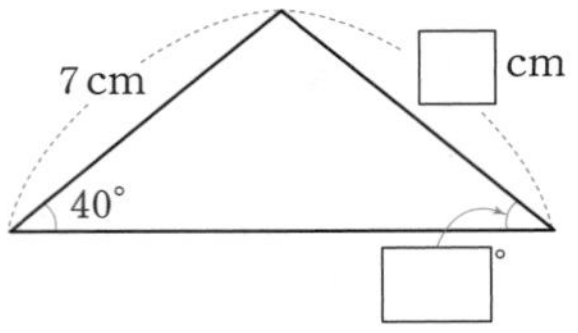

3 자를 사용하여 두 변이 4 cm인 이등변삼각형을 그려 보세요.

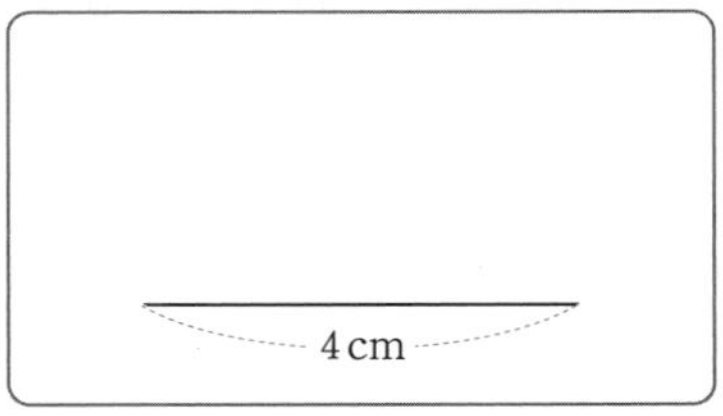

4 선분 ㄱㄴ을 이용하여 〈보기〉와 같은 이등변삼각형을 그려 보세요.

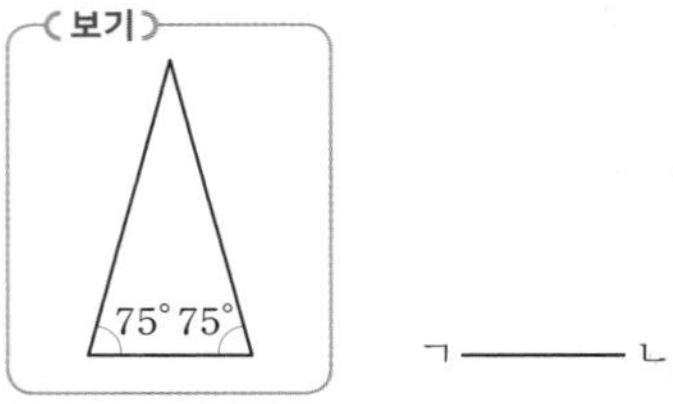

6 다음 도형은 이등변삼각형입니다. □ 안에 알맞은 수를 써넣으세요.

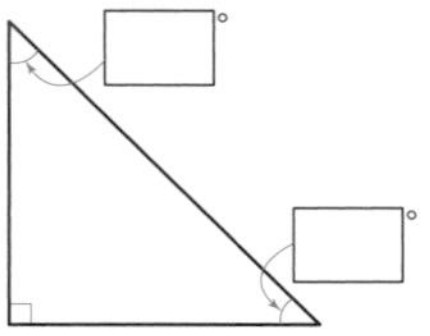

7 다음은 삼각형의 세 각 중 두 각의 크기입니다. 이등변삼각형이 될 수 있는 것을 모두 찾아 ○표 하세요.

$50^\circ, 50^\circ$	$80^\circ, 40^\circ$	$50^\circ, 65^\circ$
(　　)	(　　)	(　　)

삼각형의 세 각의 크기의 합이 180°임을 이용하면 나머지 한 각의 크기를 알 수 있어.

$50^\circ + 50^\circ + \square = 180^\circ$

$80^\circ + 40^\circ + \square = 180^\circ$

$50^\circ + 65^\circ + \square = 180^\circ$

8 삼각형 ㄱㄴㄷ은 이등변삼각형입니다. ㉠의 각도를 구하세요.

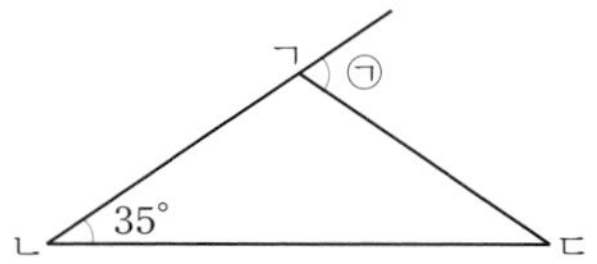

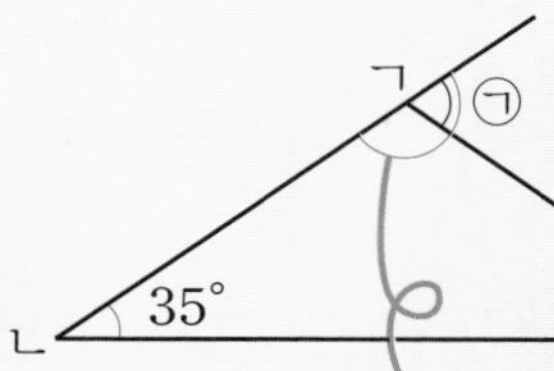

수학적 독해력

+9 사슴을 완전히 둘러싸는 이등변삼각형을 그려 보세요.

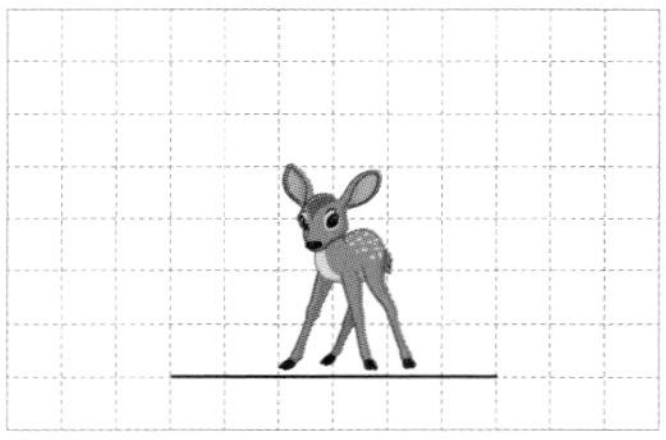

사슴을 완전히 둘러싸는 이등변삼각형

- 완전히 둘러싸는 → 사슴에 닿지 않도록 그려.
- 이등변삼각형 → 길이가 같은 두 변이 있도록 그려.

수학적 표현력

+10 주어진 도형이 이등변삼각형이 아닌 이유를 쓰세요.

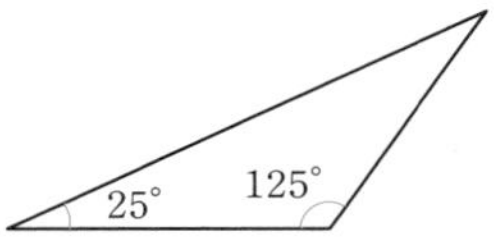

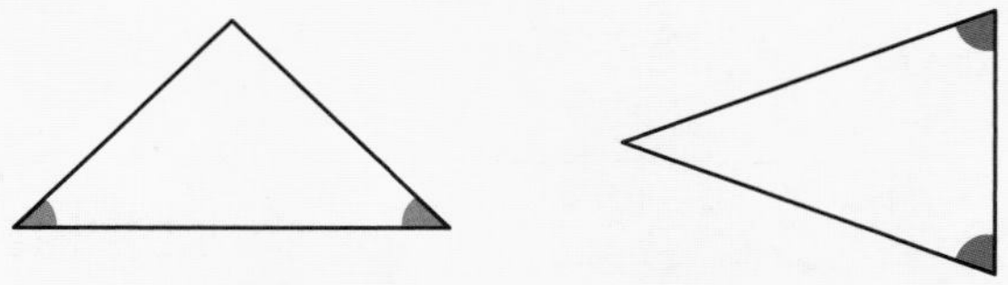

\\ 중요해! //

이등변삼각형에는 크기가 같은 두 각이 있어.

08일 정삼각형의 성질

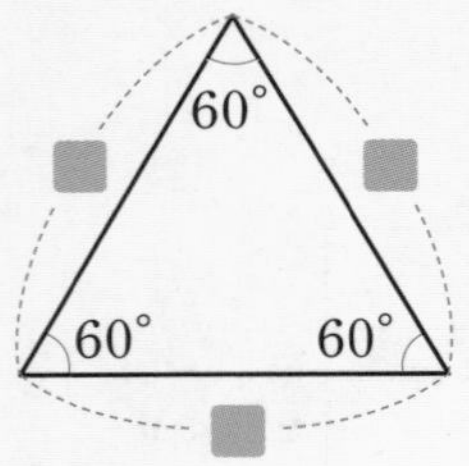

정삼각형은
세 변의 길이와 세 각의 크기가
각각 같아.

\\ 중요해! //

정삼각형의 한 각의 크기는 60°야.

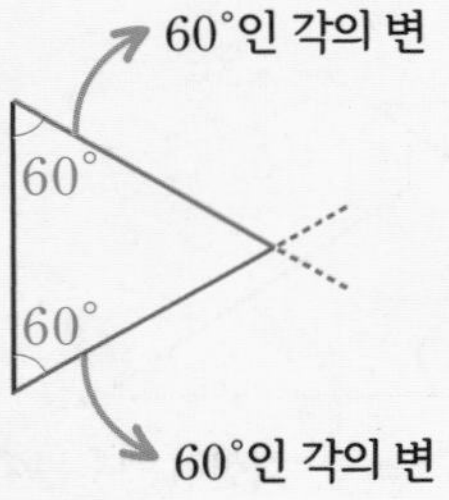

주어진 선분의 양끝에 각각
60°인 각을 그리고 두 각의 변이
만나는 점을 찾아 이어.

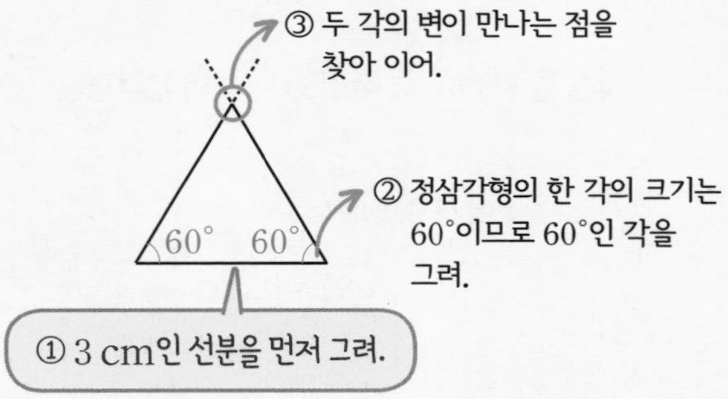

점과 점 사이의 길이가 같음을
이용해서 모양을 만들어 봐.

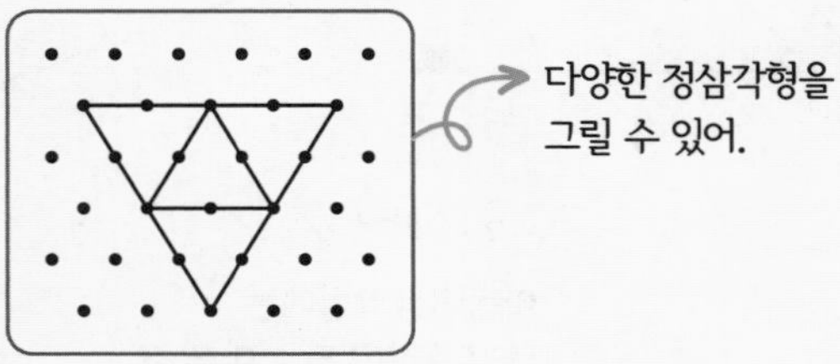

2 다음 도형은 정삼각형입니다. □ 안에 알맞은 수를 써넣으세요.

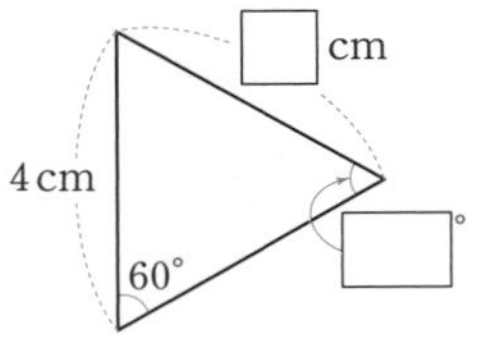

3 각도기와 자를 사용하여 주어진 선분을 한 변으로 하는 정삼각형을 그려 보세요.

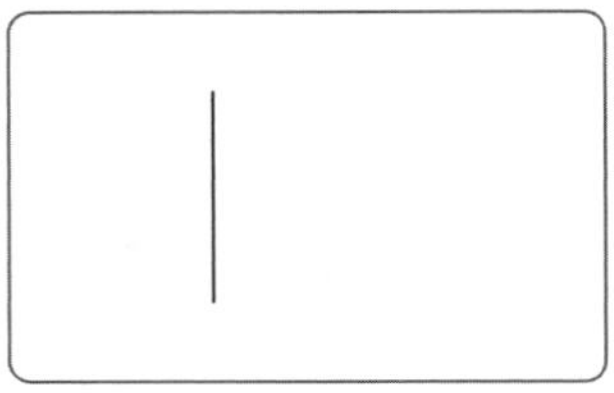

5 각도기와 자를 사용하여 한 변이 3 cm인 정삼각형을 그려 보세요.

6 〈보기〉와 같이 정삼각형을 이용하여 모양을 만들어 보세요.

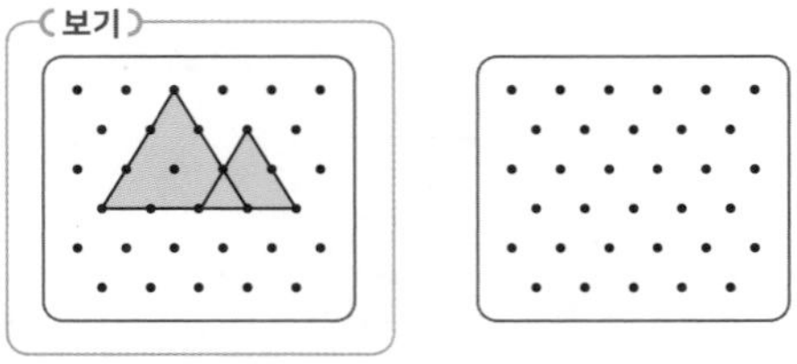

7 삼각형의 세 변의 길이의 합은 몇 cm일까요?

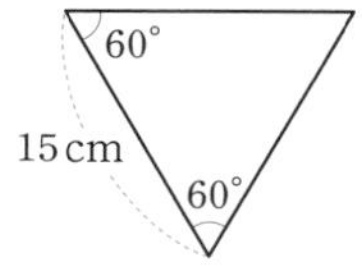

삼각형의 세 각의 크기의 합이 180°임을 이용해서 나머지 한 각의 크기를 구해 봐.

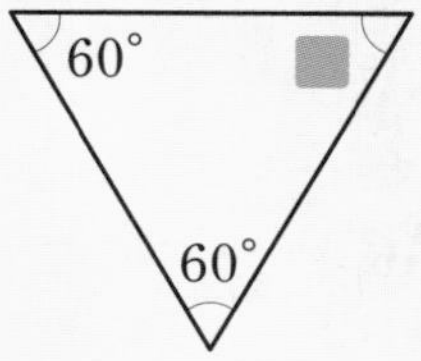

60° + 60° + ■ = 180°

8 크기가 같은 정삼각형 2개를 변끼리 이어 붙여 만든 도형입니다. 각 ㄴㄱㄹ은 몇 도일까요?

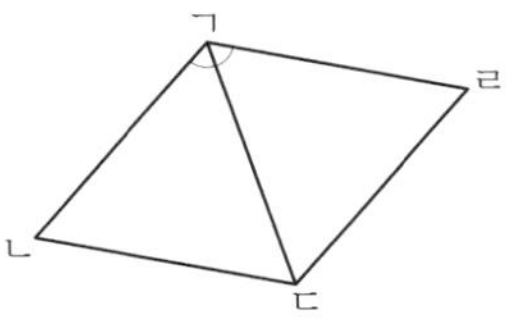

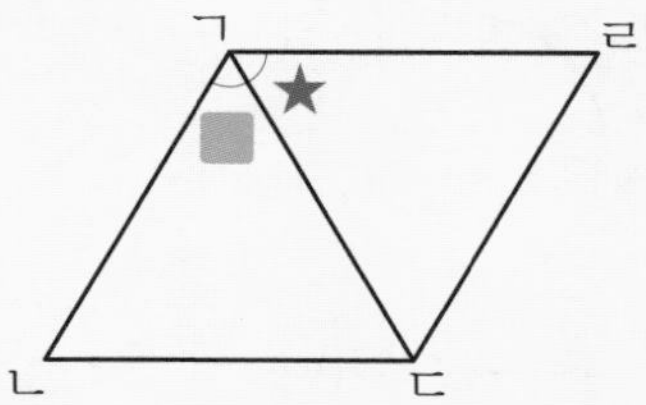

(각 ㄴㄱㄹ) = ■ + ★

수학적 독해력

9 삼각형 ㄱㄴㄷ은 정삼각형입니다. □ 안에 알맞은 수를 써넣으세요.

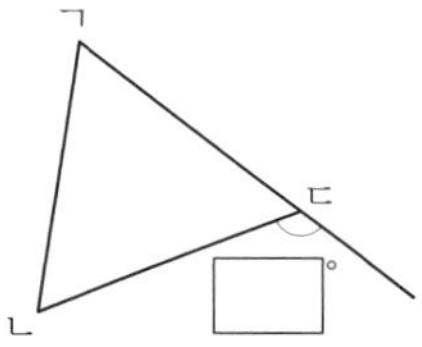

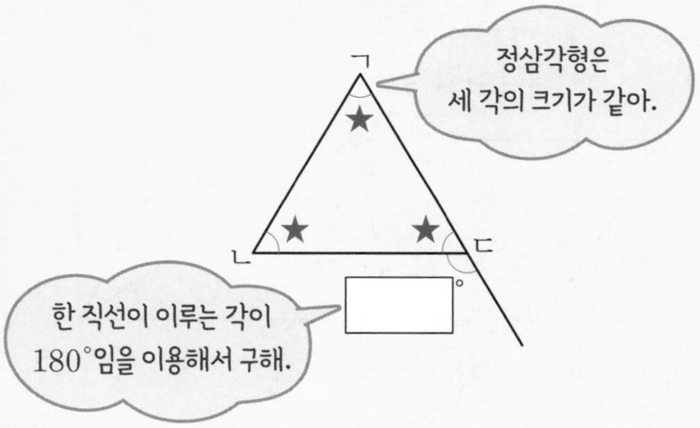

수학적 표현력

10 두 삼각형의 같은 점과 다른 점을 쓰세요.

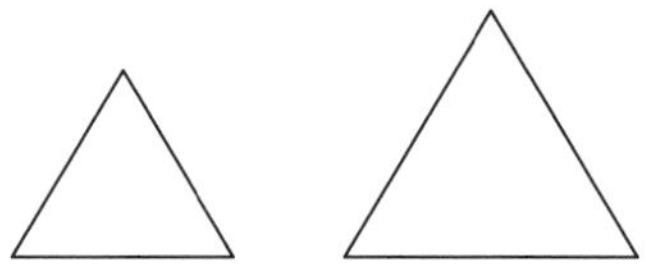

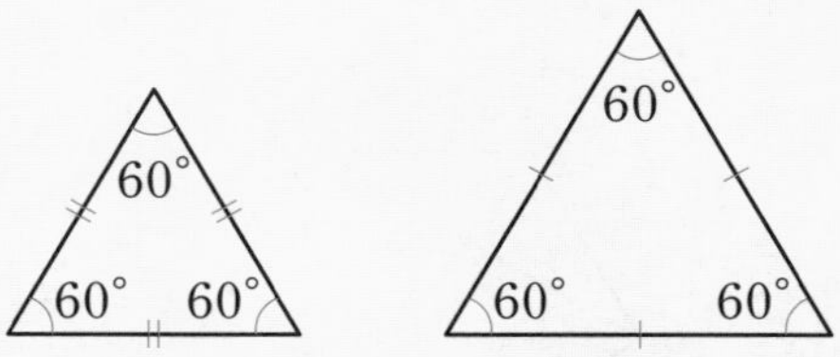

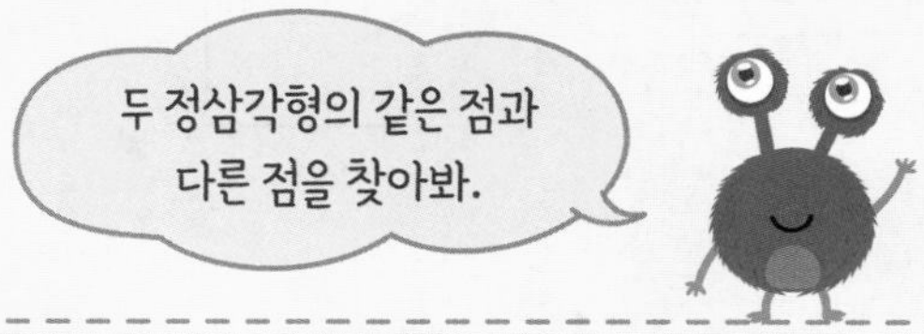

09일 각의 크기에 따라 삼각형 분류하기

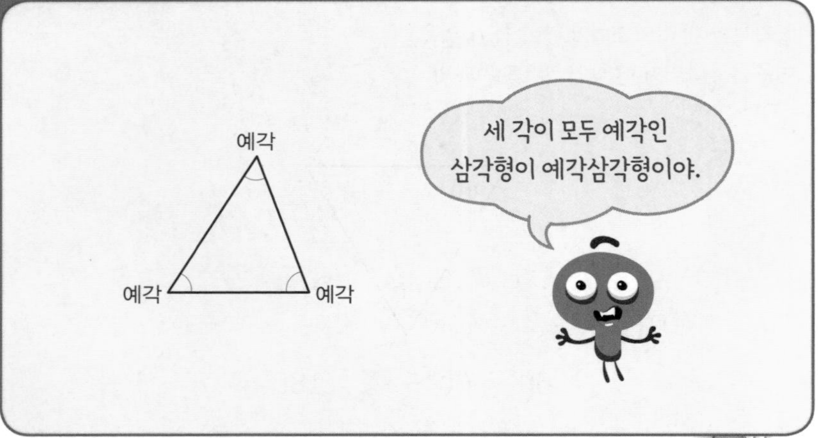

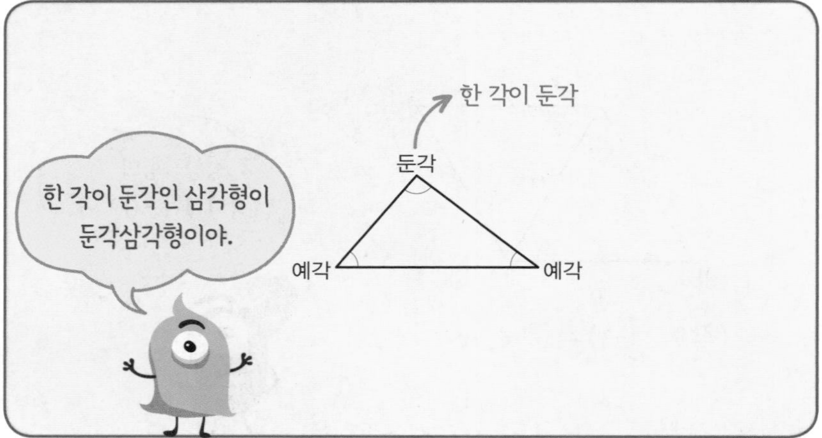

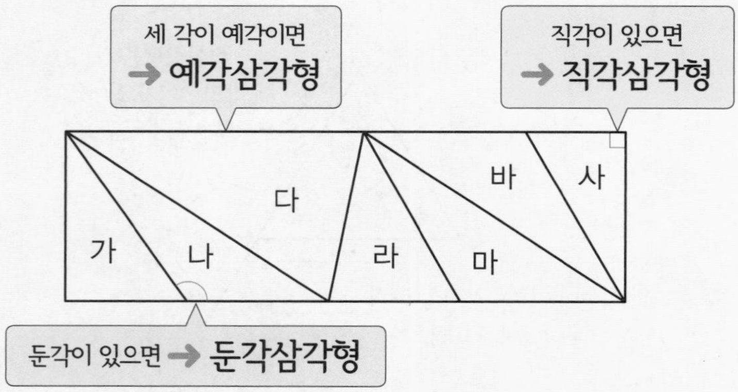

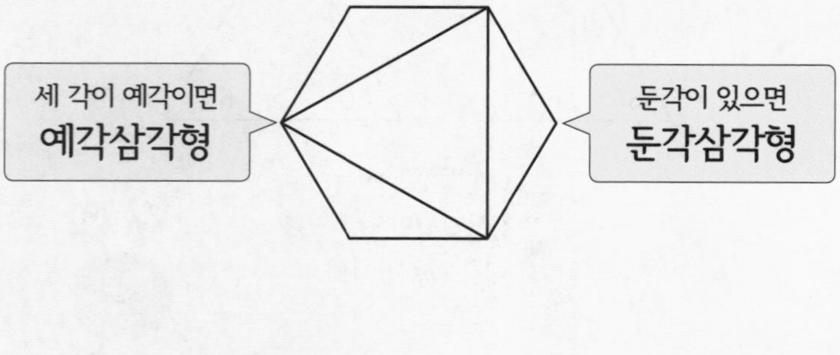

3 주어진 선분을 한 변으로 하는 예각삼각형을 그리려고 합니다. 나머지 한 꼭짓점의 위치로 알맞은 것은 어느 것일까요? ························ (　　　　)

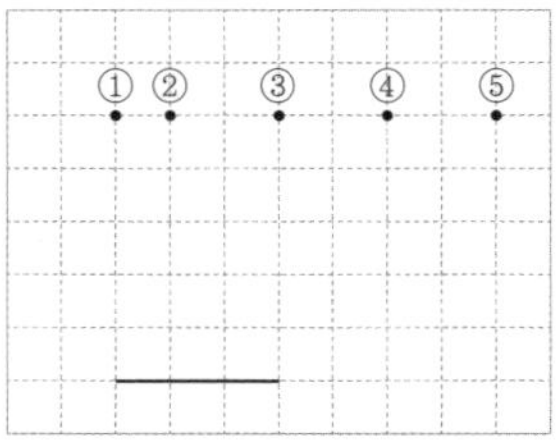

4 점 종이에 둔각삼각형을 2개 그려 보세요.

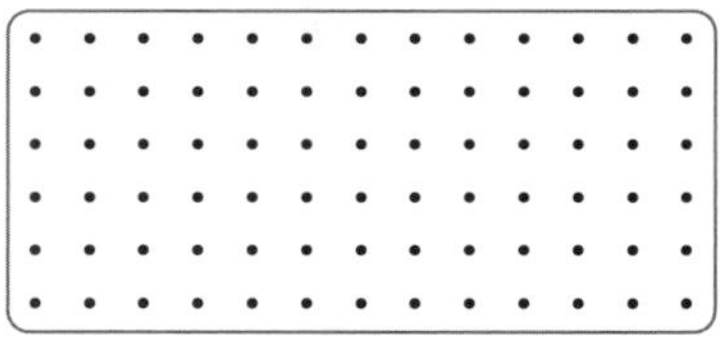

5 직사각형 모양의 종이를 선을 따라 오렸습니다. 예각삼각형과 둔각삼각형을 모두 찾아 기호를 쓰세요.

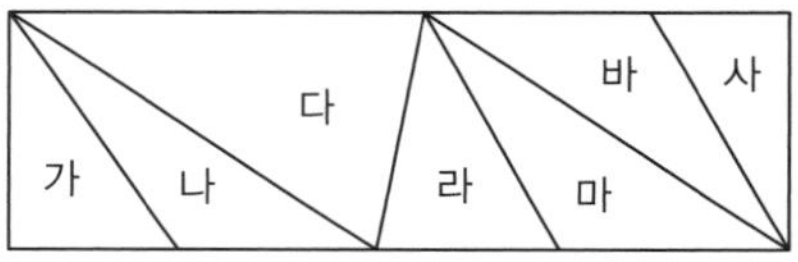

예각삼각형 (　　　　　　　　)
둔각삼각형 (　　　　　　　　)

6 그림과 같이 육각형의 꼭짓점을 이으면 예각삼각형과 둔각삼각형이 각각 몇 개 생기나요?

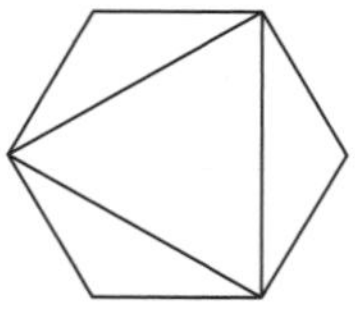

예각삼각형 (　　　　　　　　)
둔각삼각형 (　　　　　　　　)

7 왼쪽은 삼각형의 두 각의 크기입니다. 예각삼각형, 직각삼각형, 둔각삼각형 중에서 어느 삼각형인지 선으로 이어 보세요.

75° 45° •	• 직각삼각형
60° 30° •	• 둔각삼각형
35° 25° •	• 예각삼각형

삼각형의 세 각의 크기의 합이 180임을 이용해서 나머지 한 각의 크기를 먼저 구해 봐.

$75° + 45° + \square = 180°$

$60° + 30° + \square = 180°$

$35° + 25° + \square = 180°$

8 다음 사각형에 한 개의 선분을 그어 2개의 둔각삼각형을 만들어 보세요.

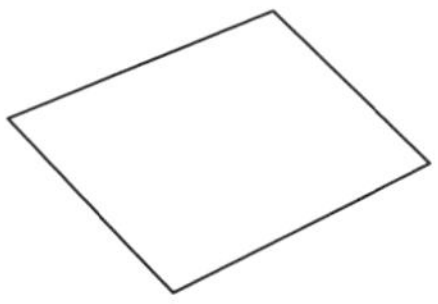

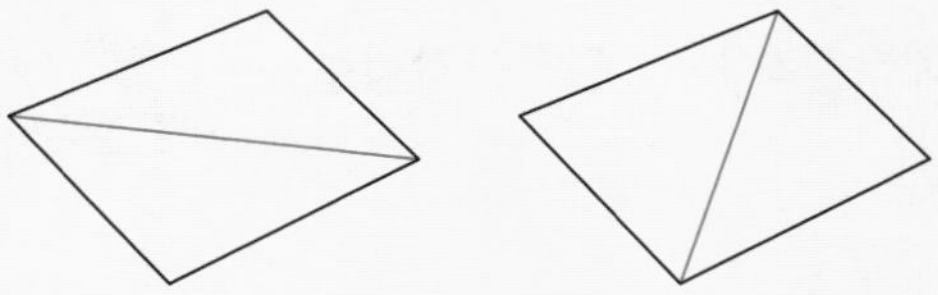

선을 한 개 그어 삼각형을 만드는 방법은 두 가지야.

수학적 독해력

+9 다음 그림에서 찾을 수 있는 크고 작은 둔각삼각형은 모두 몇 개일까요?

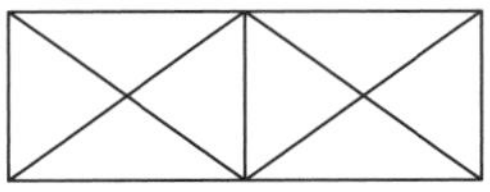

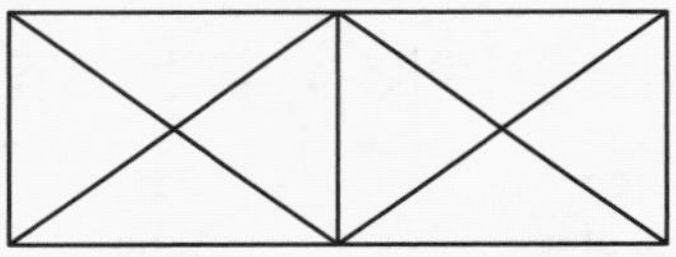

삼각형 1개짜리 둔각삼각형 □개 + 삼각형 4개짜리 둔각삼각형 □개

수학적 표현력

+10 로운이가 삼각형을 설명하는 것을 듣고 잘못된 부분을 바르게 고쳐 보세요.

로운: 이 삼각형은 예각이 있으니까 예각삼각형이야.

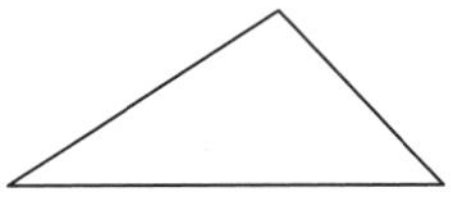

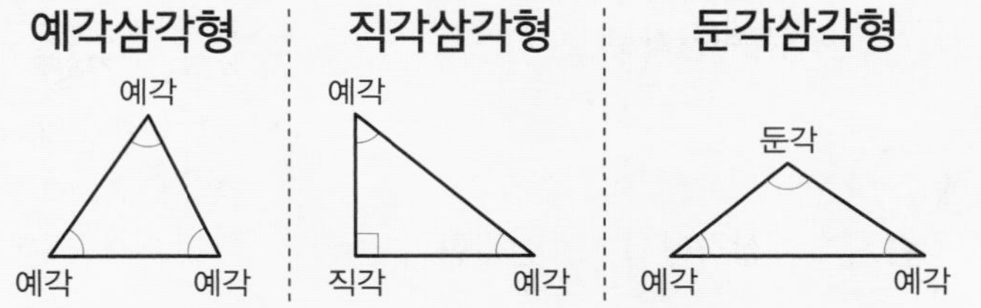

10일 두 가지 기준으로 삼각형 분류하기

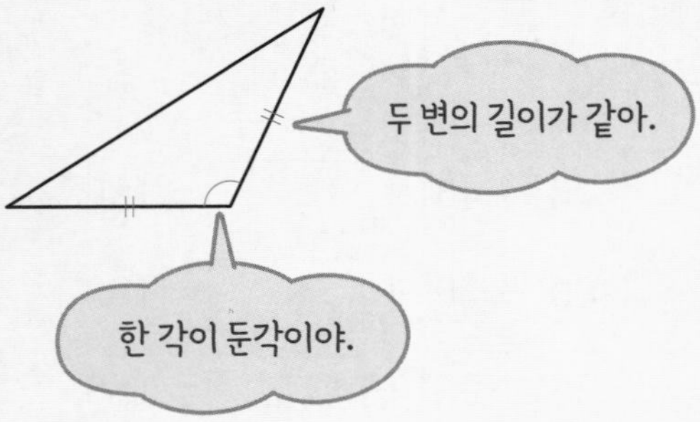

도형은 변의 길이와 각의 크기에 따라 분류할 수 있어.

	예각삼각형	둔각삼각형
이등변삼각형		
세 변의 길이가 모두 다른 삼각형		

← 각의 크기에 따른 분류

↑ 변의 길이에 따른 분류

"이등변삼각형이면서 직각삼각형인 것"

↓ 두 변의 길이가 같아.

↓ 직각이 있어.

주의해!

둘 중에 하나만 만족하는 삼각형은 답이 아니야.

2 오른쪽 삼각형의 이름으로 알맞은 것에 모두 ○표 하세요.

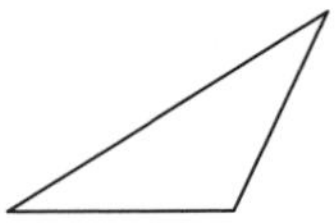

이등변삼각형	정삼각형
예각삼각형	둔각삼각형

3 변의 길이와 각의 크기에 따라 삼각형을 분류하여 기호를 써넣으세요.

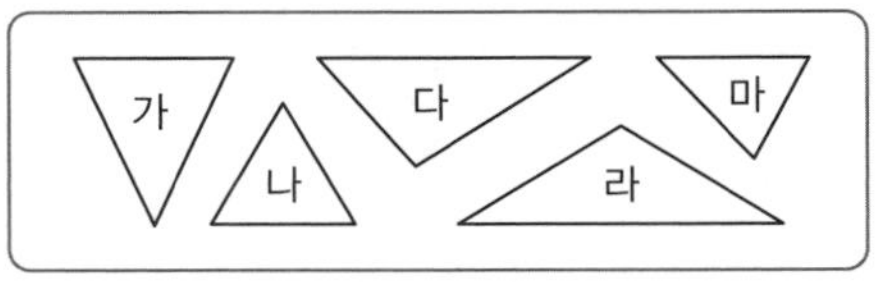

	예각삼각형	둔각삼각형
이등변삼각형		
세 변의 길이가 모두 다른 삼각형		

4 이등변삼각형이면서 직각삼각형인 것을 찾아 기호를 쓰세요.

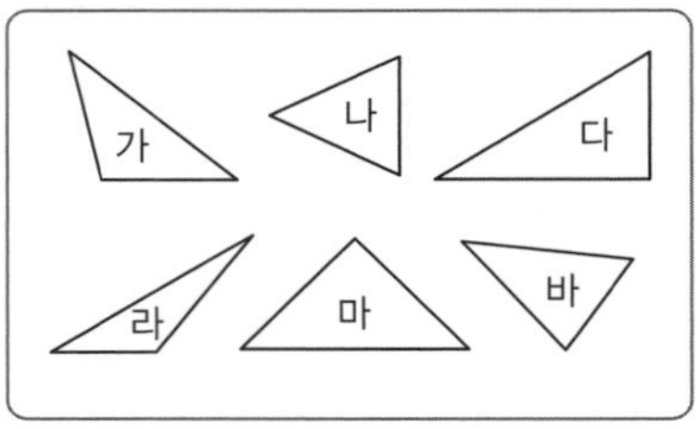

6 잘못 설명한 것을 찾아 기호를 쓰세요.

㉠ 정삼각형은 예각삼각형입니다.
㉡ 정삼각형은 이등변삼각형입니다.
㉢ 이등변삼각형은 예각삼각형입니다.

7 〈보기〉에서 설명하는 삼각형을 그려 보세요.

〈보기〉
- 변이 3개입니다.
- 두 변의 길이가 같습니다.
- 한 각이 둔각입니다.

〈보기〉
- 변이 3개입니다. — 이등변삼각형
- 두 변의 길이가 같습니다. — 이등변삼각형
- 한 각이 둔각입니다. — 둔각삼각형

8 오른쪽 삼각형의 이름이 될 수 없는 것을 모두 찾아 기호를 쓰세요.

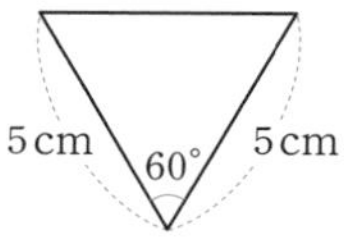

㉠ 이등변삼각형　㉡ 정삼각형
㉢ 예각삼각형　㉣ 직각삼각형
㉤ 둔각삼각형

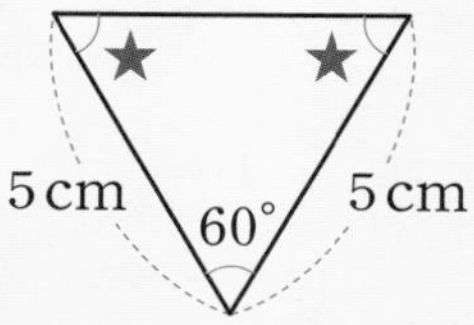

★+★+60°=180°

수학적 독해력

9 길이가 같은 막대 3개를 변으로 하여 삼각형을 만들었습니다. 이 삼각형의 이름이 될 수 있는 것을 모두 쓰세요.

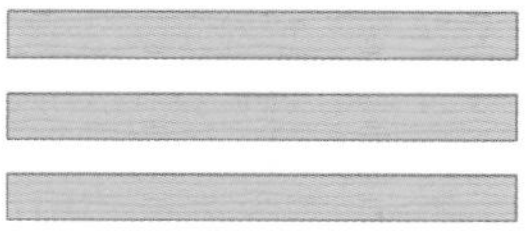

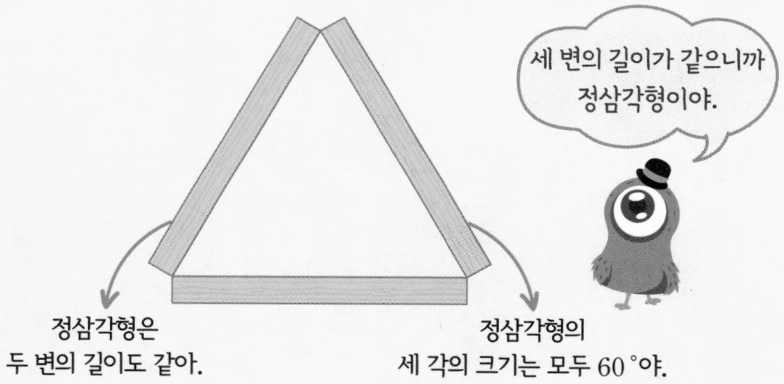

수학적 표현력

10 삼각형의 일부가 지워졌습니다. 이 삼각형의 이름이 될 수 있는 것을 모두 쓰려고 합니다. 풀이 과정을 쓰고, 답을 구하세요.

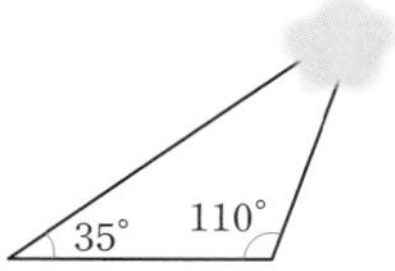

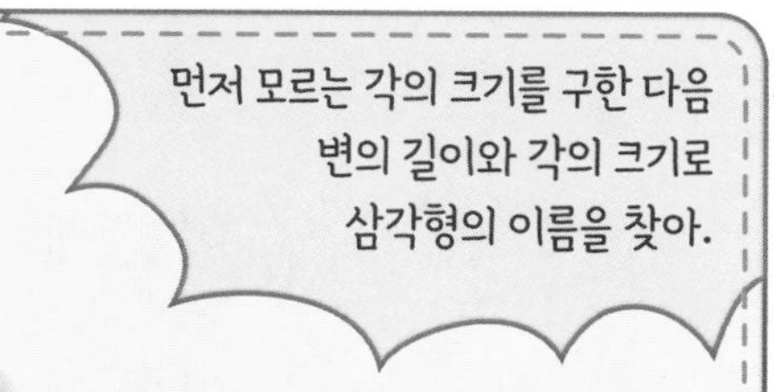

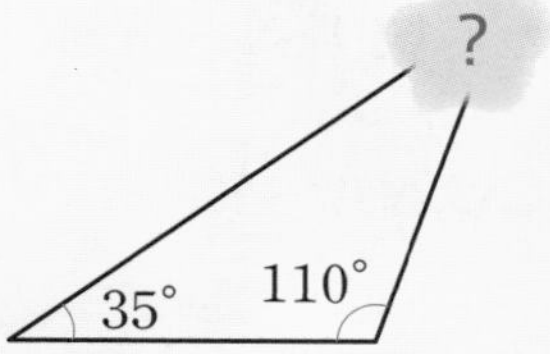

$35° + 110° + ? = 180°$

소수 두 자리 수, 소수 세 자리 수

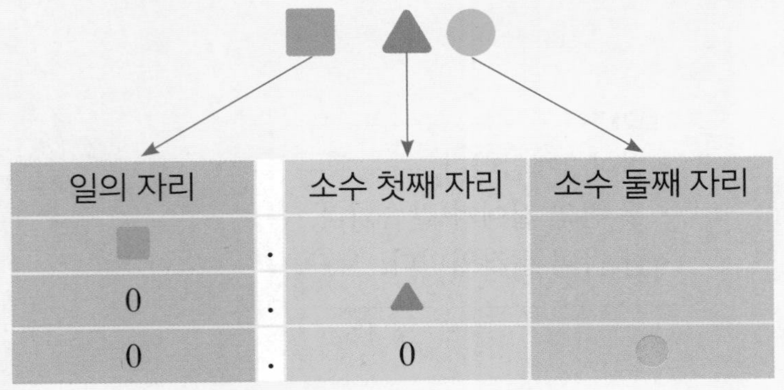

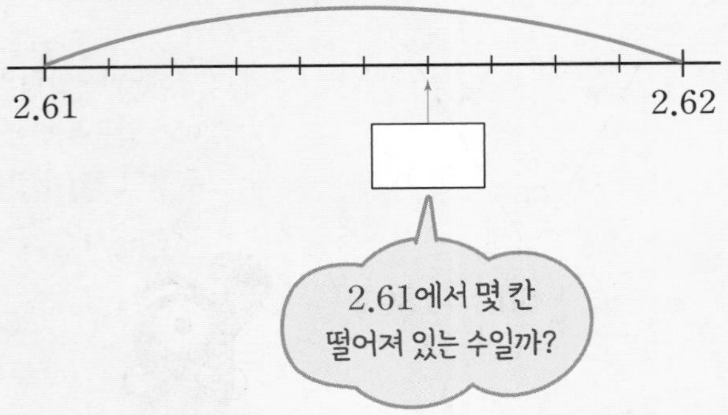

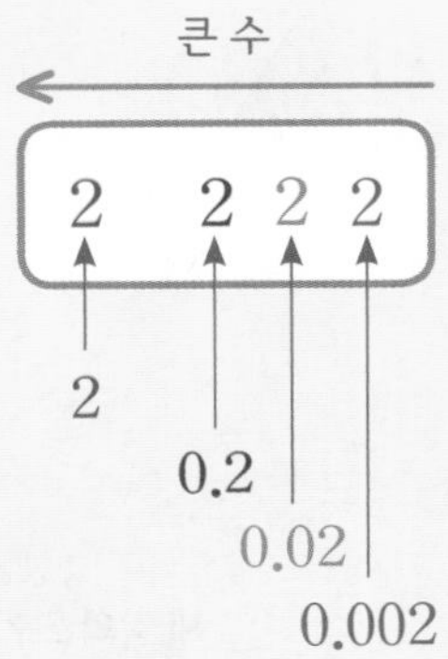

$\frac{1}{10}$이 ■개 → 0.■

$\frac{1}{100}$이 ■개 → 0.0■

$\frac{1}{1000}$이 ■개 → 0.00■

3 □ 안에 알맞은 수나 말을 써넣으세요.

4.96

4는 □의 자리 숫자이고, □을/를 나타냅니다.
9는 소수 □ 자리 숫자이고, □을/를 나타냅니다.
6은 소수 □ 자리 숫자이고, □을/를 나타냅니다.

4 □ 안에 알맞은 소수를 써넣으세요.

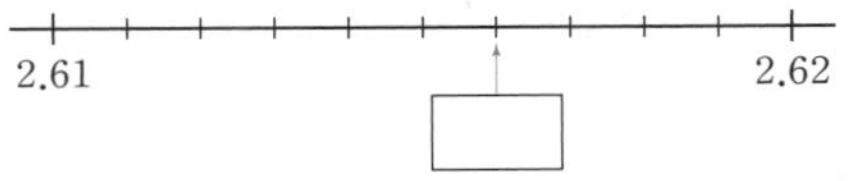

5 2가 나타내는 수가 큰 수부터 순서대로 ○ 안에 1, 2, 3을 써넣으세요.

○ 3.124 ○ 2.596 ○ 1.284

6 설명하는 소수를 구해 보세요.

(1) 1이 5개, 0.1이 2개, 0.01이 6개, 0.001이 3개인 수
( )

(2) 10이 5개, 1이 3개, $\frac{1}{10}$이 9개, $\frac{1}{100}$이 7개, $\frac{1}{1000}$이 2개인 수
( )

7 주하네 반 학급문고에 있는 100권의 책 중에 동화책은 17권입니다. 동화책은 학급문고 전체의 얼마인지 소수로 나타내어 보세요.

$\frac{▲}{100}=0.0▲$

$\frac{■▲}{100}=0.■▲$

3단원

8 다음이 나타내는 수를 구하세요.

> 1이 2개, 0.1이 13개, 0.01이 7개, 0.001이 16개인 수

1이 ■개 → ■

0.1이 ■▲개 → ■.▲

0.01이 ■개 → 0.0■

0.001이 ■▲개 → 0.0■▲

수학적 독해력

+9 〈조건〉을 만족하는 소수를 쓰고 읽어 보세요.

〈조건〉
- 소수 세 자리 수입니다.
- 5보다 크고 6보다 작습니다.
- 소수 첫째 자리 숫자는 8입니다.
- 소수 둘째 자리 숫자는 0입니다.
- 소수 셋째 자리 숫자는 1입니다.

[쓰기] (   )

[읽기] (   )

소수 세 자리 수입니다.

5.□□□

5보다 크고 6보다 작습니다.

수학적 표현력

+10 소수를 바르게 읽지 않은 사람의 이름을 모두 찾아 쓰고, 그 소수를 바르게 읽어 보세요.

영민	서연	서준
0.043 영 점 사삼	9.205 구 점 이영오	19.68 일구 점 육팔

1.011 → 일 점 영일일

1.101 → 일 점 일영일

1.001 → 일 점 영영일

소수점 아래에 있는 0을 읽지 않으면 자릿수가 달라지므로 빠짐없이 읽어야 해.

12일 소수의 크기 비교하기

높은 자리부터 차례로
같은 자리 숫자의 크기를 비교해.

3.201
3.24

9.631
9.632

높은 자리부터 차례로
같은 자리 숫자의 크기를 비교해.

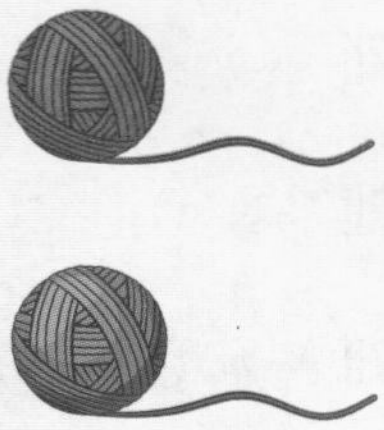

8.19
8.21

2.96
2.853
2.84

0.678
0.6□3

0.678보다 크므로 □ 안에 들어갈 수 있는 수는 7보다 큰 수야.

3 두 수의 크기를 잘못 비교한 것을 찾아 기호를 쓰세요.

㉠ 3.201 > 3.24
㉡ 9.631 < 9.632

4 빨간색 털실은 8.19 m, 파란색 털실은 8.21 m입니다. 더 긴 털실에 ○표 하세요.

8.19 m ( )　　8.21 m ( )

5 가장 큰 수에 ○표, 가장 작은 수에 △표 하세요.

2.96　　2.853　　2.84

6 0부터 9까지의 수 중에서 □ 안에 들어갈 수 있는 수를 모두 구하세요.

0.678 < 0.6□3

7 작은 수부터 순서대로 놓아 단어를 완성해 보세요.

3.03	0.33	3.3	0.3
목	전	마	회

☐ < ☐ < ☐ < ☐

3 . 0 3
0 . 3 3
3 . 3
0 . 3

높은 자리 숫자가 클수록 큰 수야.

주의해!

작은 수부터 순서대로 놓아야 해.

8 카드를 한 번씩 모두 사용하여 소수 두 자리 수를 만들려고 합니다. 만들 수 있는 가장 큰 수와 가장 작은 수를 각각 구하세요.

. 5 1 4

가장 큰 수 (　　　　　　　)
가장 작은 수 (　　　　　　　)

높은 자리 숫자가 클수록 큰 수야.

높은 자리 숫자가 작을수록 작은 수야.

5.☐☐ [가장 큰 수]

1.☐☐ [가장 작은 수]

수학적 독해력

9 주하네 집에서부터 학교, 소방서, 도서관까지의 거리를 알아보았습니다. 집에서 먼 곳부터 순서대로 써 보세요.

집 ~ 학교	0.688 km
집 ~ 소방서	1070 m
집 ~ 도서관	1.09 km

☐ – ☐ – ☐

0.688 km
1070 m ➜ ☐ km
1.09 km

단위를 km로 통일하여 거리를 비교해.

중요해!

1000 m = 1 km

수학적 표현력

10 슬기와 민호의 대화를 보고 민호의 대답을 완성해 보세요.

0.72 ◯ 0.8

슬기: 72가 8보다 크니까 0.72가 0.8보다 큰 소수야.

민호: 아니야. 0.8이 0.72보다 큰 소수야.
왜냐하면 ________________________
____

0.72 ◯ 0.8
7 ◯ 8

높은 자리 숫자가 클수록 큰 수야.

13일 소수 사이의 관계

10배 하면
소수점을 기준으로 수가
왼쪽으로 한 자리 이동해.

$\frac{1}{10}$을 하면
소수점을 기준으로 수가
오른쪽으로 한 자리 이동해.

40 ← 4 → 0.4
(=4.0)

54.704
↓ 4 ↓ 0.004

$\frac{1}{10}$을 하면 수가
오른쪽으로 한 자리씩 이동해.

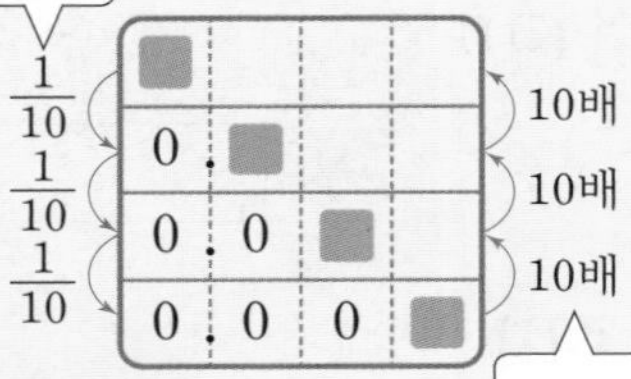

10배 하면 수가
왼쪽으로 한 자리씩 이동해.

어떤 수를 10배 한 수 ➜ 소수점을 기준으로 수가 왼쪽으로 한 자리 이동한 수

어떤 수를 100배 한 수 ➜ 소수점을 기준으로 수가 왼쪽으로 두 자리 이동한 수

2 빈칸에 알맞은 수를 써넣으세요.

(100배, 10배 ← | → $\frac{1}{10}$, $\frac{1}{100}$)

		4		
		0.7		
		20.9		

4 ㉠이 나타내는 수는 ㉡이 나타내는 수의 몇 배일까요?

54.704
(㉠: 십의 자리 다음 4, ㉡: 마지막 4)

5 나타내는 수가 다른 것을 찾아 기호를 쓰세요.

㉠ 0.06의 10배　　㉡ 60의 $\frac{1}{100}$
㉢ 0.6의 $\frac{1}{10}$　　㉣ 0.006의 100배

6 설명하는 수를 100배 한 수는 얼마일까요?

1이 8개, 0.1이 5개, 0.01이 6개, 0.001이 2개인 수

7 노란색 종이 1묶음의 무게는 0.957 kg이고 초록색 종이 1묶음의 무게는 3 kg입니다. 노란색 종이 10묶음과 초록색 종이 $\frac{1}{100}$묶음은 각각 몇 kg인지 구하세요.

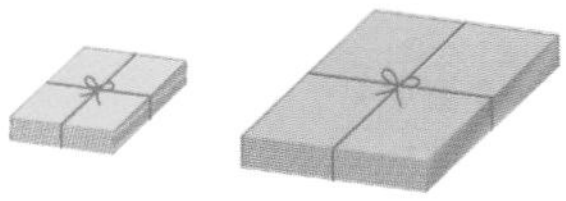

노란색 종이 10묶음 (　　　　　　)

초록색 종이 $\frac{1}{100}$묶음 (　　　　　　)

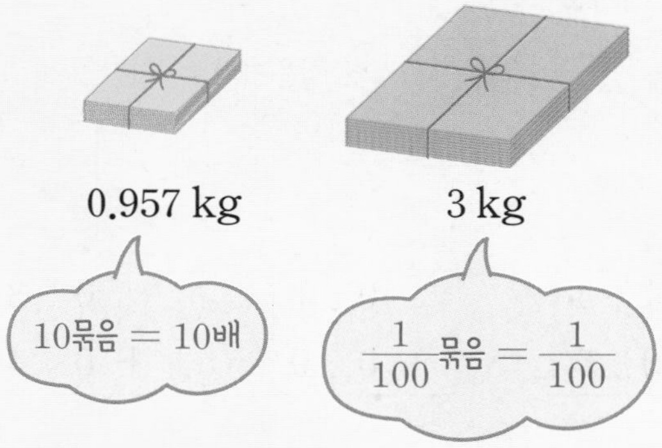

8 □ 안에 들어가는 수를 모두 더하면 얼마일까요?

- 1.9의 □배는 190입니다.
- 30.6은 306의 $\frac{1}{\square}$입니다.
- 0.76의 □배는 76입니다.

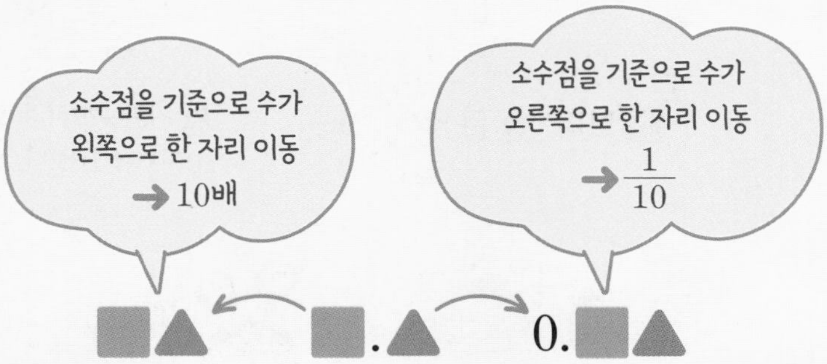

수학적 독해력

+9 무엇이든 넣을 수 있는 마법 상자가 2개 있습니다. 빨간 상자에 넣었다가 빼면 길이가 10배가 되고, 파란 상자에 넣었다가 빼면 길이가 $\frac{1}{10}$이 됩니다. 서준이는 17.5 cm인 연필을 빨간 상자에 1번, 파란 상자에 2번 넣었다가 뺐습니다. 지금 서준이의 연필은 몇 cm일까요?

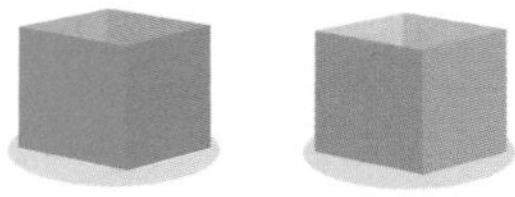

10배　　$\frac{1}{10}$

수학적 표현력

+10 잘못 말한 사람을 찾아 이름을 쓰고, 바르게 고쳐 보세요.

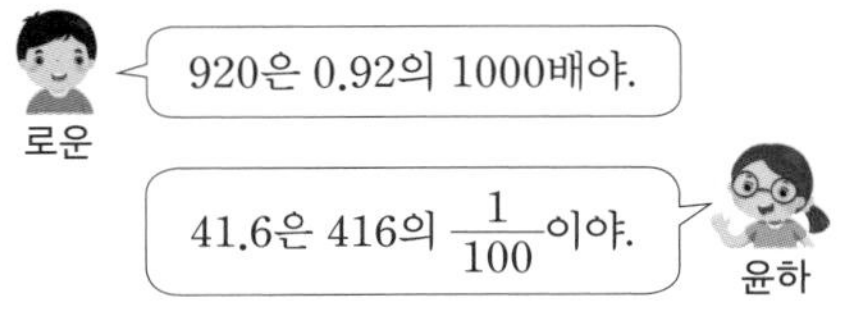

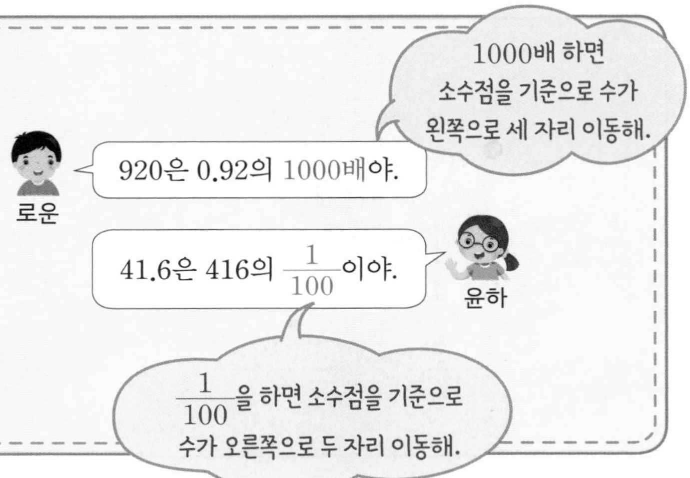

14일 소수 한 자리 수의 덧셈

소수점끼리 맞추어 세로로 쓰고 같은 자리 수끼리 더해.

단, 같은 자리 수끼리의 합이 10이거나 10보다 크면 받아올림해.

$$\begin{array}{r} 1.4 \\ +\ 0.5 \\ \hline \end{array} \qquad \begin{array}{r} 0.7 \\ +\ 0.9 \\ \hline \end{array} \qquad \begin{array}{r} 0.8 \\ +\ 0.4 \\ \hline \end{array}$$

■보다 ▲ 큰 수

↓

■ + ▲

같은 자리 수끼리의 합이 10이거나 10보다 크면 받아올림해.

두 달 전에 강낭콩의 길이를 재었더니 1.7 m였습니다. 오늘 다시 재어 보니 두 달 전보다 0.6 m가 더 자랐습니다.

오늘 잰 강낭콩의 키 = **두 달 전에 잰 강낭콩의 키** + **더 자란 강낭콩의 키**

소수점끼리 맞추어 세로로 쓰고 같은 자리 수끼리 더해.

단, 같은 자리 수끼리의 합이 10이거나 10보다 크면 받아올림해.

$$\begin{array}{r} 3.4 \\ +\ 4.6 \\ \hline \end{array} \qquad \begin{array}{r} 6.9 \\ +\ 0.2 \\ \hline \end{array} \qquad \begin{array}{r} 5.1 \\ +\ 2.2 \\ \hline \end{array}$$

3 계산 결과를 찾아 선으로 이어 보세요.

1.4+0.5 •	• 1.2
0.7+0.3 •	• 1
0.8+0.4 •	• 1.9

4 설명하는 수를 구해 보세요.

6.5보다 3.7 큰 수

5 두 달 전에 강낭콩의 길이를 재었더니 1.7 m였습니다. 오늘 다시 재어 보니 두 달 전보다 0.6 m가 더 자랐습니다. 오늘 잰 강낭콩의 키는 몇 m인지 식을 쓰고 답을 구해 보세요.

〔식〕 ______________________

〔답〕 ______________

6 계산 결과가 큰 것부터 ○ 안에 1, 2, 3을 써넣으세요.

$$\begin{array}{r} 3.4 \\ +\ 4.6 \\ \hline \end{array} \qquad \begin{array}{r} 6.9 \\ +\ 0.2 \\ \hline \end{array} \qquad \begin{array}{r} 5.1 \\ +\ 2.2 \\ \hline \end{array}$$

7 □ 안에 들어갈 수 있는 소수 한 자리 수 중에서 가장 큰 수를 구해 보세요.

2.5+3.2>□

$2.5+3.2 >$ □

↓ ★ ↓ ★보다 0.1 작은 수

8 지혜와 영민이가 생각하는 소수의 합을 구해 보세요.

지혜: 내가 생각하는 소수는 0.1이 29개 있어.

영민: 내가 생각하는 소수는 0.01이 680개 있어.

0.1이 ■▲개 → ■.▲

0.01이 ■▲●개 → ■.▲●

수학적 독해력

9 냉장고에 우유는 1.5 L 있고, 주스는 우유보다 0.3 L 더 많습니다. 냉장고에 있는 우유와 주스는 모두 몇 L일까요?

냉장고에 우유는 1.5 L 있고, 주스는 우유보다 0.3 L 더 많습니다. 냉장고에 있는 우유와 주스는 모두 몇 L일까요?

우유와 주스의 양 = 우유의 양 + 주스의 양

수학적 표현력

10 계산에서 잘못된 부분을 찾아 잘못된 이유를 쓰고, 바르게 계산해 보세요.

$$\begin{array}{r} 1.6 \\ +\ 1.9 \\ \hline 2.5 \end{array} \rightarrow \begin{array}{r} 1.6 \\ +\ 1.9 \\ \hline \end{array}$$

받아올림한 수는 잊지 말고 계산해야 해.

$$\begin{array}{r} ^{1}\ \ \ \\ 1\ .\ 6 \\ +\ 1\ .\ 9 \\ \hline \square\ \ \ 5 \end{array}$$

15일 소수 한 자리 수의 뺄셈

두 수의 차

↓

(큰 수) − (작은 수)

같은 자리 수끼리 뺄 수 없으면 10을 받아내림해.

■보다 ▲ 작은 수

↓

■ − ▲

같은 자리 수끼리 뺄 수 없으면 10을 받아내림해.

물이 2.3 L 있었습니다. 화분에 물을 주고 남은 물이 1.7 L라면 화분에 준 물은 몇 L인지 구해 보세요.

화분에 준 물의 양 = 전체 물의 양 − 남은 물의 양

$$\begin{array}{r} 3.8 \\ -\ 1.5 \\ \hline \end{array} \qquad \begin{array}{r} 4.2 \\ -\ 1.7 \\ \hline \end{array}$$

가로로 계산하기 어려울 땐 소수점끼리 맞추어 세로로 계산해.

3 두 수의 차를 빈칸에 써넣으세요.

0.8	1.4

4 설명하는 수를 구해 보세요.

7.1보다 2.9 작은 수

5 물이 2.3 L 있었습니다. 화분에 물을 주고 남은 물이 1.7 L라면 화분에 준 물은 몇 L인지 식을 쓰고 답을 구해 보세요.

6 계산 결과를 비교하여 ◯ 안에 >, =, <를 알맞게 써넣으세요.

3.8−1.5 ◯ 4.2−1.7

7 〈보기〉에서 두 수를 골라 차가 가장 큰 뺄셈식을 만들고 차를 구해 보세요.

〈보기〉
3.6 9.4 4.8

□ − □ = □

차가 가장 큰 뺄셈식

↓

가장 큰 수 − 가장 작은 수

8 식당에 밀가루가 6.8 kg 있었습니다. 어제는 2.3 kg을 사용하고, 오늘은 1.8 kg을 사용했습니다. 남은 밀가루는 몇 kg일까요?

식당에 밀가루가 6.8 kg 있었습니다. 어제는 2.3 kg을 사용하고, 오늘은 1.8 kg을 사용했습니다. 남은 밀가루는 몇 kg일까요?

남은 밀가루의 양 = 전체 밀가루의 양 − 사용한 밀가루의 양

수학적 독해력

+9 다음 직사각형에서 세로는 가로보다 1.5 cm 더 짧습니다. 직사각형의 가로와 세로의 길이의 합은 몇 cm일까요?

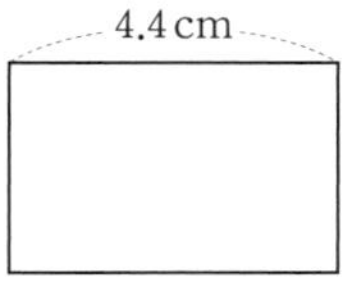

세로는 가로보다 1.5 cm 더 짧습니다.

↓

(세로) = (가로) − 1.5 cm

수학적 표현력

+10 주하가 바르게 계산한 값은 얼마인지 풀이 과정을 쓰고, 답을 구하세요.

어떤 수에서 2.5를 빼야 할 것을 잘못하여 더했더니 8.7이 되었어.

그럼 내가 바르게 계산한 값을 구해 볼게.

(어떤 수) + 2.5 = 8.7

↓

(어떤 수) = 8.7 − 2.5

어떤 수를 먼저 구한 다음 바르게 계산해.

16일 소수 두 자리 수의 덧셈

높은 자리부터 같은 자리 수끼리 비교해서 가장 큰 수와 가장 작은 수를 찾아.

2.18 0.9 1.76

자연수 부분의 크기를 먼저 비교해.

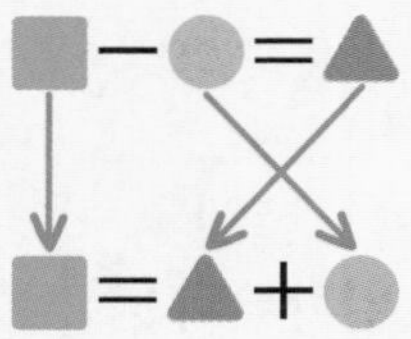

매실 원액 1.65 L와 물 2.15 L를 섞어서 매실 주스를 만들었습니다. 매실 주스는 몇 L인지 식을 쓰고 답을 구해 보세요.

(매실 주스의 양) = (매실 원액의 양) + (물의 양)

소수점끼리 맞추어 쓰고 같은 자리 수끼리 더해.

이때 받아올림이 있으면 바로 윗자리로 받아올림해.

0.54+0.11 1.9+0.76 2.03+3.8

3 가장 큰 수와 가장 작은 수의 합을 구해 보세요.

2.18 0.9 1.76

4 □ 안에 알맞은 수를 써넣으세요.

$\square - 4.51 = 3.7$

5 매실 원액 1.65 L와 물 2.15 L를 섞어서 매실 주스를 만들었습니다. 매실 주스는 몇 L인지 식을 쓰고 답을 구해 보세요.

6 선을 따라 내려간 곳에 계산 결과를 써넣으세요.

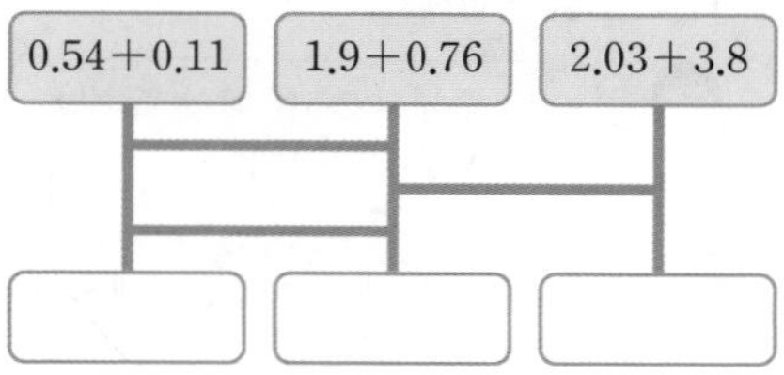

7 수직선에서 ㉠과 ㉡이 나타내는 수의 합을 구해 보세요.

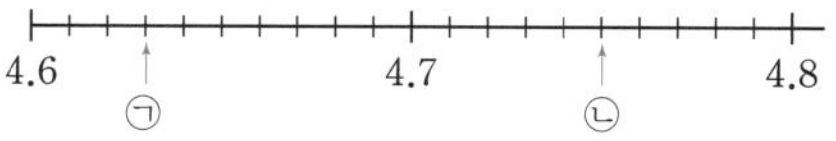

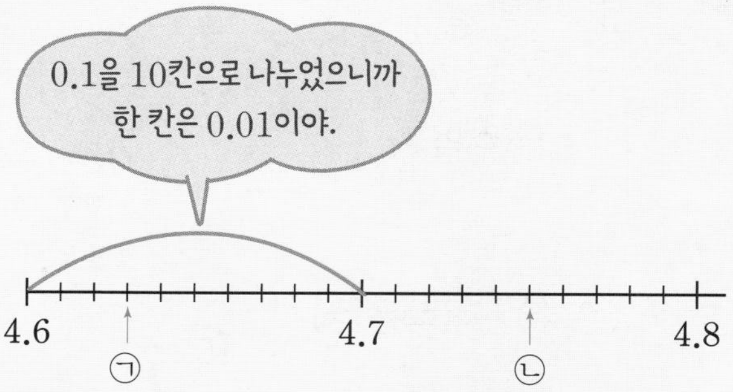

8 □ 안에 알맞은 수를 써넣으세요.

$$\begin{array}{r} \square\,.\,9\;2 \\ +\;2\,.\,\square\;1 \\ \hline 4\,.\,3\;\square \end{array}$$

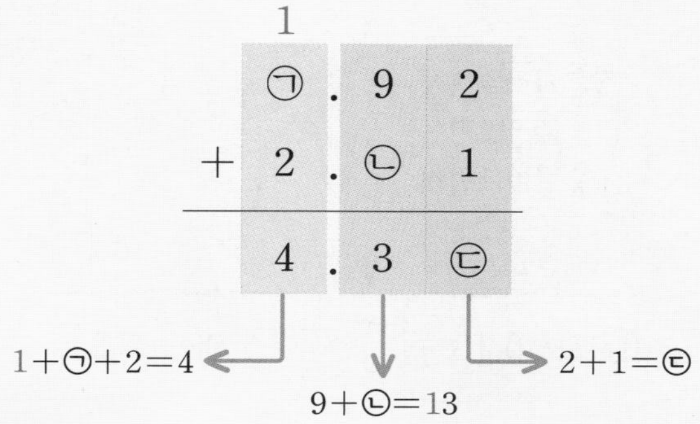

수학적 독해력

+9 카드를 한 번씩 모두 사용하여 소수 두 자리 수를 만들려고 합니다. 만들 수 있는 가장 큰 수와 가장 작은 수의 합을 구해 보세요.

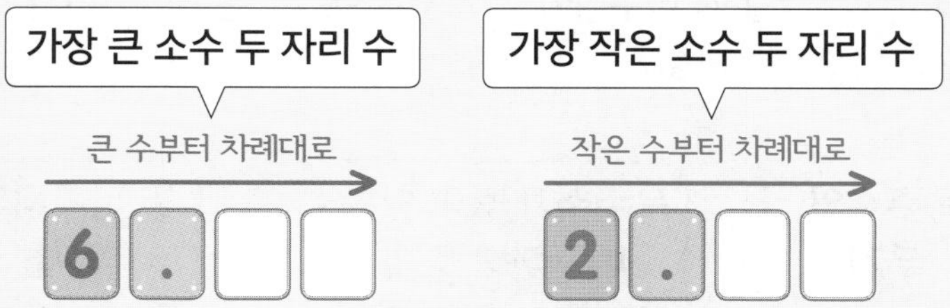

수학적 표현력

+10 수현이와 종욱이가 말한 두 소수의 합은 얼마인지 풀이 과정을 쓰고, 답을 구하세요.

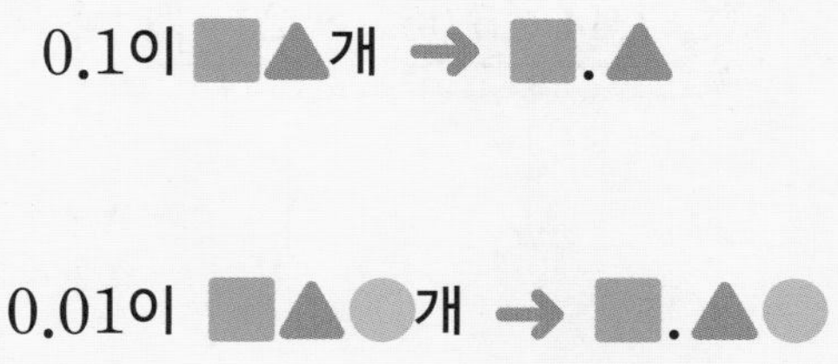

17일

소수 두 자리 수의 뺄셈

두 수의 차

↓

(큰 수) − (작은 수)

같은 자리 수끼리 뺄 수 없으면 10을 받아내림해.

소수점끼리 맞추어 세로로 쓰고 같은 자리 수끼리 빼.

같은 자리 수끼리 뺄 수 없으면 10을 받아내림해.

$0.91-0.13$　　$7.98-7.14$

옥수수가 들어 있는 바구니의 무게는 4.12 kg입니다. 빈 바구니가 0.26 kg일 때 바구니에 들어 있는 옥수수는 몇 kg인지 식을 쓰고 답을 구하세요.

옥수수의 무게 = 옥수수가 들어 있는 바구니의 무게 − 빈 바구니의 무게

$7.44-5.06 > 2.\square5$

$7.44-5.06$ → ★

$2.\square5$ → ★보다 작은 소수 두 자리 수

3 두 수의 차를 구해 보세요.

0.87　　1.69

4 계산 결과가 더 큰 것을 찾아 ○표 하세요.

$0.91-0.13$	$7.98-7.14$
(　　　)	(　　　)

5 옥수수가 들어 있는 바구니의 무게는 4.12 kg입니다. 빈 바구니가 1.26 kg일 때 옥수수는 몇 kg인지 식을 쓰고 답을 구해 보세요.

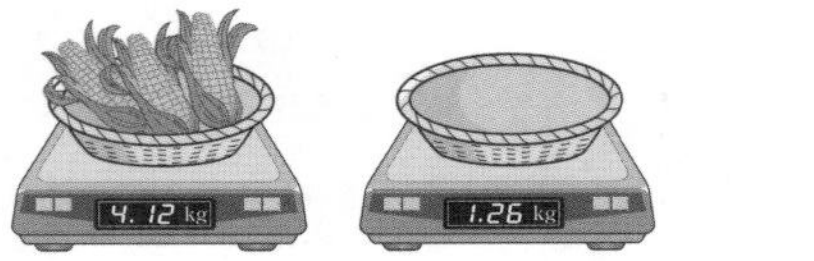

〔식〕 ____________________

〔답〕 ____________________

6 0부터 9까지의 수 중에서 □ 안에 들어갈 수 있는 수를 모두 구해 보세요.

$7.44-5.06 > 2.\square5$

7 ▲에 알맞은 수를 구해 보세요.

$3.8-1.29=★$
$★-1.65=▲$

$$\begin{array}{r} 3.8 \\ -\;1.29 \\ \hline \end{array}$$

자릿수가 다를 땐 소수점을 기준으로 맞춰 써서 계산해.

$3.8-1.29=★$

$★-1.65=▲$

8 길이가 9.3 cm인 색 테이프 2장을 2.74 cm만큼 겹치게 이어 붙였습니다. 이어 붙인 색 테이프의 전체 길이는 몇 cm일까요?

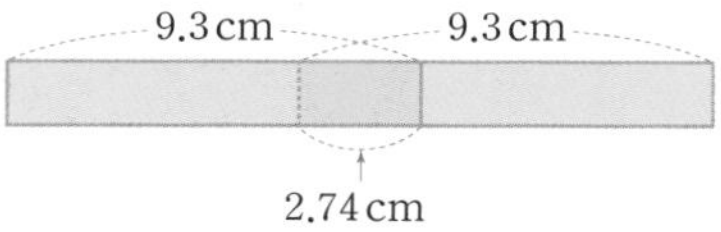

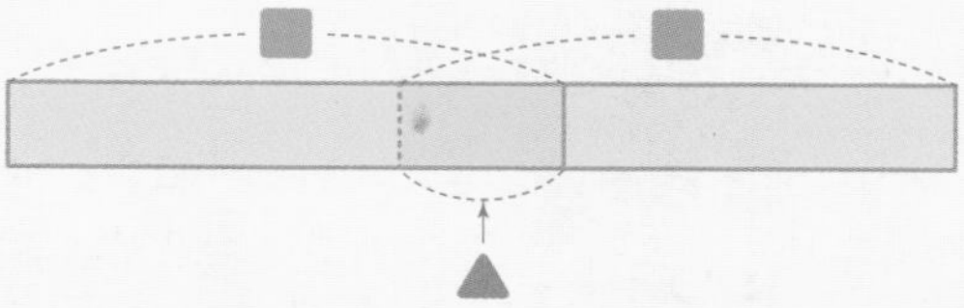

(이어 붙인 색 테이프의 전체 길이)=■+■−▲

수학적 독해력

9 물병에 물이 3.58 L 들어 있었습니다. 그중 슬기가 280 mL, 로운이가 450 mL를 마셨다면 남은 물은 몇 L일까요?

남은 물의 양 = 물병에 있던 물의 양 − 슬기와 로운이가 마신 물의 양

주의해!

답은 L 단위로 나타내어야 하는 점을 잊지 마.
1 mL=0.001 L

수학적 표현력

10 계산에서 잘못된 부분을 찾아 잘못된 이유를 쓰고, 바르게 계산해 보세요.

$$\begin{array}{r} 6.35 \\ -\;\;\;1.4 \\ \hline 6.21 \end{array} \rightarrow \boxed{}$$

$$\begin{array}{r} 6.35 \\ -\;1.4 \\ \hline \end{array}$$

자릿수가 다를 땐 소수점을 기준으로 맞춰 써서 계산해.

3단원

18일 수직 알아보기

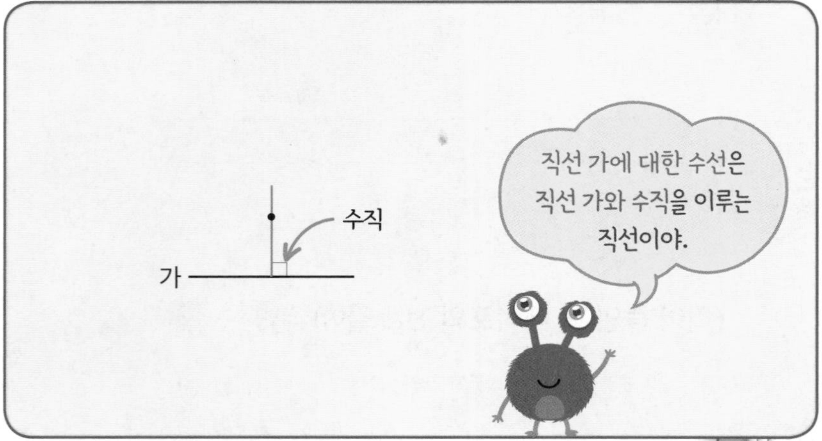

"선분 ㄱㅇ과 선분 ㄷㅇ은 서로 수직입니다."

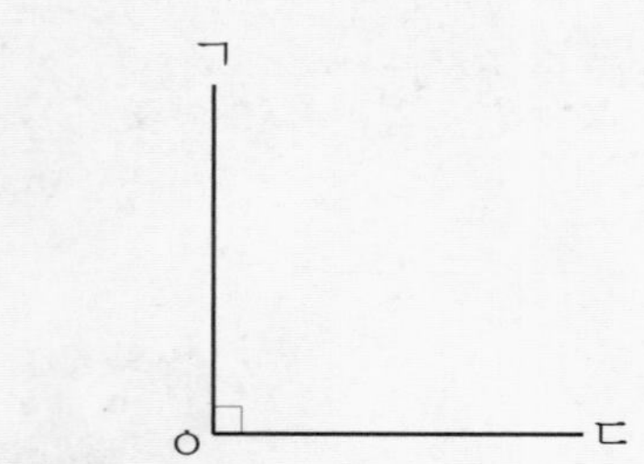

2 삼각자를 사용하여 직선 가에 대한 수선을 바르게 그은 것을 찾아 ○표 하세요.

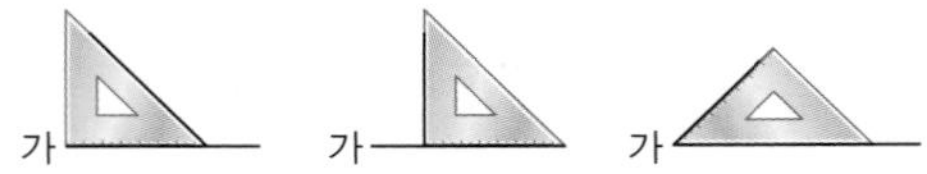

( ) ( ) ( )

3 직선 가에 대한 수선을 그으려고 합니다. 점 ㄱ과 어떤 점을 이어야 할까요? ··················( )

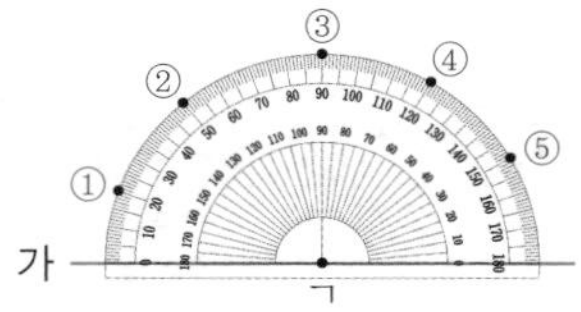

5 서로 수직인 직선은 모두 몇 쌍일까요?

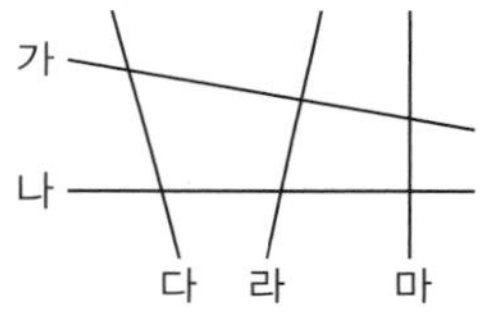

6 선분 ㄱㅇ과 선분 ㄷㅇ은 서로 수직입니다. 각 ㄴㅇㄷ의 크기는 몇 도일까요?

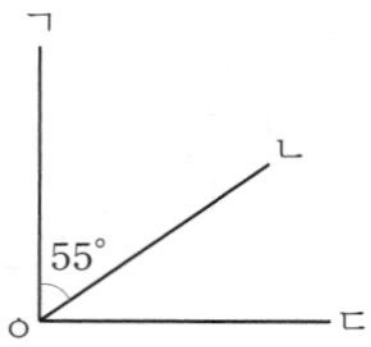

7 점 ㄱ에서 각 변에 수선을 그을 때 그을 수 있는 수선은 모두 몇 개일까요?

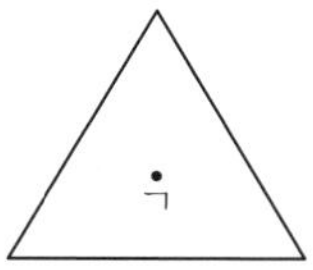

8 직선 나는 직선 가에 대한 수선입니다. ㉠의 각도는 몇 도일까요?

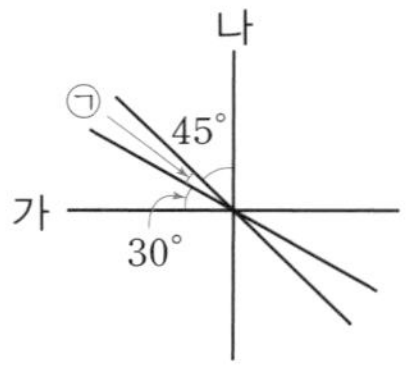

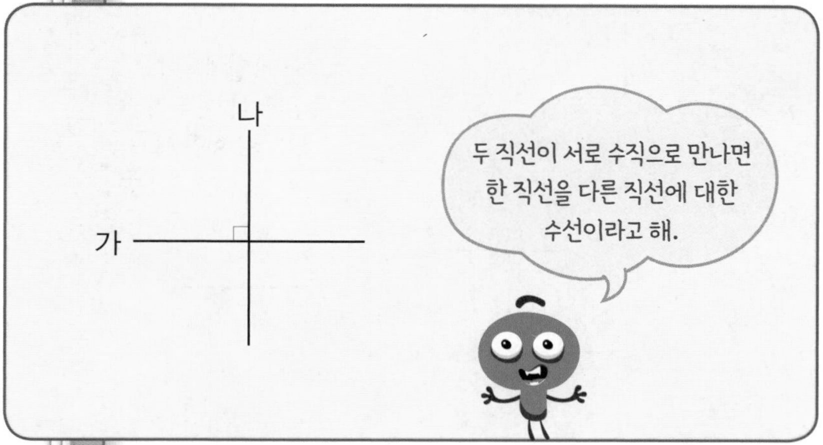

수학적 독해력

+9 소미와 준영이 중에서 잘못 말한 사람은 누구인가요?

소미: 한 직선에 수직인 직선은 셀 수 없이 많이 그을 수 있어.
준영: 한 점을 지나고 한 직선에 수직인 직선은 2개 그을 수 있어.

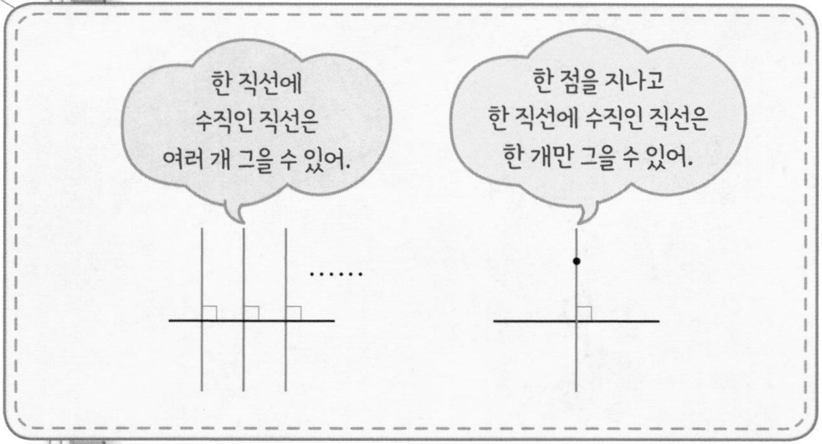

수학적 표현력

+10 사각형 ㄱㄴㄷㄹ에서 직선 가에 수직인 변은 모두 몇 개인지 풀이 과정을 쓰고 답을 구하세요.

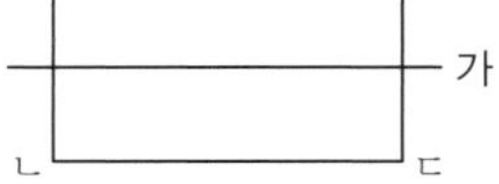

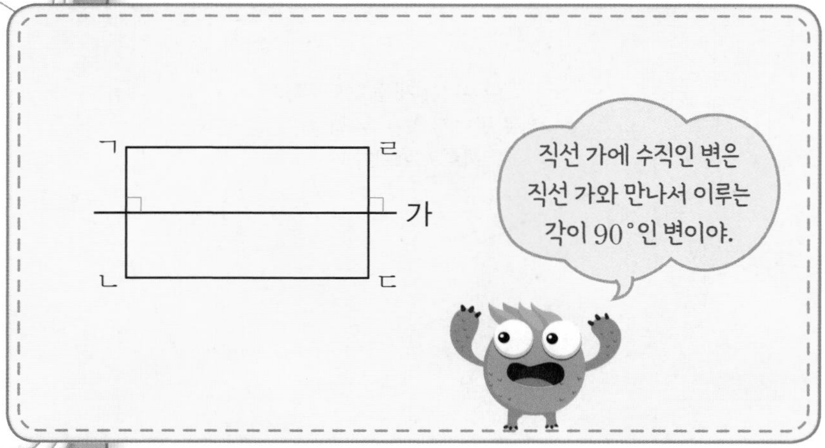

19일

평행 알아보기

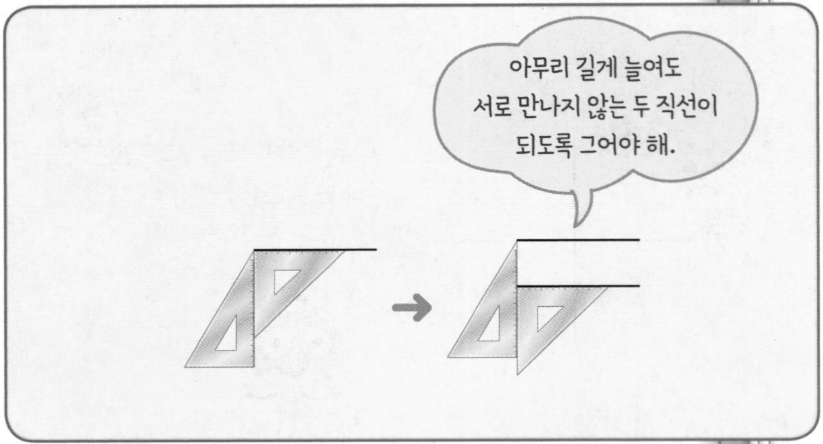

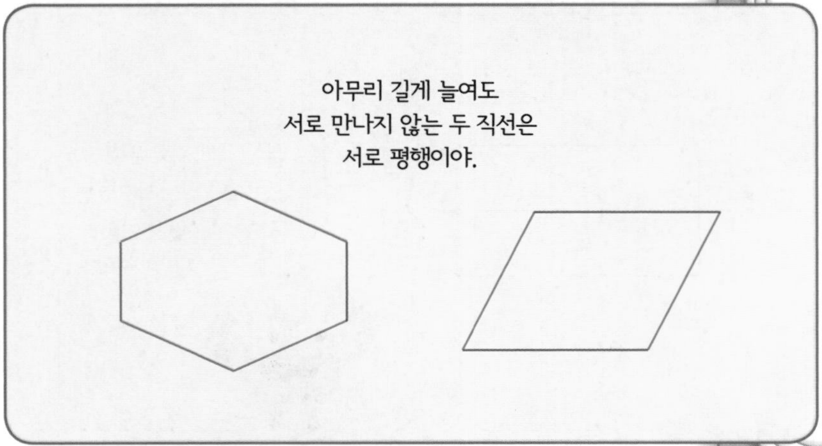

2 직사각형에서 서로 평행한 변을 모두 찾아 쓰세요.

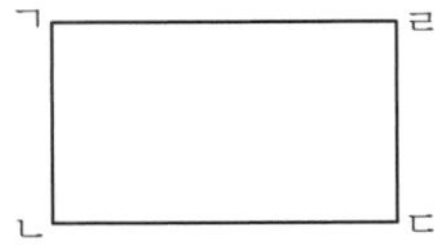

3 삼각자를 사용하여 평행선을 바르게 그은 것에 ○표 하세요.

(　　　) (　　　) (　　　)

5 직선 가와 평행한 직선은 모두 몇 개 그을 수 있나요? ···(　　　)

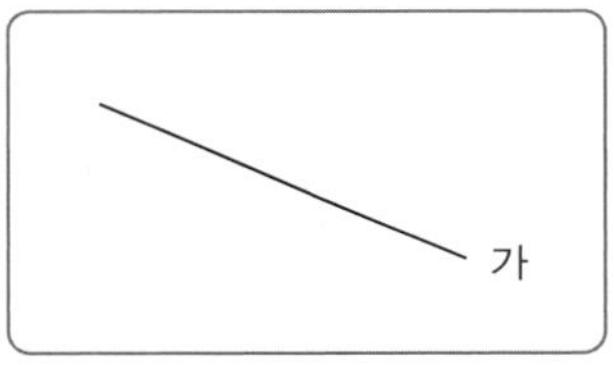

① 1개　② 2개　③ 3개
④ 10개　⑤ 무수히 많습니다.

6 도형에서 서로 평행한 변은 모두 몇 쌍인지 각각 구하세요.

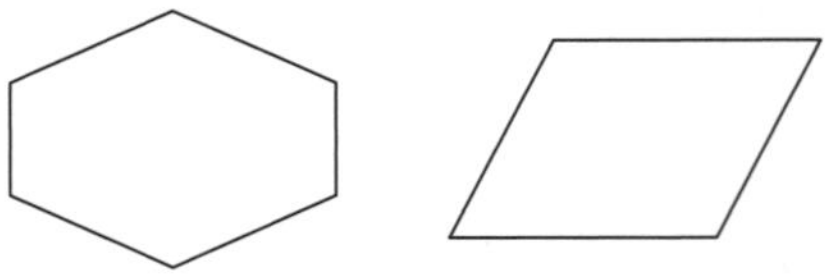

(　　　) (　　　)

7 도형에서 평행선은 모두 몇 쌍일까요?

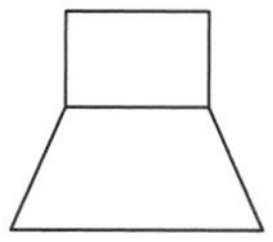

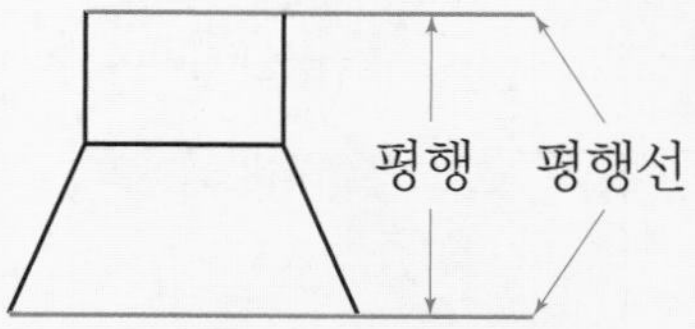

아무리 길게 늘여도
서로 만나지 않는 두 직선이
평행선이야.

8 직선 가와 직선 나는 서로 평행합니다. ㉠의 각도를 구해 보세요.

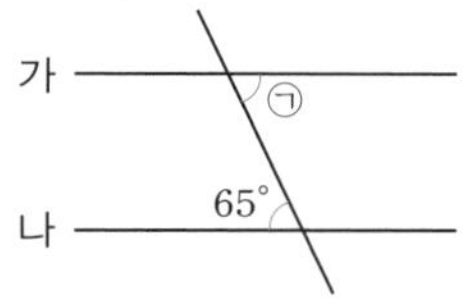

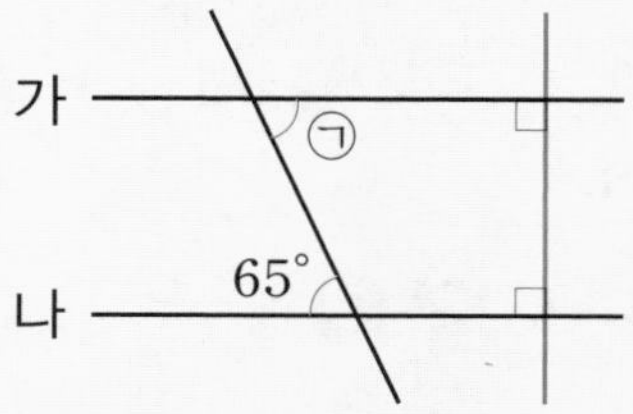

수학적 독해력

+9 평행선에 대해 잘못 설명한 것을 찾아 기호를 쓰세요.

> ㉠ 평행한 두 직선은 서로 만나지 않습니다.
> ㉡ 평행한 두 직선이 이루는 각은 직각입니다.
> ㉢ 한 직선에 수직인 두 직선을 평행선이라고 합니다.

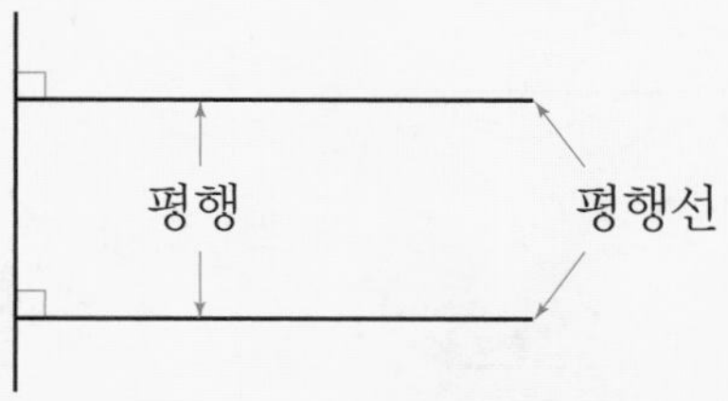

수학적 표현력

+10 수직인 선분도 있고 평행한 선분도 있는 알파벳은 모두 몇 개인지 풀이 과정을 쓰고, 답을 구하세요.

A E H N Z T

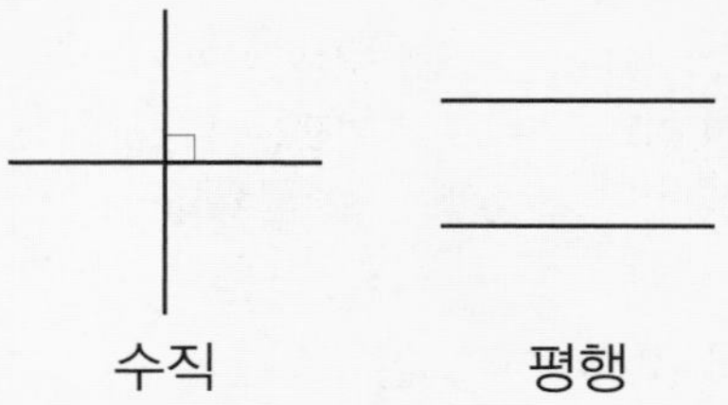

20일 평행선 사이의 거리

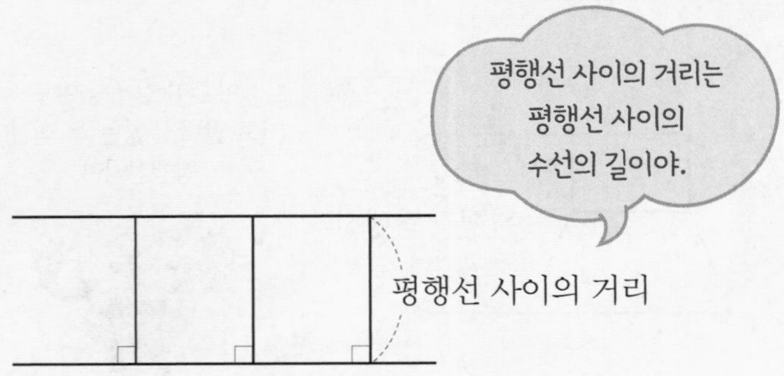

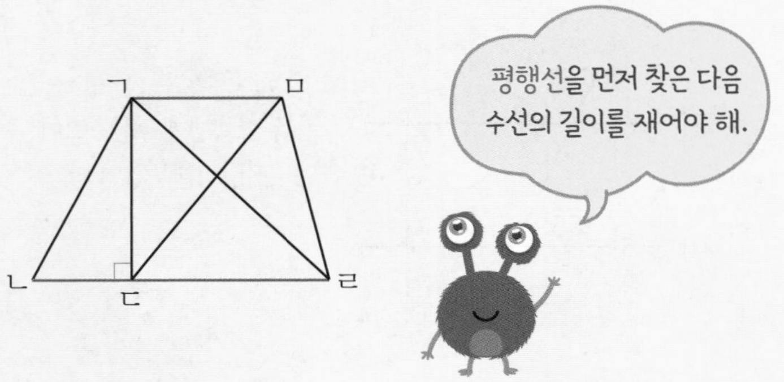

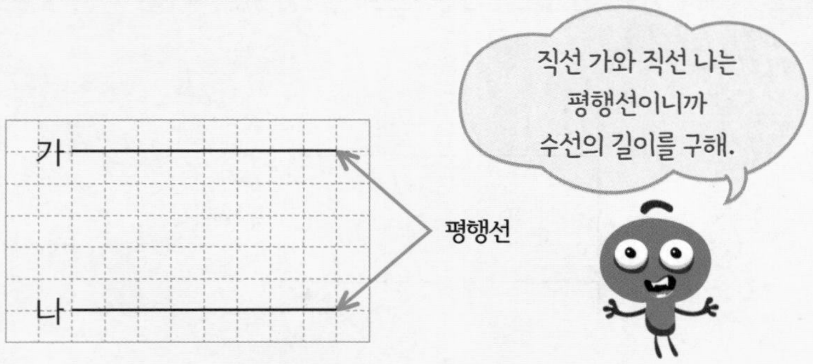

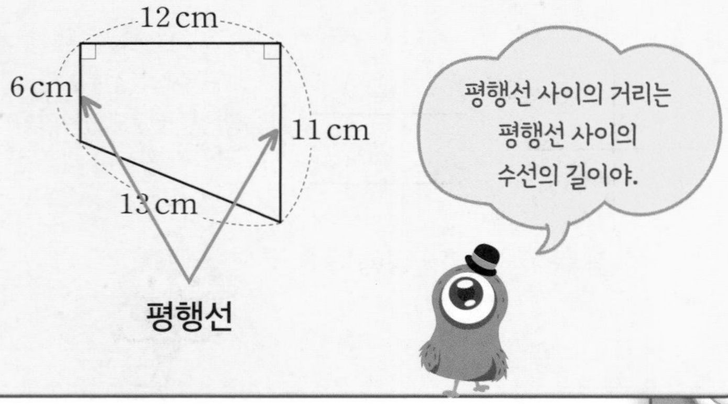

2 평행선 사이의 거리를 나타내는 선분을 모두 고르세요.

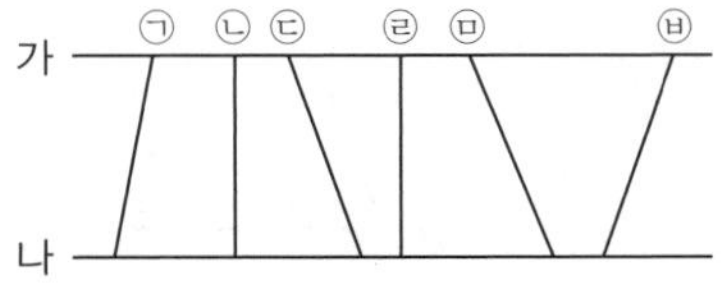

4 도형에서 평행선 사이의 거리를 재려면 어느 선분의 길이를 재어야 할까요?

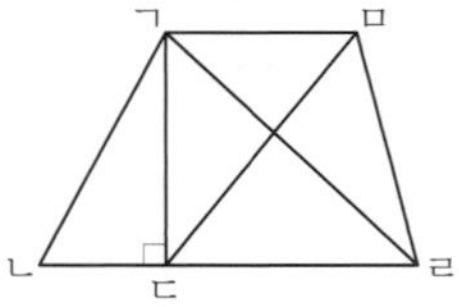

5 모눈 한 칸의 길이가 1 cm일 때, 직선 가와 직선 나 사이의 거리는 몇 cm일까요?

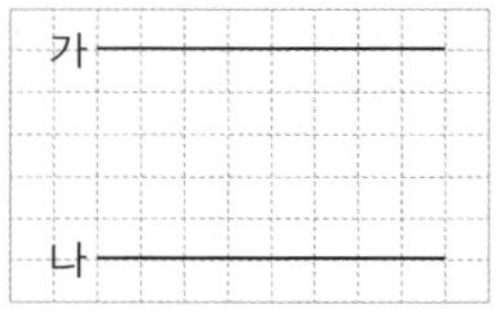

6 도형에서 평행선 사이의 거리는 몇 cm일까요?

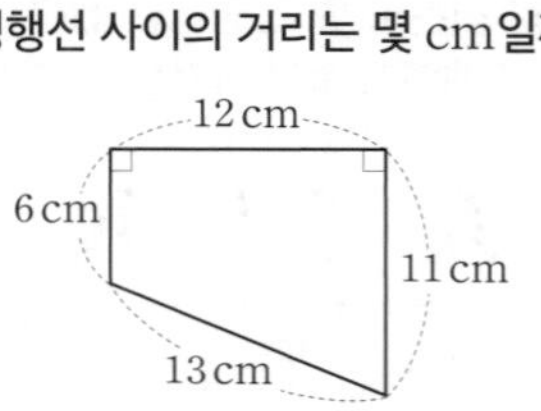

7 도형에서 평행선을 찾아 평행선 사이의 거리를 재어 보세요.

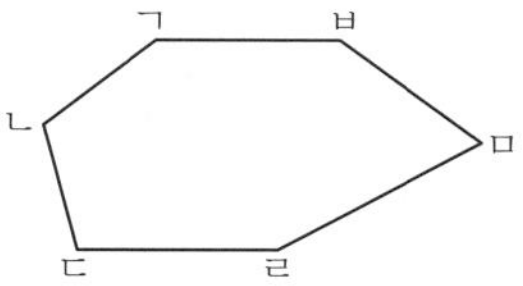

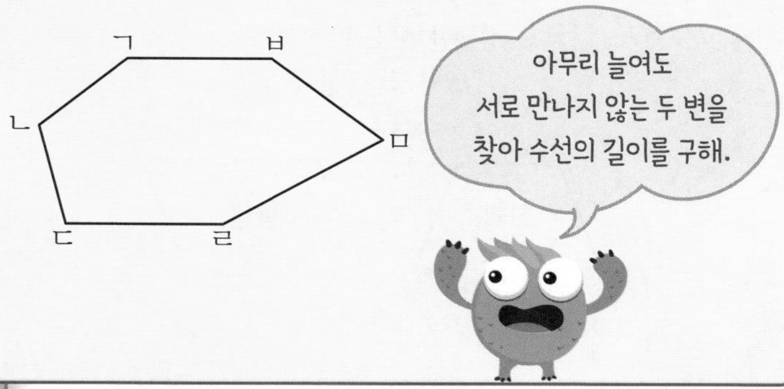

8 도형에서 변 ㄱㅂ과 변 ㄹㅁ은 서로 평행합니다. 변 ㄱㅂ과 변 ㄹㅁ 사이의 거리는 몇 cm일까요?

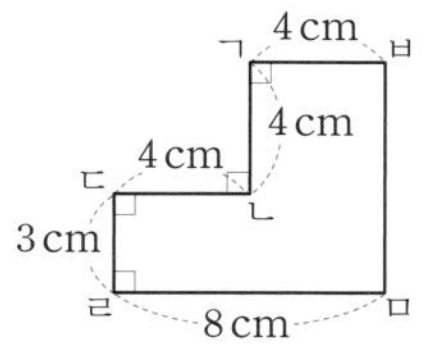

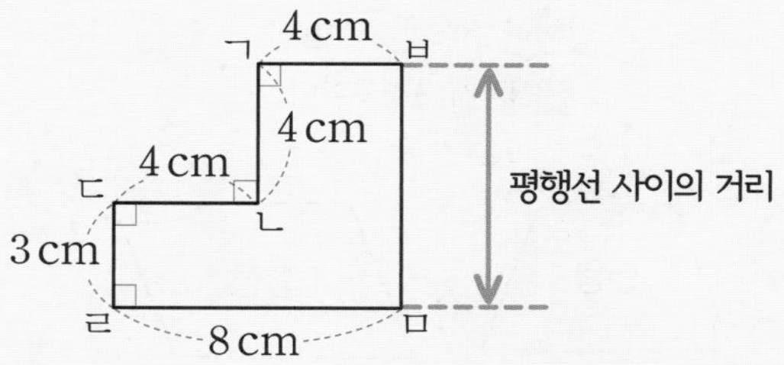

수학적 독해력

+9 직선 가와 직선 나는 서로 평행합니다. 그림을 보고 잘못 설명한 사람은 누구일까요?

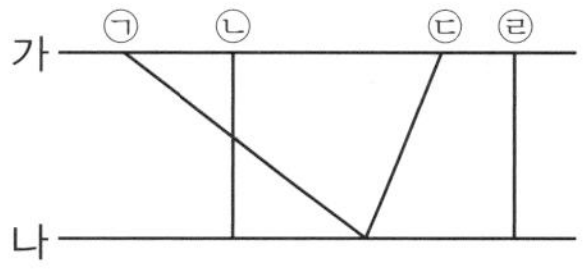

슬기: 직선 가, 나와 선분 ㉡이 만나서 이루는 각도는 90°야.

로운: 직선 가와 직선 나 사이에 그은 ㉠~㉣의 길이는 모두 달라.

수학적 표현력

+10 세 직선 가, 나, 다는 서로 평행합니다. 직선 가와 직선 다 사이의 거리는 몇 cm인지 풀이 과정을 쓰고, 답을 구하세요.

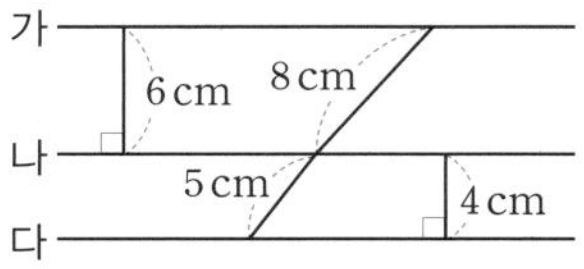

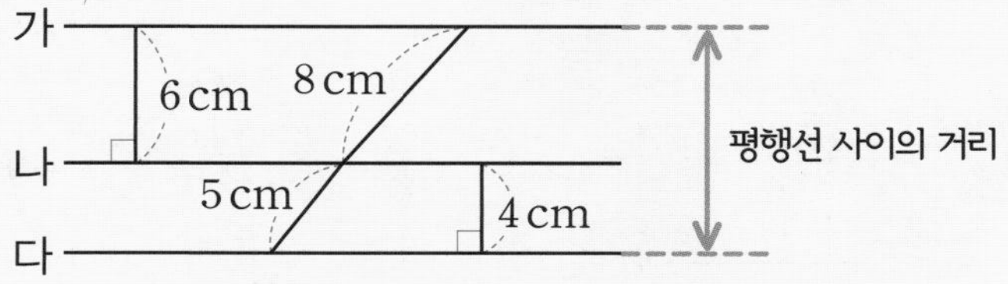

21일 사다리꼴

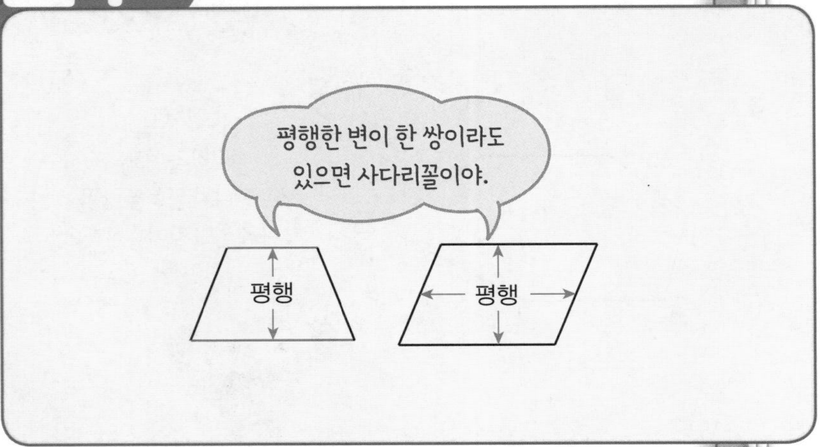

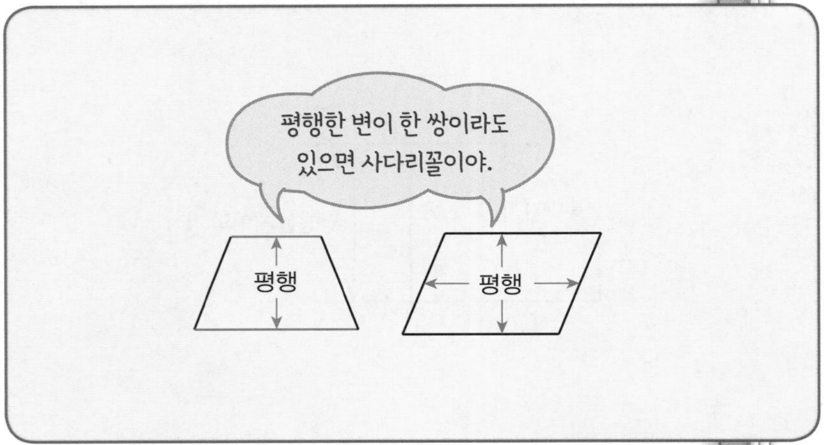

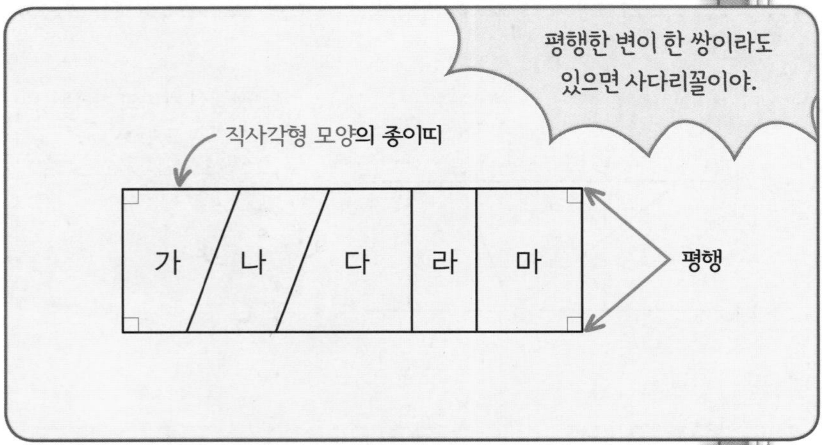

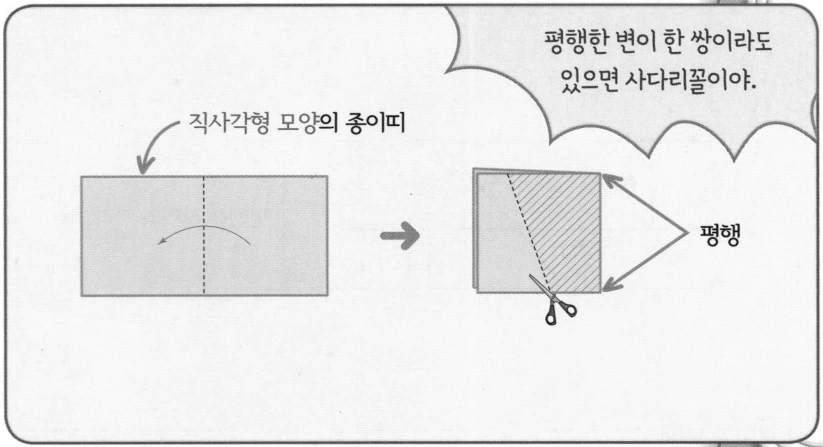

2 사다리꼴을 모두 찾아 기호를 쓰세요.

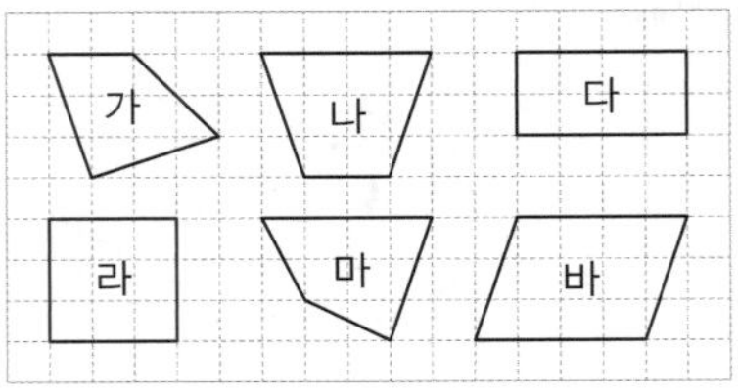

3 사각형을 보고 잘못 말한 친구의 이름을 쓰세요.

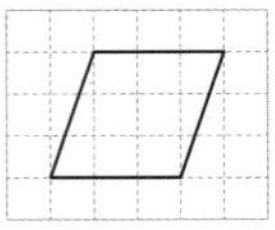

윤하: 평행한 변이 있으니까 사다리꼴이야.
세영: 평행한 변이 두 쌍이니까 사다리꼴이 아니야.

5 직사각형 모양의 종이띠를 선을 따라 잘랐을 때 잘라 낸 사각형 중 사다리꼴은 모두 몇 개일까요?

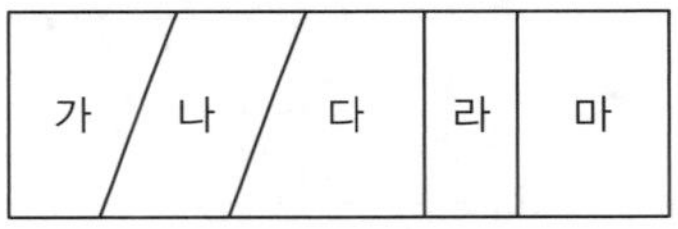

6 다음과 같이 직사각형 모양의 종이를 자른 후 빗금 친 부분을 펼쳤을 때 만들어지는 사각형의 이름을 쓰세요.

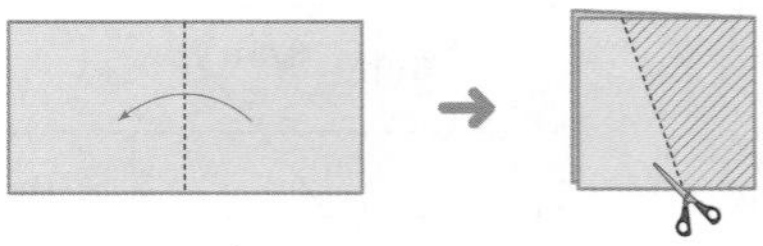

7 도형판에서 한 꼭짓점만 옮겨서 사다리꼴을 만들어 보세요.

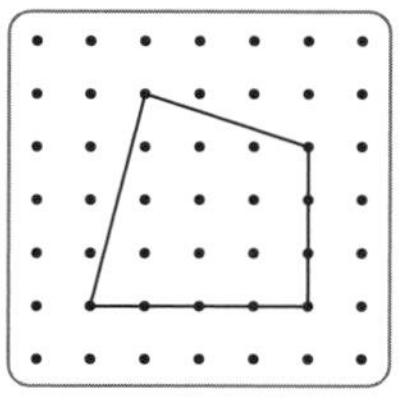

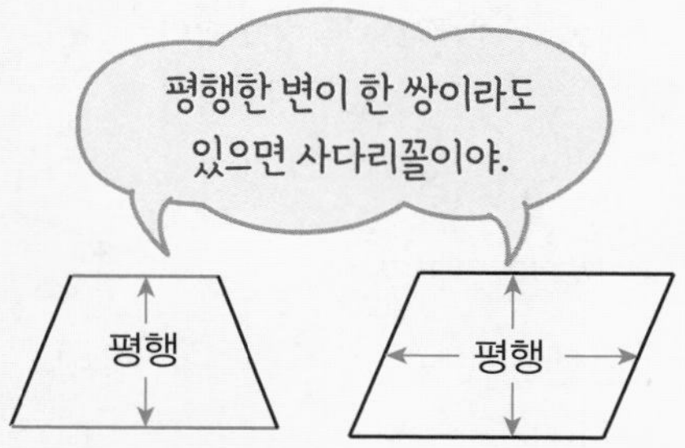

8 사다리꼴 ㄱㄴㄷㄹ에서 각 ㄱㄴㄷ의 크기는 몇 도일까요?

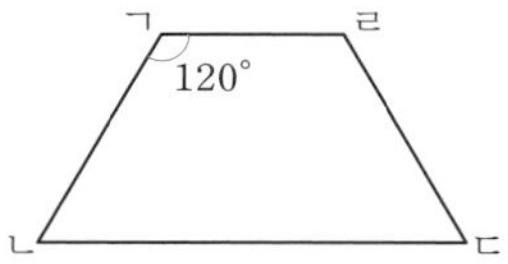

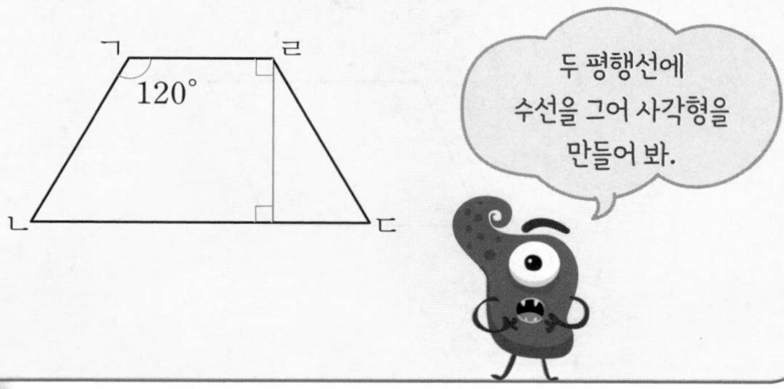

수학적 독해력

9 도형에서 찾을 수 있는 크고 작은 사다리꼴은 모두 몇 개일까요?

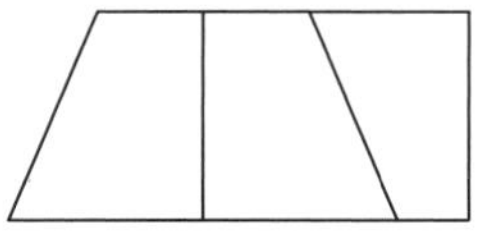

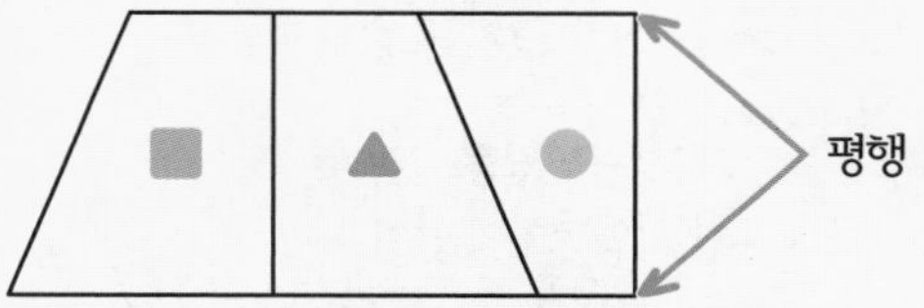

작은 사각형
- 1개짜리: ■, ▲, ●
- 2개짜리: ■+▲, ▲+●
- 3개짜리: ■+▲+●

수학적 표현력

10 다음 도형은 사다리꼴인가요? 그렇게 생각한 이유를 설명해 보세요.

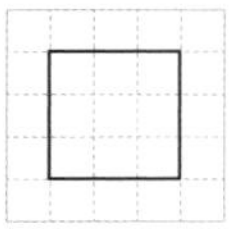

22일 평행사변형

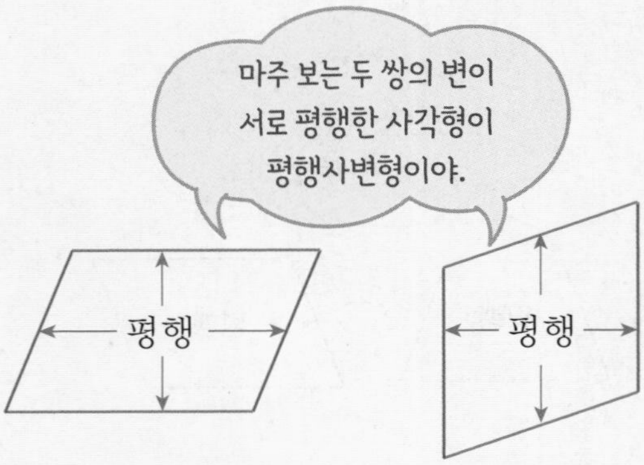

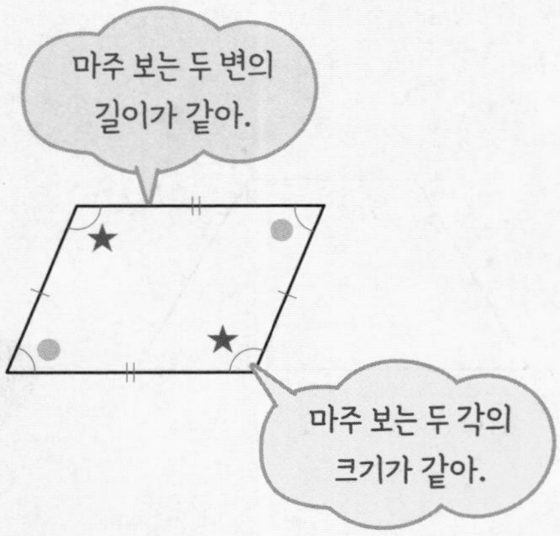

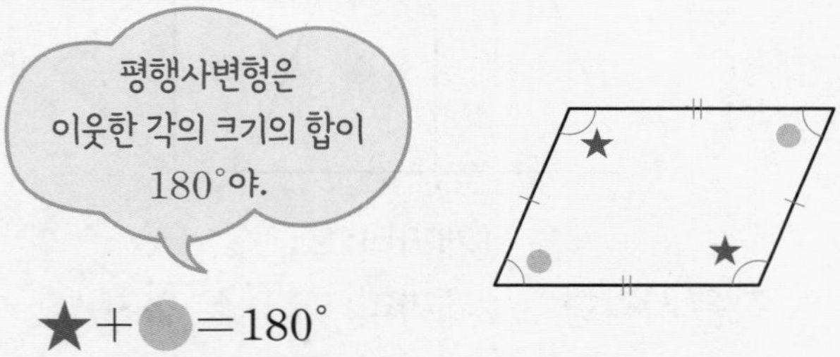

2 평행사변형을 모두 찾아 기호를 쓰세요.

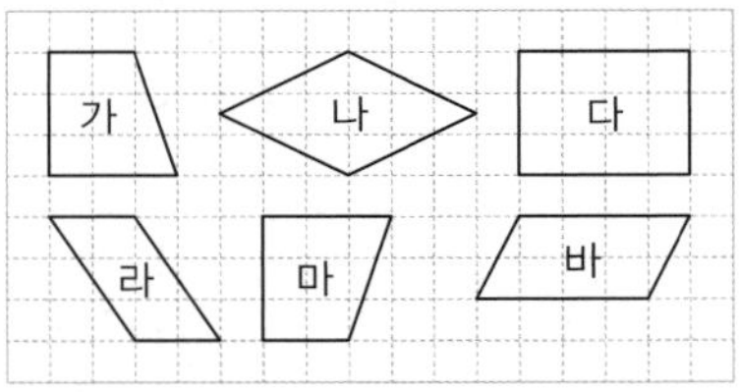

3 평행사변형입니다. □ 안에 알맞은 수를 써넣으세요.

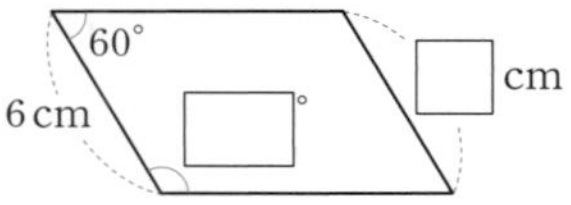

5 평행사변형입니다. ㉠의 각도를 구하세요.

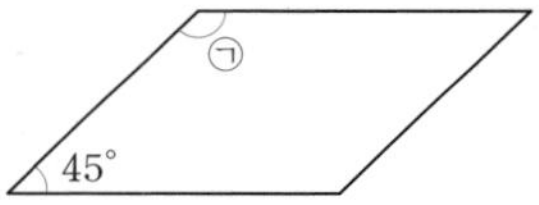

6 도형판에서 꼭짓점 한 개만 옮겨서 평행사변형을 만들어 보세요.

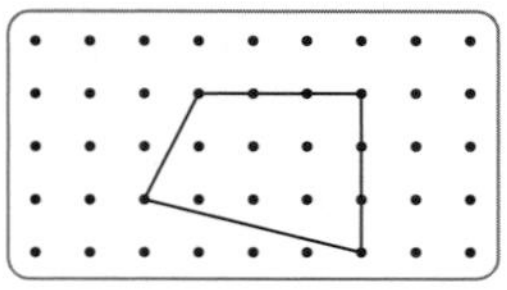

7 평행사변형의 네 변의 길이의 합은 몇 cm일까요?

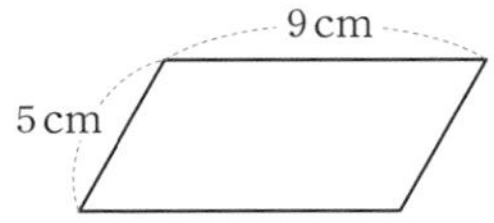

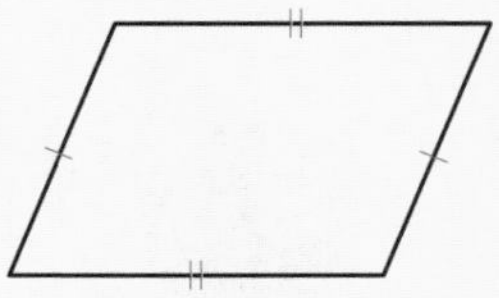

평행사변형은 마주 보는 두 변의 길이가 같아.

8 도형에서 찾을 수 있는 크고 작은 평행사변형은 모두 몇 개일까요?

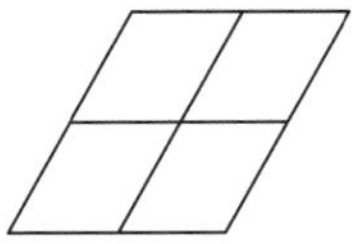

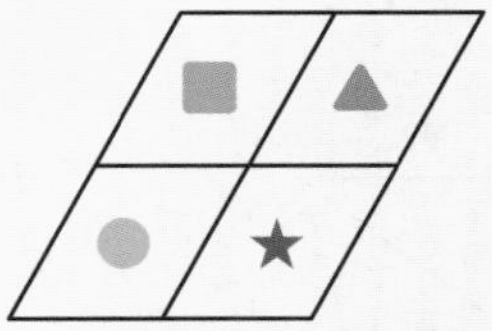

작은 사각형
- 1개짜리: ■, ▲, ●, ★
- 2개짜리: ■+▲, ●+★, ■+●, ▲+★
- 4개짜리: ■+▲+●+★

수학적 독해력

+9 평행사변형 ㄱㄴㄷㄹ의 네 변의 길이의 합은 38 cm입니다. 변 ㄱㄴ의 길이는 몇 cm일까요?

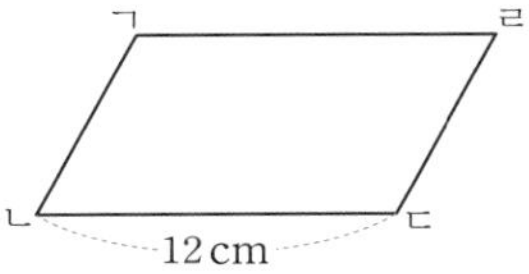

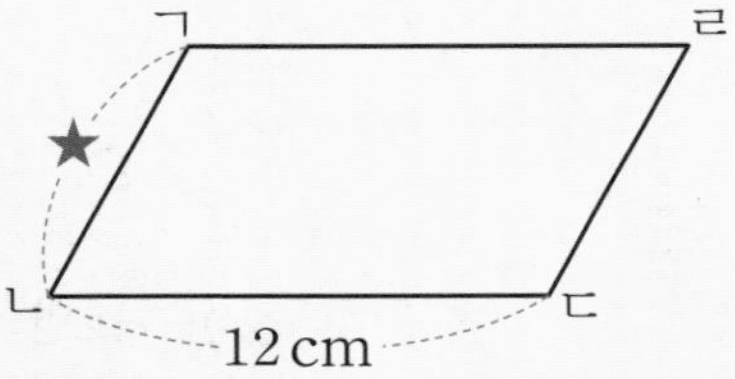

평행사변형은 마주 보는 두 변의 길이가 같아.

(네 변의 길이의 합)=★+12+★+12

수학적 표현력

+10 다음 도형은 평행사변형인가요? 그렇게 생각한 이유를 설명해 보세요.

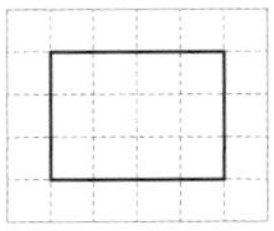

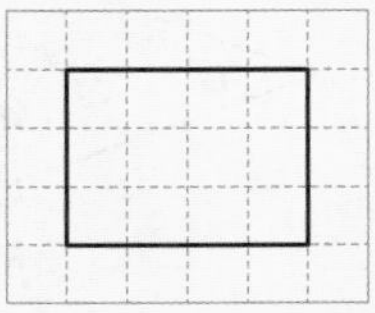

마주 보는 두 쌍의 변이 서로 평행하면 평행사변형이야.

23일 마름모

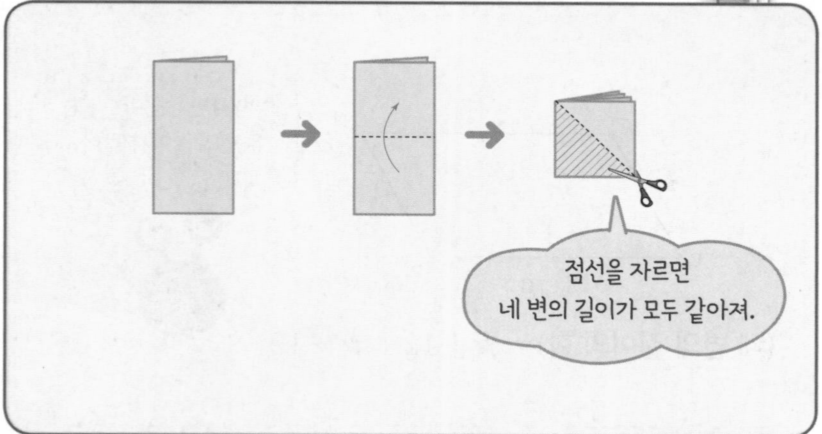

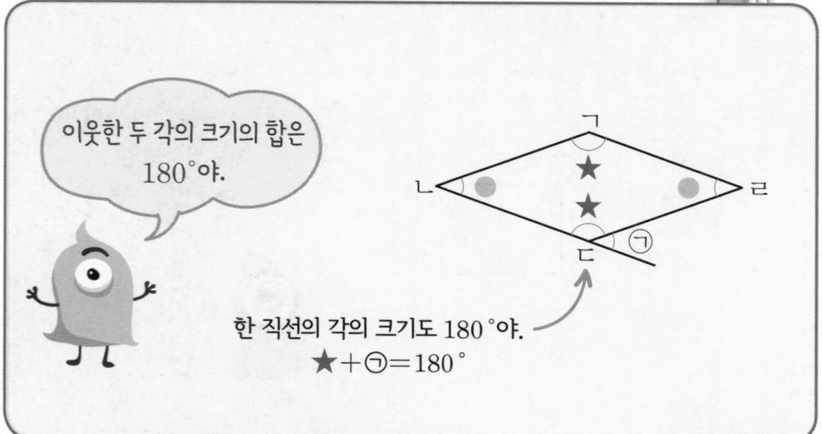

1 마름모를 모두 찾아 기호를 쓰세요.

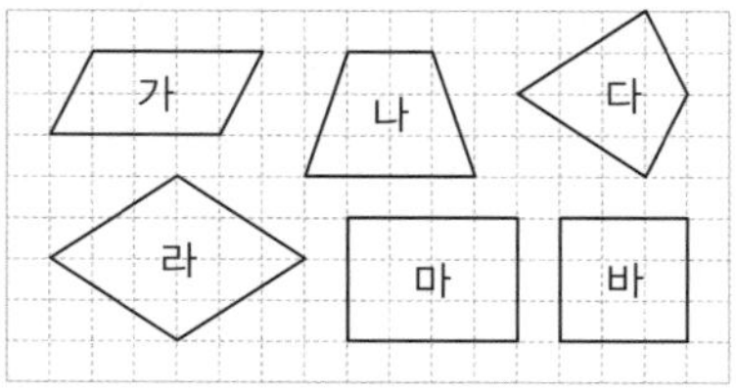

3 마름모를 보고 □ 안에 알맞은 수를 써넣으세요.

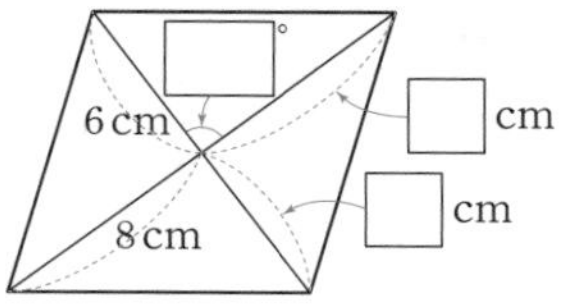

4 다음과 같이 색종이를 자른 후 빗금친 부분을 펼쳤을 때 만들어지는 사각형의 이름을 쓰세요.

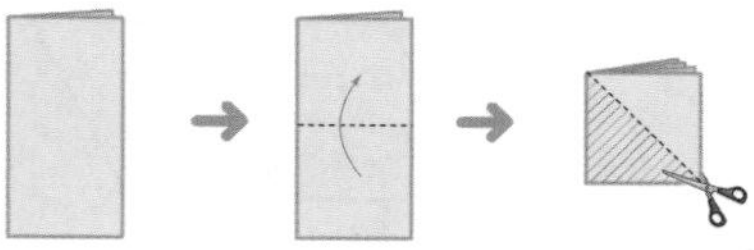

5 마름모입니다. ㉠의 각도를 구하세요.

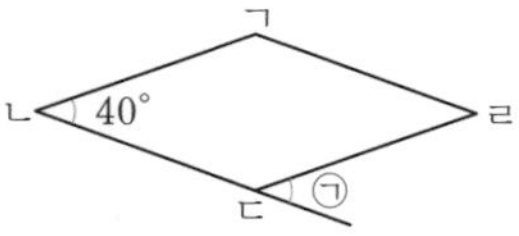

7 사각형 ㄱㄴㄷㄹ은 마름모입니다. 선분 ㄱㄷ과 선분 ㄴㄹ의 길이의 합은 얼마일까요?

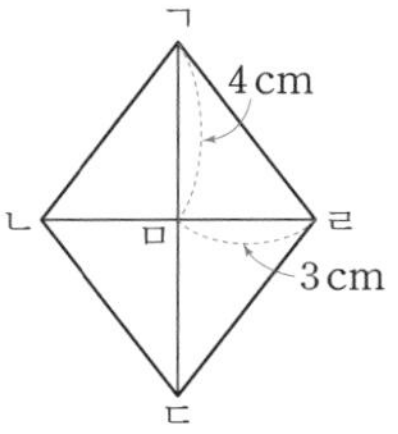

8 크기가 같은 정삼각형을 겹치지 않게 이어 붙여서 만든 도형입니다. 찾을 수 있는 크고 작은 마름모는 모두 몇 개일까요?

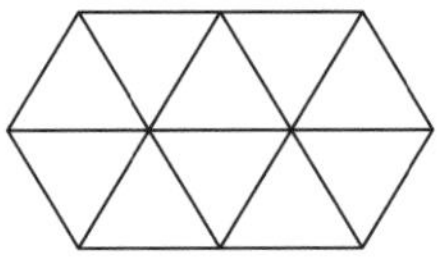

수학적 독해력

+9 마름모입니다. 각 ㄴㄱㄹ의 크기는 각 ㄱㄴㄷ의 크기의 3배일 때 각 ㄱㄴㄷ의 크기는 몇 도일까요?

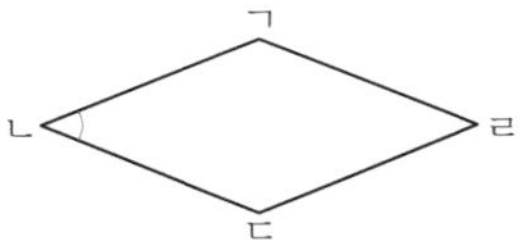

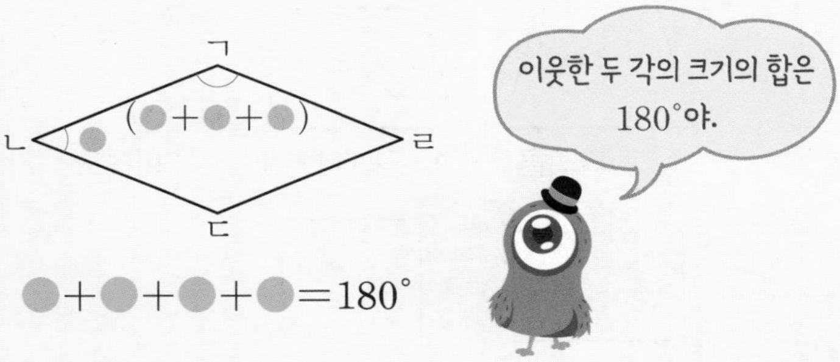

수학적 표현력

+10 다음 도형은 마름모인가요? 그렇게 생각한 이유를 설명해 보세요.

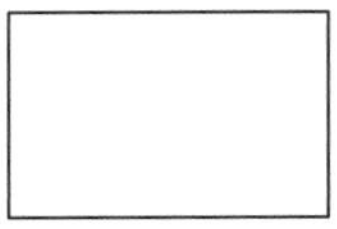

4단원

24일 여러 가지 사각형

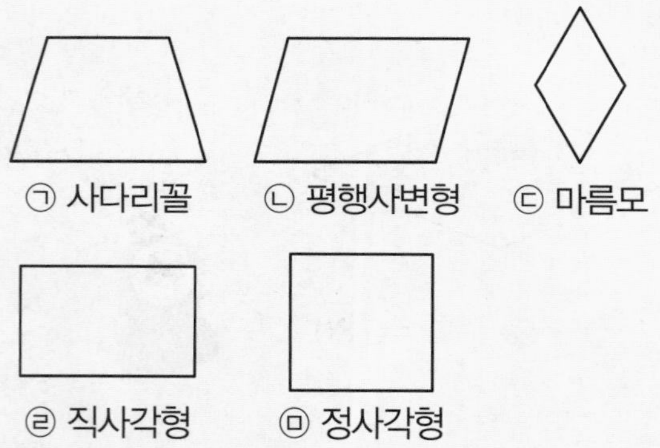

2 다음 도형은 정사각형이 아닙니다. 그 이유를 바르게 설명한 것의 기호를 쓰세요.

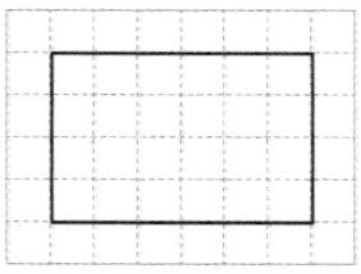

㉠ 네 변의 길이가 모두 같지 않습니다.
㉡ 네 각이 모두 직각이 아닙니다.

3 다음 도형은 직사각형입니다. □ 안에 알맞은 수를 써넣으세요.

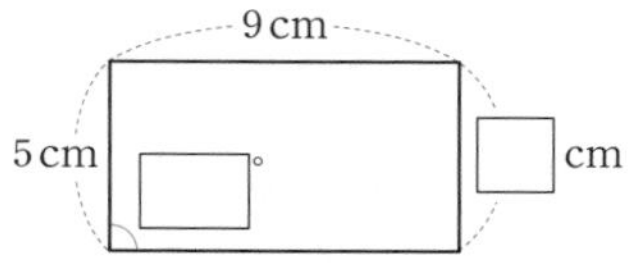

4 평행한 변이 두 쌍인 사각형을 모두 찾아 기호를 쓰세요.

〈보기〉
㉠ 사다리꼴　㉡ 평행사변형
㉢ 마름모　㉣ 직사각형
㉤ 정사각형

6 다음 막대로 만들 수 없는 사각형을 모두 고르세요. .... (　　　　)

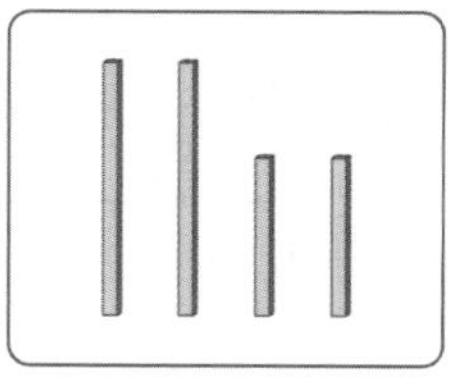

① 사다리꼴　② 평행사변형
③ 마름모　④ 직사각형
⑤ 정사각형

7 직사각형 모양의 종이띠를 선분을 따라 잘랐을 때 생기는 여러 가지 사각형의 개수를 세어 보세요.

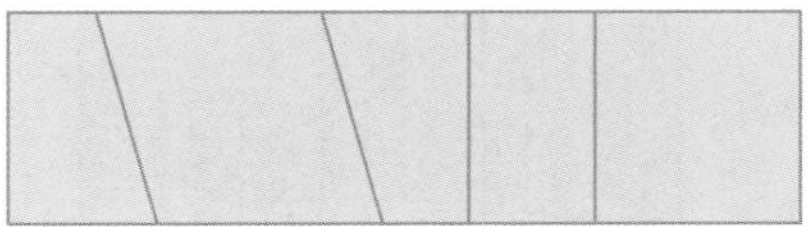

① 사다리꼴: □개　② 평행사변형: □개
③ 마름모: □개　④ 직사각형: □개
⑤ 정사각형: □개

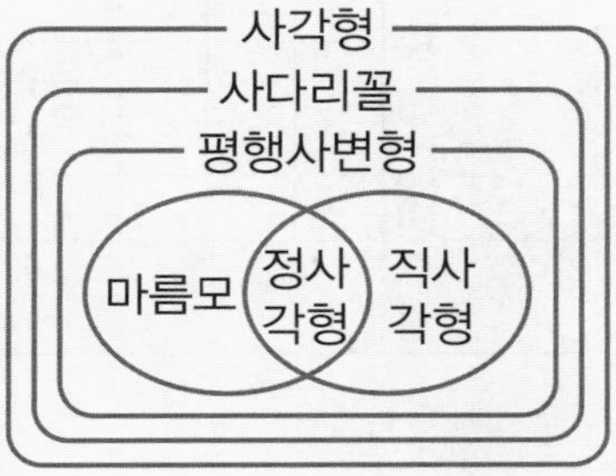

8 마름모, 정삼각형, 정사각형을 겹치지 않게 이어 붙인 도형입니다. 빨간색 선의 길이는 몇 cm일까요?

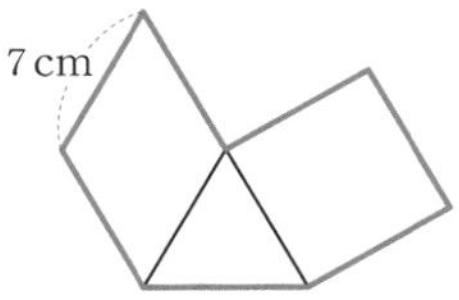

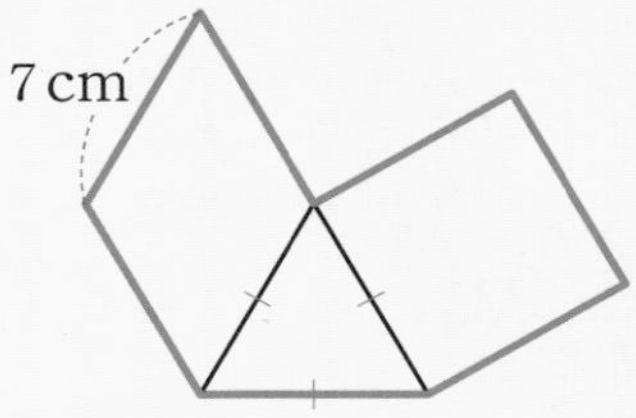

수학적 독해력

+9 〈조건〉을 모두 만족하는 사각형의 이름을 쓰세요.

〈조건〉
- 네 각이 모두 직각입니다.
- 마주 보는 두 쌍의 변이 서로 평행합니다.
- 네 변의 길이가 모두 같습니다.

네 각이 모두 직각입니다. → **직사각형, 정사각형**

마주 보는 두 쌍의 변이 서로 평행합니다. → **평행사변형, 마름모, 직사각형, 정사각형**

네 변의 길이가 모두 같습니다. → **마름모, 정사각형**

수학적 표현력

+10 오른쪽 도형에 대해 잘못 말한 친구를 찾고, 잘못된 이유를 쓰세요.

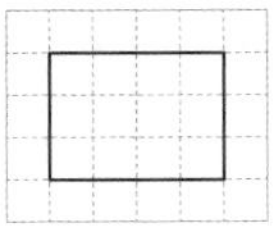

지은: 마주 보는 두 쌍의 변이 서로 평행하니까 평행사변형이라고 할 수 있어.
정우: 네 각이 직각이니까 정사각형이라고 할 수 있어.
승주: 마주 보는 한 쌍의 변이 서로 평행하니까 사다리꼴이라고 할 수 있어.

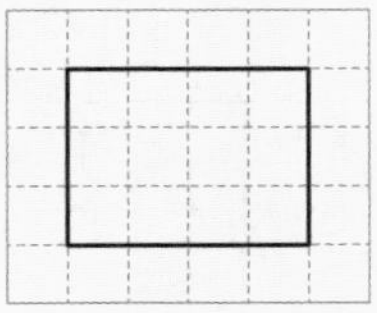

4단원

25일 꺾은선그래프 알아보기

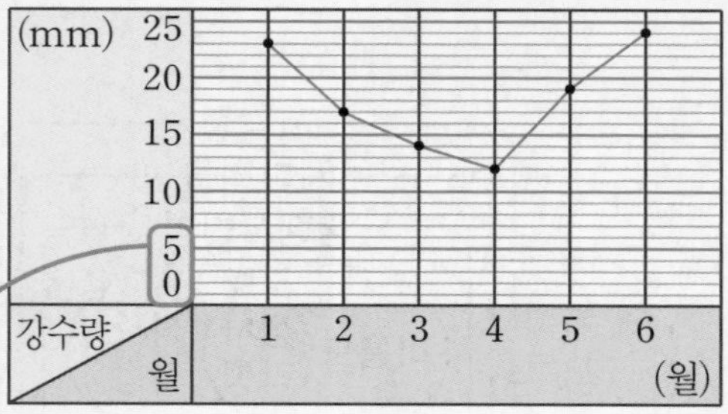

세로 눈금 5칸 → 5 mm
세로 눈금 1칸 → ☐ mm

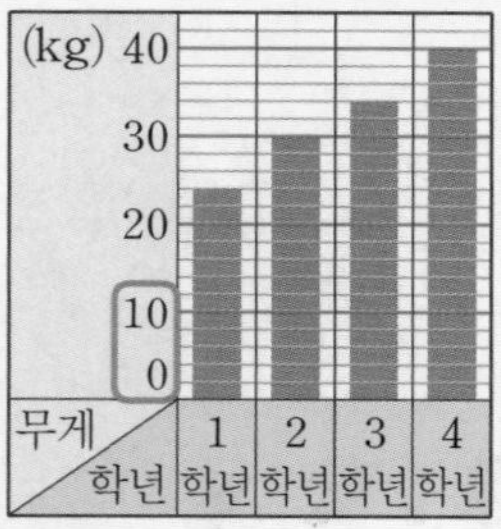

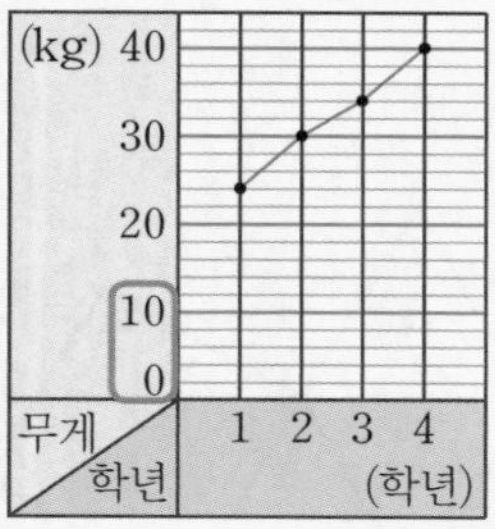

세로 눈금 5칸 → 10 kg
세로 눈금 1칸 → ☐ kg

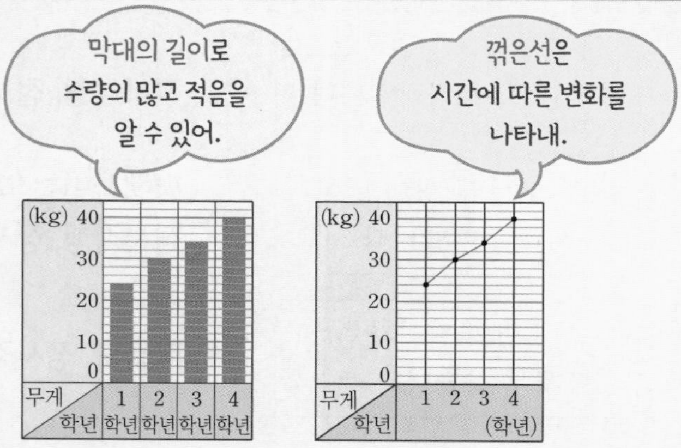

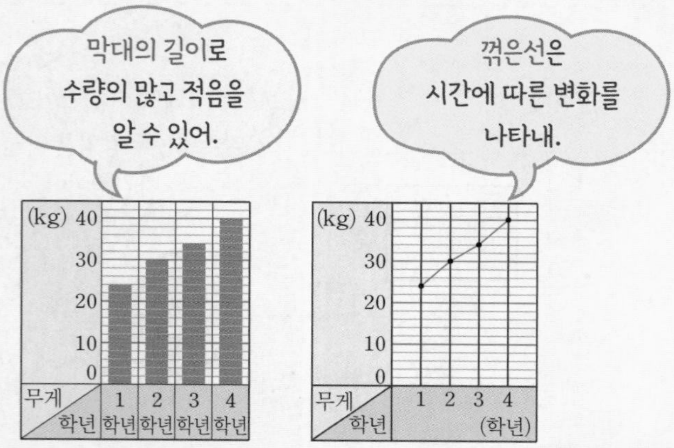

2 세로 눈금 한 칸은 몇 mm를 나타낼까요?

어느 도시의 강수량

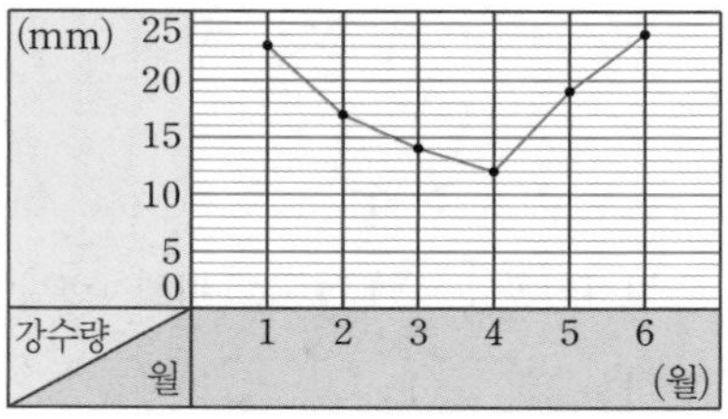

4 세로 눈금 한 칸은 몇 kg을 나타낼까요?

준성이의 몸무게

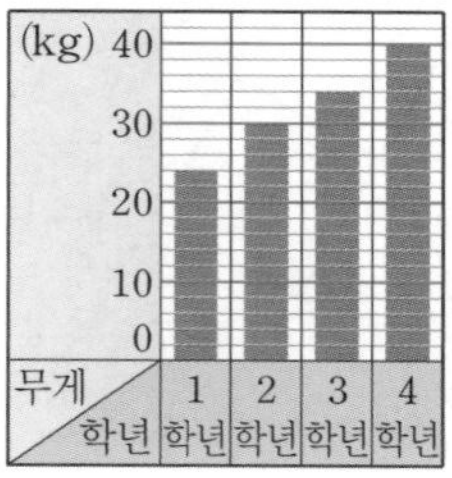

준성이의 몸무게

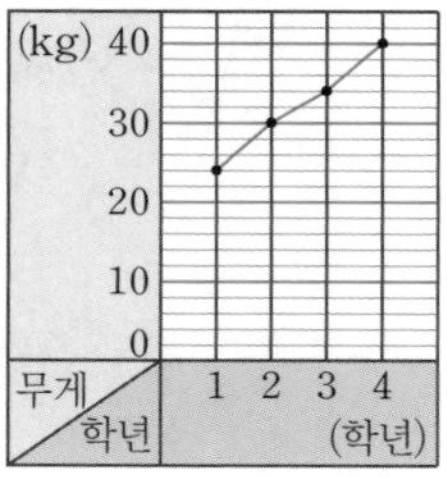

5 몸무게의 변화를 한눈에 알아보기 쉬운 그래프는 막대그래프와 꺾은선그래프 중 어느 것일까요?

준성이의 몸무게

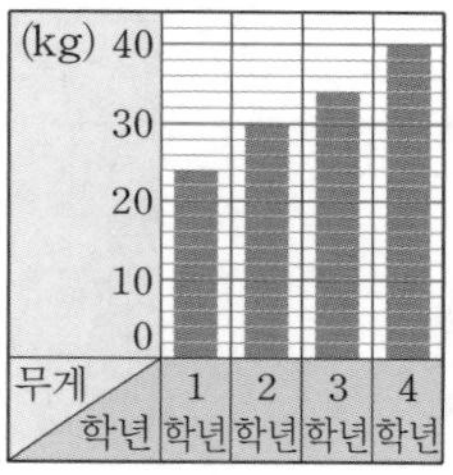

준성이의 몸무게

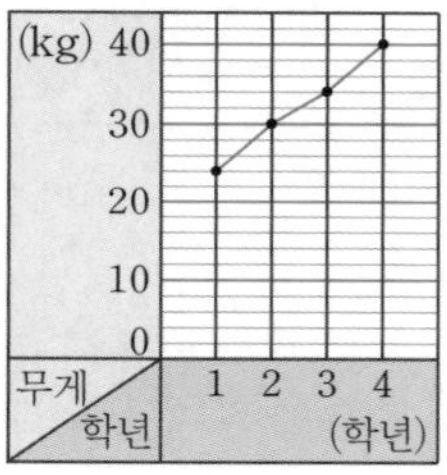

6 막대그래프와 꺾은선그래프의 차이점을 바르게 나타낸 것의 기호를 쓰세요.

> ㉠ 가로는 학년을 나타내고 세로는 몸무게를 나타냅니다.
> ㉡ 막대그래프는 막대로, 꺾은선그래프는 선분으로 나타냅니다.

7 현정이의 오래 매달리기 기록이 가장 낮을 때와 가장 높을 때는 각각 무슨 요일일까요?

현정이의 오래 매달리기 기록

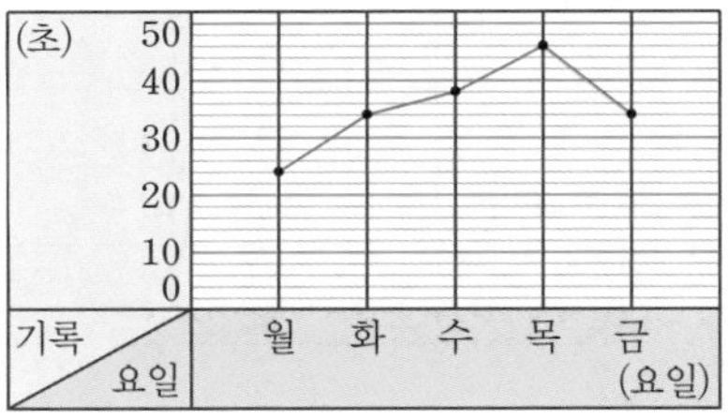

꺾은선그래프는 수량을 점으로 표시하고, 그 점들을 선분으로 이은 그래프야.

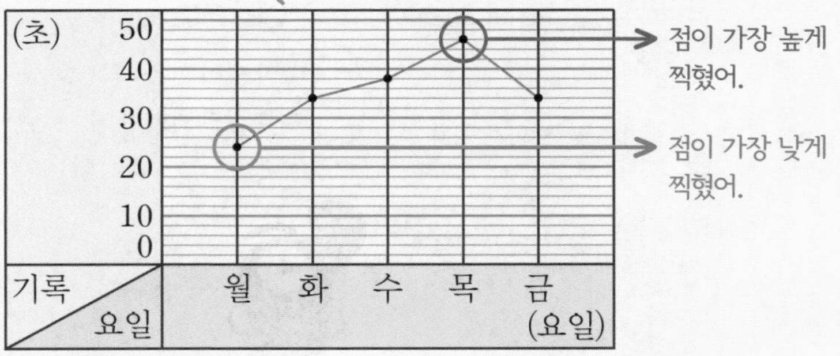

8 현정이의 오래 매달리기 기록이 가장 높을 때와 가장 낮을 때의 차는 몇 초일까요?

현정이의 오래 매달리기 기록

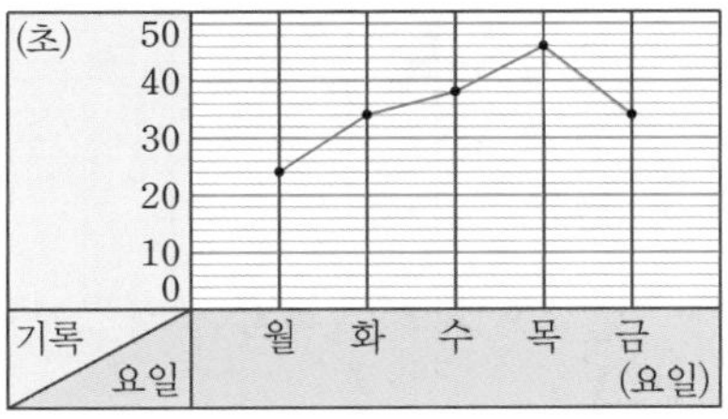

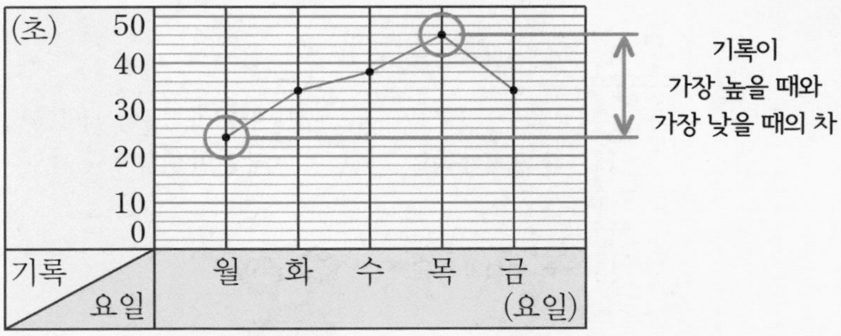

수학적 독해력

+9 어느 컴퓨터 판매점의 컴퓨터 판매량을 조사하여 나타낸 꺾은선그래프입니다. 표의 빈칸에 컴퓨터 판매량을 써넣으세요.

컴퓨터 판매량

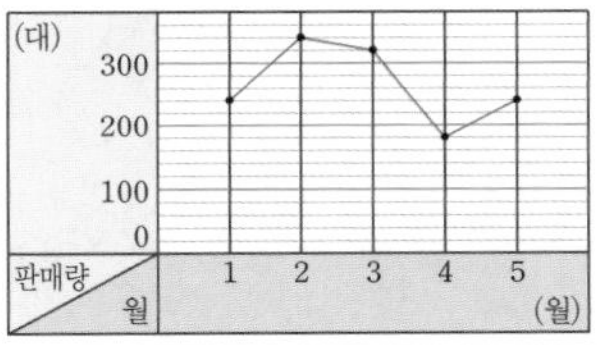

월(월)	1	2	3	4	5
판매량(대)					

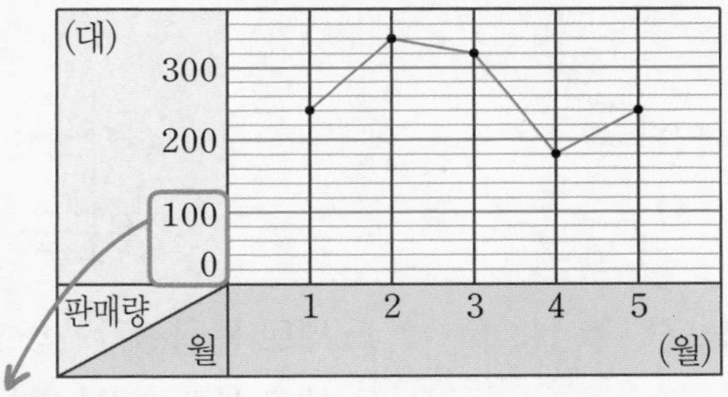

세로 눈금 5칸 → 100대
세로 눈금 1칸 → □ 대

수학적 표현력

+10 9번의 꺾은선그래프를 보고 컴퓨터 판매량이 가장 많은 달과 가장 적은 달의 판매량의 차는 몇 대인지 풀이 과정을 쓰고, 답을 구하세요.

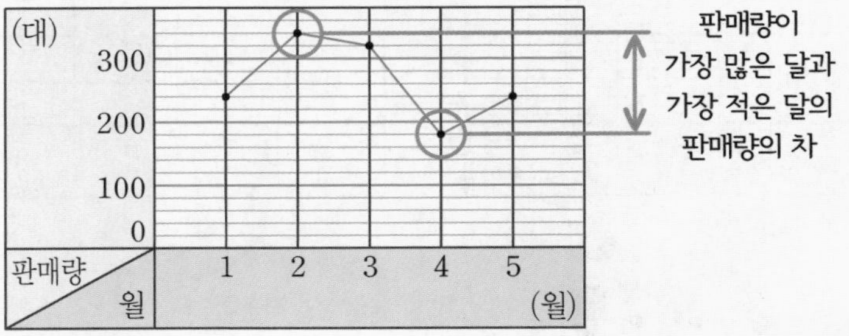

26일 꺾은선그래프에서 알 수 있는 것

2 수온의 변화가 없는 때는 몇 시와 몇 시 사이일까요?

한강의 수온

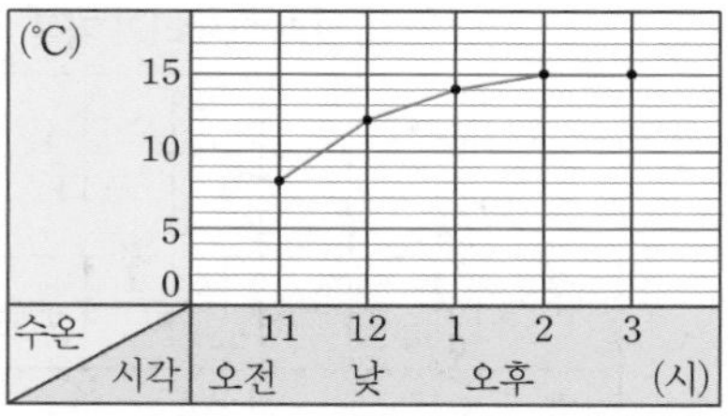

3 수온의 변화가 가장 큰 때는 몇 시와 몇 시 사이일까요?

한강의 수온

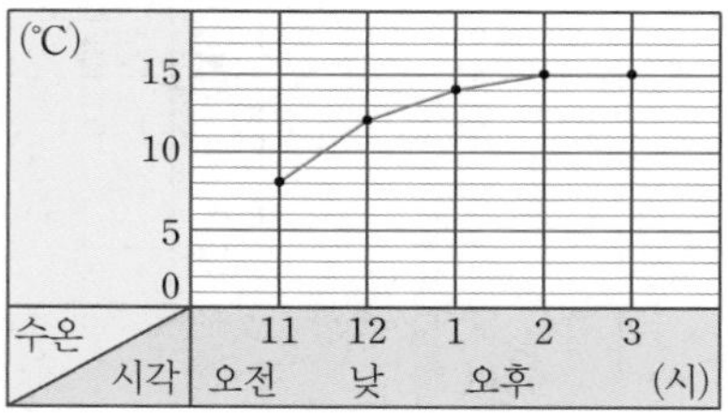

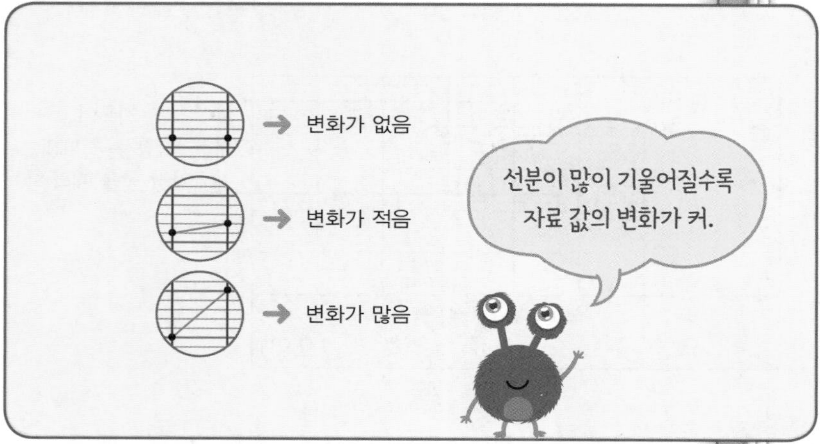

4 (가) 그래프와 (나) 그래프의 세로 눈금 한 칸의 크기는 몇 회일까요?

(가) 그래프 (　　　　　　　　)

(나) 그래프 (　　　　　　　　)

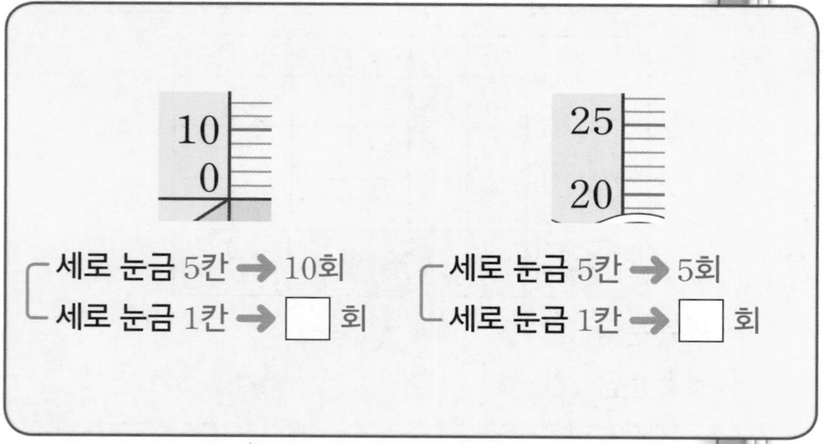

6 (가)와 (나) 그래프 중에서 자료 값을 더 읽기 쉬운 것은 어느 것일까요?

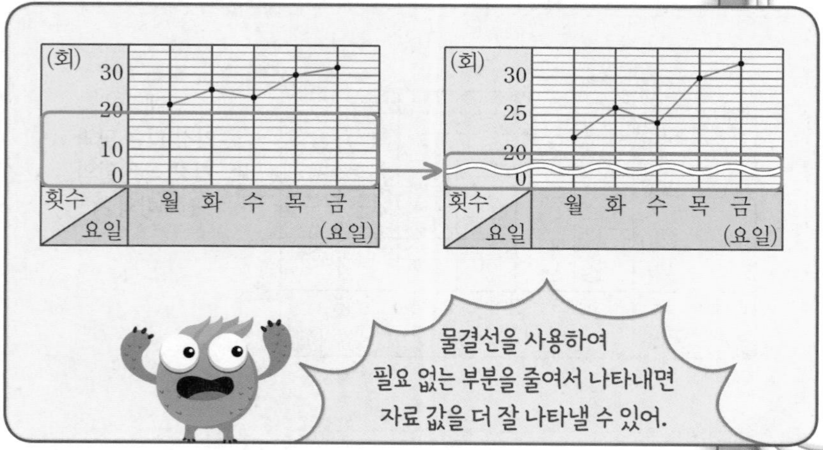

7 키가 처음에 빠르게 늘어나다가 시간이 지나면서 천천히 늘어난 사람은 누구일까요?

소희의 키　　　　현성이의 키

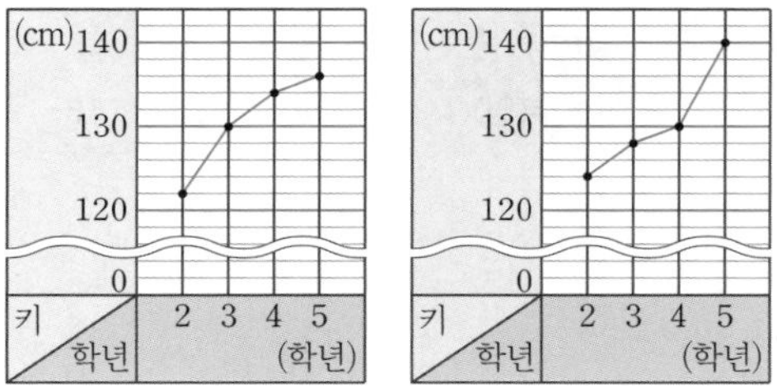

8 조사하는 동안 누구의 키가 얼마큼 더 많이 자랐을까요?

소희의 키　　　　현성이의 키

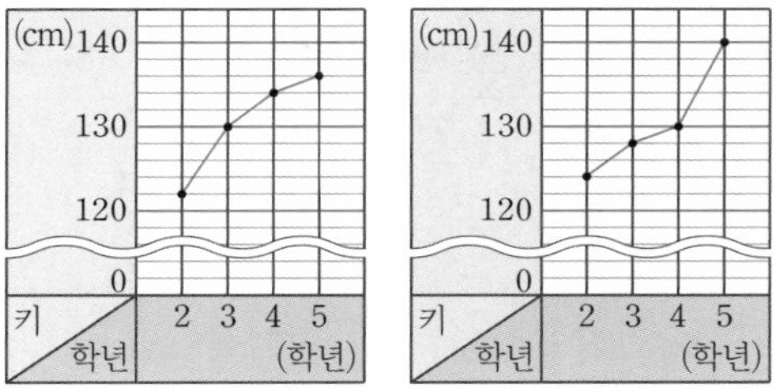

수학적 독해력

+9 유미의 체온을 조사하여 나타낸 꺾은선그래프입니다. 유미의 체온이 가장 높았던 때와 가장 낮았던 때의 체온의 차는 몇 ℃일까요?

유미의 체온

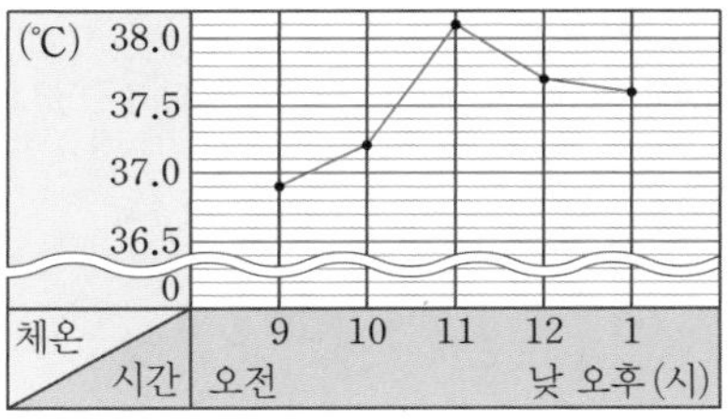

수학적 표현력

+10 9번의 꺾은선그래프에서 유미의 체온이 가장 적게 변할 때는 몇 시와 몇 시 사이인지 풀이 과정을 쓰고, 답을 구하세요.

처음에 빠르게 늘어나다가 시간이 지나면서 천천히 늘어난

선분이 오른쪽 위로 많이 기울어져.

선분이 오른쪽 위로 적게 기울어져.

소희의 키　　　　현성이의 키

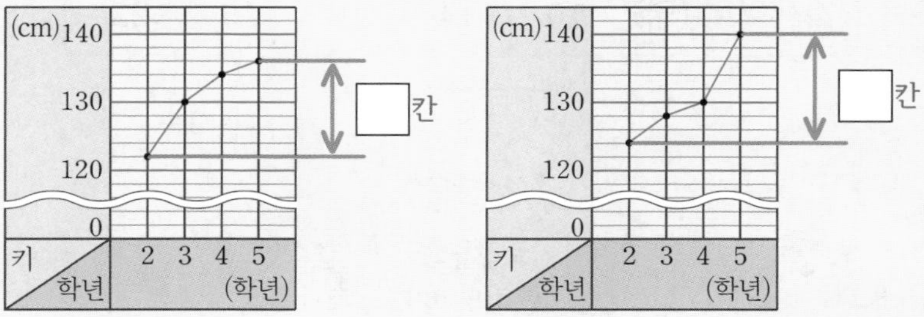

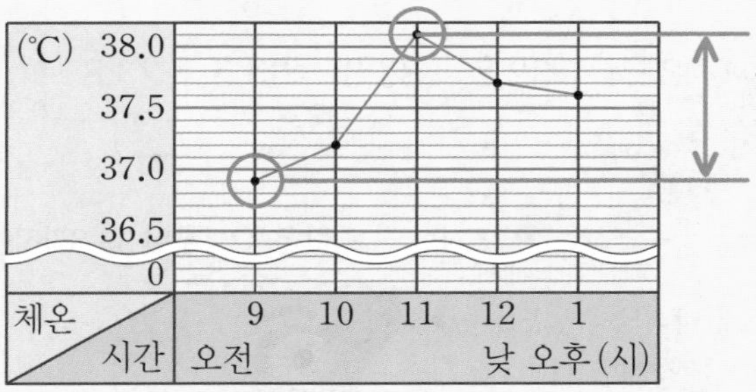

체온이 가장 높았던 때와 가장 낮았던 때의 체온의 차

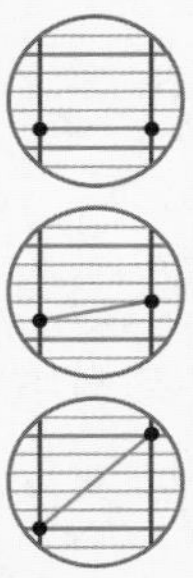

→ 변화가 없음

→ 변화가 적음

→ 변화가 많음

27일 꺾은선그래프로 나타내기

월(월)	1	2	3	4	5
출생아 수(명)	10	14	12	15	23

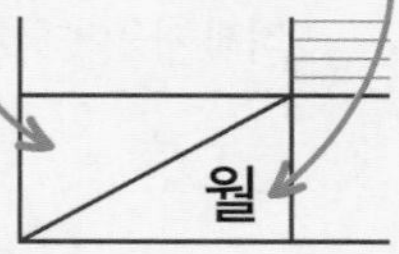

가로에 월을 쓴다면 세로에는 조사한 자료 값을 나타내어야 해.

1 꺾은선그래프의 가로에 월을 쓴다면 세로에는 무엇을 나타내어야 할까요?

출생아 수

월(월)	1	2	3	4	5
출생아 수(명)	10	14	12	15	23

월(월)	1	2	3	4	5
출생아 수(명)	10	14	12	15	23

짝수 　 홀수

조사한 자료 값을 모두 나타낼 수 있도록 눈금 한 칸의 크기를 정해야 해.

2 세로 눈금 한 칸은 몇 명으로 하면 좋을까요?

출생아 수

월(월)	1	2	3	4	5
출생아 수(명)	10	14	12	15	23

월(월)	3	4	5	6	7
몸무게(kg)	32.4	32.7	33.3	33.5	33.8

조사한 자료 값은 32.4부터 33.8까지야.

조사한 자료 값을 모두 나타낼 수 있도록 눈금 한 칸의 크기를 정해야 해.

4 물결선을 넣는다면 세로 눈금 한 칸을 몇 kg으로 하면 좋을까요?

동욱이의 몸무게

월(월)	3	4	5	6	7
몸무게(kg)	32.4	32.7	33.3	33.5	33.8

월(월)	3	4	5	6	7
몸무게(kg)	32.4	32.7	33.3	33.5	33.8

조사한 자료 값이 32.4부터 시작해.

물결선은 필요 없는 부분을 생략할 때 넣는 것이므로 자료 값이 없는 부분에 넣어야 해.

5 물결선을 어디와 어디 사이에 넣으면 좋은지 알맞은 것을 찾아 기호를 쓰세요.

동욱이의 몸무게

월(월)	3	4	5	6	7
몸무게(kg)	32.4	32.7	33.3	33.5	33.8

㉠ 10 kg과 35 kg 사이
㉡ 0 kg과 32 kg 사이
㉢ 0 kg과 33 kg 사이

7 물결선을 어디와 어디 사이에 넣으면 좋을까요?

희망 초등학교의 졸업생 수

연도(년)	2016	2017	2018	2019	2020
졸업생 수(명)	210	217	225	220	229

(　　　　　)과 (　　　　　) 사이

연도(년)	2016	2017	2018	2019	2020
졸업생 수(명)	210	217	225	220	229

8 표를 보고 물결선을 사용한 꺾은선그래프로 나타내어 보세요.

희망 초등학교의 졸업생 수

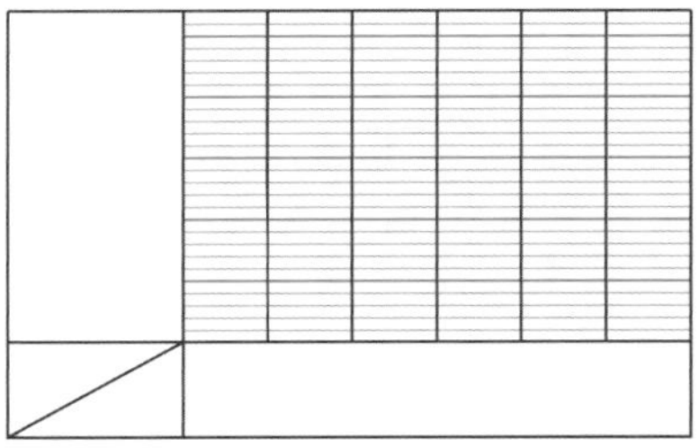

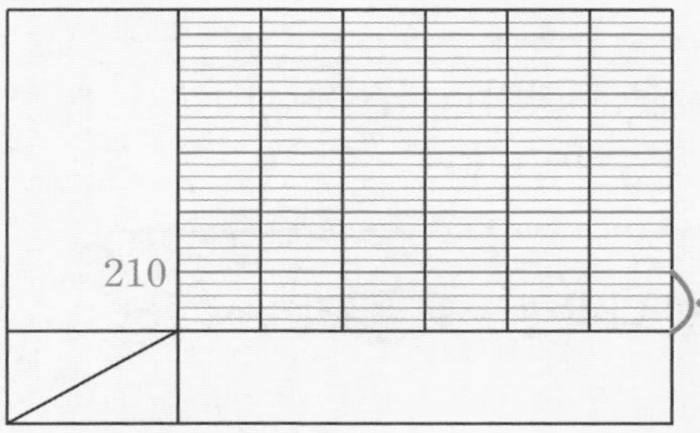

수학적 독해력

9 고양이의 몸무게를 매월 1일에 조사하여 나타낸 표와 꺾은선그래프입니다. 표와 꺾은선그래프를 각각 완성해 보세요.

고양이의 몸무게

월	1	2	3	4	5	6
무게(kg)	7.3	7.6	7.8			

고양이의 몸무게

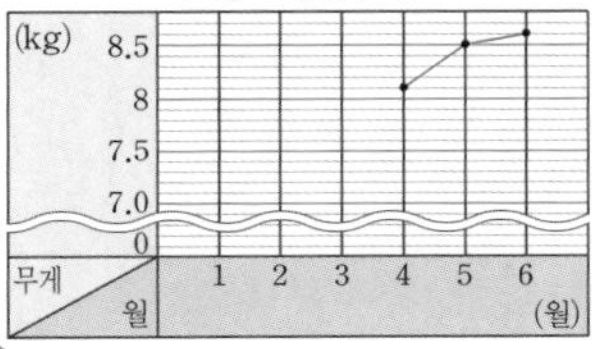

월	1	2	3	4	5	6
무게(kg)	7.3	7.6	7.8			

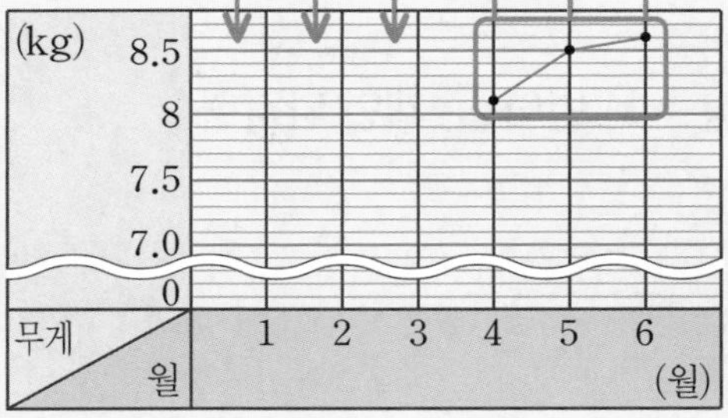

수학적 표현력

10 9번의 그래프에서 4월 15일의 고양이의 무게가 약 몇 kg인지 풀이 과정을 쓰고, 답을 구하세요.

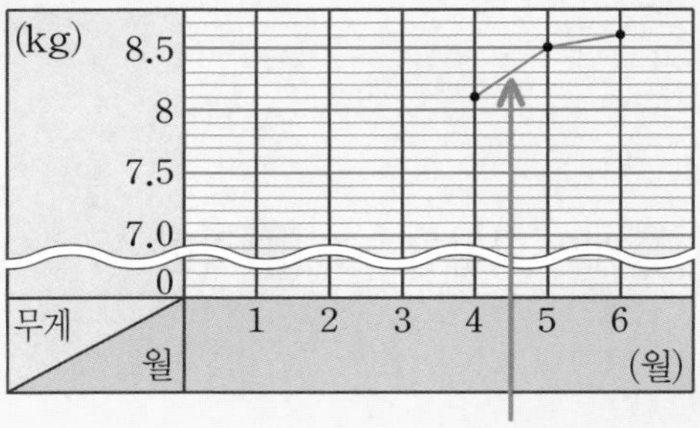

28일 다각형

다각형은 선분으로만 둘러싸인 도형이야.

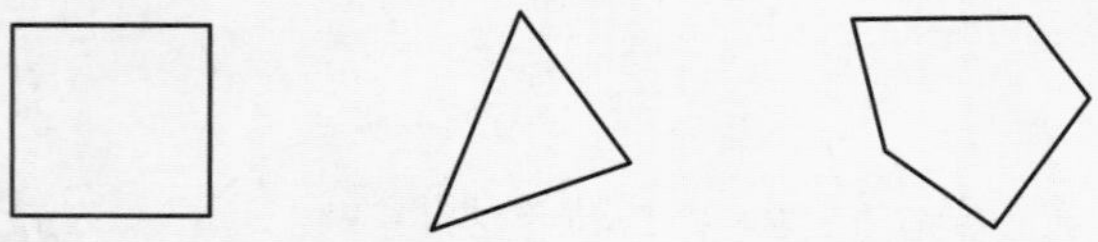

- 선분으로만 둘러싸인 도형입니다. → 다각형
- 변과 꼭짓점이 각각 5개입니다.

→ 변이 ■개인 다각형 → ■각형

■각형 → 변이 ■개인 다각형

변이 ■개인 다각형 → ■각형

1 다각형을 모두 찾아 기호를 쓰세요.

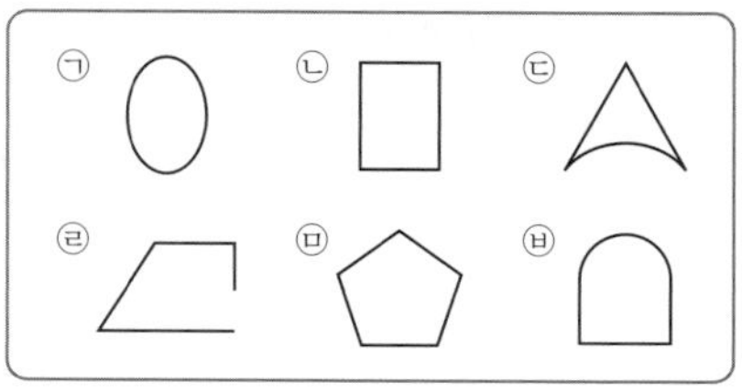

3 설명하는 도형이 몇 개인지 쓰세요.

- 선분으로만 둘러싸인 도형입니다.
- 변과 꼭짓점이 각각 5개입니다.

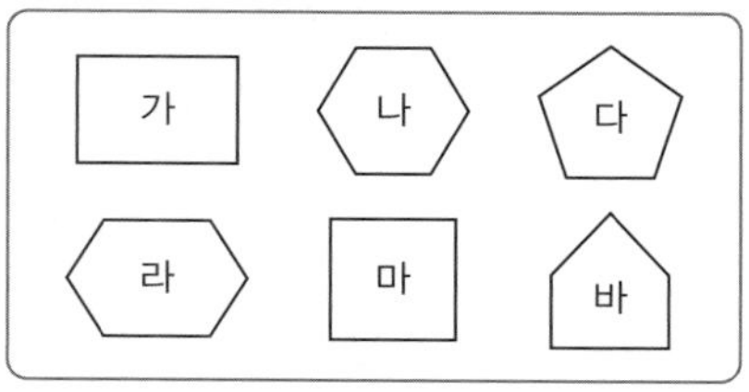

5 칠각형을 찾아 ○표 하세요.

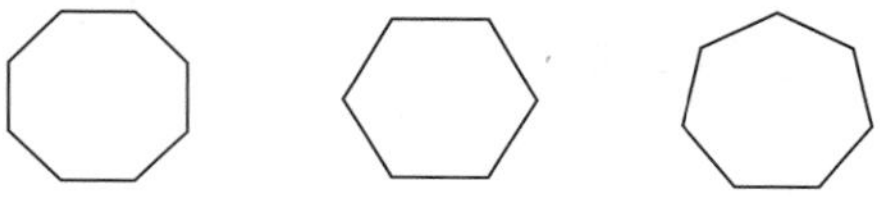

( ) ( ) ( )

6 관계있는 것끼리 선으로 이어 보세요.

 • • 육각형

• • 사각형

 • • 오각형

7 팔각형을 찾아 ○표 하세요.

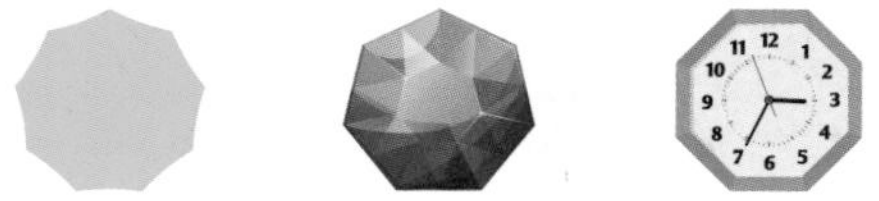

( ) ( ) ( )

□각형 → 변이 □개인 다각형

8 변의 수가 가장 많은 다각형을 찾아 기호를 쓰고, 그 다각형의 이름을 쓰세요.

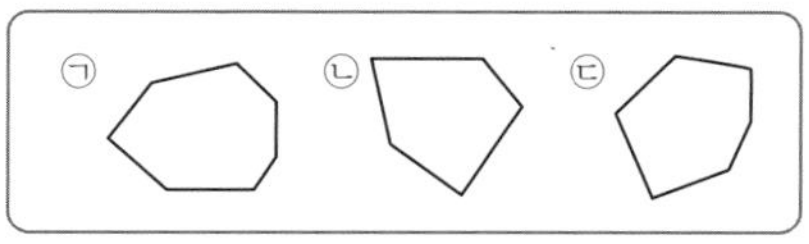

(,)

변의 수를 눈으로 세지 말고 연필로 그어 가며 세도록 해.

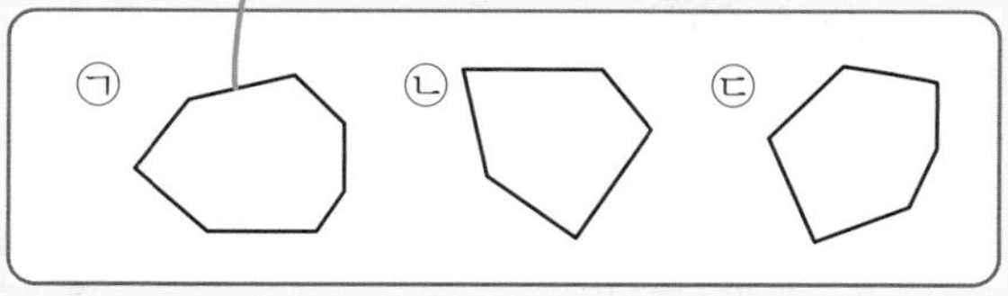

변이 □개인 다각형 → □각형

수학적 독해력

+9 칠각형의 변의 수와 구각형의 변의 수의 합은 몇 개일까요?

□각형 → 변이 □개인 다각형

수학적 표현력

+10 다음 도형이 다각형인지 아닌지 쓰고, 그 이유를 설명해 보세요.

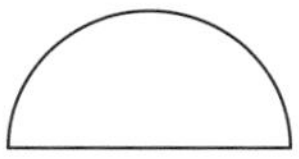

두 점을 곧게 이은 선

다각형 → 선분으로만 둘러싸인 도형

6 단원

29일 변의 길이와 각의 크기가 모두 같은 다각형

변이 ■개인 정다각형 → 정■각형

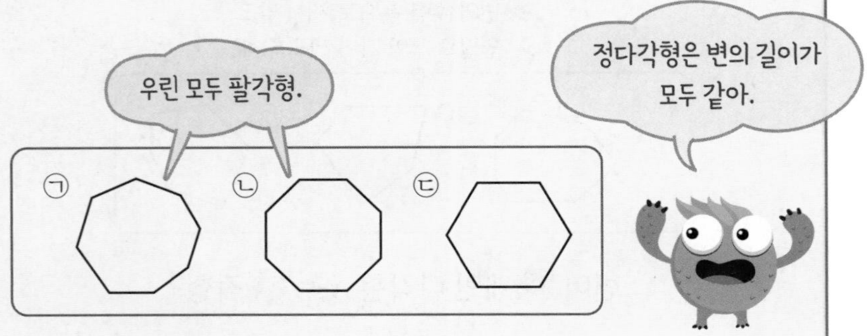

2 정다각형의 이름을 쓰세요.

(1)

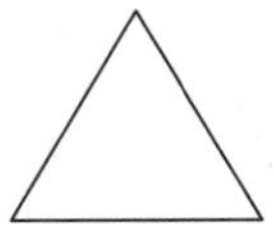

(　　　　)

(2)

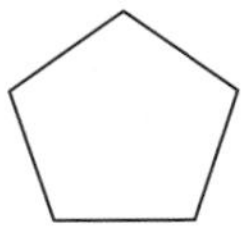

(　　　　)

3 정팔각형을 찾아 기호를 쓰세요.

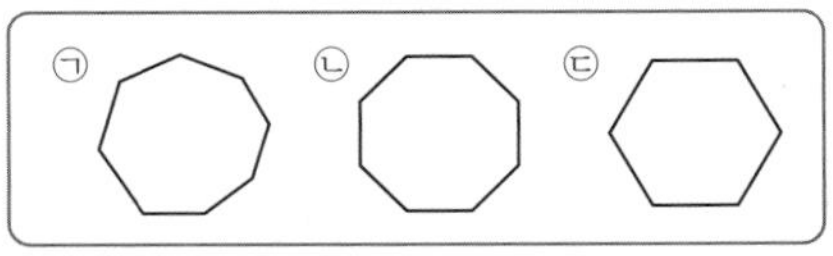

4 대화를 읽고 □ 안에 알맞은 말을 써넣으세요.

슬기: 정다각형은 □의 길이가 모두 같고, □의 크기도 모두 같아야 해.

로운: 그런데 직사각형은 □의 길이가 항상 모두 같은 것은 아니므로 정다각형이 아니야.

6 정다각형입니다. □ 안에 알맞은 수를 써넣으세요.

(1)

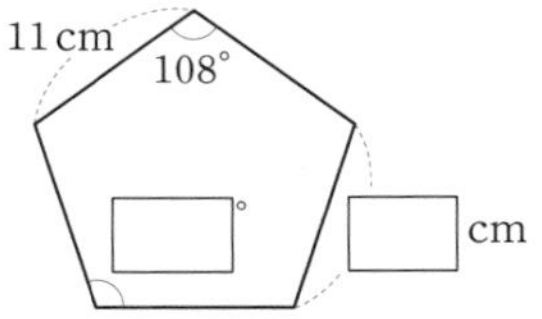

(2)

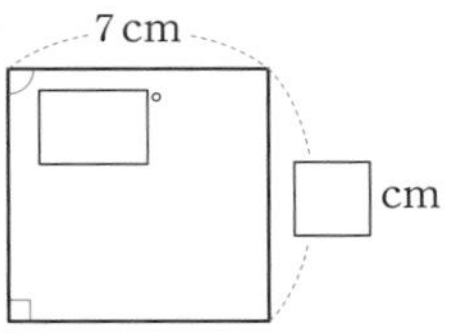

7 정다각형입니다. 도형의 이름을 쓰고 모든 변의 길이의 합을 구하세요.

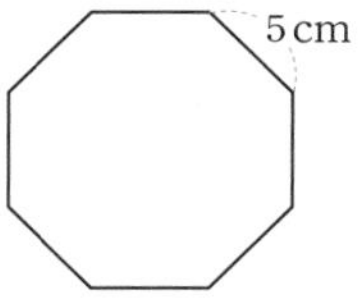

(,)

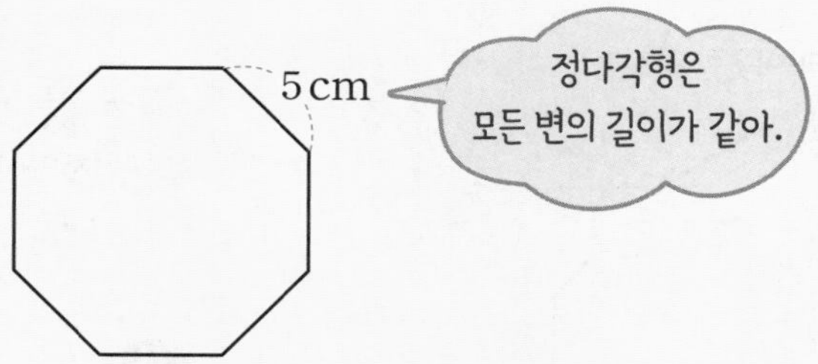

정다각형의 모든 변의 길이의 합
→ (한 변의 길이) × (변의 수)

8 정다각형입니다. □ 안에 알맞은 수를 써넣으세요.

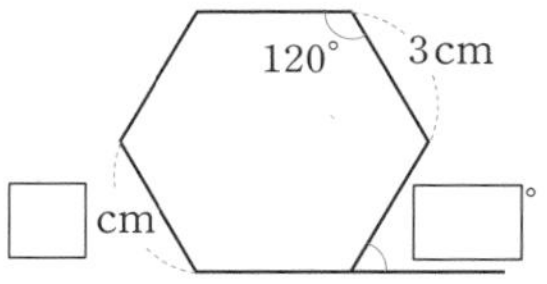

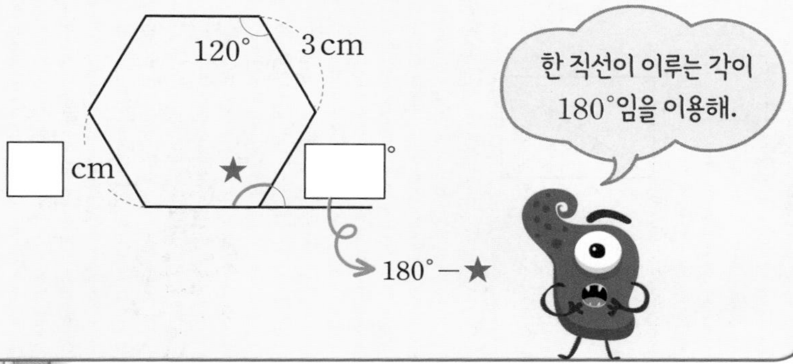

수학적 독해력

+9 정다각형에 대한 설명으로 틀린 것을 찾아 기호를 쓰세요.

㉠ 변의 길이가 모두 같습니다.
㉡ 각의 크기가 모두 같습니다.
㉢ 평행사변형은 정다각형입니다.
㉣ 정사각형은 정다각형입니다.

수학적 표현력

+10 마름모는 정다각형인지 아닌지 쓰고, 그 이유를 설명해 보세요.

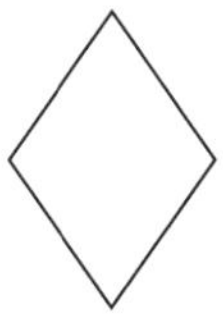

30일 대각선

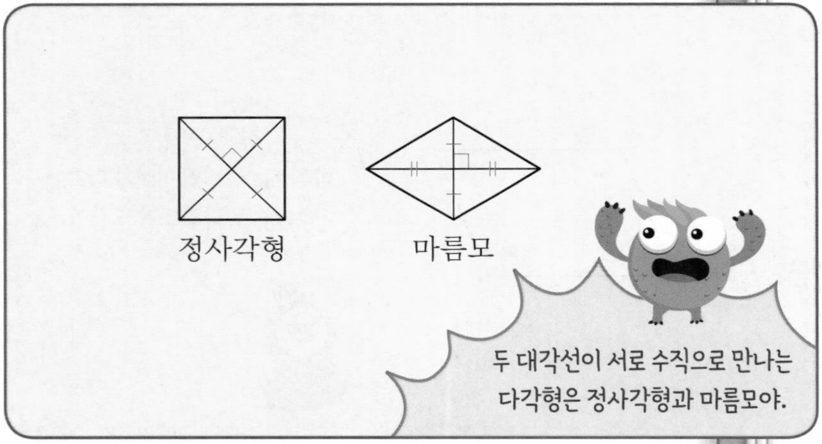

3 도형의 한 꼭짓점 ㄱ에서 그을 수 있는 대각선은 모두 몇 개인가요?

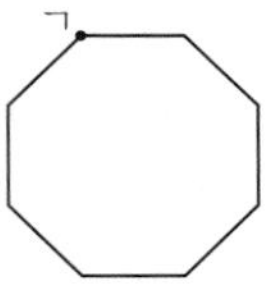

4 직사각형 ㄱㄴㄷㄹ에서 선분 ㄴㄹ의 길이를 구하세요.

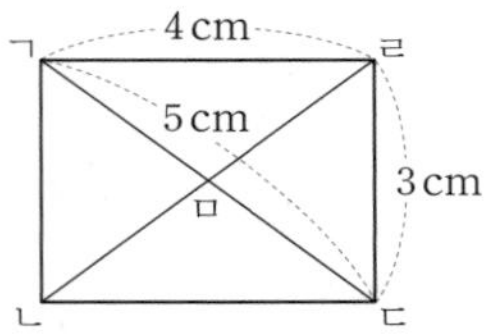

5 두 대각선이 서로 수직으로 만나는 다각형을 찾아 기호를 쓰세요.

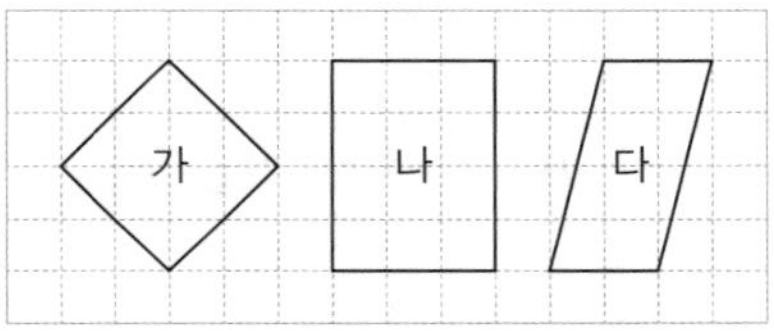

5 육각형에 대각선을 모두 그어 보고 대각선은 모두 몇 개인지 구하세요.

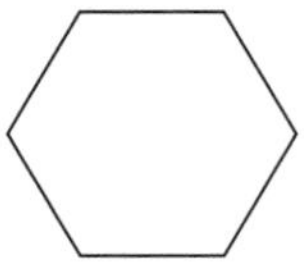

7 평행사변형 ㄱㄴㄷㄹ에서 두 대각선의 길이의 합은 몇 cm일까요?

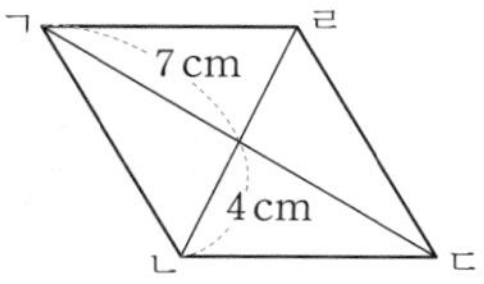

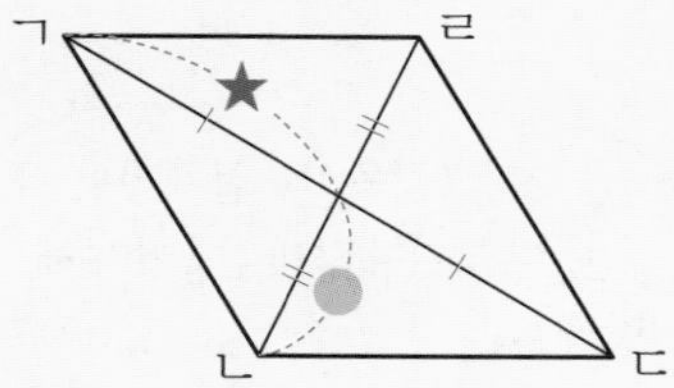

평행사변형은 한 대각선이 다른 대각선을 똑같이 둘로 나눠.

두 대각선의 길이의 합 → ★+●+★+●

8 사각형 ㄱㄴㄷㄹ에서 각ㄱㅇㄹ의 크기를 구하세요.

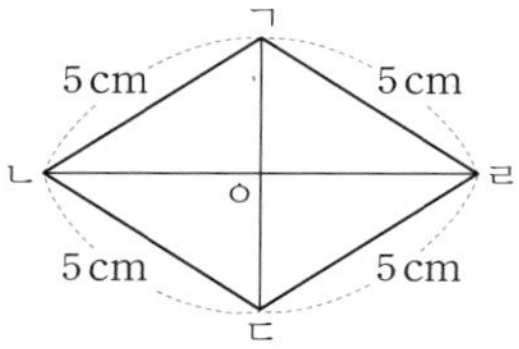

네 변의 길이가 모두 같은 사각형은 마름모야.

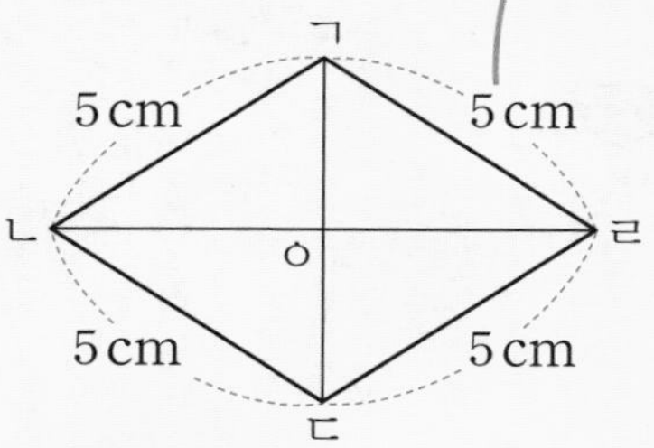

마름모는 두 대각선이 서로 수직으로 만나.

수학적 독해력

+9 대각선에 대한 설명이 옳은 것을 모두 찾아 기호를 쓰세요.

㉠ 삼각형의 대각선은 3개입니다.
㉡ 오각형의 한 꼭짓점에서 그을 수 있는 대각선은 3개입니다.
㉢ 정사각형의 두 대각선은 길이가 같습니다.
㉣ 평행사변형은 한 대각선이 다른 대각선을 똑같이 둘로 나눕니다.

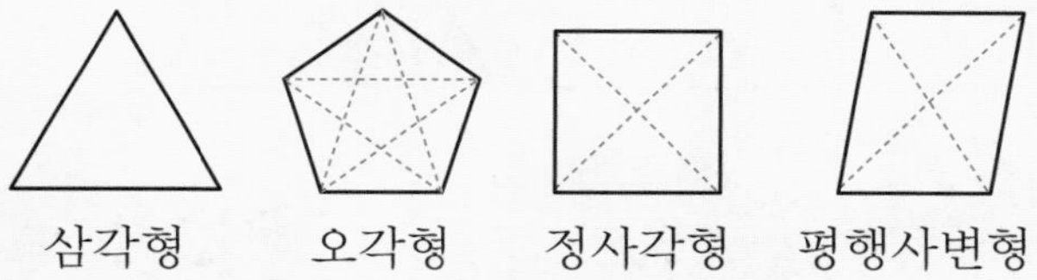

수학적 표현력

+10 다음 삼각형에 대각선을 그을 수 있는지 없는지 쓰고, 그 이유를 설명해 보세요.

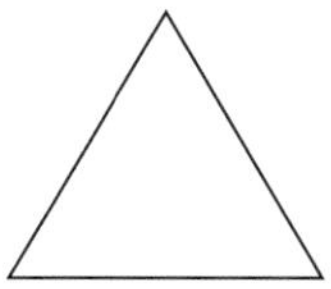

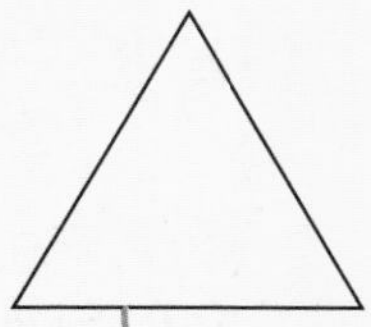

삼각형은 꼭짓점 3개가 서로 이웃하고 있어.

대각선은 서로 이웃하지 않은 두 꼭짓점을 이은 선분이야.

31일 모양 만들기 / 모양 채우기

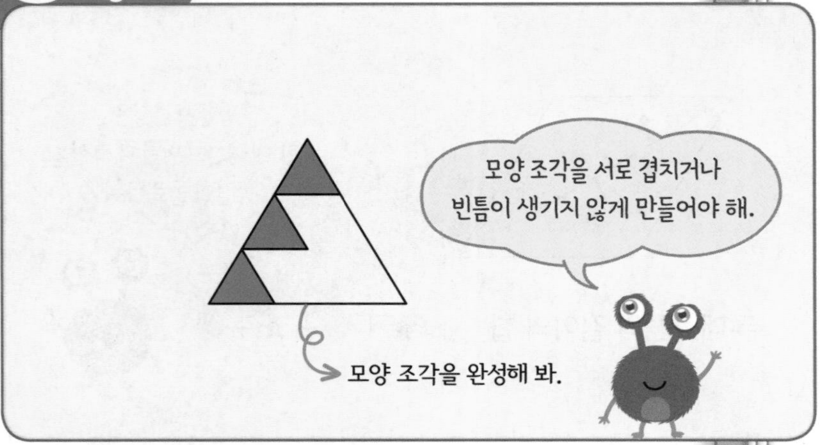

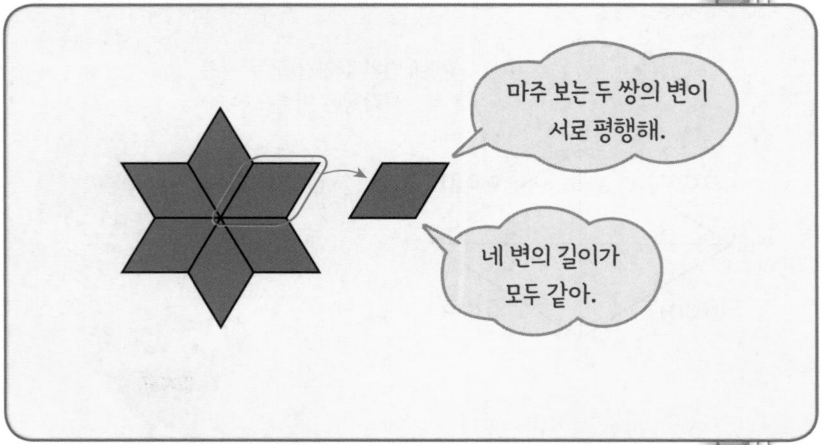

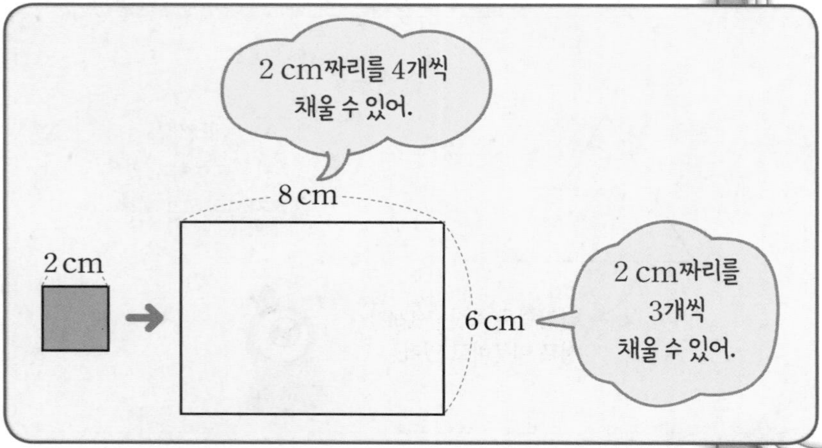

2 다음 모양을 만들려면  모양은 모두 몇 개 필요할까요?

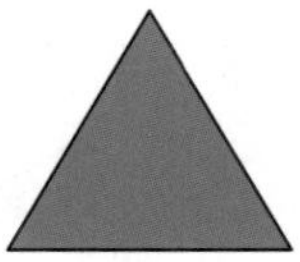

3 모양을 채우고 있는 다각형의 이름을 쓰세요.

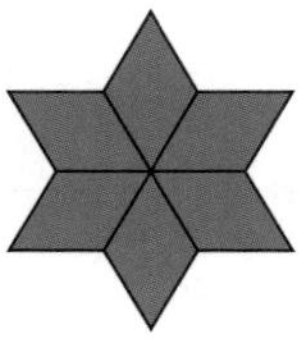

4 〈보기〉의 모양 조각을 모두 사용하여 채우기를 해 보세요. (단, 같은 모양 조각을 여러 번 사용할 수 있습니다.)

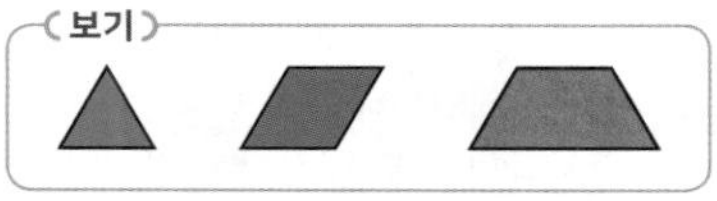

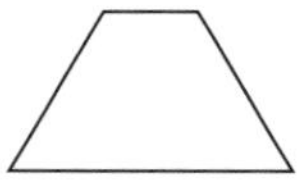

5 〈보기〉의 모양 조각을 여러 번 사용하여 다음 모양을 채우려고 합니다. 모양 조각은 몇 개가 필요할까요?

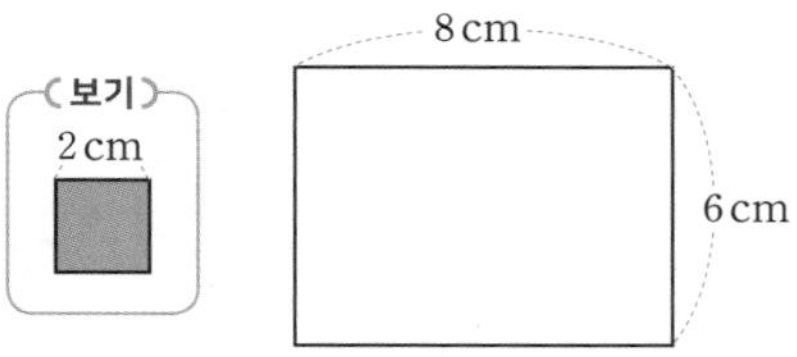

7 정삼각형 모양 조각 4개를 사용하여 만들 수 <u>없는</u> 도형의 기호를 쓰세요.

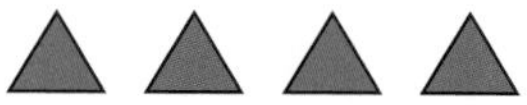

㉠ 정삼각형	㉡ 직사각형	㉢ 평행사변형

8 한 가지 모양 조각을 사용하여 정육각형을 채우려고 합니다. 필요한 모양 조각의 수를 각각 쓰세요.

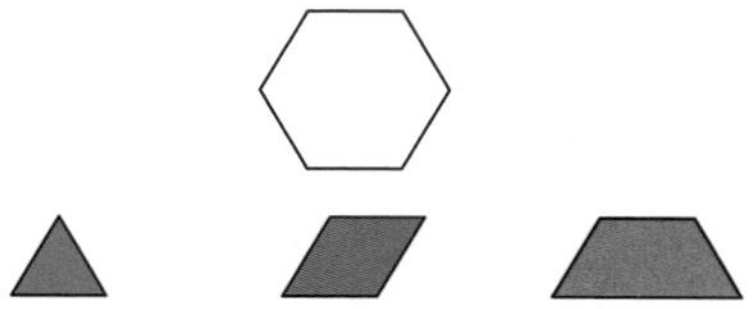

( ) ( ) ( )

모양을 채울 때에는 (길이가 같은 변끼리 / 빈틈없이 / 서로 겹치지않게) 이어 붙여.

수학적 독해력

+9 다각형을 사용하여 채운 모양을 보고 모양 채우기 방법을 말한 것입니다. <u>잘못</u> 말한 친구의 이름을 모두 쓰세요.

슬기: 서로 겹치게 이어 붙여야 해.
로운: 빈틈없이 이어 붙어야 해.
서준: 길이가 다른 변끼리 이어 붙여야 해.
지혜: 길이가 서로 같은 변끼리 이어 붙여야 해.

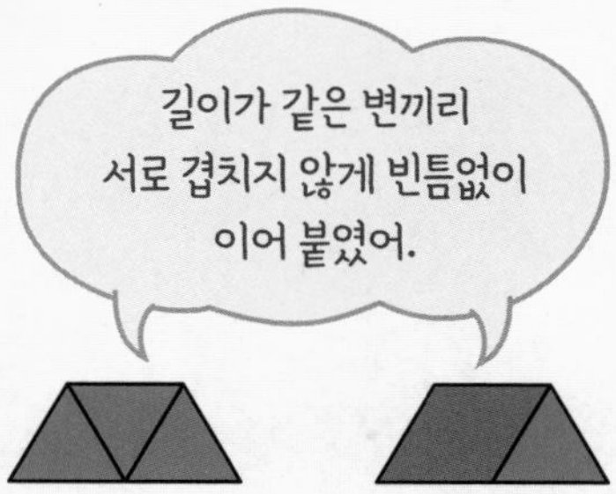

수학적 표현력

+10 세 변의 길이의 합이 12 cm인 정삼각형 모양 조각 8개를 사용하여 육각형을 채우고, 이 육각형의 모든 변의 길이의 합을 구하세요.

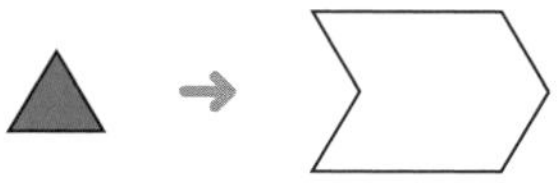

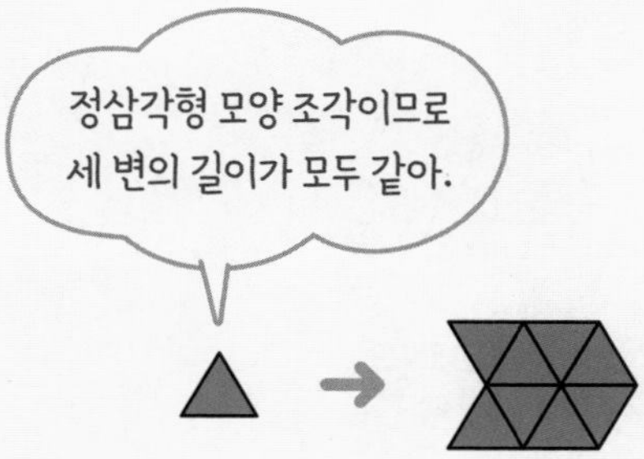

6 단원

memo

자신감 뿜뿜

수학이 만만해지는 힌트의 힘!

막힐 때 찾아보는

힌트북

풀이집은 개념의 빈틈을 채우는
두 번째 학습서입니다.

막힐 땐

힌트북

초등수학 4-2

정답 · 풀이

슬기로운공부

막힐 땐

힌트북

초등수학 4-2

정답 · 풀이

본책 008~011쪽

01일 분수의 덧셈 (1)

확인 008쪽

❶ (1)  (2) 4

❷ 7 / 7, 1, 2

기본기 다지는 교과서 문제 009쪽

1 6

2 5, 3, 8, 8

3 (1) 3, 4, $\frac{7}{8}$ (2) 5, 11, 16, $1\frac{3}{13}$

1 0부터 오른쪽으로 $\frac{4}{7}$만큼 뛰어 센 후 다시 $\frac{2}{7}$만큼 뛰어 세었습니다.

2 $\frac{▲}{■}$는 $\frac{1}{■}$이 ▲개인 수임을 이용합니다.

3 (1) 분모는 그대로 두고 분자끼리 더합니다.

➜ $\frac{3}{8}+\frac{4}{8}=\frac{3+4}{8}=\frac{7}{8}$

(2) 분모는 그대로 두고 분자끼리 더한 후 계산 결과가 가분수이면 대분수로 나타냅니다.

➜ $\frac{5}{13}+\frac{11}{13}=\frac{5+11}{13}=\frac{16}{13}=1\frac{3}{13}$

스스로 풀어내는 도전 10 문제 010~011쪽

1 5

2 3, 4, 7

3 (1) 1, 1, $\frac{2}{3}$ (2) 6, 8, 14, $1\frac{4}{10}$

4 4, 5, 9 / 9, 1, 3

5 (1) $\frac{3}{4}$ (2) $1\frac{4}{7}$

6 $\frac{6}{10}$ L

7 $\frac{10}{12}$

8 1, 2, 3, 4, 5, 6

+9 $1\frac{3}{20}$ m

+10 예 분모는 그대로 두고 분자끼리 더해야 하는데 분모끼리도 더했습니다. / $\frac{3}{5}+\frac{1}{5}=\frac{4}{5}$

1 $\frac{2}{8}$만큼 색칠하고 이어서 $\frac{3}{8}$만큼 색칠했습니다.

2 <보기>의 방법은 분모는 그대로 두고 분자끼리 더했습니다.

3 (1) 분모는 그대로 두고 분자끼리 더합니다.

(2) 분모는 그대로 두고 분자끼리 더한 후 계산 결과가 가분수이면 대분수로 나타냅니다.

4 $\frac{▲}{■}$는 $\frac{1}{■}$이 ▲개인 수임을 이용합니다.

5 (1) $\frac{1}{4}+\frac{2}{4}=\frac{1+2}{4}=\frac{3}{4}$

(2) $\frac{6}{7}+\frac{5}{7}=\frac{6+5}{7}=\frac{11}{7}=1\frac{4}{7}$

6 (어제 마신 주스의 양)+(오늘 마신 주스의 양)

$=\frac{4}{10}+\frac{2}{10}=\frac{4+2}{10}=\frac{6}{10}$ (L)

7 ㉠ $\frac{1}{12}$이 7개인 수 ➜ $\frac{7}{12}$

㉡ $\frac{1}{12}$이 3개인 수 ➜ $\frac{3}{12}$

따라서 ㉠+㉡$=\frac{7}{12}+\frac{3}{12}=\frac{10}{12}$입니다.

8 $\frac{4}{15}+\frac{□}{15}=\frac{4+□}{15}$이므로 $\frac{4+□}{15}<\frac{4}{15}$입니다.

$\frac{4+□}{15}<\frac{11}{15}$ ➜ $4+□<11$, $□<7$

따라서 □ 안에 들어갈 수 있는 수는 7보다 작은 1, 2, 3, 4, 5, 6입니다.

+9 (지혜가 가지고 있는 리본의 길이)

$=\frac{9}{20}+\frac{5}{20}=\frac{14}{20}$ (m)

(두 사람이 가지고 있는 리본의 길이)

$=\frac{9}{20}+\frac{14}{20}=\frac{23}{20}=1\frac{3}{20}$ (m)

+10 진분수의 덧셈은 분모는 그대로 두고 분자끼리 더해야 합니다.

➜ $\frac{3}{5}+\frac{1}{5}=\frac{3+1}{5}=\frac{4}{5}$

본책 012~015 쪽

02일 분수의 뺄셈 (1)

확인 012쪽

❶ 6, 2, 4 / 4

❷ 3 / 3

기본기 다지는 교과서 문제 013쪽

1 7, 4, 3

2 5, 5, 2, 3 / 5, 2, 5, 2, 3

3 (1) 5, 4, $\frac{1}{7}$ (2) 12, 12, 7, 5

1 0부터 오른쪽으로 $\frac{7}{9}$만큼 간 후 왼쪽으로 $\frac{4}{9}$만큼 되돌아갔습니다.

2 1을 분모가 5인 가분수로 고치면 $\frac{5}{5}$입니다.

3 (1) 분모는 그대로 두고 분자끼리 뺍니다.

➔ $\frac{5}{7}-\frac{4}{7}=\frac{5-4}{7}=\frac{1}{7}$

(2) 1을 $\frac{12}{12}$로 바꾼 후 분모는 그대로 두고 분자끼리 뺍니다.

➔ $1-\frac{7}{12}=\frac{12}{12}-\frac{7}{12}=\frac{12-7}{12}=\frac{5}{12}$

스스로 풀어내는 도전 10 문제 014~015쪽

1 2

2 4, 2, 2 / 4, 2, 2

3 (1) 5, 1, $\frac{4}{7}$ (2) 11, 11, 8, 3

4 $\frac{5}{12}$

5 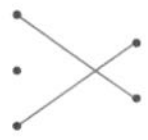

6 $\frac{5}{9}$ L

7 $\frac{5}{8}$

8 $\frac{3}{5}$

+9 $\frac{2}{15}$ L

+10 예 $\frac{10}{14}$보다 $\frac{2}{14}$만큼 더 작은 수를 식으로 나타내면 $\frac{10}{14}-\frac{2}{14}$입니다. 따라서 설명하는 수를 구해 보면 $\frac{10}{14}-\frac{2}{14}=\frac{8}{14}$입니다. / $\frac{8}{14}$

1 오른쪽으로 $\frac{7}{8}$만큼 간 후 왼쪽으로 $\frac{5}{8}$만큼 되돌아갔습니다.

2 $\frac{▲}{■}$는 $\frac{1}{■}$이 ▲개인 수임을 이용합니다.

3 (1) 분모는 그대로 두고 분자끼리 뺍니다.

➔ $\frac{5}{7}-\frac{1}{7}=\frac{5-1}{7}=\frac{4}{7}$

(2) 1을 $\frac{11}{11}$로 바꾼 후 분모는 그대로 두고 분자끼리 뺍니다.

➔ $1-\frac{8}{11}=\frac{11}{11}-\frac{8}{11}=\frac{11-8}{11}=\frac{3}{11}$

4 $\frac{9}{12}-\frac{4}{12}=\frac{9-4}{12}=\frac{5}{12}$

5
- $\frac{8}{10}-\frac{3}{10}=\frac{5}{10}$
- $\frac{7}{10}-\frac{3}{10}=\frac{4}{10}$
- $\frac{9}{10}-\frac{6}{10}=\frac{3}{10}$
- $1-\frac{7}{10}=\frac{10}{10}-\frac{7}{10}=\frac{3}{10}$
- $1-\frac{5}{10}=\frac{10}{10}-\frac{5}{10}=\frac{5}{10}$

6 (남은 페인트의 양)

=(처음 페인트의 양)−(사용한 페인트의 양)

$=\frac{7}{9}-\frac{2}{9}=\frac{5}{9}$ (L)

힌트북 05쪽

7

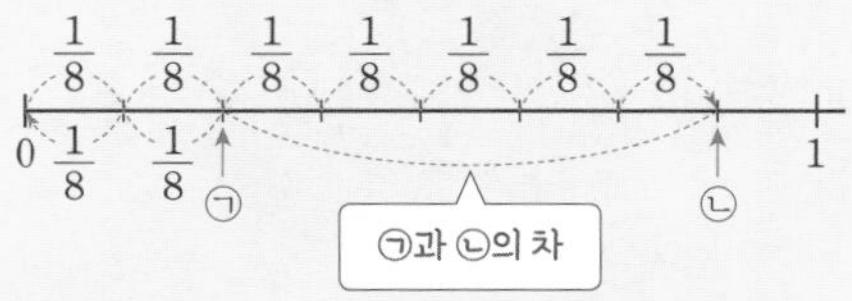

㉠ 0에서 $\frac{1}{8}$씩 2칸 간 곳입니다. ➔ $\frac{2}{8}$

㉡ 0에서 $\frac{1}{8}$씩 7칸 간 곳입니다. ➔ $\frac{7}{8}$

따라서 ㉡－㉠$=\frac{7}{8}-\frac{2}{8}=\frac{5}{8}$입니다.

힌트북 05쪽

8

$1 - ★ = \frac{2}{5}$

$★ = 1 - \frac{2}{5}$

$1-★=\frac{2}{5}$ ➔ $★=1-\frac{2}{5}=\frac{5}{5}-\frac{2}{5}=\frac{3}{5}$

+9 물 1 L 중에서 지우가 마신 물을 빼고 다시 동생이 마신 물의 양을 뺍니다.

(지우가 마시고 남은 물의 양)

$=1-\frac{9}{15}=\frac{15}{15}-\frac{9}{15}=\frac{6}{15}$ (L)

(동생이 마시고 남은 물의 양)$=\frac{6}{15}-\frac{4}{15}=\frac{2}{15}$ (L)

+10 $\frac{10}{14}$보다 $\frac{2}{14}$만큼 더 작은 수를 뺄셈식으로 나타내면 $\frac{10}{14}-\frac{2}{14}$입니다.

➔ $\frac{10}{14}-\frac{2}{14}=\frac{10-2}{14}=\frac{8}{14}$

본책 016~019쪽

03일 분수의 덧셈 (2)

확인 016쪽

❶ 2, 5, 2, 5

기본기 다지는 교과서 문제 017쪽

1 2, 2, 3, 3, 3, 3

2 7, 4, 11 / 7, 4, 11, 3, 2

3 (1) 2, 5, 2, 1, 1, 3, 1 (2) 11, 13, 3, 1

1 자연수는 자연수끼리, 분수는 분수끼리 계산해 봅니다.

2 대분수를 가분수로 바꾸어 더합니다.

3 (1) 자연수는 그대로 두고 분수끼리 더합니다.

➔ $2\frac{3}{4}+\frac{2}{4}=2+\left(\frac{3}{4}+\frac{2}{4}\right)=2+\frac{5}{4}$

$=2+1\frac{1}{4}=3\frac{1}{4}$

(2) 대분수를 가분수로 바꾸어 더합니다.

➔ $2\frac{3}{4}+\frac{2}{4}=\frac{11}{4}+\frac{2}{4}=\frac{13}{4}=3\frac{1}{4}$

스스로 풀어내는 도전 10 문제 018~019쪽

1 2, 4, 2, 4

2 8, 11, 1, 5

3 (1) 3, 3, 3, 3 (2) 9, 6, 15, 3, 3

4 (1) $3\frac{4}{8}$ (2) $3\frac{1}{7}$

5 $2\frac{6}{9}$

6 $4\frac{1}{8}$ cm

7 ( )(○)( )

8 $7\frac{1}{9}$

+9 5, 8(또는 8, 5), $3\frac{2}{11}$

+10 예 계산 결과는 (자연수)＋(진분수) 형태로 나타내어야 하는데 (자연수)＋(가분수) 형태로 나타내었습니다. /

$3\frac{6}{7}+2\frac{4}{7}=5+\frac{10}{7}=5+1\frac{3}{7}=6\frac{3}{7}$

1 자연수는 자연수끼리, 분수는 분수끼리 계산해 봅니다.

2 대분수를 가분수로 바꾸어 더합니다.

3 **방법 1** 자연수끼리 더하고 분수끼리 더합니다.

$2\frac{1}{4}+1\frac{2}{4}=3+\frac{3}{4}=3\frac{3}{4}$

방법 2 대분수를 가분수로 고쳐서 계산합니다.

$2\frac{1}{4}+1\frac{2}{4}=\frac{9}{4}+\frac{6}{4}=\frac{15}{4}=3\frac{3}{4}$

4 (1) $2\frac{3}{8}+1\frac{1}{8}=3+\frac{4}{8}=3\frac{4}{8}$

(2) $1\frac{3}{7}+1\frac{5}{7}=\frac{10}{7}+\frac{12}{7}=\frac{22}{7}=3\frac{1}{7}$

5 $1\frac{2}{9}+1\frac{4}{9}=2+\frac{6}{9}=2\frac{6}{9}$

6 가로: $2\frac{4}{8}$ cm, 세로: $1\frac{5}{8}$ cm

➜ $2\frac{4}{8}+1\frac{5}{8}=3\frac{9}{8}=4\frac{1}{8}$(cm)

힌트북 07쪽

7

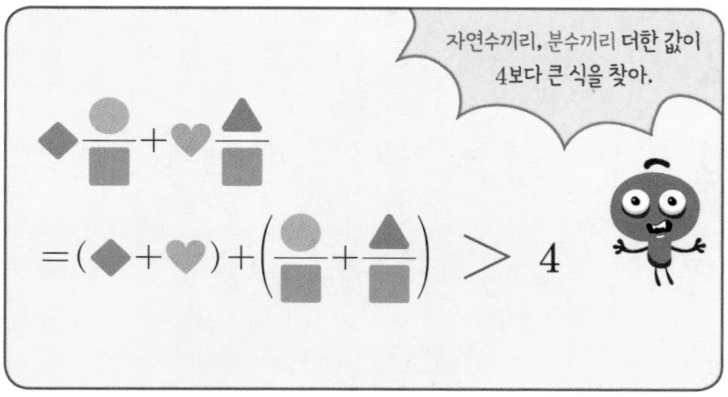

• $3\frac{2}{10}+\frac{7}{10}$: 자연수 부분이 3이고 분수 부분의 합이 1보다 작으므로 4보다 작습니다.

• $1\frac{8}{10}+2\frac{6}{10}$: 자연수 부분의 합이 3이고 분수 부분의 합이 1보다 크므로 4보다 큽니다.

• $2\frac{5}{10}+1\frac{3}{10}$: 자연수 부분의 합이 3이고 분수 부분의 합이 1보다 작으므로 4보다 작습니다.

다른 풀이 각각 계산한 후 계산 결과가 4보다 큰 덧셈식을 찾아도 됩니다.

$3\frac{2}{10}+\frac{7}{10}=3\frac{9}{10}$,

$1\frac{8}{10}+2\frac{6}{10}=4\frac{4}{10}$,

$2\frac{5}{10}+1\frac{3}{10}=3\frac{8}{10}$

8 • 자연수의 크기를 비교하면 $4>2$이므로 가장 큰 수는 $4\frac{3}{9}$입니다.

• $2\frac{7}{9}$과 $2\frac{8}{9}$은 자연수 부분이 2로 같으므로 분자의 크기를 비교하면 $7<8$이므로 $2\frac{7}{9}<2\frac{8}{9}$입니다.

따라서 가장 큰 수는 $4\frac{3}{9}$, 가장 작은 수는 $2\frac{7}{9}$이므로

$4\frac{3}{9}+2\frac{7}{9}=7\frac{1}{9}$입니다.

힌트북 07쪽

+9

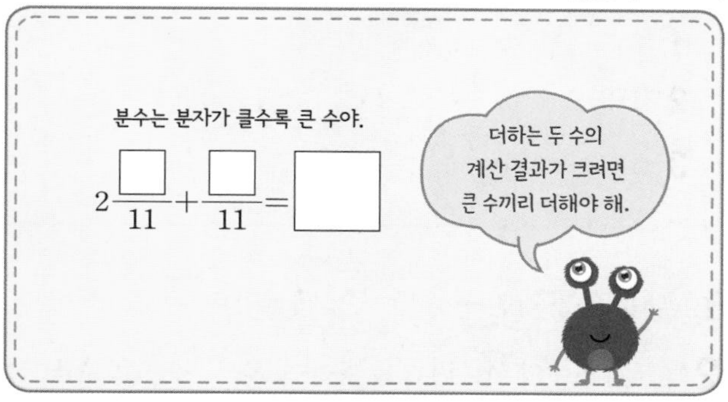

$2\frac{\square}{11}+\frac{\square}{11}$의 계산 결과가 가장 큰 덧셈식을 만들려면 분자에 가장 큰 수와 둘째로 큰 수를 넣으면 됩니다.

$1<5<8$이므로 분자에 5와 8을 넣으면 됩니다.

➜ $2\frac{5}{11}+\frac{8}{11}=3\frac{2}{11}$ 또는 $2\frac{8}{11}+\frac{5}{11}=3\frac{2}{11}$

+10 대분수의 덧셈의 계산 결과는 (자연수)+(진분수) 형태로 나타내어야 합니다.

따라서 바르게 계산하면

$3\frac{6}{7}+2\frac{4}{7}=5+\frac{10}{7}=5+1\frac{3}{7}=6\frac{3}{7}$입니다.

본책 020~023 쪽

04일 분수의 뺄셈 (2)

확인 020쪽

❶ 1, 2, 1, 2　　❷ 1, 6, 4

기본기 다지는 교과서 문제 021쪽

1 19, 8 / 19, 8, 11, 2, 1

2 (1) 9, 9, 1, 6, 1, 6 (2) 25, 11, 14, 1, 6

3 (1) $5\frac{3}{9}$ (2) $4\frac{1}{4}$ (3) $1\frac{2}{3}$

1 대분수를 가분수로 바꾸어 계산합니다.

2 (1) 자연수에서 1만큼을 분수로 바꾸어 자연수는 자연수끼리, 분수는 분수끼리 계산합니다.
(2) 대분수를 가분수로 바꾸어 계산합니다.

3 (1) $5\frac{6}{9}-\frac{3}{9}=5+\left(\frac{6}{9}-\frac{3}{9}\right)=5+\frac{3}{9}=5\frac{3}{9}$

(2) $6\frac{3}{4}-2\frac{2}{4}=(6-2)+\left(\frac{3}{4}-\frac{2}{4}\right)=4+\frac{1}{4}=4\frac{1}{4}$

(3) $3\frac{1}{3}-1\frac{2}{3}=2\frac{4}{3}-1\frac{2}{3}=(2-1)+\left(\frac{4}{3}-\frac{2}{3}\right)$
$=1+\frac{2}{3}=1\frac{2}{3}$

스스로 풀어내는 도전 10 문제 022~023쪽

1 1, 3　　**2** 10, 1, 10, 1, 5, 1, 5

3 2, 2, 2, 2 / 19, 7, 12, 2, 2

4 $5\frac{1}{6}$

5 $2\frac{1}{7}-\frac{2}{7}=\frac{15}{7}-\frac{2}{7}=\frac{13}{7}=1\frac{6}{7}$

6 $3\frac{5}{9}-1\frac{1}{9}$　　$4\frac{2}{9}-1\frac{3}{9}$

7 $1\frac{10}{12}$　　**8** 2개

+9 $\frac{7}{10}$

+10 예 $4\frac{3}{10}>2\frac{7}{10}$이므로 $4\frac{3}{10}-2\frac{7}{10}$을 계산하면 됩니다. 따라서 포도주스가
$4\frac{3}{10}-2\frac{7}{10}=3\frac{13}{10}-2\frac{7}{10}=1\frac{6}{10}$ (L) 더 많이 들어 있습니다. / 포도주스, $1\frac{6}{10}$ L

1 $2\frac{7}{9}-1\frac{4}{9}$는 1을 나타내는 그림 1개, $\frac{1}{9}$을 나타내는 그림 3개가 남았습니다.

2 분수 부분끼리 뺄 수 없으므로 대분수의 자연수에서 1만큼을 분수로 바꾸어 자연수는 그대로 두고 분수 부분끼리 뺍니다.

3 방법 1 자연수는 그대로 두고 분수끼리 뺍니다.
$3\frac{4}{5}-1\frac{2}{5}=2+\frac{2}{5}=2\frac{2}{5}$
방법 2 대분수를 가분수로 고쳐서 계산합니다.
$3\frac{4}{5}-1\frac{2}{5}=\frac{19}{5}-\frac{7}{5}=\frac{12}{5}=2\frac{2}{5}$

4 $7\frac{5}{6}-2\frac{4}{6}=5+\frac{1}{6}=5\frac{1}{6}$

5 〈보기〉는 대분수를 가분수로 고쳐서 계산하는 방법입니다.
$2\frac{1}{7}-\frac{2}{7}=\frac{15}{7}-\frac{2}{7}=\frac{13}{7}=1\frac{6}{7}$

6 • $3\frac{5}{9}-1\frac{1}{9}=2+\frac{4}{9}=2\frac{4}{9}$
• $4\frac{2}{9}-1\frac{3}{9}=3\frac{11}{9}-1\frac{3}{9}=2+\frac{8}{9}=2\frac{8}{9}$
$2\frac{4}{9}<2\frac{8}{9}$이므로 $3\frac{5}{9}-1\frac{1}{9}<4\frac{2}{9}-1\frac{3}{9}$입니다.

7 $\frac{1}{12}$이 5개인 수는 $\frac{5}{12}$입니다. → $2\frac{3}{12}-\frac{5}{12}=1\frac{10}{12}$

힌트북 09쪽

8

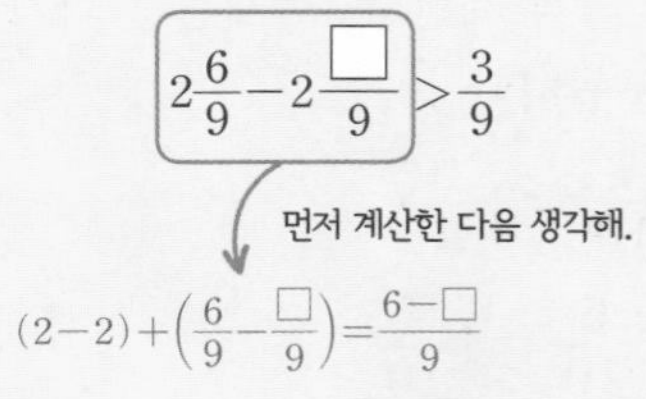

$2\frac{6}{9}-2\frac{□}{9}>\frac{3}{9}$

$\frac{3}{9}$은 자연수 부분이 없으므로 $2\frac{6}{9}-2\frac{□}{9}$는 받아내림이 없는 뺄셈식입니다.

$2\frac{6}{9}-2\frac{□}{9}=(2-2)+\left(\frac{6}{9}-\frac{□}{9}\right)=\frac{6-□}{9}>\frac{3}{9}$이므로 $6-□>3$입니다.

따라서 1부터 5까지의 수 중에서 □ 안에 들어갈 수 있는 수는 1, 2입니다.

힌트북 09쪽

+9

(어떤 대분수) $+2\frac{5}{10}=5\frac{7}{10}$

↓

(어떤 대분수) $=5\frac{7}{10}-2\frac{5}{10}$

어떤 대분수를 □라 하면 $□+2\frac{5}{10}=5\frac{7}{10}$이므로

$□=5\frac{7}{10}-2\frac{5}{10}=3\frac{2}{10}$입니다.

따라서 바르게 계산하면

$3\frac{2}{10}-2\frac{5}{10}=2\frac{12}{10}-2\frac{5}{10}=\frac{7}{10}$입니다.

+10 $4\frac{3}{10}>2\frac{7}{10}$이므로 $4\frac{3}{10}-2\frac{7}{10}$을 계산합니다.

따라서 포도주스가

$4\frac{3}{10}-2\frac{7}{10}=3\frac{13}{10}-2\frac{7}{10}=1\frac{6}{10}$ (L) 더 많습니다.

본책 024~027쪽

05일 분수의 뺄셈 (3)

확인 024쪽

❶ 4, 1, 2, 1 ❷ 3, 6, 2, 2

기본기 다지는 교과서 문제 025쪽

1 2, 6, 1, 4

2 14, 4, 10, 10, 1, 3

3 (1) 9, 3, 2, 9, 4, 1, 5, 1, 5

(2) 36, 22, 14, 1, 5

1 $3-1\frac{2}{6}$는 3에서 1만큼을 분수로 바꾸어 계산합니다.

➡ $3-1\frac{2}{6}=2\frac{6}{6}-1\frac{2}{6}=1+\frac{4}{6}=1\frac{4}{6}$

2 $2=\frac{14}{7}$로 바꾸어서 생각해 봅니다.

2는 $\frac{1}{7}$이 14개, $\frac{4}{7}$는 $\frac{1}{7}$이 4개이므로

$2-\frac{4}{7}$는 $\frac{1}{7}$이 $14-4=10$(개)입니다.

➡ $2-\frac{4}{7}=\frac{14}{7}-\frac{4}{7}=\frac{10}{7}=1\frac{3}{7}$

3 (1) $4-2\frac{4}{9}=3\frac{9}{9}-2\frac{4}{9}=(3-2)+(\frac{9}{9}-\frac{4}{9})$

$3+1=3+\frac{9}{9}$

$=1+\frac{5}{9}=1\frac{5}{9}$

(2) $4-2\frac{4}{9}=\frac{36}{9}-\frac{22}{9}=\frac{14}{9}=1\frac{5}{9}$

스스로 풀어내는 도전 10 문제 026~027쪽

1 2, 3 **2** 1, 3, 2

3 방법 1 7, 4, 2, 4, 2 방법 2 35, 30, 4, 2

4

5 (위에서부터) $3\frac{6}{11}$, $1\frac{6}{9}$

6 $2-\frac{5}{8}=1\frac{3}{8}$, $1\frac{3}{8}$ L **7** 로운

8 $3\frac{9}{15}$

+9 $6-2\frac{3}{5}=3\frac{2}{5}$

+10 예 자연수에서 1만큼을 분수로 바꾸어 계산해야 하는데 자연수끼리의 차로 계산했습니다. /

$9-3\frac{3}{9}=8\frac{9}{9}-3\frac{3}{9}=5+\frac{6}{9}=5\frac{6}{9}$

1 $3-\frac{2}{5}$는 1을 나타내는 그림 2개, $\frac{1}{5}$을 나타내는 그림 3개가 남았습니다.

2 0에서 오른쪽으로 2만큼 간 곳에서 $1\frac{1}{3}$만큼 왼쪽으로 되돌아가면 $\frac{2}{3}$가 됩니다.

3 방법 1 자연수에서 1만큼을 가분수로 바꾸어 계산합니다.

$5-\frac{5}{7}=4\frac{7}{7}-\frac{5}{7}=4+\frac{2}{7}=4\frac{2}{7}$

방법 2 대분수를 가분수로 고쳐서 계산합니다.

$5-\frac{5}{7}=\frac{35}{7}-\frac{5}{7}=\frac{30}{7}=4\frac{2}{7}$

4 • $2-\frac{2}{6}=1\frac{6}{6}-\frac{2}{6}=1\frac{4}{6}$

• $3-1\frac{1}{6}=2\frac{6}{6}-1\frac{1}{6}=1\frac{5}{6}$

5 • $4-\frac{5}{11}=3\frac{11}{11}-\frac{5}{11}=3\frac{6}{11}$

• $4-2\frac{3}{9}=3\frac{9}{9}-2\frac{3}{9}=1\frac{6}{9}$

6 (남은 주스의 양)

=(처음 주스의 양)−(마신 주스의 양)

$=2-\frac{5}{8}=1\frac{8}{8}-\frac{5}{8}=1\frac{3}{8}$ (L)

7 • 슬기: $2-\frac{7}{10}=1\frac{10}{10}-\frac{7}{10}=1\frac{3}{10}$

• 로운: $4-1\frac{5}{8}=3\frac{8}{8}-1\frac{5}{8}=2\frac{3}{8}$

• 지혜: $3-2\frac{3}{9}=2\frac{9}{9}-2\frac{3}{9}=\frac{6}{9}$

➜ $\underset{\text{로운}}{2\frac{3}{8}}>\underset{\text{슬기}}{1\frac{3}{10}}>\underset{\text{지혜}}{\frac{6}{9}}$이므로 계산 결과가 가장 큰 친구는 로운입니다

힌트북 11쪽

8

$\square+\frac{6}{15}=4$ ➜ $\square=4-\frac{6}{15}$을 계산합니다.

$\square=4-\frac{6}{15}=3\frac{15}{15}-\frac{6}{15}=3\frac{9}{15}$

+9 $6-2\frac{\square}{5}$의 계산 결과가 가장 큰 식은 6에서 가장 작은 수를 빼면 되므로 □ 안에는 가장 작은 수를 써넣습니다.

8>5>3이므로 □ 안에 알맞은 수는 가장 작은 수인 3입니다.

➜ $6-2\frac{3}{5}=5\frac{5}{5}-2\frac{3}{5}=3\frac{2}{5}$

+10 9에서 1만큼을 분수로 바꾸어 $8\frac{9}{9}$로 계산해야 하는데 자연수끼리의 차인 (9−3)으로 계산했습니다.

따라서 바르게 고치면

$9-3\frac{3}{9}=8\frac{9}{9}-3\frac{3}{9}=5+\frac{6}{9}=5\frac{6}{9}$입니다.

01~05일 단원평가 028~029쪽

01 5

02 

03 $2\frac{10}{11}$, $1\frac{1}{11}$

04 $1\frac{5}{12}$ / $\frac{5}{12}$

05 방법 1 $2\frac{3}{6}-1\frac{4}{6}=1\frac{9}{6}-1\frac{4}{6}=\frac{5}{6}$

방법 2 $2\frac{3}{6}-1\frac{4}{6}=\frac{15}{6}-\frac{10}{6}=\frac{5}{6}$

06 $<$

07 $\frac{9}{11}$

08 $\frac{3}{7}$ L

09 $\frac{2}{8}$, $\frac{4}{8}$

10 풀이 참조 / $\frac{2}{6}$

01 0부터 오른쪽으로 $\frac{3}{7}$만큼 뛰어 센 후 다시 $\frac{2}{7}$만큼 뛰어 세었습니다.

02 • $\frac{7}{10}-\frac{5}{10}=\frac{7-5}{10}=\frac{2}{10}$

• $1-\frac{6}{10}=\frac{10}{10}-\frac{6}{10}=\frac{10-6}{10}=\frac{4}{10}$

• $\frac{1}{10}+\frac{2}{10}=\frac{1+2}{10}=\frac{3}{10}$

03 화살표를 따라 식을 세워 계산합니다.

$2\frac{2}{11}+\frac{8}{11}=2+\left(\frac{2}{11}+\frac{8}{11}\right)=2+\frac{10}{11}=2\frac{10}{11}$

$2\frac{10}{11}-1\frac{9}{11}=(2-1)+\left(\frac{10}{11}-\frac{9}{11}\right)=1+\frac{1}{11}=1\frac{1}{11}$

04 • 합: $\frac{6}{12}+\frac{11}{12}=\frac{6+11}{12}=\frac{17}{12}=1\frac{5}{12}$

• 차: $\frac{11}{12}>\frac{6}{12}$ ➜ $\frac{11}{12}-\frac{6}{12}=\frac{11-6}{12}=\frac{5}{12}$

05 방법 1 자연수에서 1만큼을 분수로 바꾸어 자연수는 자연수끼리, 진분수는 진분수끼리 계산합니다.
방법 2 대분수를 가분수로 바꾸어 계산합니다.

06 $3\frac{4}{5}-\frac{2}{5}=3\frac{2}{5}$, $2\frac{2}{5}+1\frac{1}{5}=3\frac{3}{5}$

➜ $3\frac{2}{5}<3\frac{3}{5}$이므로 $3\frac{4}{5}-\frac{2}{5}<2\frac{2}{5}+1\frac{1}{5}$입니다.

07 $3\frac{7}{11}>3\frac{4}{11}>2\frac{9}{11}$이므로 가장 큰 분수는 $3\frac{7}{11}$이고 가장 작은 분수는 $2\frac{9}{11}$입니다.

➜ $3\frac{7}{11}-2\frac{9}{11}=2\frac{18}{11}-2\frac{9}{11}=\frac{9}{11}$

08 (어제 마시고 남은 우유의 양)
$=1-$(어제 마신 우유의 양)
$=1-\frac{3}{7}=\frac{7}{7}-\frac{3}{7}=\frac{4}{7}$ (L)
(남은 우유)
$=$(어제 마시고 남은 우유의 양)$-$(오늘 마신 우유의 양)
$=\frac{4}{7}-\frac{1}{7}=\frac{3}{7}$ (L)

09 더해서 6이 되는 두 수는 1과 5, 2와 4, 3과 3입니다. 이 중에서 차가 2가 되는 두 수는 2와 4입니다.

따라서 조건을 만족하는 두 수는 $\frac{2}{8}$, $\frac{4}{8}$입니다.

10 예시 답안 어떤 수를 □라 하면 잘못 계산한 식은

$\square+\frac{5}{6}=2$ ➜ $\square=2-\frac{5}{6}=1\frac{1}{6}$입니다.

따라서 바르게 계산하면 $1\frac{1}{6}-\frac{5}{6}=\frac{2}{6}$입니다.

채점 기준	
	❶ 잘못 계산한 식에서 어떤 수를 구해야 함.
	❷ 바르게 계산하면 얼마인지 구해야 함.

본책 030~033쪽

06일 변의 길이에 따라 삼각형 분류하기

확인 030쪽

1 (1) 라 (2) 다 (3) 이등변삼각형, 정삼각형

기본기 다지는 교과서 문제 031쪽

1 (　) (○) (　)
2 (　) (　) (○)
3 9 / 11
4 8 / 6, 6

1 두 변의 길이가 같은 삼각형을 찾습니다.

2 세 변의 길이가 같은 삼각형을 찾습니다.

3 이등변삼각형은 두 변의 길이가 같습니다.

4 정삼각형은 세 변의 길이가 같습니다.

스스로 풀어내는 도전 10 문제 032~033쪽

1 다　　2 변 ㄱㄴ

3 (1) 7 (2) 4, 4

4

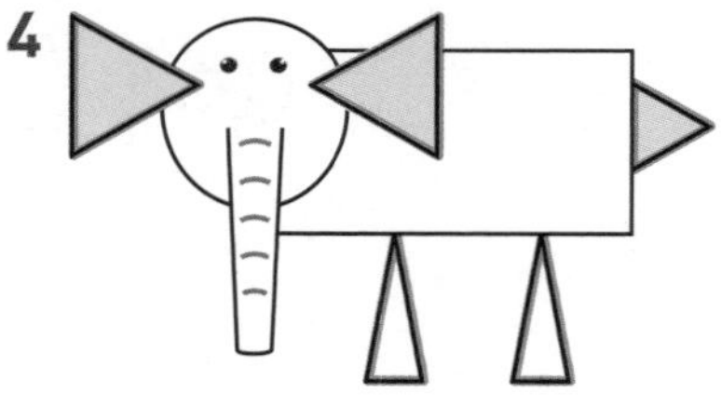

5 15 cm　　6 ㉡

7 ㉣　　8 10

+9 이등변삼각형

+10 예 만든 정삼각형의 세 변의 길이의 합은 27 cm입니다. 정삼각형은 세 변의 길이가 모두 같으므로 한 변은 27÷3=9 (cm)입니다. / 9 cm

1 정삼각형은 세 변의 길이가 같은 삼각형입니다.

2 변 ㄴㄷ과 변 ㄷㄱ의 길이가 같습니다. 따라서 길이가 다른 한 변은 변 ㄱㄴ입니다.

3 (1) 이등변삼각형은 두 변의 길이가 같습니다.
(2) 정삼각형은 세 변의 길이가 같습니다.

4 코끼리의 두 귀와 꼬리는 정삼각형이면서 이등변삼각형입니다.
코끼리의 다리는 이등변삼각형입니다.

5 정삼각형은 세 변의 길이가 같으므로 5+5+5=15 (cm)입니다.

6 ㉠ 이등변삼각형은 항상 세 변의 길이가 같지는 않기 때문에 정삼각형이 아닙니다.

7 ㉣ 세 변의 길이가 모두 다르므로 이등변삼각형이 아닙니다.

힌트북 13쪽

8

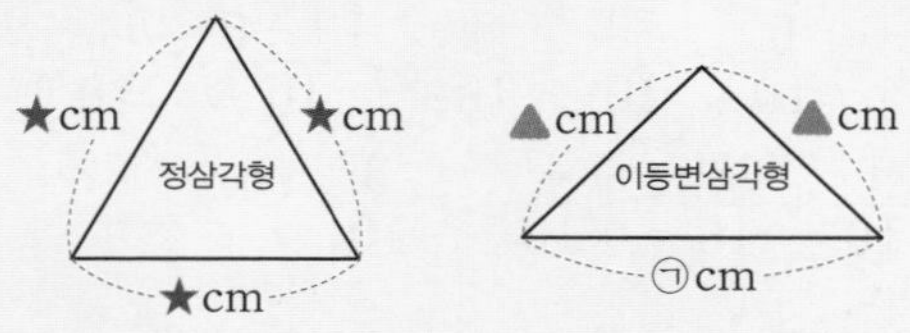

★+★+★=▲+▲+㉠

(정삼각형의 세 변의 길이의 합)
=8+8+8=24 (cm)
이등변삼각형의 세 변의 길이의 합도 24 cm이므로
7+7+㉠=24, ㉠=10입니다.

+9 윤하가 가지고 있는 막대의 길이는 4 cm입니다. 만들 수 있는 삼각형은 세 변이 4 cm, 4 cm, 3 cm이므로 이등변삼각형입니다.

+10 철사를 남김 없이 모두 사용했으므로 만든 정삼각형의 세 변의 길이의 합은 철사의 길이와 같습니다.

본책 034~037쪽

07일 이등변삼각형의 성질

확인 ··· 034쪽

1 예
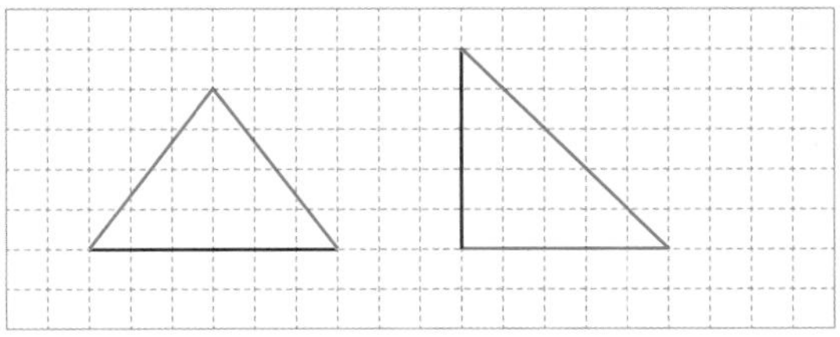

(2) 같습니다에 ○표

기본기 다지는 교과서 문제 035쪽

1 ( ) (○) ( )

2 75 / 50

3
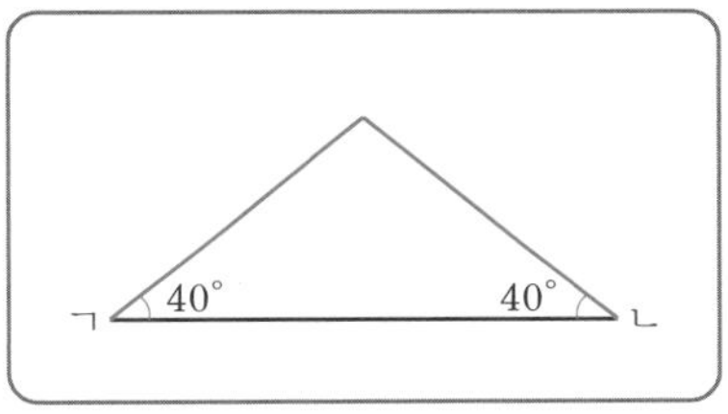

1 두 각의 크기가 같은 삼각형을 찾습니다.

2 이등변삼각형은 길이가 같은 두 변에 있는 두 각의 크기가 같습니다.

3 점 ㄱ과 점 ㄴ을 각각 꼭짓점으로 하여 각도가 40°인 각을 그려 이등변삼각형을 완성합니다.

스스로 풀어내는 도전 10 문제 036~037쪽

1 ㄴㄱㄷ, ㄱㄷㄴ

2 (위에서부터) 7, 40

3 예
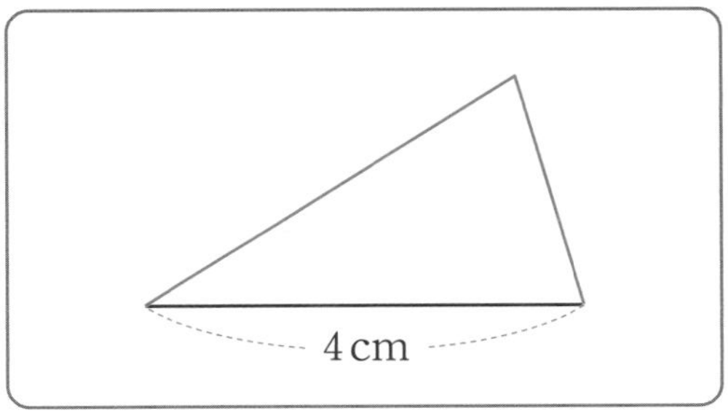

4
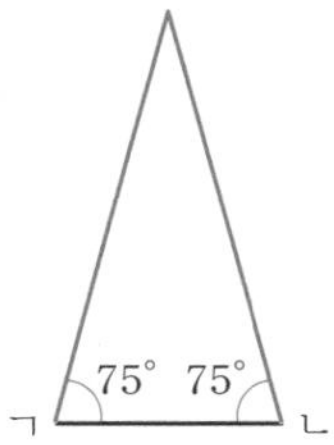

5 서연

6 45, 45

7 (○) ( ) (○)

8 70°

+9 예
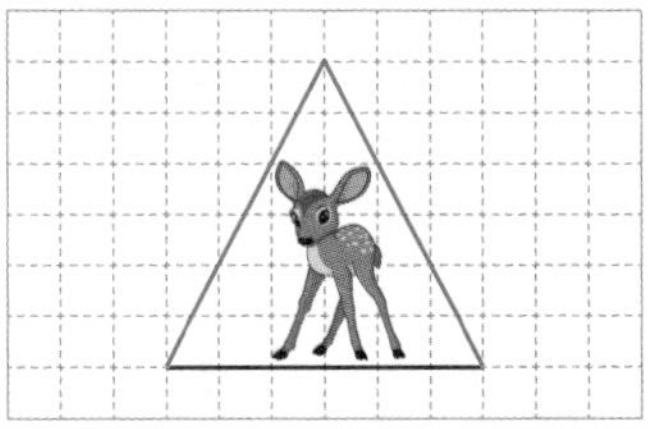

+10 예 나머지 한 각의 크기는 30°입니다. 크기가 같은 두 각이 없으므로 이등변삼각형이 아닙니다.

1 이등변삼각형은 길이가 같은 두 변에 있는 두 각의 크기가 같습니다.

2 이등변삼각형은 두 변의 길이가 같습니다. 이등변삼각형은 길이가 같은 두 변에 있는 두 각의 크기가 같습니다.

3 주어진 선분의 길이가 4 cm이므로 4 cm인 변을 하나 더 그려서 이등변삼각형을 완성합니다.

4 선분 ㄱㄴ의 양 끝에 각각 75°인 각을 그리고 두 각의 변이 만나는 점을 찾아 이어 이등변삼각형을 그립니다.

5 이등변삼각형은 길이가 같은 두 변에 있는 두 각의 크기가 같으므로 변 ㄱㄷ의 길이가 9 cm입니다.

힌트북 14쪽

6
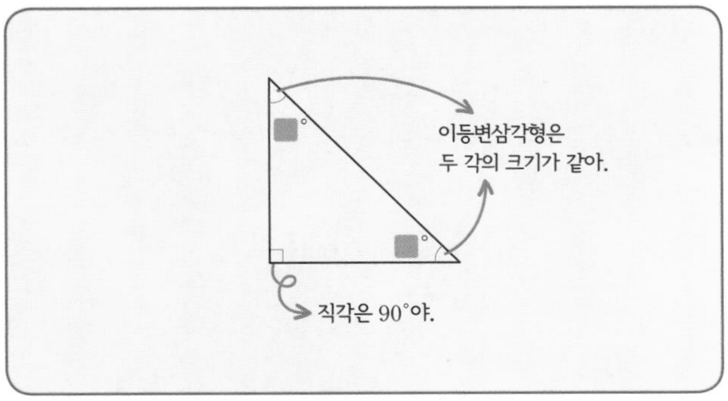

이등변삼각형은 두 각의 크기가 같습니다.

$\square + \square = 180° - 90° = 90° \rightarrow 90° \div 2 = 45°$

7 • 50°, 50°: 크기가 같은 두 각이 있으므로 이등변삼각형입니다.
• 80°, 40°: 나머지 한 각의 크기가
180°－80°－40°＝60°이므로 이등변삼각형이 아닙니다.
• 50°, 65°: 나머지 한 각의 크기가
180°－50°－65°＝65°이므로 이등변삼각형입니다.

힌트북 15쪽

8

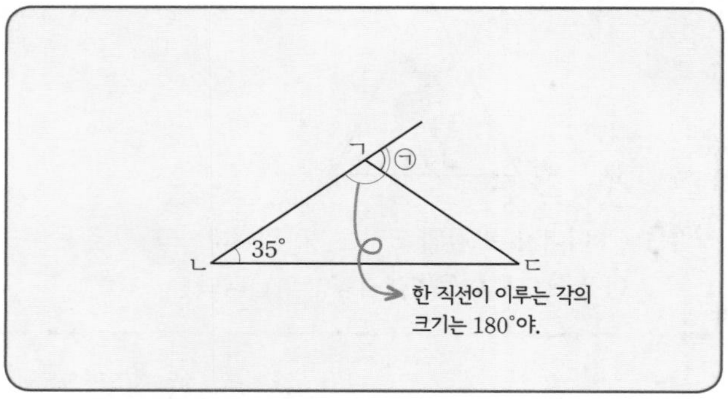

(각 ㄱㄷㄴ)＝(각 ㄱㄴㄷ)＝35°
(각 ㄴㄱㄷ)＝180°－35°－35°＝110°
➔ 한 직선이 이루는 각도는 180°이므로
㉠＝180°－110°＝70°

⁺9 사슴을 완전히 둘러싸고 길이가 같은 두 변이 있도록 삼각형을 그립니다.

⁺10 (나머지 한 각의 크기)＝180°－25°－125°＝30°
삼각형의 세 각의 크기가 25°, 125°, 30°이므로 크기가 같은 두 각이 없습니다.

본책 038~041쪽

08일 정삼각형의 성질

확인 038쪽

❶ (1)

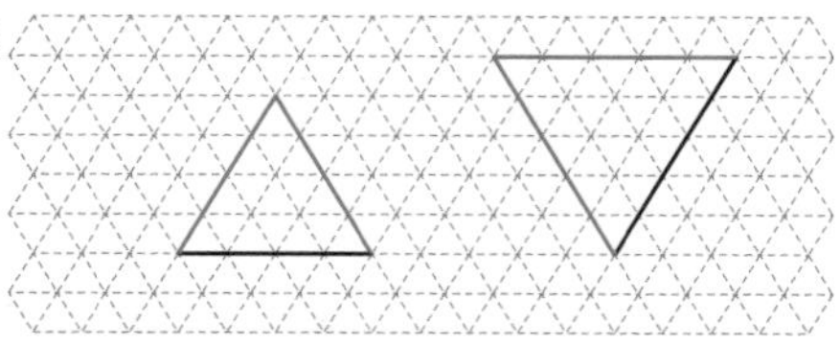

(2) 같습니다에 ○표

기본기 다지는 교과서 문제 039쪽

1 (　) (　) (○)
2 60, 60 / 60
3

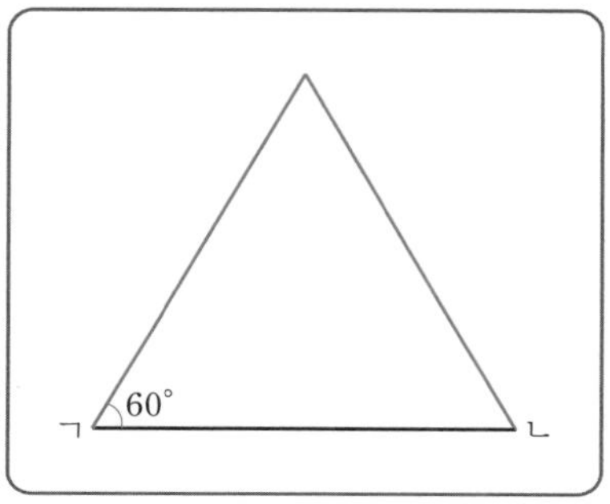

1 세 각의 크기가 같은 삼각형을 찾습니다.

2 정삼각형은 세 각이 60°로 모두 같습니다.

3 점 ㄱ과 점 ㄴ을 각각 꼭짓점으로 하여 각도가 60°인 각을 그려 정삼각형을 완성합니다.

스스로 풀어내는 도전 10 문제 040~041쪽

1 세에 ○표, 60
2 (위에서부터) 4, 60
3 예

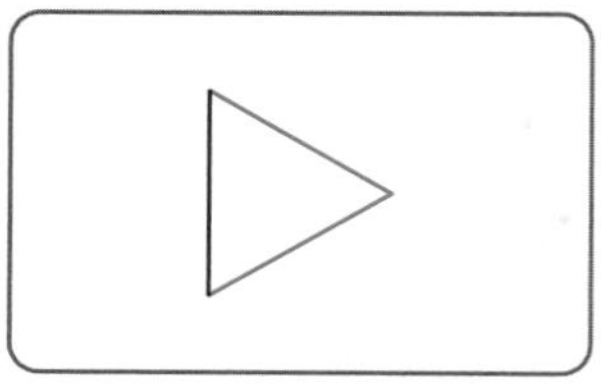

4 (1) ○ (2) ×

5

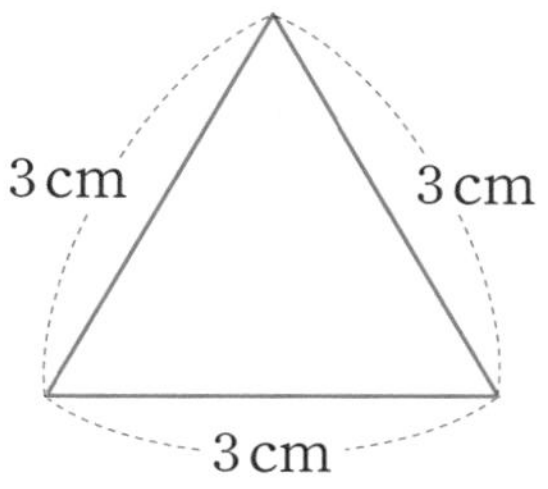

6 예

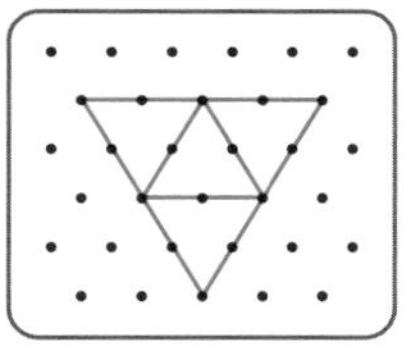

7 45 cm **8** 120°

+9 120

+10 예 [같은 점] 세 각의 크기가 모두 60°로 같습니다.
[다른 점] 두 삼각형의 한 변의 길이가 서로 다릅니다.

1 (정삼각형의 한 각의 크기)$=180° \div 3=60°$

2 정삼각형은 세 변의 길이가 같습니다.
정삼각형의 세 각의 크기는 모두 60°입니다.

3 주어진 선분의 양 끝에 각각 60°인 각을 그리고, 두 각의 변이 만나는 점을 찾아 선분의 양 끝과 이어 삼각형을 완성합니다.

4 (2) 삼각형의 세 각의 크기의 합은 항상 180°이므로 정삼각형의 세 각의 크기의 합도 180°입니다.

5 길이가 3 cm인 선분을 긋고, 선분의 양 끝에 각각 60°인 각을 그립니다. 두 각의 변이 만나는 점을 찾아 선분의 양 끝과 이어 삼각형을 완성합니다.

7 나머지 한 각의 크기가 $180°-60°-60°=60°$이므로 정삼각형입니다.
정삼각형의 세 변의 길이가 같으므로
(세 변의 길이의 합)$=15+15+15=45$ (cm)입니다.

8 정삼각형의 한 각의 크기는 60°입니다.
(각 ㄴㄱㄹ)$=60°+60°=120°$

+9 정삼각형이므로 (각 ㄱㄷㄴ)$=60°$입니다.
한 직선이 이루는 각의 크기는 180°이므로
$\square°=180°-60°=120°$입니다.

본책 042~045쪽

09일 각의 크기에 따라 삼각형 분류하기

확인 042쪽

1 (1) 라 (2) 예각삼각형 (3) 나, 다 (4) 둔각삼각형

기본기 다지는 교과서 문제 043쪽

1 세에 ○표, 예각삼각형

2 (위에서부터) 예, 직, 둔 / 둔, 예, 직

3 예 (1)

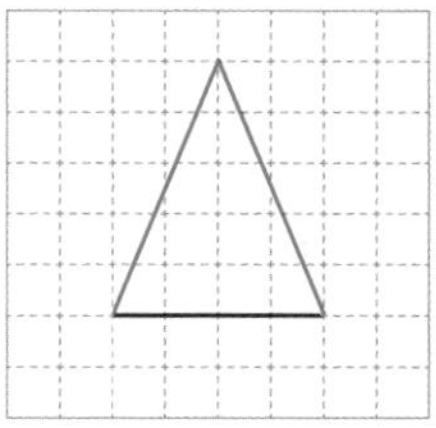

(2)

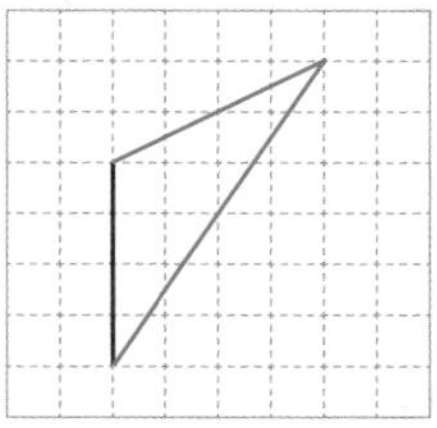

1 세 각이 모두 예각인 삼각형을 예각삼각형이라고 합니다.

2 예각삼각형: 세 각이 모두 예각인 삼각형
직각삼각형: 한 각이 직각인 삼각형
둔각삼각형: 한 각이 둔각인 삼각형

3 (1) 세 각이 모두 예각이 되도록 삼각형을 그립니다.
(2) 한 각이 둔각이 되도록 삼각형을 그립니다.

스스로 풀어내는 도전 10 문제 044~045쪽

1 다 / 가 / 나

2 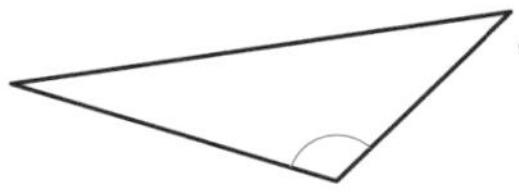 , 1

3 ②

4 예

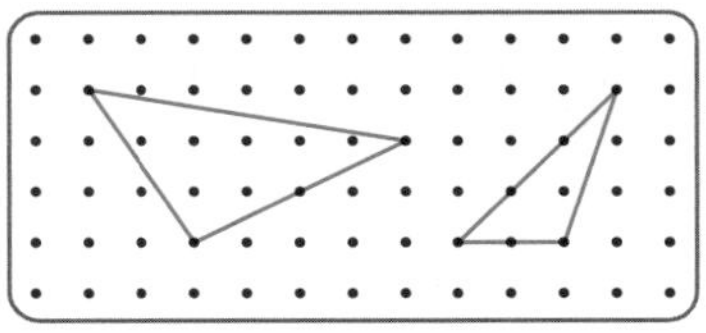

5 다, 라 / 나, 마, 바 **6** 1개 / 3개

7 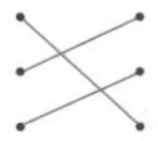

8
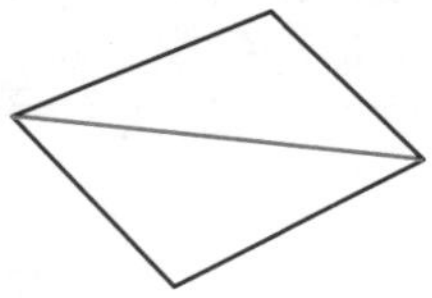

+9 6개
+10 예 한 각이 둔각이니까 둔각삼각형이야.

2 각도가 직각보다 크고 180°보다 작은 각을 찾습니다. 둔각삼각형에는 둔각이 1개 있습니다.

3 세 각이 모두 예각인 삼각형이 될 수 있는 점을 찾으면 ②입니다.

참고 ①, ③: 직각삼각형, ④, ⑤: 둔각삼각형

4 한 각이 둔각인 삼각형을 2개 그립니다.

5 각이 모두 예각인 삼각형은 다, 라이고 한 각이 둔각인 삼각형은 나, 마, 바입니다.

참고 가, 사: 직각삼각형

6
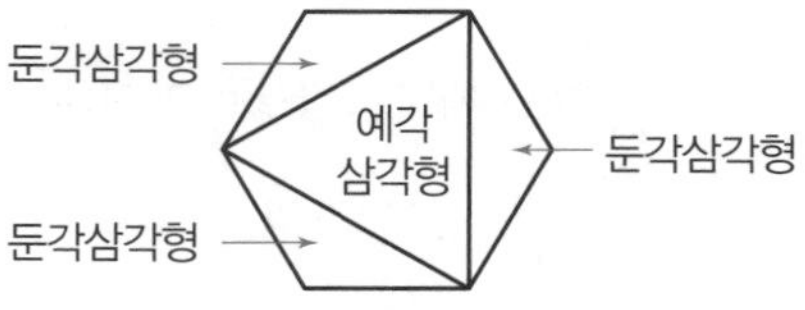

7 나머지 한 각의 크기를 구하면
• 75°, 45°: $180°-75°-45°=60°$
➔ 세 각이 모두 예각인 삼각형이므로 예각삼각형입니다.
• 60°, 30°: $180°-60°-30°=90°$
➔ 한 각이 직각인 삼각형이므로 직각삼각형입니다.
• 35°, 25°: $180°-35°-25°=120°$
➔ 한 각이 둔각인 삼각형이므로 둔각삼각형입니다.

8 한 각이 둔각인 삼각형이 2개가 되도록 선분을 그어야 하므로 예각인 부분을 나눕니다.

+9
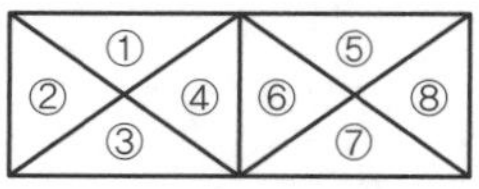

①, ③, ⑤, ⑦, ①+④+⑥+⑤, ③+④+⑥+⑦
➔ 6개

본책 046~049쪽

10일 두 가지 기준으로 삼각형 분류하기

확인 046쪽
1 (1) 가, 나 (2) 가
2 (1) 세 변의 길이가 다른 삼각형에 ○표
(2) 예각삼각형에 ○표

기본기 다지는 교과서 문제 047쪽
1

2 (1) 이등변삼각형 (2) 직각삼각형
3 이등변삼각형, 예각삼각형에 ○표

1 길이가 같은 두 변이 있으므로 이등변삼각형이고, 둔각이 있으므로 둔각삼각형입니다.

2 (1) 두 변의 길이가 같으므로 이등변삼각형입니다.
(2) 한 각이 직각이므로 직각삼각형입니다.

3 두 변의 길이가 같으므로 이등변삼각형이고, 세 각이 모두 예각이므로 예각삼각형입니다.

스스로 풀어내는 도전 10 문제 048~049쪽
1 (1) 정삼각형 (2) 예각삼각형
2 이등변삼각형, 둔각삼각형에 ○표
3

	예각삼각형	둔각삼각형
이등변삼각형	가, 나	라
세 변의 길이가 모두 다른 삼각형	마	다

4 마
5 바
6 ㉢
7 예
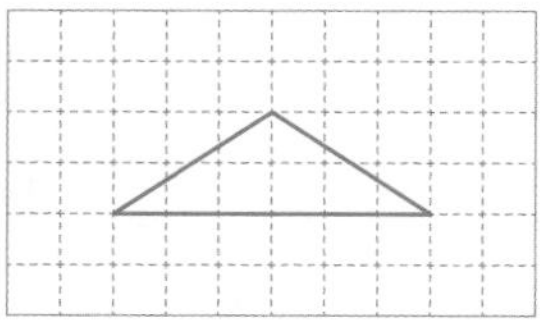

8 ㉣, ㉤
+9 정삼각형, 이등변삼각형, 예각삼각형
+10 예 삼각형의 나머지 한 각의 크기는 35°입니다. 따라서 삼각형의 이름이 될 수 있는 것은 이등변삼각형, 둔각삼각형입니다. / 이등변삼각형, 둔각삼각형

1 (1) 세 변의 길이가 같으므로 정삼각형입니다.
(2) 세 각이 모두 예각이므로 예각삼각형입니다.

2 두 변의 길이가 같으므로 이등변삼각형이고, 한 각이 둔각이므로 둔각삼각형입니다.

3 • 이등변삼각형: 가(예각삼각형), 나(예각삼각형), 라(둔각삼각형)
• 세 변의 길이가 모두 다른 삼각형: 다(둔각삼각형), 라(둔각삼각형)

4 이등변삼각형은 가, 나, 마이고 이중 직각삼각형은 마입니다.

5 세 변의 길이가 서로 다른 삼각형은 다, 라, 바이고 이중 예각삼각형은 바입니다.

6 ㉠ 정삼각형은 세 각이 모두 예각이므로 예각삼각형입니다.
㉡ 정삼각형은 두 변의 길이가 같으므로 이등변삼각형입니다.
㉢ 이등변삼각형은 예각삼각형, 직각삼각형, 둔각삼각형으로 분류할 수 있습니다.

7 변이 3개이므로 삼각형입니다. 두 변의 길이가 같으므로 이등변삼각형입니다. 한 각이 둔각이므로 둔각삼각형입니다.

8 길이가 같은 두 변이 있으므로 이등변삼각형입니다. 나머지 두 각이 60°, 60°이므로 정삼각형입니다. 세 각이 모두 예각이므로 예각삼각형입니다.

+9 길이가 같은 막대 3개를 변으로 하여 만든 삼각형은 정삼각형입니다. 정삼각형은 이등변삼각형, 예각삼각형이라고 할 수 있습니다.

+10 (나머지 한 각의 크기)
$=180^\circ-110^\circ-35^\circ=35^\circ$입니다.
삼각형의 세 각의 크기가 35°, 35°, 110°이므로 삼각형의 이름이 될 수 있는 것은 이등변삼각형, 둔각삼각형입니다.

06~10일 단원평가 050~051쪽

01 나
02 (왼쪽에서부터) 60, 4
03 ①
04 이등변, 직각
05 1, 2
06 예

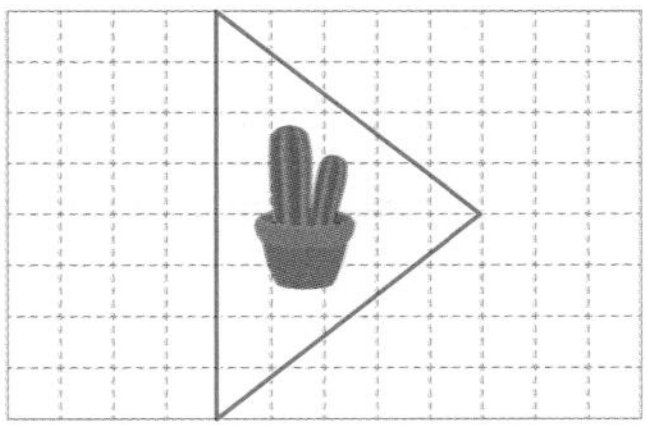

07 70, 70
08 예

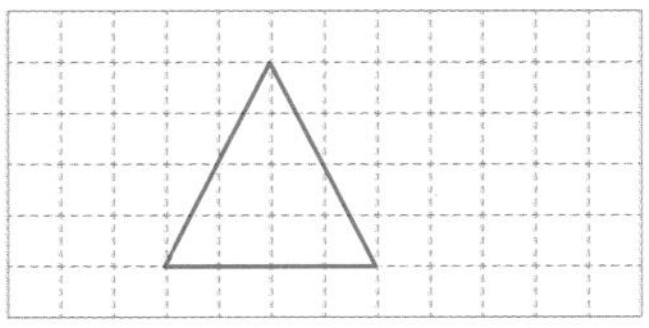

09 5
10 풀이 참조 / 5개

01 두 변의 길이가 같은 삼각형을 찾으면 나입니다.

02 정삼각형은 세 변의 길이가 같습니다.
정삼각형의 한 각의 크기는 60°입니다.
참고 정삼각형은 세 각의 크기가 모두 같으므로 (한 각의 크기)$=180^\circ\div3=60^\circ$입니다.

03 한 각이 둔각인 삼각형이 될 수 있는 점을 찾으면 ①입니다.
참고 ②, ⑤: 직각삼각형, ③, ④: 예각삼각형

04 두 변의 길이가 같습니다. → 이등변삼각형
한 각이 직각입니다. → 직각삼각형

05

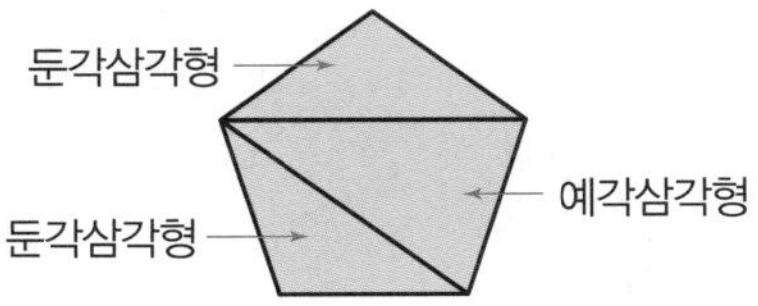

06 선인장을 완전히 둘러싸고 길이가 같은 두 변이 있도록 삼각형을 그립니다.

07 $40^\circ+\square^\circ+\square^\circ=180^\circ$, $\square^\circ+\square^\circ=140^\circ$, $\square^\circ=70^\circ$

08 두 변의 길이가 같으므로 이등변삼각형입니다. 세 각이 모두 예각이므로 예각삼각형입니다.

09 (정삼각형의 세 변의 길이의 합)$=7+7+7=21$ (cm)
이등변삼각형의 세 변의 길이의 합도 21 cm이므로
$8+8+\square=21$, $\square=5$입니다.

10 예시 답안 예각삼각형은 예각이 3개, 둔각삼각형은 예각이 2개 있습니다. 따라서 찾을 수 있는 예각은 모두 5개입니다.

채점 기준	❶ 예각삼각형과 둔각삼각형의 예각의 수를 각각 구함.
	❷ 예각삼각형과 둔각삼각형에서 찾을 수 있는 예각은 모두 몇 개인지 구함.

본책 052~055 쪽

11일 소수 두 자리 수, 소수 세 자리 수

확인 052쪽

❶ 0.24, 영 점 이사
❷ 0.352, 영 점 삼오이

❶ 모눈 한 칸의 크기가 0.01이고 색칠한 부분은 24칸이므로 $\frac{24}{100}=0.24$입니다.

❷ 모눈 한 칸의 크기가 0.001이고 색칠한 부분은 352칸이므로 $\frac{352}{1000}=0.352$입니다.

기본기 다지는 교과서 문제 053쪽

1 (1) 0.03, 영 점 영삼 (2) 0.144, 영 점 일사사
2 3.22, 3.37
3 6.539
4 (1) 2 (2) 0.4 (3) 둘째 (4) 셋째, 0.007

1 (1) 분모가 100인 분수는 소수 두 자리 수로 나타냅니다.
→ $\frac{3}{100}=0.03$(영 점 영삼)
(2) 분모가 1000인 분수는 소수 세 자리 수로 나타냅니다.
→ $\frac{144}{1000}=0.144$(영 점 일사사)

2 수직선의 눈금 한 칸의 크기는 0.01입니다.
3.2에서 눈금 2칸만큼 더 간 수는 3.22이고, 3.3에서 눈금 7칸만큼 더 간 수는 3.37입니다.

3 1이 6개이면 6, 0.1이 5개이면 0.5, 0.01이 3개이면 0.03, 0.001이 9개이면 0.009이므로 6.539입니다.

4 (2) 4는 소수 첫째 자리 숫자이므로 0.4를 나타냅니다.
(3) 5는 소수 둘째 자리 숫자이므로 0.05를 나타냅니다.
(4) 7은 소수 셋째 자리 숫자이므로 0.007을 나타냅니다.

스스로 풀어내는 도전 10 문제

054~055쪽

1 1.82
2 ④
3 일, 4 / 첫째, 0.9 / 둘째, 0.06
4 2.616
5 3, 1, 2
6 (1) 5.263 (2) 53.972
7 0.17
8 3.386
+9 5.801 / 오 점 팔영일
+10 영민, 서준 /
예 0.043 ➡ 영 점 영사삼, 19.68 ➡ 십구 점 육팔

1 모눈 한 칸의 크기가 0.01이고 색칠한 부분은 182칸이므로 $\frac{182}{100}=1.82$입니다.

2 소수 셋째 자리 숫자를 알아봅니다.
① $1.37\underline{2}$ → 2 ② $6.70\underline{5}$ → 5 ③ $7.08\underline{6}$ → 6
④ $4.94\underline{7}$ → 7 ⑤ $3.71\underline{3}$ → 3
따라서 소수 셋째 자리 숫자가 7인 수는 ④입니다.

3 4.96
→ 일의 자리 숫자 → 4를 나타냅니다.
→ 소수 첫째 자리 숫자 → 0.9를 나타냅니다.
→ 소수 둘째 자리 숫자 → 0.06을 나타냅니다.

4 수직선의 눈금 한 칸의 크기는 0.001입니다.
2.616은 2.61에서 눈금 6칸만큼 더 간 수입니다.

5 2가 나타내는 수를 알아봅니다.
$3.12\underline{4}$ → 0.02, $\underline{2}.596$ → 2, $1.\underline{2}84$ → 0.2
따라서 $2>0.2>0.02$이므로 2가 나타내는 수가 큰 수부터 차례로 쓰면 2.596, 1.284, 3.124입니다.

힌트북 22쪽

6

$\frac{1}{10}$이 ■개 → 0.■
$\frac{1}{100}$이 ■개 → 0.0■
$\frac{1}{1000}$이 ■개 → 0.00■

(2) 10이 5개이면 50, 1이 3개이면 3,
($\frac{1}{10}=0.1$)이 9개이면 0.9,
($\frac{1}{100}=0.01$)이 7개이면 0.07,
($\frac{1}{1000}=0.001$)이 2개이면 0.002이므로
53.972입니다.

7 동화책은 100권 중 17권이므로 동화책은 전체의 $\frac{17}{100}$입니다. 따라서 소수로 나타내면 0.17입니다.

8

1이 2개	→	2
0.1이 13개	→	1.3
0.01이 7개	→	0.07
0.001이 16개	→	0.016
		3.386

+9 5보다 크고 6보다 작은 수이므로 일의 자리 숫자는 5입니다. 따라서 일의 자리 숫자가 5, 소수 첫째 자리 숫자가 8, 소수 둘째 자리 숫자가 0, 소수 셋째 자리 숫자가 1인 소수 세 자리 수는 5.801입니다.

+10 소수를 읽을 때에는 자연수 부분은 숫자와 자릿값을 모두 읽고, 소수점 아래의 수는 자릿값은 읽지 않고 숫자만 차례대로 하나씩 읽습니다.

본책 056~059 쪽

12일 소수의 크기 비교하기

확인 ········· 056쪽

❶ 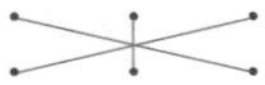

❷ <

기본기 다지는 교과서 문제 057쪽

1 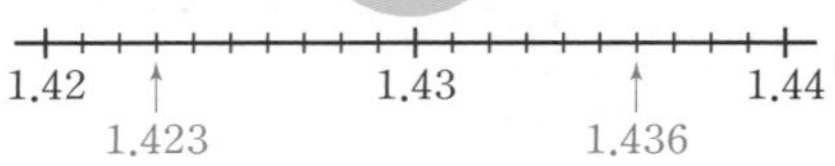

/ <

2 1.3~~0~~, 1.06~~0~~, 5.08~~0~~

3 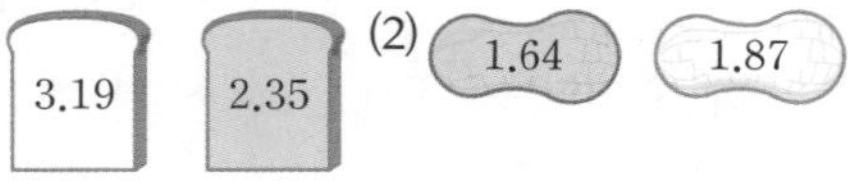

4 (1) > (2) <

1 수직선의 눈금 한 칸의 크기는 0.001입니다.
1.423은 1.42에서 눈금 3칸만큼 더 간 수이고, 1.436은 1.43에서 눈금 6칸만큼 더 간 수입니다.
➜ 수직선에서는 오른쪽에 있을수록 더 큰 수이므로 1.423<1.436입니다.

2 소수의 오른쪽 끝자리에 있는 0은 생략할 수 있습니다.

3 (1) 3.19 > 2.35 (3>2)　(2) 1.64 < 1.87 (6<8)

4 (1) 6.28 > 6.09 (2>0)　(2) 0.537 < 0.54 (3<4)

스스로 풀어내는 도전 10 문제 058~059쪽

1 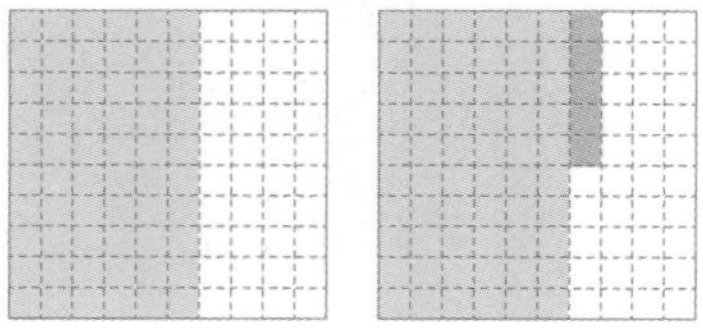

2 (　) (○) (　)

3 ㉠

4 (　) (○)

5 2.96에 ○표, 2.84에 △표

6 8, 9

7 0.3 < 0.33 < 3.03 < 3.3
회 전 목 마

8 5.41 / 1.45

+9 도서관, 소방서, 학교

+10 자연수 부분이 같고 소수 첫째 자리 수가 0.8이 0.72보다 크기 때문이야.

1 모눈 한 칸의 크기는 0.01입니다.
0.6은 모눈 60칸, 0.65는 모눈 65칸을 색칠하고 색칠한 부분이 많을수록 더 큰 수이므로 0.6<0.65입니다.

2 소수는 필요한 경우 소수의 오른쪽 끝자리에 0을 붙여서 나타낼 수 있으므로 1.7과 1.70은 같은 수입니다.

3 ㉠ 3.201 < 3.24 (0<4)

4 8.19 < 8.21 (1<2)
➜ 더 긴 털실은 파란색 털실입니다.

5 자연수 부분은 모두 같으므로 소수 첫째 자리 수가 가장 큰 2.96이 가장 큰 수입니다.
2.853과 2.84는 자연수와 소수 첫째 자리 수가 각각 같으므로 소수 둘째 자리 수가 더 작은 2.84가 가장 작은 수입니다.

힌트북 24쪽

6 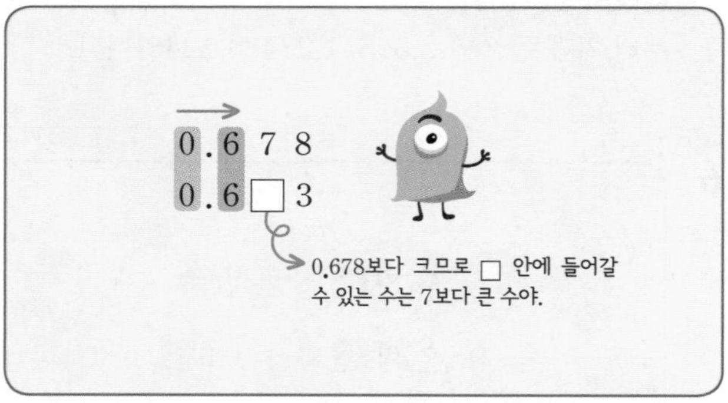

자연수 부분과 소수 첫째 자리 수가 각각 같고, 소수 셋째 자리 수가 8>3이므로 □ 안에는 7보다 큰 수인 8, 9가 들어갈 수 있습니다.

힌트북 25쪽

7

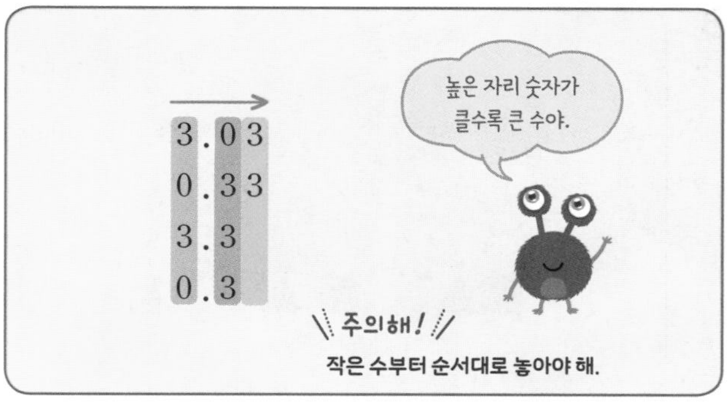

자연수 부분이 가장 작은 0.33과 0.3의 크기를 비교하면 0.33>0.3입니다.
자연수 부분이 가장 큰 3.03과 3.3의 크기를 비교하면 3.03<3.3입니다.
따라서 0.3<0.33<3.03<3.3이므로 단어를 완성하면 '회전목마'입니다.

8 가장 큰 수는 높은 자리부터 큰 수를 차례로 놓고, 가장 작은 수는 높은 자리부터 작은 수를 차례로 놓아서 만듭니다.
→ 가장 큰 수: 5.41, 가장 작은 수: 1.45

+9 1000 m=1 km이므로 1070 m=1.07 km입니다.
따라서 1.09>1.07>0.688이므로 집에서 먼 곳부터 순서대로 쓰면 도서관, 소방서, 학교입니다.

+10 높은 자리 수가 클수록 큰 수입니다.
0.72 < 0.8
└ 7<8 ┘

참고 0.01의 개수로 소수의 크기를 비교할 수 있습니다.
0.72 → 0.01이 72개
0.8 → 0.01이 80개
따라서 72<80이므로 0.72<0.8입니다.

본책 060~063쪽

13일 소수 사이의 관계

확인 060쪽

1 (1)

1	0		
0	1		
0	0	1	

(각각 $\frac{1}{10}$)

(2)

2	8		
0	2	8	
0	0	2	8

(각각 10배)

2 (1) 10배에 ○표 (2) $\frac{1}{10}$에 ○표
(3) 7.5 (4) 0.26

기본기 다지는 교과서 문제 061쪽

1 (위에서부터) 0.08, 0.8, 800 / 0.117, 117, 1170
2 (1) 2.1, 0.21 (2) 1.4, 14
3 (1) 10 (2) 1000
4 40.5 L

1 • 8의 $\frac{1}{10}$은 0.8, 0.8의 $\frac{1}{10}$은 0.08이고, 80의 10배는 800입니다.
• 1.17의 $\frac{1}{10}$은 0.117이고, 11.7의 10배는 117, 117의 10배는 1170입니다.

2 (1) 소수의 $\frac{1}{10}$을 하면 소수점을 기준으로 수가 오른쪽으로 한 자리, $\frac{1}{100}$을 하면 오른쪽으로 두 자리 이동합니다.
(2) 소수를 10배 하면 소수점을 기준으로 수가 왼쪽으로 한 자리, 100배 하면 왼쪽으로 두 자리 이동합니다.

3 (1) 0.3은 0.03에서 소수점을 기준으로 수가 왼쪽으로 한 자리 이동하였으므로 10배 한 것입니다.
(2) 7은 0.007에서 소수점을 기준으로 수가 왼쪽으로 세 자리 이동하였으므로 1000배 한 것입니다.

4 0.405의 100배는 40.5이므로 주스 100병의 양은 40.5 L입니다.

스스로 풀어내는 도전 10 문제 062~063쪽

1 (1) 100 (2) 10

2

400	40	4	0.4	0.04
70	7	0.7	0.07	0.007
2090	209	20.9	2.09	0.209

3 (   )
(○)
(   )

4 1000배

5 ㉢

6 856.2

7 9.57 kg / 0.03 kg

8 210

+9 1.75 cm

+10 윤하 / 예 41.6은 416의 $\frac{1}{10}$이야.

1 (1) 0.01의 소수점을 기준으로 수가 왼쪽으로 두 자리 이동하면 1이므로 1은 0.01의 100배입니다.
(2) 0.01의 소수점을 기준으로 수가 오른쪽으로 한 자리 이동하면 0.001이므로 0.001은 0.01의 $\frac{1}{10}$입니다.

3 • 0.13의 $\frac{1}{10}$ ➜ 0.013
• 0.013의 100배 ➜ 1.3
• 13의 $\frac{1}{100}$ ➜ 0.13

4 ㉠이 나타내는 수: 4
㉡이 나타내는 수: 0.004
➜ 4는 0.004의 1000배입니다.

5 ㉠ 0.06의 10배 ➜ 0.6
㉡ 60의 $\frac{1}{100}$ ➜ 0.6
㉢ 0.6의 $\frac{1}{10}$ ➜ 0.06
㉣ 0.006의 100배 ➜ 0.6

6 1이 8개이면 8, 0.1이 5개이면 0.5, 0.01이 6개이면 0.06, 0.001이 2개이면 0.002이므로 8.562입니다.
➜ 8.562의 100배는 856.2입니다.

7 • 0.957의 10배는 9.57이므로 노란색 종이 10묶음의 무게는 9.57 kg입니다.
• 3의 $\frac{1}{100}$은 0.03이므로 초록색 종이 $\frac{1}{100}$묶음의 무게는 0.03 kg입니다.

힌트북 25쪽

8

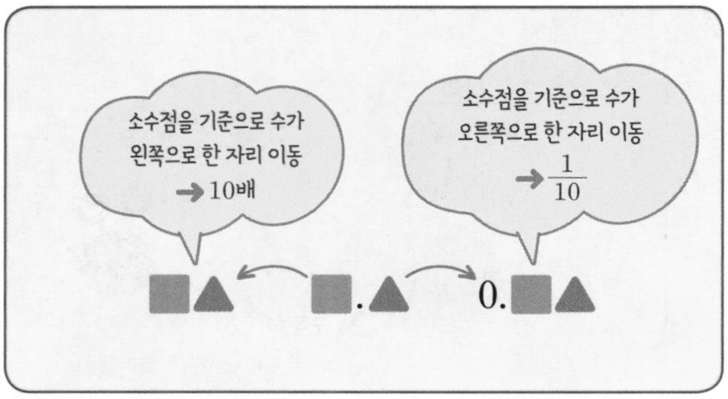

• 1.9의 100배는 190입니다.
• 30.6은 306의 $\frac{1}{10}$입니다.
• 0.76의 100배는 76입니다.
➜ 100+10+100=210

+9 17.5의 10배는 175이고, 175의 $\frac{1}{10}$은 17.5, 17.5의 $\frac{1}{10}$은 1.75입니다.
따라서 지금 서준이의 연필은 1.75 cm입니다.

힌트북 25쪽

+10

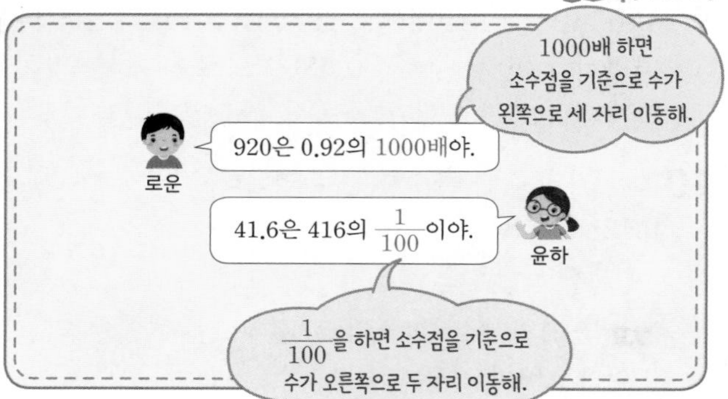

41.6은 416의 $\frac{1}{10}$입니다.

본책 064~067쪽

14일 소수 한 자리 수의 덧셈

확인 064쪽

❶ (1) 8, 1, 8
(2) (위에서부터) 1, 1 / 1, 2, 1,

❷ 7, 12, 19, 1.9 / 1.9

기본기 다지는 교과서 문제 065쪽

1 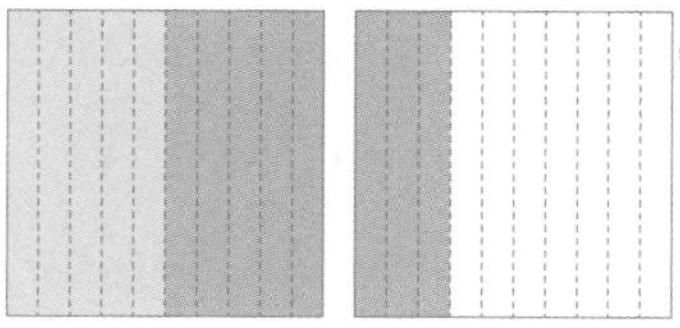 , 1.3

2 0.3, 1.2

3 (1) 3.8 (2) 2.2 (3) 1.8 (4) 5.2

1 0.5에 이어서 0.8만큼 색칠하면 색칠한 부분은 모두 1.3이 됩니다.
→ 0.5+0.8=1.3

2 0.9에서 0.3만큼 오른쪽으로 더 갔으므로 0.9+0.3=1.2입니다.

3 (1)
$$\begin{array}{r} 0.4 \\ +\ 3.4 \\ \hline 3.8 \end{array}$$
(2)
$$\begin{array}{r} {\scriptstyle 1}\ \ \ \\ 1.7 \\ +\ 0.5 \\ \hline 2.2 \end{array}$$
(3)
$$\begin{array}{r} 1.6 \\ +\ 0.2 \\ \hline 1.8 \end{array}$$
(4)
$$\begin{array}{r} {\scriptstyle 1}\ \ \ \\ 2.3 \\ +\ 2.9 \\ \hline 5.2 \end{array}$$

스스로 풀어내는 도전 10 문제 066~067쪽

1 (1) 2, 5 (2) (위에서부터) 1, 2, 1

2 5.7

3 

4 10.2

5 1.7+0.6=2.3 / 2.3 m

6 1, 3, 2

7 5.6

8 8.7

+9 3.3 L

+10 받아올림한 수를 일의 자리 계산에 더하지 않아서 잘못되었습니다. / 3.5

1 같은 자리 수끼리 더하고, 받아올림이 있으면 바로 윗자리로 받아올림하여 계산합니다.

2
$$\begin{array}{r} 1.5 \\ +\ 4.2 \\ \hline 5.7 \end{array}$$

3 • 1.4+0.5=1.9 • 0.7+0.3=1
• 0.8+0.4=1.2

4
$$\begin{array}{r} {\scriptstyle 1}\ \ \ \\ 6.5 \\ +\ 3.7 \\ \hline 10.2 \end{array}$$

참고 '~ 큰 수'는 덧셈으로 계산합니다.

5 (오늘 잰 강낭콩의 키)
=(두 달 전에 잰 강낭콩의 키)+(더 자란 키)
=1.7+0.6=2.3(m)

6
$$\begin{array}{r} {\scriptstyle 1}\ \ \ \\ 3.4 \\ +\ 4.6 \\ \hline 8.\not{0} \end{array} \quad \begin{array}{r} {\scriptstyle 1}\ \ \ \\ 6.9 \\ +\ 0.2 \\ \hline 7.1 \end{array} \quad \begin{array}{r} 5.1 \\ +\ 2.2 \\ \hline 7.3 \end{array}$$
→ 8>7.3>7.1

7 2.5+3.2=5.7이고 5.7>□이므로 소수 한 자리 수 중에서 □ 안에 들어갈 수 있는 가장 큰 수는 5.6입니다.

8 • 지혜: 0.1이 29개이면 2.9입니다.
• 영민: 0.01이 580개이면 5.8입니다.
→ 2.9+5.8=8.7

+9 (주스의 양)=1.5+0.3=1.8(L)
→ (우유의 양)+(주스의 양)=1.5+1.8=3.3(L)

+10
$$\begin{array}{r} {\scriptstyle 1}\ \ \ \\ 1.6 \\ +\ 1.9 \\ \hline 3.5 \end{array}$$

본책 068~071쪽

15일 소수 한 자리 수의 뺄셈

확인 068쪽

❶ (1) 3, 2, 3 (2) (위에서부터) 2, 6, 2, 1, 6
❷ 13, 5, 8, 0.8 / 0.8

기본기 다지는 교과서 문제 069쪽

1 0.3
2 0.4, 0.9
3 (1) 1.5 (2) 0.7 (3) 0.9 (4) 2.8

1 0.8은 0.5보다 0.3만큼 더 크므로 0.8－0.5＝0.3입니다.

2 오른쪽으로 1.3만큼 갔다가 왼쪽으로 0.4만큼 되돌아왔으므로 1.3－0.4＝0.9입니다.

3 (1) $\begin{array}{r} 1.7 \\ -\ 0.2 \\ \hline 1.5 \end{array}$ (2) $\begin{array}{r} \overset{1\ 10}{\cancel{2}.6} \\ -\ 1.9 \\ \hline 0.7 \end{array}$

(3) $\begin{array}{r} \overset{2\ 10}{\cancel{3}.4} \\ -\ 2.5 \\ \hline 0.9 \end{array}$ (4) $\begin{array}{r} \overset{4\ 10}{\cancel{5}.1} \\ -\ 2.3 \\ \hline 2.8 \end{array}$

스스로 풀어내는 도전 10 문제 070~071쪽

1 (1) 1, 2 (2) (위에서부터) 2, 10, 2, 5
2 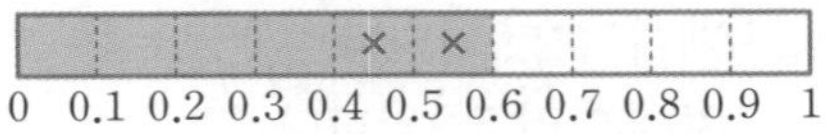

/ 0.4
3 0.6　4 4.2
5 2.3－1.7＝0.6, 0.6 L　6 <
7 9.4, 3.6, 5.8　8 2.7 kg
+9 7.3 cm
+10 예 잘못 계산한 식을 세우면 (어떤 수)＋2.5＝8.7이므로 어떤 수는 6.2입니다. 따라서 바르게 계산하면 6.2－2.5＝3.7입니다. / 3.7

1 (2) 같은 자리 수끼리 뺄 수 없으면 바로 윗자리에서 받아내림하여 계산합니다.

2 0.6에서 0.2만큼 ×표 하면 0.4가 남습니다.
➔ 0.6－0.2＝0.4

3 두 수의 차를 구할 때에는 큰 수에서 작은 수를 뺍니다.
➔ 1.4－0.8＝0.6

4 $\begin{array}{r} \overset{6\ 10}{\cancel{7}.1} \\ -\ 2.9 \\ \hline 4.2 \end{array}$

참고 '~ 작은 수'는 뺄셈으로 계산합니다.

5 (화분에 준 물의 양)
＝(처음에 있던 물의 양)－(남은 물의 양)
＝2.3－1.7＝0.6(L)

6 3.8－1.5＝2.3, 4.2－1.7＝2.5
➔ 2.3<2.5

7 차가 가장 크려면 가장 큰 수에서 가장 작은 수를 빼면 됩니다.
➔ 9.4>4.8>3.6이므로 9.4－3.6＝5.8입니다.

8 (어제 사용하고 남은 밀가루의 양)
＝6.8－2.3＝4.5(kg)
➔ (남은 밀가루의 양)＝4.5－1.8＝2.7(kg)

힌트북 31쪽

+9 세로는 가로보다 1.5 cm 더 짧습니다.
↓
(세로) ＝ (가로) － 1.5 cm

(세로)＝4.4－1.5＝2.9(cm)
➔ (가로)＋(세로)＝4.4＋2.9＝7.3(cm)

+10 어떤 수를 □라 하고 잘못 계산한 식을 세우면
□＋2.5＝8.7이므로 □＝8.7－2.5＝6.2입니다.
따라서 바르게 계산하면 6.2－2.5＝3.7입니다.

본책 072~075쪽

16일 소수 두 자리 수의 덧셈

확인 072쪽

❶ 0.36
❷ (순서대로) 6 / 1, 2, 6 / 1, 1, 2, 6

기본기 다지는 교과서 문제 073쪽

1 0.28
2 0.23, 0.53
3 (1) 3.85 (2) 7.38 (3) 4.01 (4) 4.29

1 수직선에서 오른쪽으로 0.17만큼 간 다음 0.11만큼 더 가면 0.28입니다.
➔ 0.17＋0.11＝0.28

2 모눈종이에 색칠된 부분은 각각 0.23과 0.3입니다.
➔ 0.23＋0.3＝0.53

3 (1)
$$\begin{array}{r} 0.71 \\ +\ 3.14 \\ \hline 3.85 \end{array}$$
(2)
$$\begin{array}{r} \scriptstyle 1 \\ 5.6 \\ +\ 1.78 \\ \hline 7.38 \end{array}$$
(3)
$$\begin{array}{r} \scriptstyle 1\ 1 \\ 2.55 \\ +\ 1.46 \\ \hline 4.01 \end{array}$$
(4)
$$\begin{array}{r} \scriptstyle 1 \\ 0.59 \\ +\ 3.7 \\ \hline 4.29 \end{array}$$

스스로 풀어내는 도전 10 문제 074~075쪽

1 (위에서부터) 1, 5, 1, 8
2 0.48
3 3.08
4 8.21
5 1.65＋2.15＝3.8 / 3.8 L
6 (왼쪽에서부터) 5.83, 2.66, 0.65
7 9.38
8 (위에서부터) 1, 4, 3
⁺9 9.08
⁺10 예 0.01이 91개인 수를 소수로 나타내면 0.91이고, 0.1이 44개인 수는 4.4입니다.
따라서 두 소수의 합은 0.91＋4.4＝5.31입니다.
/ 5.31

1 같은 자리 수끼리 더하고, 받아올림이 있으면 바로 윗자리로 받아올림하여 계산합니다.

2 0.15＋0.33＝0.48

3 2.18＞1.76＞0.9이므로 가장 큰 수와 가장 작은 수의 합은 2.18＋0.9＝3.08입니다.

4 □－4.51＝3.7, □＝3.7＋4.51＝8.21

5 (매실 주스의 양)＝(매실 원액의 양)＋(물의 양)
＝1.65＋2.15＝3.8 (L)

6

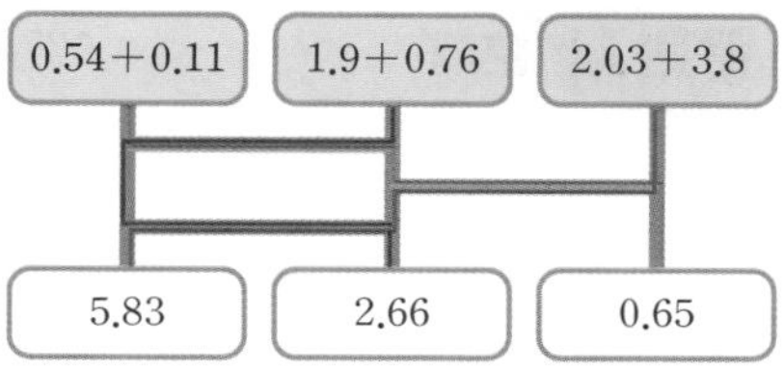

7 수직선의 작은 눈금 한 칸의 크기는 0.01이므로 ㉠이 나타내는 수는 4.63, ㉡이 나타내는 수는 4.75입니다.
➔ 4.63＋4.75＝9.38

힌트북 33쪽

8

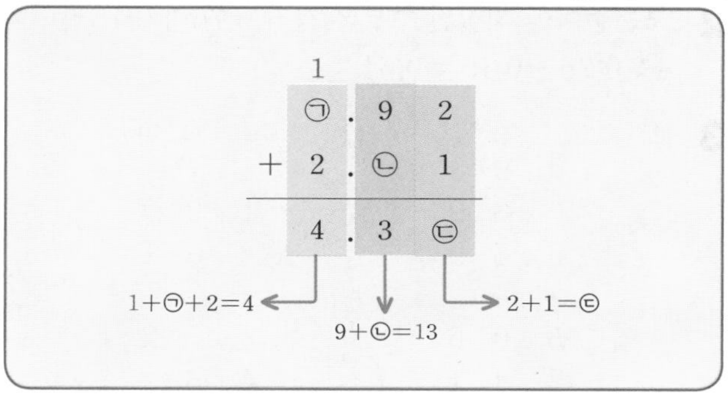

$$\begin{array}{r} ㉠.\ 9\ 2 \\ +\ 2.\ ㉡\ 1 \\ \hline 4.\ 3\ ㉢ \end{array}$$

• 소수 둘째 자리 계산: 2＋1＝㉢ ➔ ㉢＝3
• 소수 첫째 자리 계산: 9＋㉡＝13 ➔ ㉡＝4
• 일의 자리 계산: 1＋㉠＋2＝4 ➔ ㉠＝1

⁺9 만들 수 있는 가장 큰 수는 높은 자리부터 큰 수를 차례로 놓은 수이고, 가장 작은 수는 높은 자리부터 작은 수를 차례로 놓은 수입니다.
가장 큰 수: 6.52
가장 작은 수: 2.56
➔ 6.52＋2.56＝9.08

⁺10 • 0.01이 ■▲개인 수 ➔ 0.■▲
• 0.1이 ●★개인 수 ➔ ●.★

본책 076~079쪽

17일 소수 두 자리 수의 뺄셈

확인 076쪽

❶ 0.14

❷ (순서대로) 1 / 10, 7, 1 / 1, 7, 1

기본기 다지는 교과서 문제 077쪽

1 0.85

2 0.15, 0.61

3 (1) 0.59 (2) 2.81 (3) 2.65 (4) 3.52

1 수직선에서 오른쪽으로 1.1만큼 간 다음 0.25만큼 되돌아가면 0.85입니다.

→ $1.1-0.25=0.85$

2 모눈종이에 색칠된 부분은 각각 0.76과 0.15입니다.

→ $0.76-0.15=0.61$

3 (1)
$$\begin{array}{r} 0.98 \\ -\ 0.39 \\ \hline 0.59 \end{array}$$

(2)
$$\begin{array}{r} \overset{3}{\not 4}.\overset{10}{\not 1}\overset{10}{\ } \\ -\ 1.29 \\ \hline 2.81 \end{array}$$

(3)
$$\begin{array}{r} \overset{4}{\not 5}.\overset{10}{\not 0}6 \\ -\ 2.41 \\ \hline 2.65 \end{array}$$

(4)
$$\begin{array}{r} \overset{7}{\not 8}.32 \\ -\ 4.8 \\ \hline 3.52 \end{array}$$

스스로 풀어내는 도전 10 문제 078~079쪽

1 (위에서부터) 2, 10, 1, 8, 7

2 2.72

3 0.82

4 (　) (○)

5 $4.12-1.26=2.86$, 2.86 kg

6 0, 1, 2, 3

7 0.86

8 15.86 cm

+9 2.85 L

+10 예 소수점의 자리를 잘못 맞추고 계산했습니다. /

$$\begin{array}{r} 6.35 \\ -\ 1.4 \\ \hline 4.95 \end{array}$$

1 같은 자리 수끼리 뺄 수 없으면 바로 윗자리에서 받아내림하여 계산합니다.

2 $7.82-5.1=2.72$

3 두 수의 차를 구할 때에는 큰 수에서 작은 수를 뺍니다.

→ $0.87<1.69$이므로 $1.69-0.87=0.82$입니다.

4
$$\begin{array}{r} 0.\overset{8}{\not 9}\overset{10}{1} \\ -\ 0.13 \\ \hline 0.78 \end{array} \qquad \begin{array}{r} 7.98 \\ -\ 7.14 \\ \hline 0.84 \end{array}$$

→ $0.78<0.84$

5 (옥수수의 무게)

=(옥수수가 들어 있는 바구니의 무게)

　−(바구니의 무게)

$=4.12-1.26=2.86$(kg)

6 $7.44-5.06=2.38$이고 $2.38>2.\square5$이므로 □ 안에는 3과 같거나 작은 수가 들어갈 수 있습니다.

→ 0, 1, 2, 3

힌트북 35쪽

7

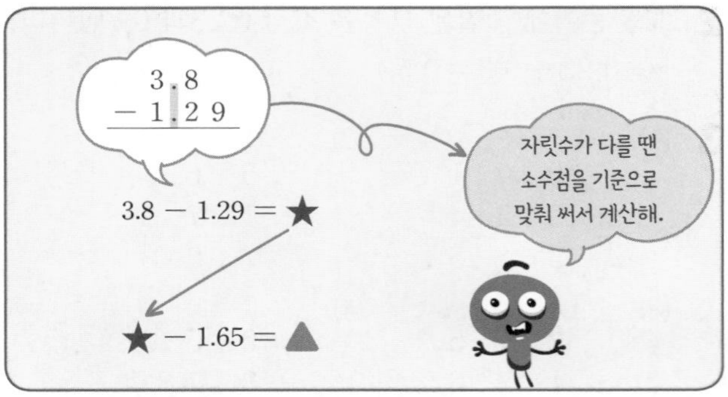

$3.8-1.29=2.51$ → ★$=2.51$

$2.51-1.65=0.86$ → ▲$=0.86$

8 (색 테이프 2장의 길이의 합)$=9.3+9.3=18.6$(cm)

→ (이어 붙인 색 테이프의 전체 길이)

$=18.6-2.74=15.86$(cm)

+9 (슬기와 로운이가 마신 물의 양의 합)

$=280+450=730$(mL) → 0.73 L

→ (남은 물의 양)$=3.58-0.73=2.85$(L)

+10 자릿수가 다른 소수의 뺄셈은 반드시 소수점을 기준으로 맞추어 써서 계산합니다.

11~17일 단원평가 080~081쪽

01 (1) 0.49, 영 점 사구
(2) 0.215, 영 점 이일오
02 ④
03 (1) < (2) >
04
$$\begin{array}{r} 4.68 \\ -\ 1.93 \\ \hline 2.75 \end{array}$$
05 100배
06 3.09
07 서준, 1.4 m
08 ㉡-㉠-㉣-㉢
09 4.5
10 풀이 참조 / 3.36 L

01 (1) $\frac{49}{100}$=0.49(영 점 사구)
(2) $\frac{215}{1000}$=0.215(영 점 이일오)

02 3이 나타내는 수를 알아봅니다.
① 0.395 ➔ 0.3 ② 9.43 ➔ 0.03
③ 3.572 ➔ 3 ④ 7.103 ➔ 0.003
⑤ 10.63 ➔ 0.03

03 (1) 7.29 < 7.3 (2<3) (2) 0.149 > 0.146 (9>6)

04
$$\begin{array}{r} \overset{3}{\cancel{4}}.\overset{10}{6}\,8 \\ -\ 1.9\,3 \\ \hline 2.7\,5 \end{array}$$

05 ㉠이 나타내는 수: 8
㉡이 나타내는 수: 0.08
➔ 8은 0.08의 100배이므로 ㉠이 나타내는 수는 ㉡이 나타내는 수의 100배입니다.

06 1.49+1.6=3.09

07 6.1>4.7이므로 서준이의 종이비행기가 6.1−4.7=1.4(m) 더 멀리 날아갔습니다.

08 ㉠ 0.125의 100배 ➔ 12.5
㉡ 12.5의 10배 ➔ 125
㉢ 1.25의 $\frac{1}{10}$ ➔ 0.125
㉣ 125의 $\frac{1}{100}$ ➔ 1.25

09 가장 큰 소수 한 자리 수: 7.2
가장 작은 소수 한 자리 수: 2.7
➔ 7.2−2.7=4.5

10 예시 답안 (마신 후 남은 물의 양)
=2.5−1.08=1.42(L)
(지금 주전자에 들어 있는 물의 양)
=1.42+1.94=3.36(L)

채점 기준	
	❶ 마신 후 남은 물의 양을 구해야 함.
	❷ 지금 주전자에 들어 있는 물의 양을 구해야 함.

본책 082~085쪽

18일 수직 알아보기

확인 082쪽

❶ (1) 수직 (2) 다 (3) 가

❷ (1)

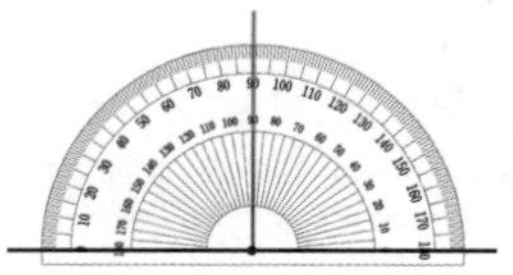

(2)

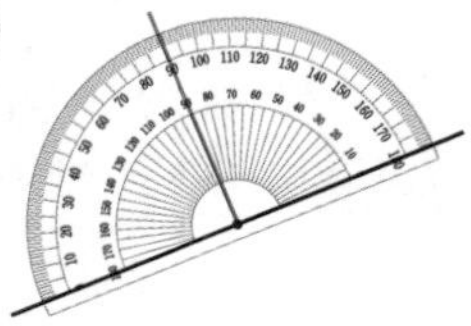

기본기 다지는 교과서 문제 083쪽

1 (1) 직선 라 (2) 직선 나

2 가, 라

3 예

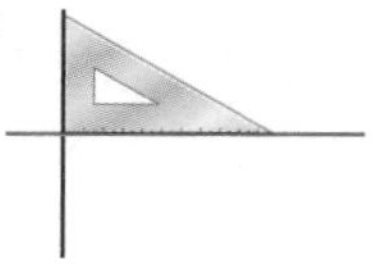

1

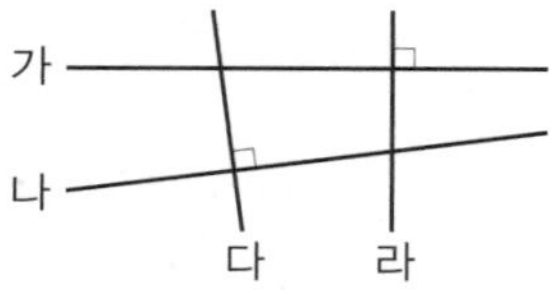

(1) 직선 가와 수직으로 만나는 직선은 직선 라입니다.

(2) 직선 다와 직선 나는 수직으로 만나므로 직선 나는 직선 다에 대한 수선입니다.

2

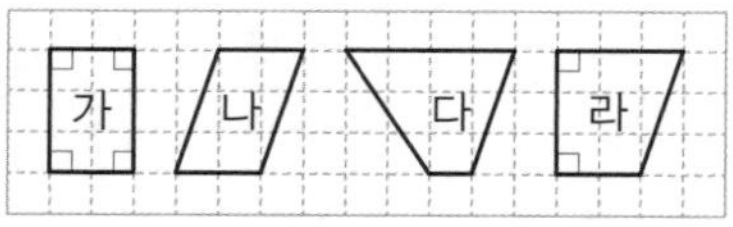

수직인 변이 있는 도형은 가, 라입니다.

스스로 풀어내는 도전 10 문제 084~085쪽

1

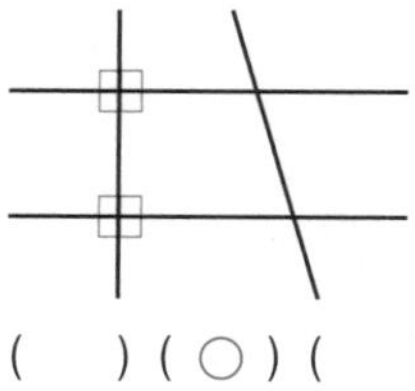

2 ( ) (○) ( ) **3** ③

4

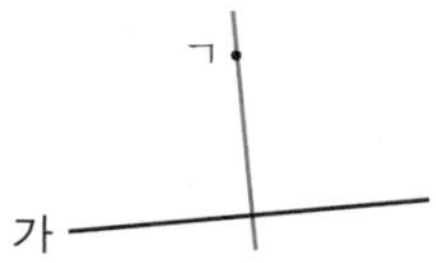

5 2쌍 **6** 35°

7 3개 **8** 15°

+9 준영

+10 예 직선 가와 만나서 이루는 각이 직각인 변은 변 ㄱㄴ과 변 ㄹㄷ입니다. 따라서 직선 가에 수직인 변은 모두 2개입니다. / 2개

1 크기가 90°인 각을 직각이라고 합니다.

2 삼각자에서 직각을 낀 변을 이용하여 수선을 그은 것을 찾습니다.

3 각도기에서 90°가 되는 눈금 위에 있는 점 ③과 이어야 합니다.

4

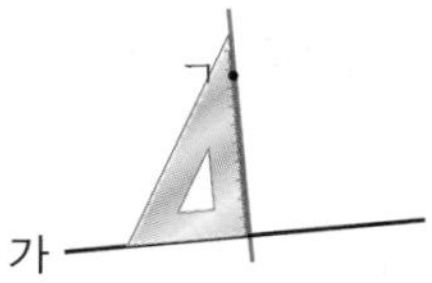

5

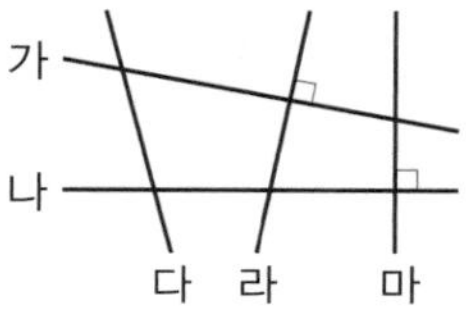

직선 가와 직선 라, 직선 나와 직선 마가 서로 수직이므로 서로 수직인 직선은 모두 2쌍입니다.

6 선분 ㄱㅇ과 선분 ㄷㅇ은 서로 수직이므로 두 선분이 만나서 이루는 각의 크기는 90°입니다.
따라서 (각 ㄴㅇㄷ)$=90°-55°=35°$

7

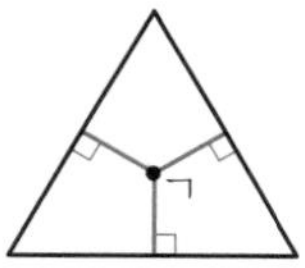

그림과 같이 점 ㄱ에서 각 변에 그을 수 있는 수선은 3개입니다.

8 직선 나는 직선 가에 대한 수선이므로 직선 가와 직선 나가 만나서 이루는 각도는 90°입니다.
따라서 ㉠$=90°-45°-30°=15°$입니다.

+9 한 점을 지나고 한 직선에 수직인 직선은 1개만 그을 수 있습니다.

본책 086~089 쪽

19일 평행 알아보기

확인 086쪽

❶ (1) 다, 마 (2) 평행

❷ (1) 나 (2) 마

기본기 다지는 교과서 문제 087쪽

1 (○) (   ) (   ) (○)

2 예

가

3 슬기

1 평행선은 아무리 늘여도 서로 만나지 않습니다.

3 로운: 평행한 두 직선을 평행선이라고 해.
지혜: 한 직선에 그을 수 있는 평행선은 셀 수 없이 많아.

스스로 풀어내는 도전 10 문제 088~089쪽

1 평행, 평행선

2 변 ㄱㄴ과 변 ㄹㄷ, 변 ㄱㄹ과 변 ㄴㄷ

3 (   ) (   ) (○)

4 직선 가와 직선 나, 직선 다와 직선 마, 직선 라와 직선 바

5 ⑤

6 3쌍, 2쌍

7 4쌍

8 65°

+9 ㉡

+10 예 수직인 선분이 있는 알파벳은 E, H, T이고, 평행한 선분이 있는 알파벳은 E, H, N, Z입니다. 따라서 수직인 선분도 있고 평행한 선분도 있는 알파벳은 E, H로 모두 2개입니다. / 2개

1 한 직선에 수직인 두 직선은 서로 만나지 않습니다. 서로 만나지 않는 두 직선을 평행하다고 하고, 평행한 두 직선을 평행선이라고 합니다.

2 한 직선에 수직인 두 직선은 서로 평행하므로 변 ㄱㄴ과 변 ㄹㄷ, 변 ㄱㄹ과 변 ㄴㄷ은 각각 서로 평행합니다.

3 고정시킨 삼각자에 다른 삼각자의 직각인 부분을 맞춘 후 삼각자의 한 변에 대해 그은 두 직선이 각각 수직이 되는 것을 찾습니다.

4 아무리 늘여도 서로 만나지 않는 두 직선을 찾습니다.

5 한 직선과 평행한 직선은 셀 수 없이 많이 그을 수 있습니다.

6

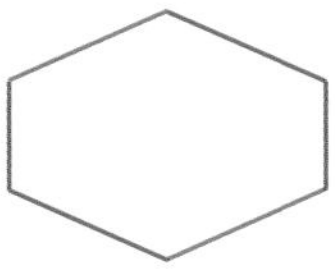

➔ 3쌍

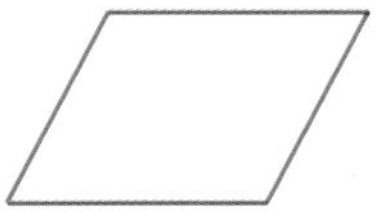

➔ 2쌍

7

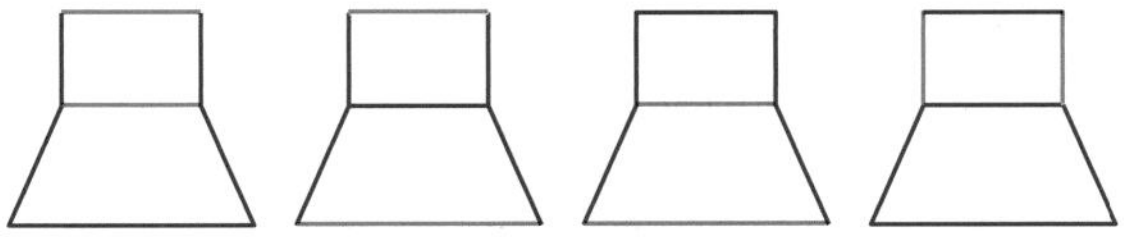

8

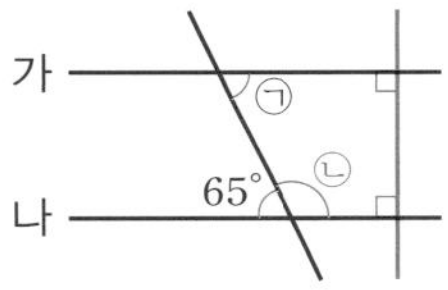

직선 가와 직선 나 사이에 수선을 그어 사각형을 만들어 봅니다.
일직선은 180°이므로 ㉡$=180°-65°=115°$입니다.
사각형의 네 각의 크기의 합은 360°이므로
㉠$+115°+90°+90°=360°$, ㉠$+295°=360°$,
㉠$=360°-295°=65°$입니다.

+9 ㉡ 평행한 두 직선은 서로 만나지 않으므로 각이 생기지 않습니다.

본책 090~093쪽

20일 평행선 사이의 거리

확인 ········ 090쪽

❶ (1) ㉢ (2) 90 (3) 평행선 사이의 거리
❷ (1) ㉡, ㉣ (2) 3 cm

기본기 다지는 교과서 문제 091쪽

1 (1) ㉡, ㉣ (2) 같습니다에 ○표
2 3 cm
3 4 cm

1 (1) 평행선의 한 직선에서 다른 직선에 그은 수선을 찾아 보면 ㉡, ㉣입니다.
(2) 두 평행선 사이에 그은 수선의 길이는 서로 같습니다.

2 평행선 사이의 거리는 평행선 사이에 그은 수선의 길이이므로 3 cm입니다.

3 두 평행선 사이에 수선을 그어 수선의 길이를 재면 4 cm입니다.

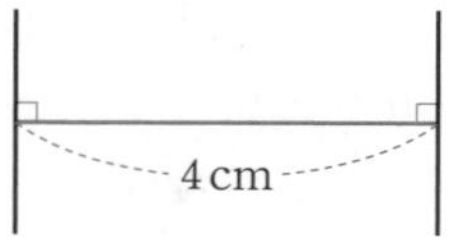

스스로 풀어내는 도전 10 문제 092~093쪽

1 ㉢
2 ㉡, ㉣
3 4 cm
4 선분 ㄱㄷ
5 5 cm
6 12 cm
7 2 cm
8 7 cm
+9 로운
+10 예 직선 가와 직선 나 사이의 거리: 6 cm
직선 나와 직선 다 사이의 거리: 4 cm
→ 직선 가와 직선 다 사이의 거리: 6+4=10 (cm)
/ 10 cm

1 평행선 사이의 선분 중에서 길이가 가장 짧은 것은 수선의 길이입니다.

2 예

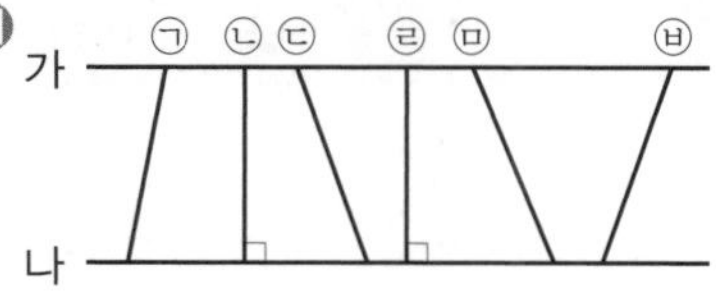

평행선의 한 직선에서 다른 직선에 그은 수선을 찾아보면 ㉡, ㉣입니다.

3 평행선 사이의 거리는 평행선 사이에 그은 수선의 길이이므로 4 cm입니다.

4 변 ㄱㅁ과 변 ㄴㄹ이 서로 평행하므로 평행선 사이의 거리는 두 변에 수직인 선분 ㄱㄷ의 길이를 재면 됩니다.

5 직선 가와 직선 나 사이에 수선을 그으면 모눈 5칸입니다. 모눈 한 칸의 길이가 1 cm이므로 5칸은 5 cm입니다.

6 길이가 6 cm, 11 cm인 변이 서로 평행하므로 평행선 사이의 거리는 12 cm입니다.

7 평행선은 변 ㄱㅂ과 변 ㄷㄹ이므로 두 변 사이에 수선을 긋고 길이를 재어 보면 2 cm입니다.

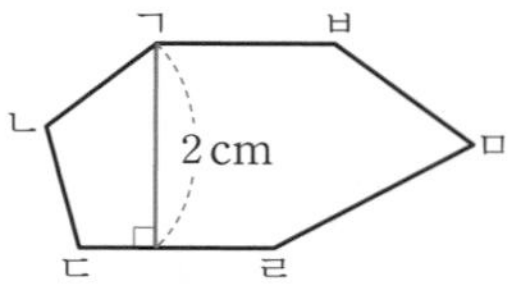

8 변 ㄱㅂ과 변 ㄹㅁ은 서로 평행하므로 변 ㄱㅂ과 변 ㄹㅁ 사이의 거리는 두 변에 수직인 변 ㄱㄴ과 변 ㄷㄹ의 길이의 합과 같습니다.
→ 4+3=7(cm)

+9 선분 ㉡과 선분 ㉣은 평행선 사이의 거리이므로 길이가 같습니다.

힌트북 41쪽

+10

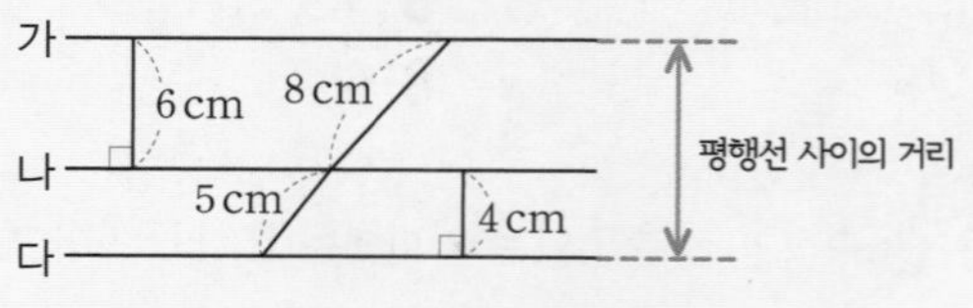

본책 094~097쪽

21일 사다리꼴

확인 094쪽

❶ (1) 나, 다, 라, 마 (2) 사다리꼴

❷ (×) (○) (○)

기본기 다지는 교과서 문제 095쪽

1 가, 다, 라

2 예 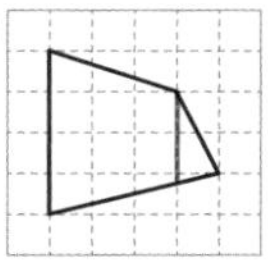

3 예 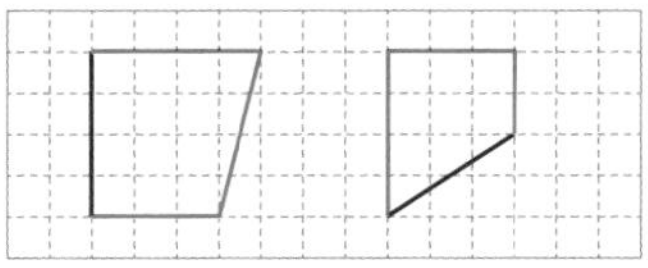

4 주하

1 평행한 변이 한 쌍이라도 있는 사각형은 가, 다, 라입니다.

2 평행한 변이 있도록 알맞게 선을 긋습니다.

3 주어진 선분을 사용하여 한 쌍의 변이 평행하도록 그립니다.

4 사다리꼴은 평행한 변이 한 쌍이라도 있는 사각형입니다.

스스로 풀어내는 도전 10 문제 096~097쪽

1 (1) 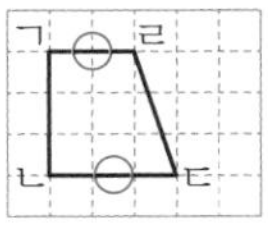

(2) 사다리꼴

2 나, 다, 라, 바

3 세영

4 사다리꼴

5 5개

6 사다리꼴

7 예 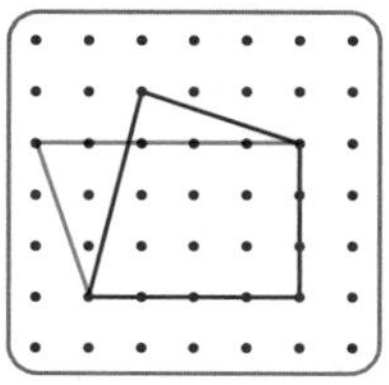

8 60°

+9 6개

+10 사다리꼴입니다. / 예 평행한 변이 있기 때문에 사다리꼴입니다.

1 (2) 마주 보는 한 쌍의 변이 평행하므로 사다리꼴입니다.

2 평행한 변이 한 쌍이라도 있는 사각형을 찾아보면 나, 다, 라, 바입니다.

3 적어도 한 쌍의 변이 평행하면 사다리꼴이므로 두 쌍의 변이 평행해도 사다리꼴입니다.

4 변이 4개이므로 사각형입니다. 따라서 마주 보는 한 쌍의 변이 서로 평행한 사각형은 사다리꼴입니다.

5 잘라 낸 사각형은 모두 위와 아래의 변이 평행하므로 사다리꼴입니다. 따라서 사다리꼴은 가, 나, 다, 라, 마로 모두 5개입니다.

6 예 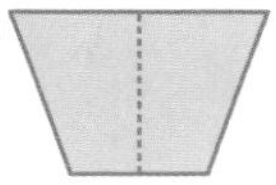 ➜ 사다리꼴

7 평행한 변이 한 쌍이라도 있도록 한 꼭짓점을 옮깁니다.

8 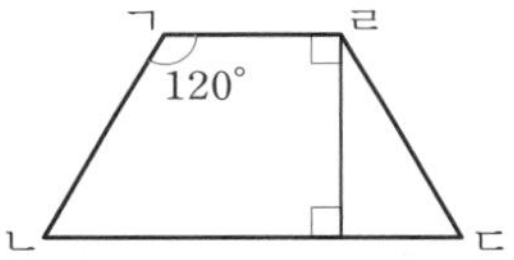

점 ㄹ에서 변 ㄴㄷ에 수선을 그었을 때 생기는 사각형의 네 각의 크기는 360°이므로

120°+(각 ㄱㄴㄷ)+90°+90°=360°입니다.

따라서 (각 ㄱㄴㄷ)=360°−300°=60°입니다.

+9 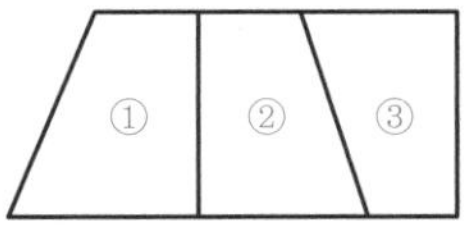

사각형 1개짜리: ①, ②, ③ ➜ 3개

사각형 2개짜리: ①+②, ②+③ ➜ 2개

사각형 3개짜리: ①+②+③ ➜ 1개

따라서 크고 작은 사다리꼴은 모두 3+2+1=6(개)입니다.

본책 098~101쪽

22일 평행사변형

확인 098쪽

1 (1) 나, 다 (2) 평행사변형

2 (1) 같습니다에 ○표 (2) 같습니다에 ○표 (3) 180

기본기 다지는 교과서 문제 099쪽

1 가, 나

2

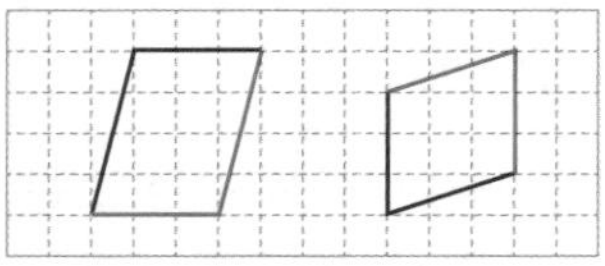

3 (1) 7, 8 (2) 130, 50 (3) 70, 11

1 마주 보는 두 쌍의 변이 서로 평행한 사각형은 가, 나입니다.

2 주어진 선분을 사용하여 마주 보는 두 쌍의 변이 서로 평행하도록 그립니다.

3 (1) 평행사변형은 마주 보는 변의 길이가 같습니다.
(2) 평행사변형은 마주 보는 각의 크기가 같습니다.

스스로 풀어내는 도전 10 문제 100~101쪽

1 (1) 변 ㄱㄹ과 변 ㄴㄷ, 변 ㄱㄴ과 변 ㄹㄷ (2) 평행사변형

2 나, 다, 라, 바

3 (왼쪽에서부터) 120, 6

4 ㉣

5 135°

6 예

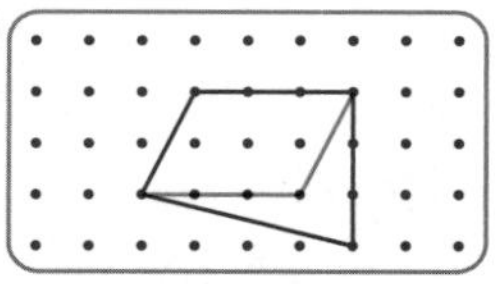

7 28 cm

8 9개

+9 7 cm

+10 평행사변형입니다. / 예 마주 보는 두 쌍의 변이 서로 평행하기 때문에 평행사변형입니다.

1 (2) 마주 보는 두 쌍의 변이 서로 평행하므로 평행사변형입니다.

2 마주 보는 두 쌍의 변이 서로 평행한 사각형을 찾아보면 나, 다, 라, 바입니다.

3
- 평행사변형에서 마주 보는 두 변의 길이는 같습니다.
- 평행사변형에서 이웃한 두 각의 크기의 합은 180°입니다.

4 ㉣ 평행사변형에서 마주 보는 두 각의 크기가 같으므로 각 ㄱㄴㄷ과 크기가 같은 각은 각 ㄷㄹㄱ입니다.

5 평행사변형에서 이웃하는 두 각의 크기의 합은 180°이므로 ㉠=180°−45°=135°입니다.

6 마주 보는 두 쌍의 변이 서로 평행하도록 점을 옮겨 봅니다.

7 평행사변형은 마주 보는 두 변의 길이가 같으므로 네 변의 길이의 합은 9+5+9+5=28(cm)입니다.

8

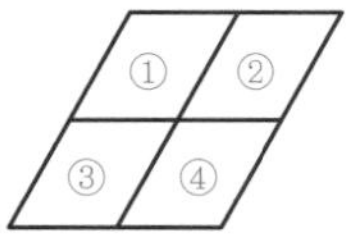

사각형 1개짜리: ①, ②, ③, ④ → 4개
사각형 2개짜리: ①+②, ③+④, ①+③, ②+④ → 4개
사각형 4개짜리: ①+②+③+④ → 1개
따라서 크고 작은 평행사변형은 모두 4+4+1=9(개)입니다.

힌트북 45쪽

+9

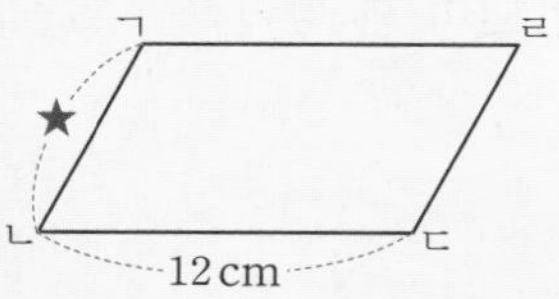

(네 변의 길이의 합)=★+12+★+12

평행사변형은 마주 보는 두 변의 길이가 같으므로
(변 ㄱㄴ)+(변 ㄴㄷ)=38÷2=19(cm)입니다.
따라서 (변 ㄱㄴ)+12=19,
(변 ㄱㄴ)=19−12=7(cm)입니다.

본책 102~105 쪽

23일 마름모

확인 102쪽

❶ (○) (　)

❷ (1) 같습니다에 ○표 (2) 같습니다에 ○표 (3) 180

기본기 다지는 교과서 문제 103쪽

1 가, 다

2 예

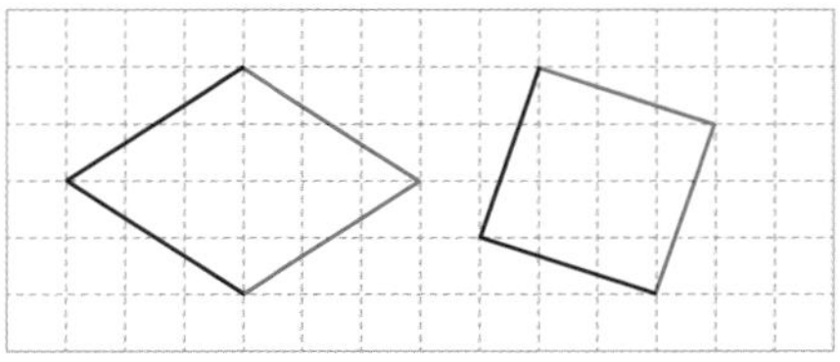

3 (1) 7, 7 (2) 6

(3) (위에서부터) 145, 35 (4) 90

1 네 변의 길이가 모두 같은 사각형은 가, 다입니다.

2 주어진 선분을 사용하여 네 변의 길이가 모두 같은 사각형을 그립니다.

3 (1), (2) 마름모는 네 변의 길이가 모두 같습니다.

(3) 마름모는 마주 보는 각의 크기가 같습니다.

(4) 마름모에서 마주 보는 꼭짓점끼리 이은 선분은 서로 수직으로 만납니다.

스스로 풀어내는 도전 10 문제 104~105쪽

1 라, 바	2 (1) 8 cm (2) 130°
3 (위에서부터) 90, 8, 6	4 마름모
5 40°	6 17 cm
7 14 cm	8 11개
+9 45°	

+10 마름모가 아닙니다. / 예 네 변의 길이가 모두 같지 않기 때문입니다.

1 네 변의 길이가 모두 같은 사각형을 찾아보면 라, 바입니다.

2 (2) 마름모에서 이웃하는 두 각의 크기의 합은 180°이므로 (각 ㄴㄷㄹ)$=180^\circ-50^\circ=130^\circ$입니다.

3 마름모에서 마주 보는 꼭짓점끼리 이은 선분이 서로 수직으로 만나고 이등분합니다.

4 도형을 두 번 접고 점선을 따라 잘라 펼쳐서 도형을 만들면 네 변의 길이가 같은 마름모가 됩니다.

5 마름모에서 이웃하는 두 각의 크기의 합은 180°이므로 (각 ㄴㄷㄹ)$=180^\circ-40^\circ=140^\circ$입니다.
따라서 ㉠$=180^\circ-140^\circ=40^\circ$입니다.

6 마름모는 네 변의 길이가 모두 같으므로 한 변의 길이는 $68\div4=17$(cm)입니다.

7 마름모는 마주 보는 꼭짓점끼리 이은 선분이 서로 이등분하므로
(선분 ㄱㄷ)$=4\times2=8$(cm),
(선분 ㄴㄹ)$=3\times2=6$(cm)입니다.
따라서 선분 ㄱㄷ과 선분 ㄴㄹ의 길이의 합은
$8+6=14$(cm)입니다.

8

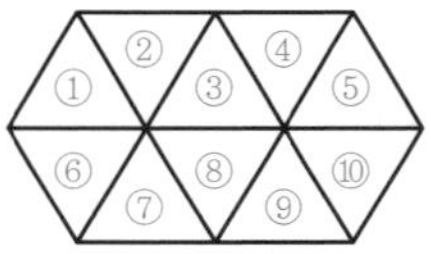

정삼각형 2개짜리: ①+②, ②+③, ③+④, ④+⑤, ⑥+⑦, ⑦+⑧, ⑧+⑨, ⑨+⑩, ①+⑥, ③+⑧, ⑤+⑩ ➔ 11개

+9 각 ㄱㄴㄷ의 크기를 □라고 하면
각 ㄴㄱㄹ의 크기는 (□+□+□)입니다. 마름모에서 이웃하는 두 각의 크기의 합은 180°이므로
□+□+□+□$=180^\circ$,
□$\times4=180^\circ$,
□$=180^\circ\div4=45^\circ$
따라서 각 ㄱㄴㄷ의 크기는 45°입니다.

본책 106~109 쪽

24일 여러 가지 사각형

확인 106쪽

1 (1) 가, 나, 다, 마, 바 (2) 나, 다, 마, 바
(3) 마, 바 (4) 나, 바 (5) 바

기본기 다지는 교과서 문제 107쪽

1 직사각형: 나, 라, 마, 바
정사각형: 나, 라
2 (1) 직, 정 (2) 정 (3) 직, 정
3 (1) 가, 나, 다, 라, 마, 바 (2) 나, 다, 마, 바 (3) 다, 마
(4) 마, 바 (5) 마

1 직사각형은 네 각이 직각인 사각형이고 정사각형은 네 각이 직각인 사각형 중에서 네 변의 길이가 같은 사각형입니다.

3 (1) 직사각형 모양의 종이띠는 윗변과 아랫변이 서로 평행하므로 잘라낸 도형들은 모두 사다리꼴입니다.
(2) 평행사변형은 마주 보는 두 쌍의 변이 서로 평행합니다.
(3) 마름모는 네 변의 길이가 모두 같습니다.
(4) 직사각형은 네 각이 모두 직각입니다.
(5) 정사각형은 네 각이 모두 직각이고 네 변의 길이가 모두 같습니다.

스스로 풀어내는 도전 10 문제 108~109쪽

1 마, 바
2 ㉠
3 (왼쪽부터) 90, 5
4 ㉡, ㉢, ㉣, ㉤
5 ㉢, ㉤
6 ③, ⑤
7 ① 5 ② 3 ③ 2 ④ 2 ⑤ 1
8 49 cm
+9 정사각형
+10 정우 / 예 네 각이 직각이지만 네 변의 길이가 모두 같지 않으므로 정사각형이 아닙니다.

1 네 각의 크기가 모두 같은 사각형은 직사각형, 정사각형입니다.

2 주어진 도형은 네 각이 모두 직각이지만 네 변의 길이가 모두 같지 않으므로 정사각형이 아닙니다.

3 직사각형은 네 각이 모두 직각이고, 마주 보는 변의 길이가 같습니다.

4 평행한 변이 두 쌍인 사각형은 평행사변형, 마름모, 직사각형, 정사각형입니다.

5 네 변의 길이가 모두 같은 사각형은 마름모, 정사각형입니다.

6 길이가 같은 막대가 2개씩 2쌍 있으므로 네 변의 길이가 같은 마름모와 정사각형은 만들 수 없습니다.

7

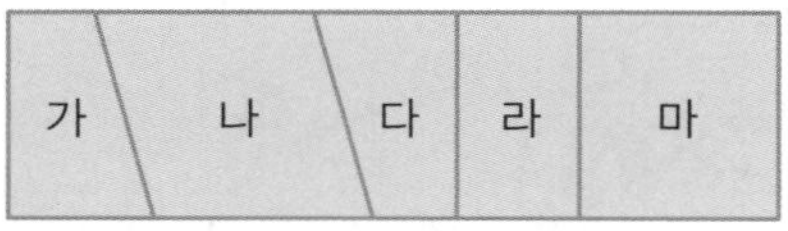

① 사다리꼴: 가, 나, 다, 라, 마 → 5개
② 평행사변형: 나, 라, 마 → 3개
③ 마름모: 나, 마 → 2개
④ 직사각형: 라, 마 → 2개
⑤ 정사각형: 마 → 1개

힌트북 49쪽

8

마름모, 정삼각형, 정사각형의 각 변이 7 cm로 모두 같으므로 빨간색 선의 길이는 7 cm인 변이 7개입니다.
→ $7 \times 7 = 49$(cm)

+9 네 각이 모두 직각이고 마주 보는 두 쌍의 변이 서로 평행한 사각형은 직사각형과 정사각형이고, 이 중에서 네 변의 길이가 모두 같은 사각형은 정사각형입니다.

18~24일 **단원평가** 110~111쪽

01 ②, ④ **02** ⑤
03 2쌍 **04** 10 cm
05 예 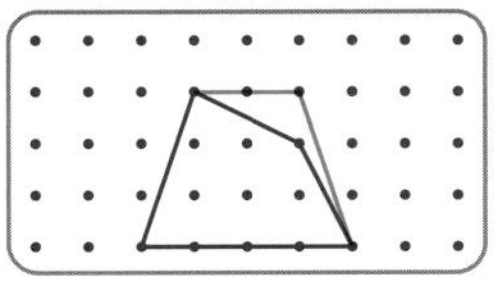
06 3개 **07** 28 cm
08 130° **09** ①, ②, ③
10 풀이 참조 / 31 cm

01 두 변이 만나서 이루는 각이 직각일 때 두 변은 서로 수직이므로 수직인 변이 없는 도형은 ②, ④입니다.

02 한 직선에 대한 수선은 셀 수 없이 많이 그을 수 있습니다.

03 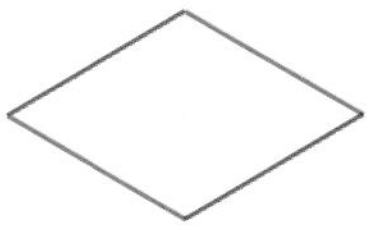 → 2쌍

04 변 ㄱㅂ과 변 ㄴㄷ은 서로 평행하므로 변 ㄱㅂ과 변 ㄴㄷ 사이의 거리는 두 변에 수직인 변 ㅂㅁ과 변 ㄹㄷ의 길이의 합과 같습니다.
→ $6+4=10$(cm)

05 마주 보는 한 쌍의 변이 서로 평행하도록 점을 옮겨 봅니다.

06 마주 보는 두 쌍의 변이 서로 평행한 사각형은 나, 라, 마이므로 평행사변형은 모두 3개입니다.

07 평행사변형은 마주 보는 두 변의 길이가 같습니다.
따라서 평행사변형의 네 변의 길이의 합은
$8+6+8+6=28$(cm)입니다.

08 마름모는 이웃한 두 각의 크기의 합이 180°이므로
㉠$=180°-50°=130°$입니다.

09 네 변의 길이가 같으므로 마름모, 마주 보는 두 쌍의 변이 서로 평행하므로 평행사변형, 사다리꼴입니다.

10 예시 답안 ❶ 정삼각형 ㄱㄴㄷ에서
(변 ㄱㄴ)=(변 ㄴㄷ)=(변 ㄱㄷ)=5 cm이고
평행사변형 ㄱㄷㄹㅁ에서
(변 ㅁㄹ)=(변 ㄱㄷ)=5 cm,
(변 ㄷㄹ)=(변 ㄱㅁ)=8 cm입니다.
❷ 따라서 사각형 ㄱㄴㄹㅁ의 네 변의 길이의 합은
$5+5+8+5+8=31$(cm)입니다.

채점 기준	
	❶ 변 ㄴㄷ, 변 ㄷㄹ, 변 ㅁㄹ의 길이를 구해야 함.
	❷ 사각형 ㄱㄴㄹㅁ의 네 변의 길이의 합을 구해야 함.

본책 112~115쪽

25일 꺾은선그래프 알아보기

확인 112쪽

1. (1) 꺾은선그래프
   (2) 시각, 기온
   (3) 1
   (4) 예 오늘의 기온

기본기 다지는 교과서 문제 113쪽

1 (1) 날짜, 키
(2) 1 cm
(3) 예 콩나물의 키

2 (1) 시각, 온도 / 1
(2) 막대, 선분
(3) 꺾은선

1 (1) 가로는 날짜를 나타내고 세로는 콩나물의 키를 나타냅니다.
(2) 세로 눈금 5칸은 5 cm를 나타내므로
(세로 눈금 한 칸)=5÷5=1(cm)를 나타냅니다.
(3) 꺾은선은 콩나물의 키를 나타냅니다.

스스로 풀어내는 도전 10 문제 114~115쪽

1 월, 강수량
2 1 mm
3 어느 도시의 강수량
4 2 kg
5 꺾은선그래프
6 ㉡
7 월요일, 목요일
8 22초
+9 240, 340, 320, 180, 240
+10 풀이 참조 / 160대

1 가로는 월, 세로는 어느 도시의 강수량을 나타냅니다.

2 세로 눈금 5칸은 5 mm를 나타내므로
(세로 눈금 한 칸)=5÷5=1(mm)를 나타냅니다.

3 꺾은선은 어느 도시의 강수량을 나타냅니다.

4 세로 눈금 5칸은 10 kg을 나타내므로
(세로 눈금 한 칸)=10÷5=2(kg)을 나타냅니다.

5 몸무게의 변화를 한눈에 알아보기 쉬운 그래프는 꺾은선그래프입니다.

6 ㉠은 막대그래프와 꺾은선그래프의 공통점이고, ㉡은 막대그래프와 꺾은선그래프의 차이점입니다.

7 현정이의 오래 매달리기 기록이 가장 낮은 때는 점이 가장 높게 찍힌 월요일이고, 가장 높은 때는 점이 가장 낮게 찍힌 목요일입니다.

8 현정이의 오래 매달리기 기록이 가장 좋은 때는 점이 가장 높게 찍힌 목요일로 46초이고, 가장 낮을 때는 점이 가장 낮게 찍힌 월요일로 24초입니다. 따라서 현정이의 오래 매달리기 기록이 가장 높을 때와 가장 낮을 때의 차는 46−24=22(초)입니다.

+9 세로 눈금 5칸은 100대를 나타내므로
(세로 눈금 한 칸)=100÷5=20(대)를 나타냅니다.

+10 컴퓨터 판매량이 가장 많은 달은 2월로 340대이고, 가장 적은 달은 4월로 180대입니다.
컴퓨터 판매량이 가장 많은 달과 가장 적은 달의 판매량의 차는 340−180=160(대)입니다.

본책 116~119쪽

26일 꺾은선그래프에서 알 수 있는 것

기본기 다지는 교과서 문제 117쪽

1 (1) 320명
(2) 화요일과 수요일 사이
2 (1) 오후 2시
(2) 0, 16
(3) (나) 그래프

1 (1) 세로 눈금 5칸은 100명을 나타내므로 세로 눈금 한 칸의 크기는 20명입니다.
따라서 금요일의 이용자 수는 320명입니다.
(2) 선이 많이 기울어질수록 이용자 수의 변화가 큽니다.

2 (1) 운동장의 온도가 가장 높은 때는 점이 가장 높게 찍힌 오후 2시입니다.
(2) 물결선을 사용한 (나) 그래프가 변화하는 모습이 더 잘 나타납니다.

스스로 풀어내는 도전 10 문제 118~119쪽

1 12 ℃
2 오후 2시, 오후 3시
3 오전 11시, 낮 12시
4 2회, 1회
5 22, 26, 24, 30, 32
6 (나) 그래프
7 소희
8 현성, 2 cm
+9 1.2 ℃
+10 풀이 참조 / 낮 12시와 오후 1시 사이

1 세로 눈금 5칸은 5 ℃를 나타내므로 세로 눈금 한 칸의 크기는 1 ℃입니다.

2 수온의 변화가 없는 때는 꺾은선의 변화가 없는 오후 2시와 오후 3시 사이입니다.

3 수온의 변화가 가장 큰 때는 선분이 가장 많이 기울어진 오전 11시와 낮 12시 사이입니다.

4 (가) 세로 눈금 5칸은 10회를 나타내므로 세로 눈금 한 칸의 크기는 2회입니다.
(나) 세로 눈금 5칸은 5회를 나타내므로 세로 눈금 한 칸의 크기는 1회입니다.

5 (나) 그래프에서 세로 눈금 5칸은 5회를 나타내므로 세로 눈금 한 칸은 1회입니다. 눈금을 잘 세어서 턱걸이 횟수를 구합니다.

6 (나) 그래프는 물결선을 사용하여 필요 없는 부분을 줄였으므로 세로 눈금 칸이 넓어져서 자료값을 더 쉽게 읽을 수 있습니다.

7 선분의 기울어진 정도를 살펴봅니다. 키가 빠르게 늘어나면 선분이 오른쪽 위로 많이 기울어지고, 천천히 늘어나면 선분이 오른쪽 위로 적게 기울어집니다.

8 소희의 키는 2학년 때 122 cm, 5학년 때 136 cm이므로 $136-122=14$(cm) 자랐습니다.
현성이의 키는 2학년 때 124 cm, 5학년 때 140 cm이므로 $140-124=16$(cm) 자랐습니다.
따라서 현성이가 2 cm 더 많이 자랐습니다.

힌트북 49쪽

+9

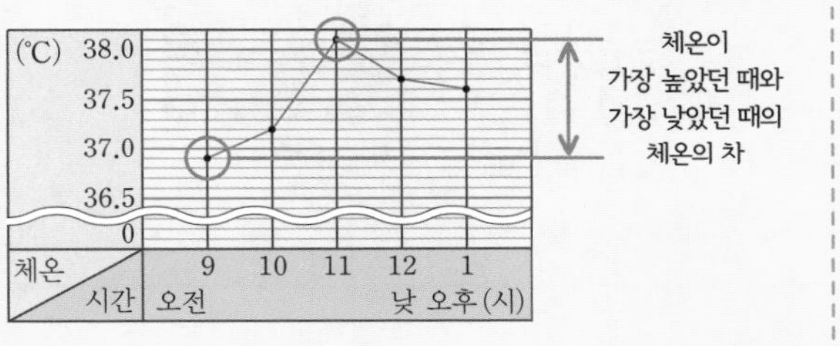

유미의 체온이 가장 높은 때는 오전 11시로 38.1 ℃이고, 가장 낮은 때는 오전 9시로 36.9℃이므로 차는 $38.1-36.9=1.2$ (℃)입니다.

+10 유미의 체온이 가장 적게 변한 때는 선분이 가장 적게 기울어진 때이므로 12시와 1시 사이입니다.

본책 120~123쪽

27일 꺾은선그래프로 나타내기

확인 120쪽

1 (1) 기온 (2) 1 (3) 12, 21

(4) 예 하루의 최저 기온

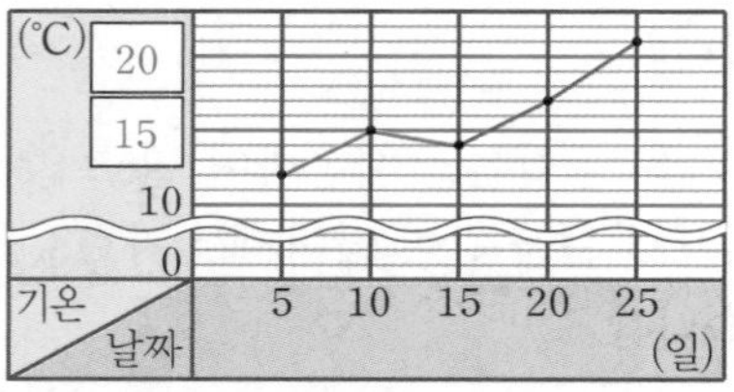

기본기 다지는 교과서 문제

121쪽

1 (1) 날짜, 길이에 ○표

(2) 예 1 cm

(3)

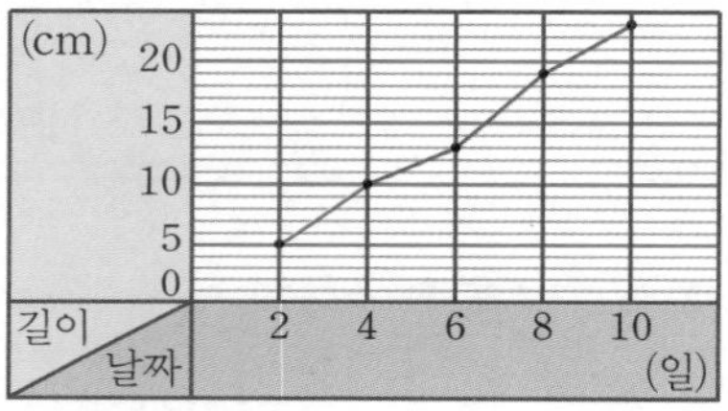

(4) 늘어나고에 ○표

(5) 예 21 cm

1 표를 보고 꺾은선그래프로 나타낼 때 가로는 날짜, 세로는 길이를 나타냅니다.

2 죽순의 길이를 모두 나타내기 위해서는 세로 눈금 한 칸의 크기를 1 cm로 나타내면 됩니다.

3 가로 눈금과 세로 눈금이 만나는 자리에 점을 찍고 점들을 선분으로 잇습니다.

4 꺾은선이 오른쪽 위로 올라가고 있으므로 2일부터 10일까지 죽순의 길이는 늘어나고 있습니다.

5 죽순의 길이가 8일에는 19 cm이고 10일에는 23 cm이므로 9일은 8일과 10일의 중간값인 21 cm로 예상할 수 있습니다.

스스로 풀어내는 도전 10 문제

122~123쪽

1 출생아 수 **2** 예 1명

3 예 출생아 수

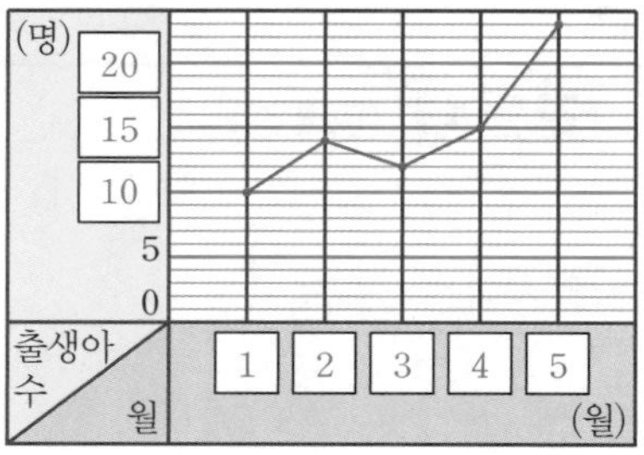

4 예 0.1 kg **5** ㉡

6 예 동욱이의 몸무게

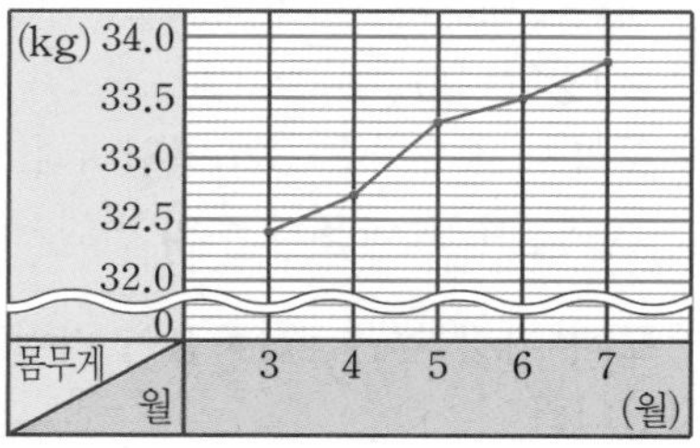

7 0명, 210명

8

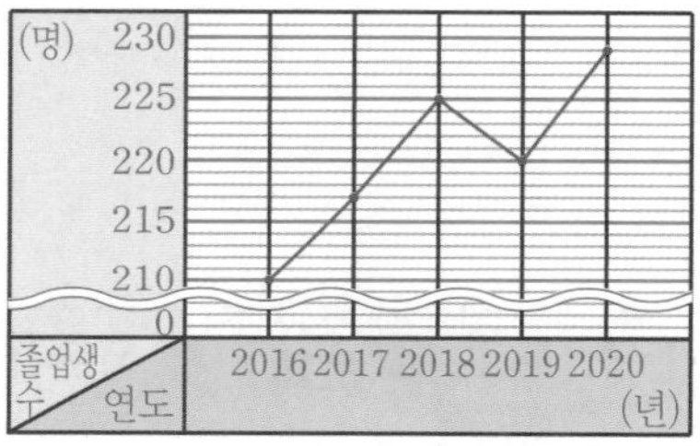

+9

월	1	2	3	4	5	6
무게(kg)	7.3	7.6	7.8	8.1	8.5	8.6

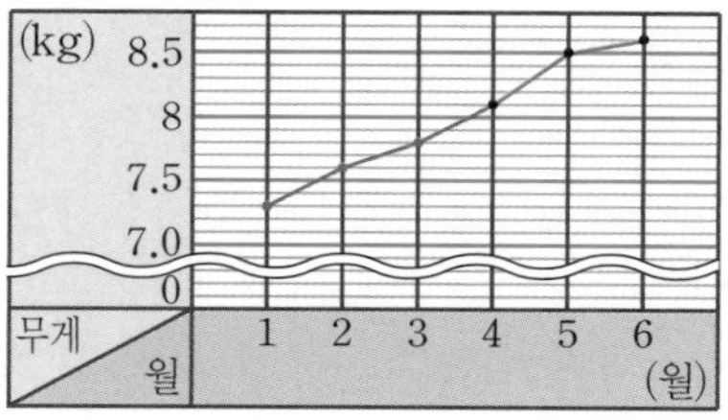

+10 풀이 참조 / 예 8.3 kg

1 꺾은선그래프의 가로에 월을 쓴다면 세로에는 출생아 수를 나타내어야 합니다.

2 출생아 수를 모두 나타내기 위해서는 세로 눈금 한 칸은 1명으로 하면 좋습니다.

4 몸무게를 소수 첫째 자리까지 나타내었으므로 세로 눈금 한 칸은 0.1 kg으로 하면 좋습니다.

5 몸무게가 가장 작은 값이 32.4 kg이므로 물결선을 0 kg과 32 kg 사이에 넣는 것이 좋습니다.

7 0명과 210명 사이에 자료 값이 없으므로 0명과 210명 사이에 물결선을 넣으면 좋습니다.

힌트북 55쪽

+10

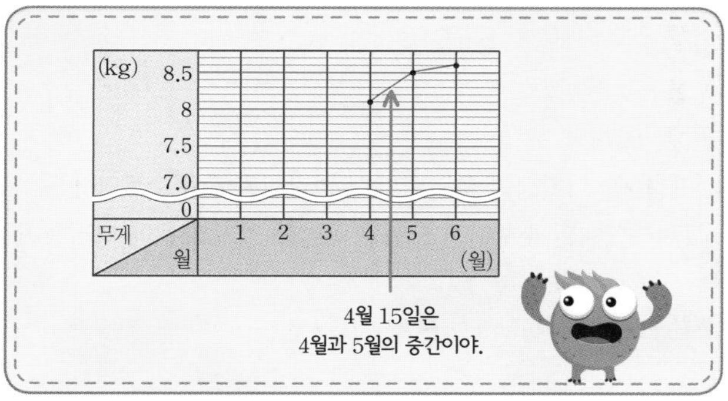

고양이의 무게가 4월은 8.1 kg이고 5월은 8.5 kg이므로 4월 15일은 4월과 5월의 중간 값인 8.3 kg으로 예상할 수 있습니다.

25~27일 단원평가

124~125쪽

01 시각, 기온

02

시각	오전 8시	오전 10시	낮 12시	오후 2시	오후 4시	오후 6시
기온(℃)	4	10	13	16	14	12

03 오후 2시, 16 ℃

04 2017년

05 2016년과 2017년 사이

06 ㉡

07 예

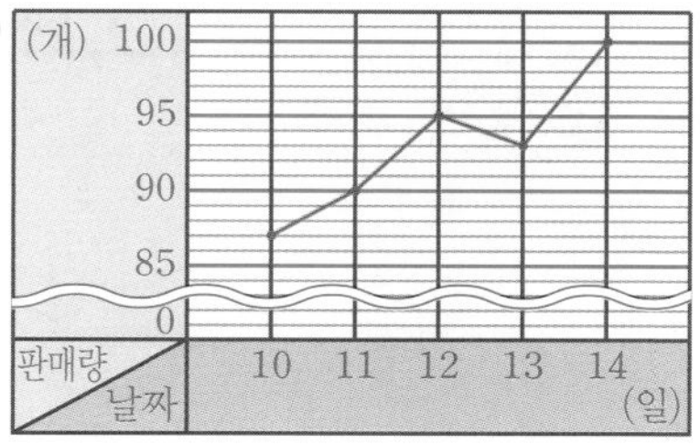

08 5일, 8 cm

09 18 kg

10 풀이 참조 / 예 34 kg

03 점이 가장 높게 찍힌 오후 2시에 기온이 가장 높고 그때의 기온은 16 ℃입니다.

04 세로 눈금 5칸이 500명을 나타내므로
(세로 눈금 한 칸)$=500\div5=100$(명)입니다.
따라서 초등학생 수가 6400명인 때는 2017년입니다.

05 선분이 가장 많이 기울어진 2016년과 2017년 사이가 초등학생 수의 변화가 가장 큽니다.

06 물결선을 사용한 꺾은선그래프는 필요 없는 부분을 생략하여 변화하는 모습을 뚜렷하게 알 수 있습니다.

08 두 꺾은선의 점 사이 간격이 가장 많이 벌어진 때는 5일이고, 그때의 키의 차는 $30-22=8$(cm)입니다.

09 세진이의 몸무게는 2016년에 12 kg, 2020년에 30 kg이므로 $30-12=18$(kg) 늘었습니다.

10 예시 답안 2018년부터 전년에 비해 매년 세진이의 몸무게가 4 kg씩 늘어나고 있으므로 2021년의 세진이의 몸무게는 34 kg이라고 예상할 수 있습니다.

채점 기준	
	❶ 연도별 세진이의 몸무게의 변화를 파악함.
	❷ 주어진 꺾은선그래프를 보고 2021년의 세진이의 몸무게를 예상함.

본책 126~129 쪽

28일 다각형

확인 126 쪽

❶ (1) 나, 라
(2) 가, 다, 다각형

❷ (1) 다, 사각형
(2) 가, 오각형

기본기 다지는 교과서 문제 127 쪽

1 (1) 가, 다, 마 / 나, 라
(2) 가, 다, 마

2 육각형

3 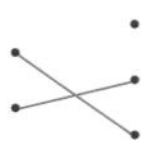

4 (1) 오각형

예 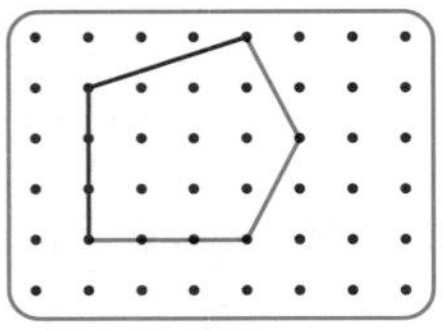

(2) 육각형

예 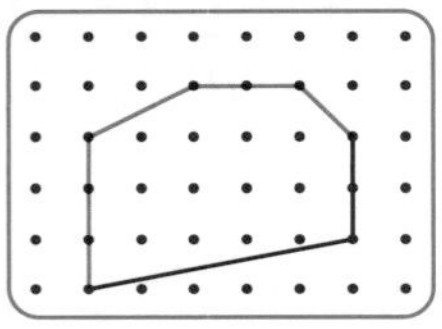

1 다각형은 선분으로만 둘러싸인 도형입니다. 곡선이 포함된 도형은 다각형이 아닙니다.

2 다각형은 변의 수에 따라 이름이 결정됩니다. ■개의 변으로 둘러싸인 다각형은 ■각형입니다.

3 변이 7개이면 칠각형, 변이 8개이면 팔각형입니다.

4 (1) 변이 5개인 다각형을 그립니다.
(2) 변이 6개인 다각형을 그립니다.

스스로 풀어내는 도전 10 문제 128~129 쪽

1 ㉡, ㉤

2 가, 마 / 다, 바 / 나, 라

3 2개

4 육각형

5 (   ) (   ) (○)

6 

7 (   ) (   ) (○)

8 ㉠, 칠각형

+9 16개

+10 예 다각형이 아닙니다. / 다각형은 선분으로만 둘러싸인 도형인데 주어진 도형은 곡선도 있기 때문에 다각형이 아닙니다.

1 ㉡ 사각형, ㉤ 오각형

2 변의 수가 4개인 것은 가, 마이고 변의 수가 5개인 것은 다, 바, 변의 수가 6개인 것은 나, 라입니다.

3 다각형 중에서 변과 꼭짓점이 각각 5개인 도형은 오각형입니다.

4 변이 6개인 다각형을 만들었으므로 육각형입니다.

5 변이 7개인 다각형을 찾습니다.

6 다각형의 이름은 변의 수에 따라 정해집니다.
변이 4개: 사각형, 변이 6개: 육각형, 변이 5개: 오각형

7 변이 8개인 것을 찾습니다.

8 변의 수가 ㉠ 7개, ㉡ 5개, ㉢ 6개이므로 변의 수가 가장 많은 다각형은 ㉠입니다. ㉠은 변의 수가 7개인 다각형이므로 칠각형입니다.

+9 칠각형의 변의 수는 7개이고, 구각형의 변의 수는 9개이므로 $7+9=16$(개)입니다.

본책 130~133쪽

29일 변의 길이와 각의 크기가 모두 같은 다각형

확인 ········· 130쪽

❶ (1) 가, 다, 라 (2) 가, 나, 다 (3) 가, 다, 정다각형
❷ (1) ㉠, ㉣ (2) ㉣, 정육각형

기본기 다지는 교과서 문제 131쪽

1 (1) 가, 나, 라, 마 / 다 (2) 가, 다, 라, 마 / 나 (3) 가, 라, 마
2 (○) (   ) (   )
3 정팔각형

1 (3) 변의 길이가 모두 같고 각의 크기가 모두 같은 도형은 정다각형입니다. 정다각형을 모두 찾으면 가. 정오각형, 라. 정삼각형, 마. 정사각형입니다.

2 변이 5개인 정다각형을 찾습니다.

3 변이 8개인 정다각형은 정팔각형입니다.

스스로 풀어내는 도전 10 문제 132~133쪽

1 나, 라
2 (1) 정삼각형 (2) 정오각형
3 ㉡
4 변, 각 / 변
5 예

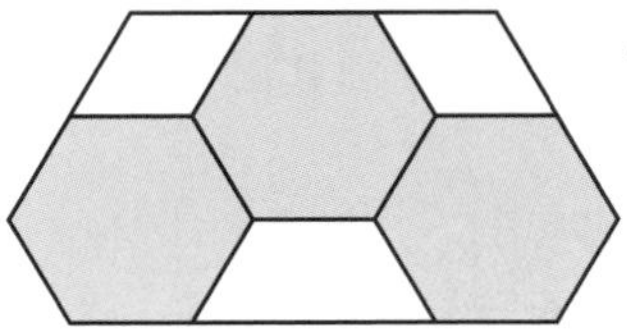

, 정육각형
6 (1) 108, 11 (2) 90, 7
7 정팔각형, 40 cm
8 3, 60
+9 ㉢
+10 예 정다각형이 아닙니다. / 네 변의 길이는 모두 같지만 네 각의 크기가 모두 같은 것은 아니기 때문입니다.

1 정다각형은 변의 길이가 모두 같고, 각의 크기가 모두 같습니다.

2 (1) 변이 3개인 정다각형은 정삼각형입니다.
(2) 변이 5개인 정다각형은 정오각형입니다.

3 8개 변의 길이와 각의 크기가 모두 같은 다각형을 찾으면 ㉡입니다.

4 직사각형은 네 각의 크기가 모두 같지만 네 변의 길이가 항상 같은 것은 아니므로 정다각형이 아닙니다.

5 변의 길이와 각의 크기가 모두 같은 모양 조각을 모두 찾아 색칠합니다.

6 (1) 정오각형은 5개 각의 크기와 5개 변의 길이가 모두 같습니다.
(2) 정사각형은 네 각이 모두 직각이므로 한 각의 크기는 90°입니다.

7 8개의 변의 길이가 모두 같으므로 모든 변의 길이의 합은 $8\times5=40$(cm)입니다.

8 정육각형은 여섯 변의 길이가 3cm로 모두 같고 여섯 각의 크기가 모두 같습니다.
정육각형의 한 각의 크기가 120°이므로
$\square^\circ=180^\circ-120^\circ=60^\circ$입니다.

힌트북 59쪽

+9

㉢ 평행사변형은 마주 보는 두 쌍의 변이 평행한 사각형으로 항상 네 변의 길이와 네 각의 크기가 같은 것은 아니므로 다각형이 아닙니다.

본책 134~137쪽

30일 대각선

확인 134쪽

❶ ㄱㄷ, 대각선
❷ (　　) (○)

기본기 다지는 교과서 문제 135쪽

1 대각선

2 (1)

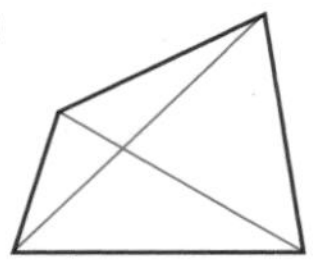

(2)

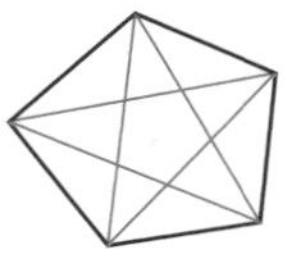

3 (1) 가 (2) 다, 라, 마 (3) 다, 라 (4) 다, 마

1 서로 이웃하지 않는 두 꼭짓점을 이은 선분을 대각선이라고 합니다.

2 서로 이웃하지 않는 두 꼭짓점을 선분으로 잇습니다.

3 (1) 삼각형은 모든 꼭짓점이 이웃하고 있기 때문에 대각선을 그을 수 없습니다.
(2) 한 대각선이 다른 대각선을 둘로 똑같이 나누는 다각형은 정사각형, 마름모, 직사각형입니다.
(3) 두 대각선이 서로 수직으로 만나는 다각형은 정사각형, 마름모입니다.
(4) 두 대각선의 길이가 같은 다각형은 정사각형, 직사각형입니다.

스스로 풀어내는 도전 10 문제 136~137쪽

1 ㉢

2

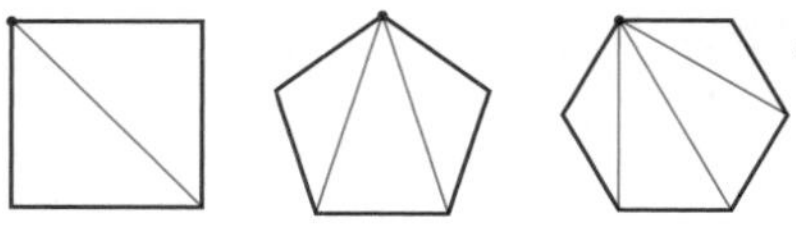

, 많은

3 5개　　**4** 5 cm

5 가

6

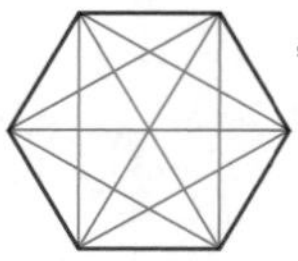

, 9개

7 22 cm　　**8** 90°

+9 ㉢, ㉣

+10 예 대각선을 그을 수 없습니다. / 삼각형은 모든 꼭짓점이 이웃하고 있기 때문에 대각선을 그을 수 없습니다.

1 대각선은 서로 이웃하지 않는 두 꼭짓점을 이은 선분입니다.

2 대각선은 서로 이웃하지 않는 두 꼭짓점을 이은 선분이므로 꼭짓점의 수가 많을수록 더 많은 대각선을 그을 수 있습니다.

3

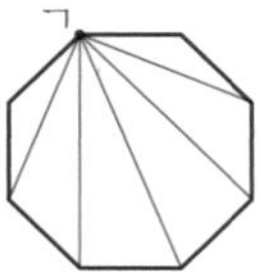

➜ 5개

4 직사각형에 그을 수 있는 대각선의 길이는 모두 같습니다. ➜ (선분 ㄴㄹ)=(선분 ㄱㄷ)=5 cm

5

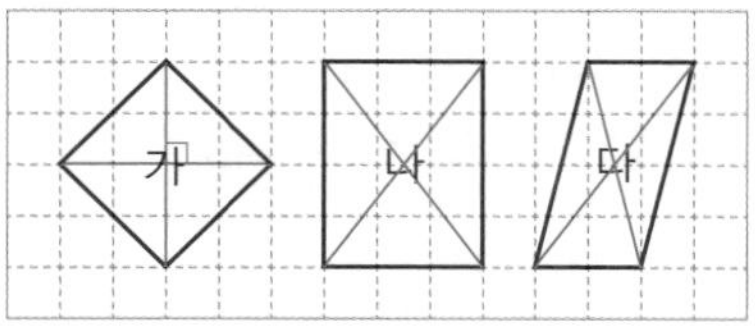

두 대각선이 서로 수직으로 만나는 사각형은 정사각형과 마름모입니다.

6 서로 이웃하지 않는 두 꼭짓점을 모두 이어 보면 선분이 9개이므로 대각선은 모두 9개입니다.

7 평행사변형에서 한 대각선은 다른 대각선을 똑같이 둘로 나누므로 (선분 ㄱㄷ)=14 cm, (선분 ㄴㄹ)=8 cm입니다. 따라서 두 대각선의 길이의 합은 $14+8=22$(cm)입니다.

8 마름모는 두 대각선이 서로 수직으로 만나는 사각형이므로 각 ㄱㅇㄹ의 크기는 90°입니다.

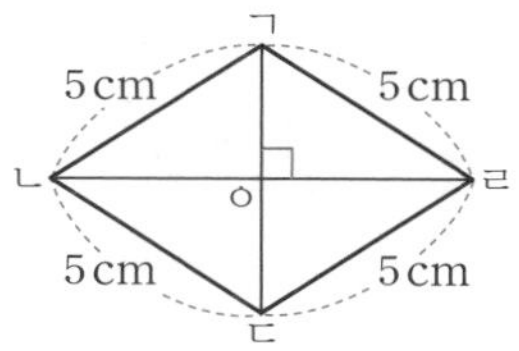

+9 ㉠ 삼각형의 대각선은 0개입니다.
㉡ 오각형의 한 꼭짓점에서 그을 수 있는 대각선은 2개입니다.

본책 138~141쪽

31일 모양 만들기 / 모양 채우기

확인 ········ 138쪽

1 정육각형에 ○표
2 (1) 3 (2) 1, 1

기본기 다지는 교과서 문제 139쪽

1 (1) 정삼각형, 정육각형에 ○표 (2) 변
2 3개
3 (1) 가: 삼각형(정삼각형), 나: 사각형(평행사변형, 마름모)
(2) ㉡

1 정삼각형과 정육각형 모양 조각을 사용하여 길이가 같은 변끼리 이어 붙여 만들었습니다.

2 

3 (2) 서로 겹치지 않게 빈틈없이 이어 붙여 모양을 채웠습니다.

스스로 풀어내는 도전 10 문제 140~141쪽

1 정삼각형, 정사각형, 사다리꼴에 ○표
2 9개
3 사각형(평행사변형, 마름모)
4 예 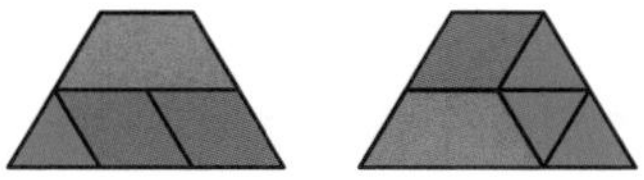
5 12개
6 예 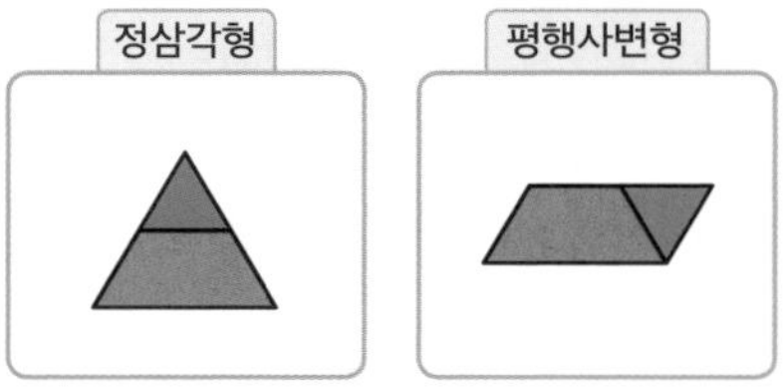

7 ㉡
8 (6개), (3개), (2개)
+9 슬기, 서준
+10 예 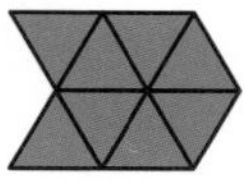
정삼각형 모양 조각의 한 변의 길이는 $12 \div 3 = 4$(cm)입니다. 육각형의 모든 변의 길이의 합은 정삼각형 모양 조각의 한 변의 길이의 8배이므로
(육각형의 여섯 변의 길이의 합)$=4 \times 8=32$(cm)입니다.
/ 32 cm

2 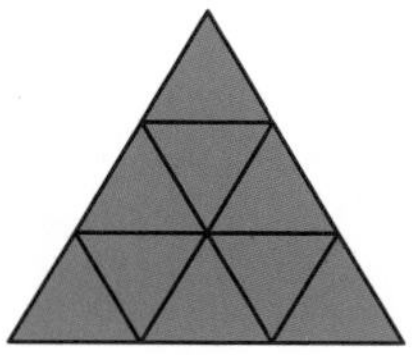

3 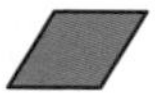 모양 조각 6개를 사용하여 만든 모양입니다.

5 모양을 채우려면 정사각형 모양은 12개가 필요합니다.

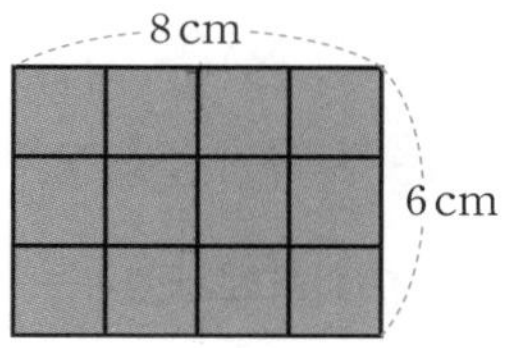

7 정삼각형 모양 조각 4개로는 직사각형 모양을 만들 수 없습니다.
예 

8 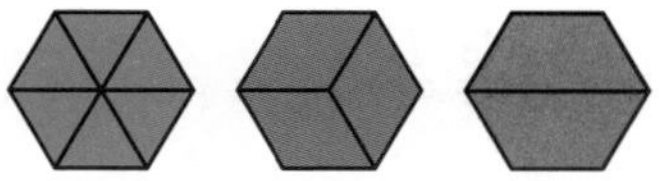

+9 슬기: 서로 겹치지 않게 이어 붙여야 해.
서준: 길이가 같은 변끼리 이어 붙여야 해.

+10 정삼각형 모양 조각은 세 변의 길이가 모두 같으므로
(정삼각형 모양 조각의 한 변의 길이)
$=12 \div 3=4$(cm)입니다.

28~31일 단원평가 142~143쪽

01 (   ) (   ) (○)

02

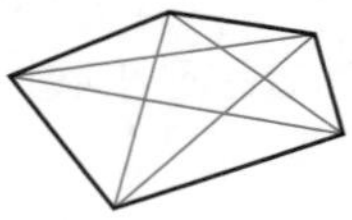

03 ③, ⑤

04 정삼각형, 정사각형에 ○표

05 3개

06 140°

07 3 cm

08 예

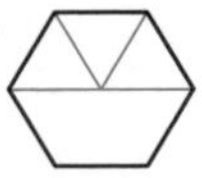

09 7 cm

10 정다각형이 아닙니다. / 풀이 참조

01 다각형은 선분으로만 둘러싸인 도형입니다.
곡선이 포함되거나 열려 있는 도형은 다각형이 아닙니다.

02 서로 이웃하지 않는 두 꼭짓점을 모두 잇습니다.

03 두 대각선이 서로 수직으로 만나는 사각형은 정사각형과 마름모입니다.

04 정삼각형과 정사각형으로 만든 모양입니다.

05

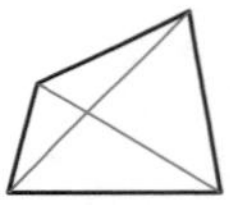

➔ 2개

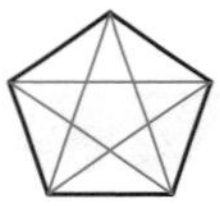

➔ 5개

따라서 두 도형에 그을 수 있는 대각선 수의 차는
$5-2=3$(개)입니다.

06 정구각형은 각이 9개이고, 각의 크기가 모두 같습니다.
(정구각형의 한 각의 크기)$=1260° \div 9=140°$

07 (정삼각형의 세 변의 길이의 합)$=5 \times 3=15$(cm)
따라서 정오각형의 5개의 변의 길이의 합이 15 cm이므로 정오각형의 한 변은 $15 \div 5=3$(cm)입니다.

09 정다각형은 변의 길이가 모두 같고 각의 크기가 모두 같습니다.
(정육각형의 한 변의 길이)$=42 \div 6=7$(cm)

10 예시 답안 정다각형은 변의 길이와 각의 크기가 모두 같은 도형입니다. 하지만 주어진 도형은 변의 길이는 모두 같지만 각의 크기는 같지 않으므로 정다각형이 아닙니다.

채점 기준	❶ 정다각형인지 아닌지 답해야 함.
	❷ 답한 이유를 바르게 설명해야 함.

memo

memo

memo

memo

memo

memo

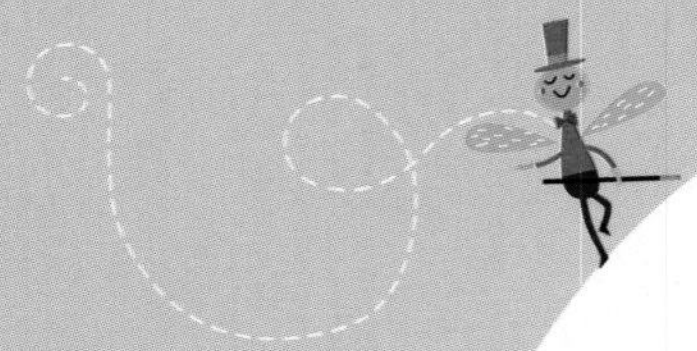

수학이 만만해지는 힌트의 힘!

정답 · 풀이